全国地层多重划分对比研究

（33）

浙江省岩石地层

主　编：俞国华
编　者：方炳兴　马武平　周建华
包超民　何圣策　宋福泉
周　展

中国地质大学出版社

内容简介

本书是全国地层多重划分对比研究套书之一，是浙江省地层研究的最新成果。本书以国际地层和中国地层指南为准则，以现代地层学理论为指导，较系统地研究和讨论了浙江省岩石地层序列及其空间展布和变化规律，也讨论了生物地层和年代地层，分析了重要自然断代的地层格架，较详细地论述了构造运动、构造层，并对地球物理和地球化学地层进行有序分割和Q型聚类分析，取得了可喜的成果。首次建立了浙江省地层数据库。

本书附有：浙江省地层数据库的建库情况及功能介绍；浙江省采用的岩石地层单位的编号、创名人及创名时间；浙江省不采用的地层名称及不采用的理由，供读者查阅之用。

本书资料翔实，内容丰富，重点突出，可供从事地质科研、生产和教学人员参考。

图书在版编目(CIP)数据

浙江省岩石地层/俞国华主编.—武汉:中国地质大学出版社,1996.7(2013.1重印)
(全国地层多重划分对比研究;33)
ISBN 978-7-5625-1109-0

Ⅰ.浙…
Ⅱ.俞…
Ⅲ.地层学—浙江省
Ⅳ.P535.255

中国版本图书馆CIP数据核字(2008)第062436号

浙江省岩石地层 俞国华 主编

责任编辑:刘粤湘 责任校对:胡义珍

出版发行:中国地质大学出版社(武汉市洪山区鲁磨路388号) 邮编:430074
电话:(027)67883511 传真:67883580 E-mail:cbb @ cug.edu.cn
经 销:全国新华书店 http://www.cugp.cn

开本:787毫米×1092毫米 1/16 字数:390千字 印张:15.125
版次:1996年7月第1版 印次:2103年1月第3次印刷
印刷:武汉教文印刷厂 印数:1001—1500册

ISBN 978-7-5625-1109-0 定价:45.50元

序

100多年来，地层学始终是地质学的重要基础学科的支柱，甚至还可以说是基础中的基础，它为近代地质学的建立和发展发挥了十分重要的作用。随着板块构造学说的提出和发展，地质科学正经历着一场深刻的变革，古老的地层学和其他分支学科一样还面临着满足社会不断进步与发展的物质需要和解决人类的重大环境问题等双重任务的挑战。为了迎接这一挑战，依靠现代科技进步及各学科之间相互渗透，地层学的研究范围将不断扩大，研究途径更为宽广，研究方法日趋多样化，并萌发出许多新的思路和学术思想，产生出许多分支学科，如生态地层学、磁性地层学、地震地层学、化学地层学、定量地层学、事件地层学、化学地层学、气候地层学、构造地层学和月球地层学等等，它们的综合又导致了“综合地层学”和“全球地层学”概念的提出。所有这一切，标志着地层学研究向高度综合化方向发展。

我国的地层学和与其密切相关的古生物学早在本世纪前期的创立阶段，就涌现出一批杰出的地层古生物学家和先驱，他们的研究成果奠定了我国地层学的基础。但是大规模的进展，还是从1949年以后，尤其是随着全国中小比例尺区域地质调查的有计划开展，以及若干重大科学计划的执行而发展起来的。正像我国著名的地质学家尹赞勋先生在第一届全国地层会议上所讲：“区域地质调查成果的最大受益者就是地层古生物学。”1959年召开的中国第一届全国地层会议，总结了建国十年来所获的新资料，制定了中国第一份地层规范（草案），标志着我国地层学和地层工作进入了一个新的阶段。过了20年，地层学在国内的发展经历了几乎十年停滞以后，于1979年召开了中国第二届全国地层会议，会议在某种程度上吸收学习了国际地层学研究的新成果，还讨论制定了《中国地层指南及中国地层指南说明书》，为推动地层学在中国的发展，缩小同国际地层学研究水平的差距奠定了良好基础。这次会议以后所进行的一系列工作，包括应用地层单位的多重性概念所进行的地层划分对比研究、区域地层格架及地层模型的研究，现代地层学与沉积学相结合所进行的盆地分析以及1：5万区域地质填图方法的改进与完善等，都成为我国地层学进一步发展的强大推动力。为此，地质矿产部组织了一项“全国地层多重划分对比研究（清理）”的系统工程，在30个省、直辖市、自治区（含台湾省，不含上海市）范围内，自下而上由省（市、区）、大区和全国设立三个层次的课题，在现代地层学和沉积学理论指导下，对以往所建立的地层单位进行研究（清理），追溯地层单位创名的沿革，重新厘定单位含义、层型类型与特征、区域延伸与对比，消除同物异名，查清同名异物，在大范围内建立若干断代岩石地层单位的时空格架、编制符合现代地层学含义的新一代区域地层序列表，并与地层多重划分对比研究工作同步开展了省（市、区）和全国两级地层数据库的研建，对巩固地层多重划分对比研究（清理）成果，为地层学的科学化、系统化和现代化发展打下了良好基础。这项研究工作在部、省（市、区）各级领导的支持关怀下，全体研究人员经过5年的艰苦努力已圆满地完成了任务，高兴地看到许多成果已陆续要出版了。这项工作涉及的范围之广、参加的单位及人员之多、文件的时间跨度之长，以及现代科学理论与计算机技术的应用等各方面，都可以说是在我国地层学工作不断发展中具有里程碑意义的。这项研究中不同层次成果的出版问世，不仅对区域地质调查、地质图件的编测、区域矿产普查与勘查、地质科研和教学等方面都具有现实的指导作用和实用价值，而且对我国地层学的发展和科学化、系统化将起到积极的促进作用。

首次组织实施这样一项规模空前的全国性的研究工作，尽管全体参与人员付出了极大的辛勤劳动，全国项目办和各大区办进行了大量卓有成效和细致的组织协调工作，取得了巨大的成绩，但由于种种原因，难免会有疏漏甚至失误之处。即使这样，该系列研究是认识地层学真理长河中的一个相对真理的阶段，其成果仍不失其宝贵的科学意义和巨大的实用价值。我相信经过广大地质工作者的使用与检验，在修订再版时，其内容将会更加完美。在此祝贺这一系列地层研究成果的公开出版，它必将发挥出巨大社会经济效益，为地质科学的发展做出新的贡献。

程裕淇

前　　言

地层学在地质科学中是一门奠基性的基础学科，是基础地质的基础。自从19世纪初由W 史密斯奠定的基本原理和方法以来的一个半世纪中，地层学是地质科学中最活跃的一个分支学科，对现代地质学的建立和发展产生了深刻的影响，作出了不可磨灭的贡献，特别是在20世纪60年代由于板块构造学说兴起引发的一场“地学革命”，其表现更为显著：随着板块构造学的确立，沉积学和古生态学的发展，地球历史和生物演化中的灾变论思想的复兴和地质事件概念的建立，使地层学的分支学科，如时间地层学、生态地层学、地震地层学、同位素地层学、气候地层学、磁性地层学、定量地层学和构造地层学等像雨后春笋般地蓬勃发展，这种情况必然对地层学、生物地层和沉积地层等的传统理论认识和方法提出了严峻的挑战。经过20年的论战，充分体现当代国际地质科学先进思想的《国际地层指南》（英文版）于1976年见诸于世，之后在不到20年的时间里又于1979、1987、1993年连续三次进行了修改补充，陆续补充了《磁性地层极性单位》、《不整合界限地层单位》，以及把岩浆岩与变质岩等作为广义地层学范畴纳入地层指南而又补充编写了《火成岩和变质岩岩体的地层划分与命名》等内容。

国际地层学上述重大变革，对我国地学界产生了强烈冲击，十年动乱形成的政治禁锢被打开，迎来了科学的春天，先进的科学思潮像潮水般涌来，于是在1980年第二届全国地层工作会议上通过并公开出版了《中国地层指南及中国地层指南说明书》，阐述了地层多重划分概念。于1983年按地层多重划分概念和岩石地层单位填图在安徽区调队进行了首次试点。1985年《贵州省区域地质志》中地层部分吸取了地层多重划分概念进行撰写。1986年地质矿产部设立了“七五”重点科技攻关项目——“1∶5万区调中填图方法研究项目”，把以岩石地层单位填图，多重地层划分对比，识别基本地层层序等现代地层学和现代沉积学相结合的内容列为沉积岩区区调填图方法研究课题，从此拉开了新一轮1∶5万区调填图的序幕，由试点的贵州、安徽和陕西三省逐步推向全国。

1∶5万区调填图方法研究试点中遇到的最大问题是如何按照现代地层学的理论和方法来对待与处理按传统理论和方法所建立的地层单位？如果维持长期沿用的按传统理论建立的地层单位，虽然很省事，但是又如何体现现代地层学和现代沉积学相结合的理论与方法呢？这样就谈不上紧跟世界潮流，迎接这一场由板块构造学说兴起所带来的“地学革命”。如果要坚持这一技术领域的革命性变革，就要下决心花费很大力气克服人力、财力和技术性等方面的重重困难，对长期沿用的不规范化的地层单位进行彻底的清理。经过反复研究比较，我们认识到科学技术的变革也和社会经济改革的潮流一样是不可逆转的，只有坚持改革才能前进，不进则退，否则就将被历史所淘汰，别无选择。在这一关键时刻，地质矿产部和原地矿部直管局领导作出了正确决策，从 1991 年开始，从地勘经费中设立一项重大基础地质研究项目——全国地层多重划分对比研究项目，简称全国地层清理项目，开始了一场地层学改革的系统工程，在全国范围内由下而上地按照现代地层学的理论和方法对原有的地层单位重新明确其定义、划分对比标准、延伸范围及各类地层单位的相互关系，与此同时研建全国地层数据库，巩固地层清理成果，推动我国地层学研究和地层单位管理的规范化和现代化，指导当前和今后一个时期 1∶5 万、1∶25 万等区调填图等，提高我国地层学研究水平。1991 年地质矿产部原直管局将地层清理作为部指令性任务以地直发（1991）005 号文和 1992 年以地直发（1992）014 号文下发了《地矿部全国地层多重划分对比（清理）研究项目第一次工作会议纪要》，明确了各省（市、自治区）地质矿产局（厅）清理研究任务，并于 1993 年 2 月补办了专项地勘科技项目合同（编号直科专 92-1），并明确这一任务分别设立部、大区和省（市、自治区）三级领导小组，实行三级管理。

部级成立全国项目领导小组

组长	李廷栋	地质矿产部副总工程师
副组长	叶天竺	地质矿产部原直管局副局长
	赵　逊	中国地质科学院副院长

成立全国地层清理项目办公室，受领导小组委托对全国地层清理工作进行技术业务指导和协调以及经常性业务组织管理工作，并设立在中国地质科学院区域地质调查处（简称区调处）。

项目办公室主任	陈克强	区调处处长，教授级高级工程师
副主任	高振家	区调处总工，教授级高级工程师
	简人初	区调处高级工程师
专家	张守信	中国科学院地质研究所研究员
	魏家庸	贵州省地质矿产局区调院教授级高级工程师
成员	姜　义	区调处工程师
	李　忠	会计师
	周统顺	中国地质科学院地质研究所研究员

大区一级成立大区领导小组，由大区内各省（市、自治区）局级领导成员和地科院沈阳、天津、西安、宜昌、成都、南京六个地质矿产研究所各推荐一名专家组成。领导小组对本大区地层清理工作进行组织、指导、协调、仲裁并承担研究的职责。下设大区办公室，负责大区地层清理的技术业务指导和经常性业务技术管理工作。在全国项目办直接领导下，成立全国地层数据库研建小组，由福建区调队和部区调处承担，负责全国和省（市、自治区）二级地层数据库软件开发研制。

各省（市、自治区）成立省级领导小组，以省（市、自治区）局总工或副总工为组长，有区调主管及有关处室负责人组成，在专业区调队（所、院）等单位成立地层清理小组，具体负责地层清理工作，同时成立省级地层数据库录入小组，按照全国地层数据库研建小组研制的软件及时将本省清理的成果进行数据录入，并检验软件运行情况，及时反馈意见，不断改进和优化软件。在全国地层清理的三个级次的项目中，省级项目是基础，因此要求各省（市、自治区）地层清理工作必须实行室内清理与野外核查相结合，清理工作与区调填图相结合，清理与研究相结合，地层清理与地层数据库建立相结合，“生产”单位与科研教学单位相结合，并强调地层清理人员要用现代地层学和现代沉积学的理论武装起来，彻底打破传统观点，统一标准内容，严格要求，高标准地完成这一历史使命。实践的结果，凡是按上述五个相结合去做的效果都比较好，不仅出了好成果，而且通过地层清理培养锻炼了一支科学技术队伍，从总体上把我国区调水平提高到一个新台阶。

三年多以来，参加全国地层清理工作的人员总数达400多人，总计查阅文献约24 000份，野外核查剖面约16 472.6 km，新测剖面70余条约300 km，清理原有地层单位有12 880个，通过清查保留的地层单位约4721个（还有省与省之间重复的），占总数36.6%，建议停止使用或废弃的单位有8159个（为同物异名或非岩石地层单位等），占总数63.4%，清查中通过实测剖面新建地层单位134个。与此同时研制了地层单位的查询、检索、命名和研究对比功能的数据库，通过各省（市、自治区）数据录入小组将12 880个地层单位（每个单位5张数据卡片）和10 000多条各类层型剖面全部录入，首次建立起全国30个（不含上海市）省（市、自治区）基础地层数据库，为全国地层数据库全面建成奠定了坚实的基础。从1994年7月—11月，分七个片对30个省（市、自治区）地层清理成果报告及数据库的数据录入进行了评审验收，到1994年底可以说基本上完成了省一级地层清理任务。1995—1996年将全面完成大区和总项目的清理研究任务。由此可见，这次全国地层清理工作无论是参加人数之多，涉及面之广，新方法新技术的应用以及理论指导的高度和研究的深度都可以堪称中国地层学研究的第三个里程碑。这一系统工程所完成的成果，不仅是这次直接参加清理的400多人的成果，而且亦应该归功于全国地层工作者、区域地质调查者、地层学科研与教学人员以及为地层工作做过贡献的普查勘探人员。全国地层清理成果的公开出版，必将对提高我国地层学研究水平，统一岩石地层划分和命名指导区调填图，加强地层单位的管理以及地质勘察和科研教学等方面发挥重要的作用。

鉴于本次地层清理工作和地层数据库的研建是过去从未进行过的一项研究性很强的系统工程，涉及的范围很广，时间跨度长达100多年，参加该项工作的人员多达300～400人，由于时间短，经费有限，人员水平不一，文献资料掌握程度等种种主客观原因，尽管所有人员都尽了最大努力，但是在本书中少数地层单位的名称、出处、命名人和命名时间等不可避免地存在一些问题。本书中地层单位名称出现的“岩群”、“岩组”等名词，是根据1990年公开出版的程裕淇主编的《中国地质图（1：500万）及说明书》所阐述的定义。为了考虑不同观点的读者使用 本书对有“岩群”、“岩组”的地层单位，均暂以（岩）群、（岩）组处理。如鞍山（岩）群、迁西（岩）群。总之，本书中存在的错漏及不足之处，衷心地欢迎广大读者提出宝贵意见，以便今后不断改正和补充。

在30个省（市、自治区）地层清理系统成果即将公开出版之际，我代表全国地层清理项目办公室向参加30个省（市、自治区）地层清理、数据库研建和数据录入的同志所付出的辛勤劳动表示衷心的感谢和亲切的慰问。在全国地层清理项目立项过程中，原直管局王新华、黄崇轲副局长给予了大力支持，原直管局局长兼财务司司长现地矿部副部长陈洲其在项目论证会上作了立项论证报告，在人、财、物方面给予过很大支持；全国地层委员会副主任程裕淇院士一直对地层清理工作给予极大的关心和支持，并在立项论证会上作了重要讲话；中国地质大学教授、全国地层委员会地层分类命名小组组长王鸿祯院士是本项目的顾问，在地层清理的指导思想、方法步骤及许多重大技术问题上给予了具体的指导和帮助；中国地质大学教授杨遵仪院士对这项工作热情关心并给以指导；中国地质科学院院长、部总工程师陈毓川研究员参加了第三次全国地层清理工作会议并作了重要指示与鼓励性讲话；部科技司姜作勤高工，计算中心邬宽廉、陈传霖，信息院赵精满，地科院刘心铸等专家对地层数据库设计进行评审，为研建地层数据库提出许多有意义的建议。中国科学院地质研究所，南京古生物研究所，中国地质科学院地质研究所，天津、沈阳、南京、宜昌、成都和西安地质矿产研究所，南京大学，西北大学，中国地质大学，长春地质学院，西安地质学院等单位的知名专家、教授和学者，各省（市、自治区）地矿局领导、总工程师、区调主管、质量检查员和区调队、地研所、综合大队等单位的区域地质学家共600余人次参加了各省（市、自治区）地层清理研究成果和六个大区区域地层成果报告的评审和鉴定验收，给予了友善的帮助；各省（市、自治区）地矿局（厅）、区调队（所、院）等各级领导给予地层清理工作在人、财、物方面的大力支持。可以肯定，没有以上各有关单位和部门的领导和众多的专家教授对地层清理工作多方面的关心和支持，这项工作是难以完成的。在30个省（市、自治区）地层清理成果评审过程中一直到成果出版之前，中国地质大学出版社，特别是以褚松和副社长和刘粤湘编辑为组长的全国地层多重划分对比研究报告编辑出版组为本套书编辑出版付出了极大的辛苦劳动，使这一套系统成果能够如此快地、规范化地出版了！在全国项目办设在区调处的几年中，除了参加项目办的成员外，区调处的陈兆棉、其和日格、田玉莹、魏书章、刘凤仁多次承担地层清理会议的会务工作，赵洪伟和于庆文同志除了承担会议事务还为会议打印文稿，于庆文同志还协助绘制地层区划图及文稿复印等工作。

在此，向上面提到的单位和所有同志一并表示我们最诚挚的谢意，并希望继续得到他们的关心和支持。

全国地层清理项目办公室（陈克强执笔）

目　　录

附　录

第一章
绪论

一、目的与任务

根据地质矿产部直管局“直发(1991)005号”文件，提出“全国地层多重划分对比研究”列入地质矿产部“八五”重大基础地质研究项目。研究工作分全国、大区(全国分东北、华北、西北、东南、中南和西南六个大区)、省(市、区)分别进行。本省由浙江省地质矿产厅张永山副总工程师负责，钱鼎兴高级工程师(东南大区领导组成员)具体领导，组成以区调人员为主的研究组，进行多重地层划分对比研究。研究重点是岩石地层单位的划分及时空分布变化；填写岩石地层单位登记卡和建立地层数据库，编写浙江省岩石地层报告。

浙江省地质矿产厅根据地质矿产部文件精神，将浙江省岩石地层单位清理列入1991年度地勘工作计划。由浙江省区域地质调查大队承担此项研究任务，并组成岩石地层清理研究组。

二、地层综合区划及区域地层概况

(一) 地层综合区划

按中国岩石地层区划，浙江省属华南地层大区(Ⅵ)，分属：扬子地层区($Ⅵ_4$)，江南地层分区(浙江部分称浙西北区，$Ⅵ_4^5$)；东南地层区($Ⅵ_5$)，沿海地层分区(浙江部分称浙东南区，$Ⅵ_5^9$)。

前中生代，以江山-绍兴断裂为界：以北称浙西北区，又划分为江山-临安($Ⅵ_4^{5-1}$)和杭州-嘉兴($Ⅵ_4^{5-2}$)两个地层小区；以南称浙东南区(图1-1)。

中生代，以江山-绍兴断裂为界：以北称浙西北区，以南称浙东南区。

(二) 区域地层发育概况

浙江自元古宇至第四系发育齐全，尤以中生代火山岩系发育为特色(表1-1)。

1. 前中生代

(1) 浙西北区

前震旦系为地槽型中基性—酸性火山岩、复理石及磨拉石、陆相火山岩系。震旦系主要为陆架—台地相类复理石、冰成岩、镁质碳酸盐岩岩系。寒武系主要为海湾相含碳硅质和台地碳酸盐岩岩系。奥陶系主要为陆架含硅、钙质碎屑岩、碎屑岩岩系。志留系为陆架—三角

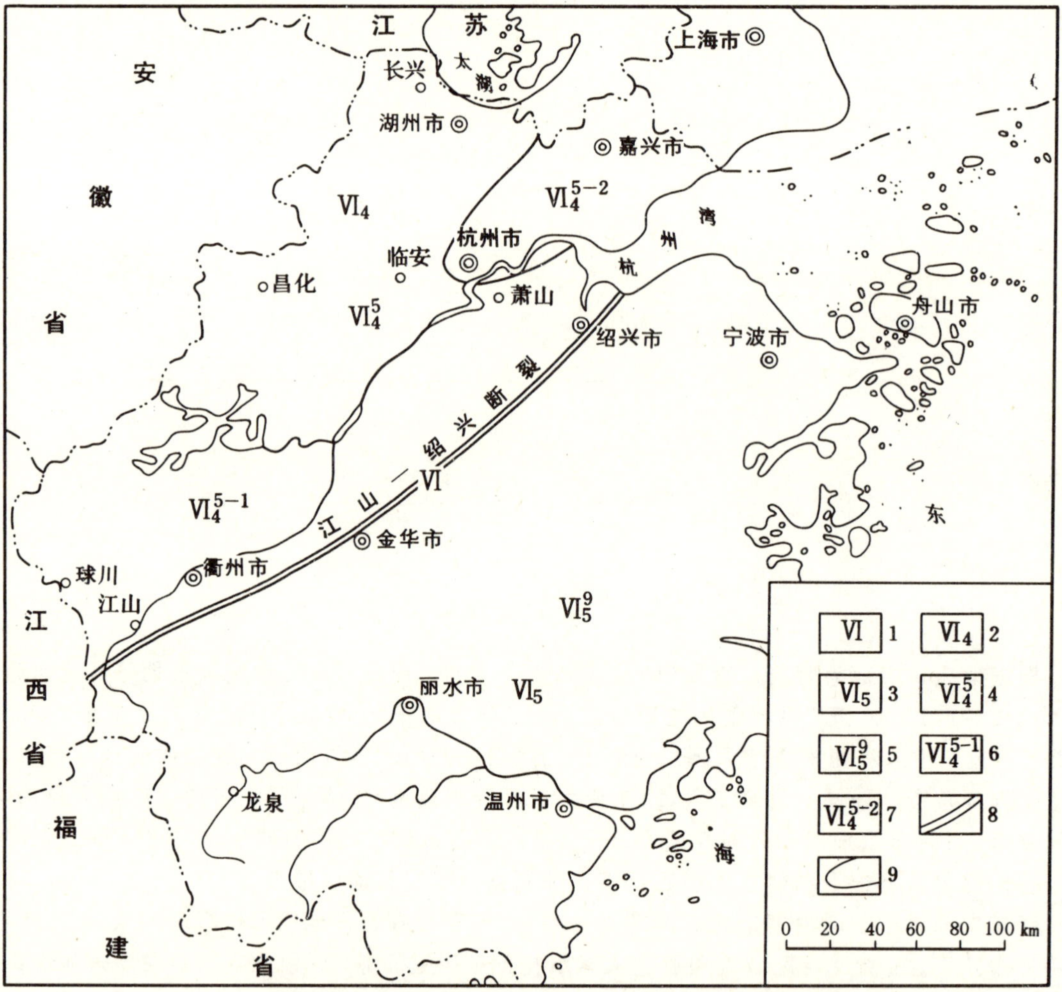

图 1-1　浙江省岩石地层综合区划图

1. 华南地层大区；2. 扬子地层区；3. 东南地层区；4. 江南地层分区（浙西北区）；5. 沿海地层分区（浙东南区）；6. 江山-临安地层小区；7. 杭州-嘉兴地层小区；8. 三级地层分区界线；9. 四级地层分区界线

洲相碎屑岩岩系。泥盆系为滨海单陆屑岩系。石炭系为碎屑岩和台地碳酸盐岩岩系。二叠系为台地碳酸盐岩和含煤碎屑岩岩系。中下三叠统为台地碳酸盐岩岩系。在杭州-嘉兴地层小区震旦系、寒武系为含镁碳酸盐岩岩系，中下奥陶统为碎屑岩及碳酸盐岩岩系。

（2）浙东南区

前震旦系为变质岩系，以花岗质岩石为主的高绿片岩相和中深变质的片麻岩系的高绿片岩和角闪岩相及零星分布的上古生界浅变质岩。

2. 中生代

上三叠统为河湖相含煤碎屑岩沉积。下中侏罗统为湖相碎屑岩沉积，偶夹煤层。上侏罗统为巨厚火山岩系分布。白垩系为河湖相杂色碎屑岩和红色碎屑岩夹火山岩沉积。下第三系隐伏于平原地区，以湖相碎屑岩为主，局部夹基性火山岩。上第三系为基性、超基性火山熔岩夹河流相碎屑岩沉积。第四系广布全省，为冲积、洪积和海陆交互相碎屑岩沉积。

三、地层清理工作遵循的原则及有关规定

1. 清理范围

(1) 主要全面清理元古宇—第四系(沉积岩、火山岩、变质岩的地层单位)。

(2) 构造运动、构造层(元古宙—中生代)和地球物理、地球化学地层划分(浙西北区元古宇—三叠系，浙东南区元古宇变质岩系、上三叠统、侏罗系—白垩系)。

2. 清理内容：

(1) 各时代岩石地层单位名称、名称出处、原始定义、沿革、现在定义、划分标志、地质特征、区域变化、地质时代及各地层单位相互关系。

(2) 详细描述层型剖面的岩性、化石、分层厚度、上下界接触关系。

(3)对每个地层单位下明确的定义，据现有古生物化石、同位素年龄资料，说明生物地层、年代地层和岩石地层的关系，对构造运动、构造层及地球物理、地球化学地层作了划分。

(4) 收集参考文献(公开出版、内部刊物、地质报告)。

(5)填写岩石地层单位卡、地层划分沿革卡、岩石地层单位延伸变化情况卡、地层剖面卡、参考文献卡、不采用地层单位卡并建立地层数据库。

(6) 编写浙江省岩石地层报告。

四、基本工作方法和步骤

本省岩石地层单位清理与研究工作，分五个阶段进行。

第一阶段，1991 年 11 月—1992 年 4 月，组建研究组，广泛收集资料，认真学习《中国地层指南及中国地层指南说明书》，《国际地层指南》，吸取邻省岩石地层单位清理与研究的经验，编写《浙江省岩石地层单位清理与研究设计书》。

第二阶段，1992 年 4 月—1993 年 4 月，开展各时代地层剖面考察和部分剖面测量。

第三阶段，1993 年 5 月—1994 年 3 月，对本省岩石地层单位进行全面清理，明确各时代岩石地层单位的层型类型，填写岩石地层登记卡并将登记卡输入微机。

第四阶段，1994 年 4 月—1994 年 9 月，主要是输入微机后登记卡的校对与修改，填写不采用地层单位名称卡，并完成岩石地层登记卡输入微机，编写报告提纲，收集地层剖面的地球物理、地球化学参数资料。完成报告编写。并通过手稿初审和打印稿评审。

第五阶段，1994 年 10 月—1995 年 4 月，出版稿修改、编写和打印。

前期：1994 年 10 月—12 月，按“岩石地层成果评审验收决议书”评审意见，对报告按《编著者细则》进行统稿、补充和修改。

后期：1995 年 1 月—6 月，按《关于我国 30 个省(直辖市、自治区)地层多重划分对比研究报告出版体例及编排格式要求》进行修改、编写和打印。

最后报告交省领导小组负责人张永山、钱鼎兴审查，在社外编辑王树三编辑加工，中国地质大学出版社副编审刘粤湘对出版稿初审和项目小组进一步自检的基础上，由俞国华进行出版稿的修改。

五、人员分工（资料整理、报告编写）

前震旦纪、构造运动、构造层	包超民、俞国华
震旦纪、晚奥陶世、志留纪	俞国华

表 1-1 浙江省岩石地层序列表

代	纪	世	扬子地层区（Ⅵ$_4$） 江南地层分区（Ⅵ$_4^5$） 江山-临安地层小区	扬子地层区（Ⅵ$_4$） 江南地层分区（Ⅵ$_4^5$） 杭州-嘉兴地层小区	东南地层区（Ⅵ$_5$） 沿海地层分区（Ⅵ$_5^9$）	同位素年龄 Ma	构造运动
			山地丘陵区（第四纪）		海滨平原区（第四纪）		
			华南地层大区（Ⅵ）				
新生代	第四纪	全新世		鄞江桥组 Qy	镇海组 Q$\hat{z}h$	0.1	喜马拉雅运动
新生代	第四纪	更新世 晚		莲花组 Ql	宁波组 Qn；东浦组 Qd		
新生代	第四纪	更新世 中		之江组 Q$\hat{z}$	前港组 Qq		
新生代	第四纪	更新世 早		汤溪组 Qt	嘉兴组 Qj	3	
新生代	第三纪	上新世			嵊县组 N$\hat{s}$		
新生代	第三纪	中新世			嵊县组 N$\hat{s}$		
新生代	第三纪	渐新世					
新生代	第三纪	始新世		长河组 E$\hat{c}$			
新生代	第三纪	古新世		长河组 E$\hat{c}$		70	燕山运动
中生代	白垩纪	晚白垩世		桐乡组 Ktx			
中生代	白垩纪	晚白垩世	衢江群 KQ	衢县组 Kq；金华组 Kj；中戴组 K$\hat{z}d$	天台群 KT：赤城山组 K$\hat{c}\hat{c}$；两头塘组 Kl；塘上组 Kt	105	
中生代	白垩纪	早白垩世		永康群 KY：壳山组 Kk；方岩组 Kf；朝川组 K$\hat{c}$；馆头组 Kg	小平田组 Kx	110	丽水运动
中生代	白垩纪	早白垩世		横山组 Kh	祝村组 K$\hat{z}$	125	闽浙运动
中生代	侏罗纪	晚侏罗世	建德群 JKJ	寿昌组 J$\hat{s}$；黄尖组 Jh；劳村组 Jl	磨石山群 JKM：九里坪组 Jj；茶湾组 J$\hat{c}$；西山头组 Jx；高坞组 Jg；大爽组 Jd	135 (140)	
中生代	侏罗纪	中侏罗世	同山群 JT	渔山尖组 Jy；马涧组 Jm	毛弄组 Jml	155	兰江运动
中生代	侏罗纪	早侏罗世			? 枫坪组 Jf ?		
中生代	三叠纪	晚三叠世			乌灶组 Tw		
中生代	三叠纪	中三叠世	周冲村组 T$\hat{z}$			195	印支运动
中生代	三叠纪	早三叠世	青龙组 Tq	政棠组 T$\hat{z}t$			

续表 1-1

地层时代（代）	纪	世	江山-临安地层小区	杭州-嘉兴地层小区	沿海地层分区	同位素年龄 Ma	构造运动
			山地丘陵（第四纪）		海滨平原区（第四纪）		
			华南地层大区（Ⅵ）				
			扬子地层区（$Ⅵ_4$）		东南地层区（$Ⅵ_5$）		
			江南地层分区（$Ⅵ_4^5$）		沿海地层分区（$Ⅵ_5^9$）		
晚古生代	二叠纪	晚二叠世	长兴组 Pĉ	大隆组 Pd	芝溪头变质杂岩		
			龙潭组 Plt				
		早二叠世	孤峰组 Pg				
			栖霞组 Pq				
			梁山组 Pl				黔桂上升
	石炭纪	晚石炭世	船山组 CPĉ				
			黄龙组 Ch				
			老虎洞组 Cl	藕塘底组 Co			
		早石炭世		叶家塘组 Cy			柳江上升
	泥盆纪	晚泥盆世	五通群 DCW	珠藏坞组 DCẑ			
				西湖组 Dx			
		中泥盆世					
		早泥盆世				400	广西运动
早古生代	志留纪	晚志留世					
		中志留世	唐家坞组 St				
			康山组 Sk				
		早志留世	河沥溪组 Sh				
			霞乡组 Sx				
	奥陶纪	晚奥陶世	文昌组 Ow				
			长坞组 Oĉ	三衢山组 Os			
			黄泥岩组 Ohn				
		中奥陶世	砚瓦山组 Oyw				
		早奥陶世	胡乐组 Ohl	牯牛潭组 Og			
			宁国组 On	红花园组 Oh			
			印渚埠组 Oy	仑山组 Ol			
	寒武纪	晚寒武世	西阳山组 ЄOx	超峰组 Єĉf			
			华严寺组 Єhy				
		中寒武世	扬柳岗组 Єy				
		早寒武世	大陈岭组 Єd				
			荷塘组 Єh	超山组 Єĉ			桐湾上升

续表 1-1

地层时代（代）	纪	世	扬子地层区（Ⅵ$_4$）江南地层分区（Ⅵ$_4^5$）江山-临安地层小区、杭州-嘉兴地层小区：群	组	东南地层区（Ⅵ$_5$）沿海地层分区（Ⅵ$_5^9$）：群	组	同位素年龄 Ma	构造运动
			山地丘陵区（第四纪）		海滨平原区（第四纪）			
			华南地层大区（Ⅵ）					
晚元古代	震旦纪	晚震旦世		皮园村组 Zp；板桥山组 Zb；灯影组 Zdy；蓝田组 Zl；陡山沱组 Zd				
		早震旦世		南沱组 Zn				
				休宁组 Zx				
							800	晋宁运动
	青白口纪		河上镇群 PtH	上墅组 Pt$\hat{s}$				
				虹赤村组 Pth				落可岽上升
				骆家门组 Ptl			950	
中元古代			双溪坞群 Pt$\hat{S}$	章村组 Pt$\hat{z}$	陈蔡群 Pt$\hat{C}$	徐岸组 Ptxa	1000	神功运动
				岩山组 Pty		下吴宅组 Ptxw		
				北坞组 Ptb		下河图组 Ptx		
				平水组 Ptp		捣白湾组 Ptd	1200	
							1400	
							1600	龙川运动（吕梁-中岳运动）
早元古代					八都（岩）群 PtB		1800	
						大岩山（岩）组 Ptdy		
						泗源（岩）组 Ptsy		
						张岩（岩）组 Pt$\hat{z}y$		
						堑头（岩）组 Ptq	2400	
太古宙							2500	

寒武纪、早中奥陶世	宋福泉
泥盆纪、石炭纪、二叠纪、早中三叠世	方炳兴
晚三叠世、侏罗纪、白垩纪	马武平、周建华
第三纪、第四纪	何圣策
内容简介、绪论、结语	俞国华
地球物理、地球化学地层划分	周建华、周　展

数据库建库	杨建梅、周建华
《浙江省岩石地层》报告统稿	俞国华、何圣策、周建华
《浙江省岩石地层》报告打印	杨建梅、周建华

六、完成工作量

1. 野外完成工作量

考察地层剖面113条，测制地层剖面8条，共计长度12 855 km，各类岩石样品475个(表1－2)。

表1－2 完成工作量简表

项　　目	单位	完成数量	备　　注
考察剖面	条	113	
实测剖面长度	m	5081	层位：Zn—$\in hy$
草测剖面长度	m	7774	层位：Kx，Kl，Kcc，Ol，Oh
岩石标本	块	101	
岩石光谱样	块	104	
岩石薄片	块	137	
微体古生物标本	块	131	层位：St，Sk，Ol，Oh，$\in h$底部
硅酸盐样	个	1	
同位素年龄样	个	1	层位：Kx

2. 岩石地层单位清理

依据岩石地层单位清理原则，本省清理后共有岩石地层单位110个(其中群级11个，组级99个)。

本次清理与《浙江省区域地质志》(1989)相比较：

新建岩石地层单位3个：小平田组、两头塘组、赤城山组；改称岩石地层单位2个：滨海组改称镇海组、鹤溪群改称芝溪头变质杂岩。

采用岩石地层单位22个：八都(岩)群、堑头(岩)组、张岩(岩)组、泗源(岩)组、大岩山(岩)组、捣臼湾组、下河图组、下吴宅组、徐岸组、北坞组、岩山组、章村组、河上镇群；板桥山组；藕塘底组；同山群；天台群、衢江群、壳山组、中戴组、衢县组、桐乡组。

引用外省岩石地层单位12个：休宁组、南沱组、蓝田组、皮园村组；仑山组、红花园组；霞乡组、河沥溪组；老虎洞组；孤峰组、梁山组；周冲村组。

不采用地层单位28个：龙泉群、鹤溪群；雷公坞组、志棠组；留下组、荆山组、闲林埠组、大田坝组；安吉组、大白地组；金陵组、高骊山组；丁家山组、雾林山组；殷坑组、和龙山组、南陵湖组；赖家组；铜岭祝组、道士桥组、杨梅岭组；山门街组、钟埭组、西塘组、河姆渡组、皇天畈组、钟家埯组、大古塘组。

3. 确定岩石地层层型剖面98条，其中：正层型61条，选层型10条，新层型2条，次层型25条。

4. 划分地球物理层、地球化学地层Ⅰ级7个，次级11个。

5. 划分 14 次构造运动及 7 个构造层，11 个亚构造层。

6. 元古宙—第四纪岩石地层单位填卡及录入微机，填卡剖面 507 个，其中输入微机剖面 489 个，输入微机岩石地层单位卡片（Ⅰ卡）110 张，地层划分沿革卡（Ⅱ卡）99 张，岩石地层单位延伸及变化情况卡（Ⅲ卡）183 张，地层剖面卡（Ⅳ卡）489 张，参考文献卡（Ⅴ卡）98 张，不采用地层卡 135 张。

第二章
前震旦纪

浙江省前震旦纪地层以江山-绍兴断裂为界，可分为浙东南和浙西北两区。

浙东南区：主要分布在龙泉、遂昌、龙游、诸暨、嵊县、大衢山等地。出露面积约1436 km^2。为高绿片岩相强烈花岗质混合岩化区域变质岩和角闪岩相变质的基性火山岩-沉积岩类。本区地层划分为：八都(岩)群，包括堑头(岩)组、张岩(岩)组、泗源(岩)组、大岩山(岩)组；陈蔡群，包括捣臼湾组、下河图组、下吴宅组、徐岸组。

浙西北区：主要分布在绍兴、富阳、诸暨、衢县、常山及开化等地。出露面积861 km^2。为钙碱系列火山岩岩系、复理石建造、杂砂岩岩系和安山-流纹岩岩系。本区地层划分为：双溪坞群，包括平水组、北坞组、岩山组、章村组；河上镇群，包括骆家门组、虹赤村组、上墅组(图2-1)。

第一节　岩石地层单位

八都(岩)群　Pt*B*　(33-0010)

【创名及原始定义】　原称八都群，由胡雄健等(1991)创名，命名地点在浙江省龙泉县八都。原始定义：八都群大体相当原来的陈蔡群的那一部分中深变质岩系，主要由变粒岩、黑云母片岩，少量斜长角闪岩组成。原岩建造下部为基性火山岩-杂砂岩建造，中部(主体)为陆源碎屑岩建造，上部为粘土岩建造，八都群花岗质岩石发育，构造变形也较为复杂。总厚度大于3 600 m。自下而上划分为汤源组、堑头组、张岩组、泗源组和大岩山组。

【沿革】　张更(1930)① 对龙泉一带的变质岩作过调查，时代定为早古生代。原温州地质大队黄报章等(1963)②在龙泉变质岩区开展填图，划分为下部龙泉变质杂岩和上部尤溪片岩，时代定为前泥盆纪。省重工业局五大队区测连(1971)置于前中生代。福建区测大队(1972)将八都一带的变质岩称之为建瓯群，时代置于前震旦纪。浙江区测队(1973)《1：50万浙江省地质图》将八都一带的变质岩置于陈蔡群。浙江省区域地层表编写组(1979)将龙泉八都的变质岩归于陈蔡群，时代为前泥盆纪。水涛、徐步台(1988)划分为陈蔡群下亚群、陈蔡群上亚群。

①、②胡雄健等，1991，《浙西南前寒武纪地质》介绍（原文未见）。

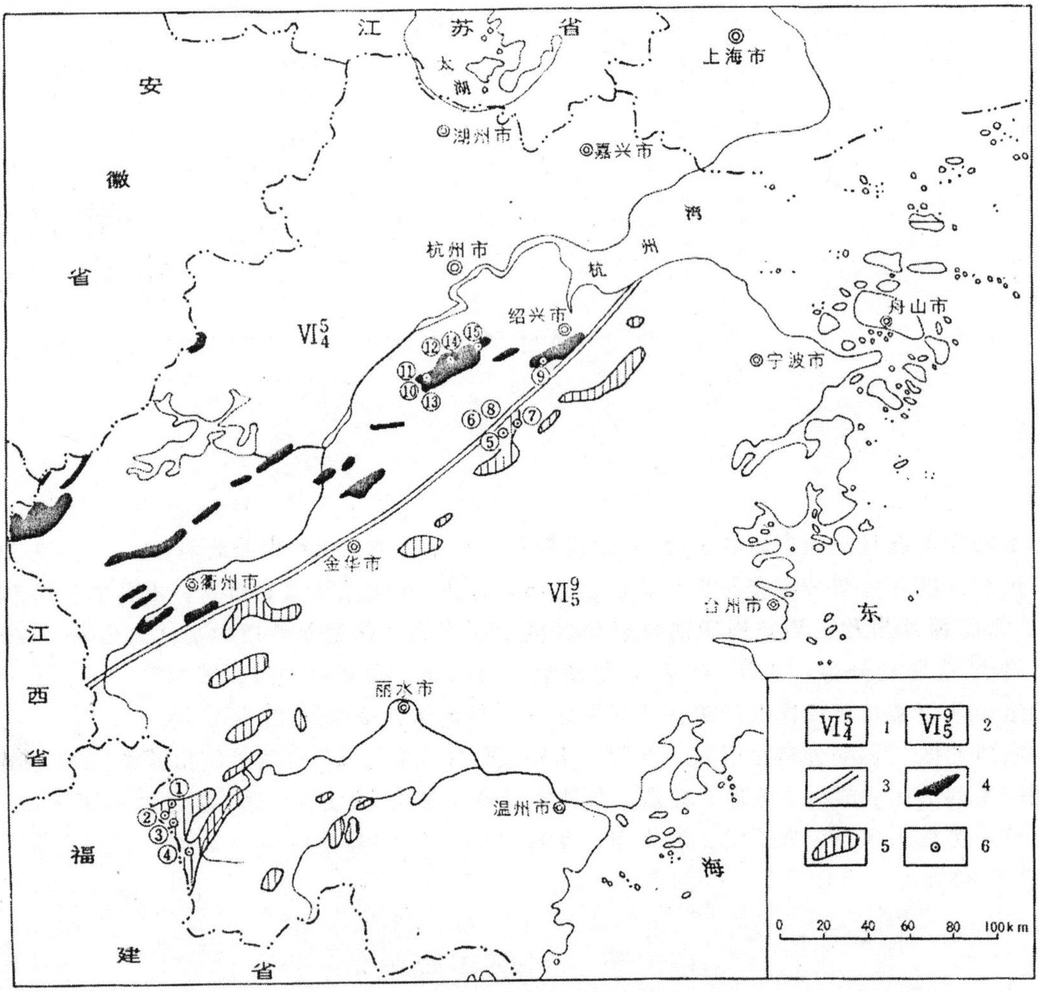

图 2-1 浙江省前震旦纪地层分布示意图

1. 江南地层分区(浙西北区)；2. 沿海地层分区(浙东南区)；3. 地层分区界线；4. 双溪坞群、河上镇群露头区；5. 八都(岩)群、陈蔡群露头区；6. 层型剖面地点：①龙泉市堑头堑头(岩)组剖面；②龙泉市张岩张岩(岩)组剖面；③龙泉市木岱—大岩山泗源(岩)组剖面；④龙泉市大岩山大岩山(岩)组剖面；⑤诸暨市陈蔡丁家坞捣臼湾组剖面；⑥诸暨市陈蔡下河图下河图组剖面；⑦诸暨市孝四下吴宅组剖面；⑧诸暨市陈蔡丁家坞徐岸组剖面；⑨绍兴市平水横浜岭、兵康、白鹤殿平水组剖面；⑩富阳市章村北坞组剖面；⑪富阳市章村岩山组剖面；⑫富阳市章村章村组剖面；⑬富阳市骆家门骆家门组剖面；⑭萧山市桥头虹赤村组剖面；⑮萧山市直坞和高洪尖上墅组剖面

浙江区调队(1983、1989)把龙泉八都一带的变质岩置于陈蔡群D段，并创建龙泉群，时代置于震旦纪—早古生代。

胡雄健等(1991)根据同位素Sm-Nd等时线年龄，将八都群时代置于早元古代，并将龙泉群置于中元古代。本书改称八都(岩)群，包括堑头(岩)组、张岩(岩)组、泗源(岩)组和大岩山(岩)组，时代置于早元古代。"汤源组"与陈蔡群相同或相似，将其划入陈蔡群。

【现在定义】 八都(岩)群为一套中深变质岩系，划分为：堑头(岩)组、张岩(岩)组、泗源(岩)组、大岩山(岩)组(表2-1)。

表 2-1　浙江省(浙东南区)前震旦纪地层划分沿革表

张更	黄报章等	浙江省区测队	浙江省区域地层表编写组	《浙江省区域地质志》	孔祥生等	胡雄健等	本书
1930	1963	1975	1979	1989	1989	1991	
龙泉一带	龙泉一带	1∶20万诸暨幅	浙东南区	浙东南区	陈蔡地区	龙泉一带	浙东南区
Pz 大理岩	AnZ 尤溪片岩	AnMz 陈蔡群	AnD 陈蔡群	Pz_2 鹤溪群		Pz_2 龙泉群	Pz 芝溪头变质杂岩
				Pz_1 龙泉群	Pz_2 陈蔡群 徐岩组		Pt 陈蔡群 徐岩组
Pz_1 片岩					下吴宅组		下吴宅组
	龙泉变质杂岩				下河图组		下河图组
					捣臼湾组		捣臼湾组
				AnZ 陈蔡群		Pz_1 八都群 大岩山组	八都岩群 大岩山岩组
						泗源组	泗源岩组
						张岩组	张岩岩组
						堑头组	堑头岩组
						汤源组	

八都(岩)群是浙东南区最古老的地层，成岩时代可能为2 400～1 800 Ma，主变质期约在1 800 Ma。时代置于早元古代。八都(岩)群主要分布在龙泉一带，遂昌大柘、治岭头及龙游和诸暨等地也有出露。

堑头(岩)组　Pt*q*　(33-0006)

【创名及原始定义】　原称堑头组，由胡雄健等(1991)所创，命名地点在浙江龙泉县堑头。原始定义：本组以黑云斜长变粒岩为主，局部出现角闪斜长变粒岩、细粒含辉石斜长角闪岩等。花岗质岩石发育，普遍呈不同构造形态的混合花岗质岩石外貌。原岩主要是杂砂岩和中酸性火山(凝灰)岩类，前者普遍含有晶质石墨、矽线石、石榴石及蓝晶石等。与上覆张岩组呈整合接触。本组未见底。

【现在定义】　堑头组改称堑头(岩)组。其他同原始定义。

【层型】　正层型为浙江省龙泉市堑头剖面(118°49′,27°55′)，由浙江省第七地质大队胡雄健等(1985)实测。

上覆地层：张岩(岩)组　含矽线石榴黑云变粒岩

——————　整　合　——————

堑头(岩)组　　总厚度 450.50 m

5. 碎裂岩化含榴黑云混合岩(基质为黑云斜长变粒岩)　28.80 m
4. 含石墨蓝晶石榴黑云角砾状混合岩(基质为黑云变粒岩)　70.00 m
3. 花岗闪长质含榴黑云角砾状、条带状混合岩(基质为黑云斜长变粒岩)　60.00 m
2. 花岗闪长质含石墨蓝晶石榴黑云条带状、条纹状混合岩(基质为黑云斜长变粒岩)　142.60 m
1. 糜棱岩化二长花岗质含蓝晶矽线黑云条带状、眼球状(局部为均质)混合岩(基质为黑云斜长变粒岩)。未见底　149.10 m

【地质特征及区域变化】 堑头(岩)组在龙泉一带以黑云斜长变粒岩为主，角闪斜长变粒岩等局部可见。宏观标志花岗质岩石发育强烈，普遍呈不同构造形态的混合花岗质岩石外貌，出露厚度多在 500 m 左右。

遂昌大柘一带以石榴角闪变粒岩为主，夹混合岩化黑云二长片麻岩、黑云斜长(二长)变粒岩等，与上覆张岩(岩)组石榴斜长黑云片岩断层接触，未见底。厚度大于 1291.4 m。

龙游灵山一带以二长花岗含矽线石榴条带状混合岩为主，夹少量黑云斜长变粒岩和黑云石英片岩。与上覆陈蔡群下吴宅组角闪岩等呈断层接触，未见底。厚度大于 880 m。

诸暨岭北一带以石榴黑云斜长(二长)变粒岩为主，夹少量斜长角闪岩和石墨斜长片麻岩。厚度大于 500 m。

张岩(岩)组 $Pt\hat{z}y$ (33－0007)

【创名及原始定义】 原称张岩组，由胡雄健等(1991)所创，命名地点浙江省龙泉县张岩。原始定义：张岩组是八都群主要标志层组之一，岩石组合为黑云石英片岩、黑云斜长石英片岩、黑云片岩和黑云变粒岩，原岩为粘土—半粘土质细碎屑岩，长石含量较高者常因混合岩化作用呈条纹状或条带状构造。厚度 100～500 m。与下伏堑头组、与上覆泗源组均为整合接触。

【现在定义】 同原始定义。张岩组改称张岩(岩)组。

【层型】 正层型为浙江省龙泉市张岩剖面(118°49′,27°55′)，由浙江省第七地质大队胡雄健等(1985)实测。

上覆地层：泗源(岩)组 含墨石榴黑云条带状混合岩

——————— 整 合 ———————

张岩(岩)组	总厚度 315.70 m
3. 混合质含石墨矽线石榴黑云石英片岩夹黑云斜长石英片岩	133.10 m
2. 混合质含墨蓝晶矽线黑云斜长石英片岩夹变粒岩，局部为黑云条纹状、稀疏条带状混合岩	153.80 m
1. 混合质含石墨矽线石榴黑云变粒岩、黑云斜长变粒岩	28.80 m

——————— 整 合 ———————

下伏地层：堑头(岩)组 碎裂岩化黑云混合岩

【地质特征及区域变化】 张岩(岩)组主要出露于龙泉一带，岩性为石榴矽线黑云石英片岩-黑云变粒岩组合，介于片岩与变粒岩之间的过渡性质。在龙泉南部张岩、五都一带，砂质碎屑含量较高，为变粒岩、长石石英岩和黑云斜长石英片岩；中部八都、竹口一带，以黑云片岩和黑云石英片岩为主；北部岭根、淡竹一带，以黑云石英片岩为主。厚度 100～500 m。

泗源(岩)组 Pt_1sy (33－0008)

【创名及原始定义】 原称泗源组，由胡雄健等(1991)所创，命名地点在浙江省龙泉市泗源(小黄南)。原始定义：泗源组系八都群的主体地层，主要岩性有黑云变粒岩、黑云斜长变粒岩、长石石英岩、浅粒岩、黑云石英片岩、黑云片岩等，岩性普遍经受区域混合岩化作用。原岩是一套成熟度相对较高的砂岩、粘土、半粘土岩系，富铝、高碳。厚度可达 1000 m 以上。

【现在定义】 泗源组改称泗源(岩)组。其他同原始定义。

【层型】 正层型为浙江省龙泉市泗源剖面(118°51′,27°54′)，次层型为浙江省龙泉市木岱—大岩山剖面(118°52′,27°59′)，均由浙江省第七地质大队胡雄健等(1985)实测。次层型介绍如下：

上覆地层：**大岩山(岩)组** 含墨矽线黑云片岩

——————— 整 合 ———————

泗源(岩)组	总厚度 400.20 m
6. 混合质黑云斜长变粒岩	91.40 m
5. 含矽线黑云条带状混合岩(基质为黑云变粒岩)	3.90 m
4. 黑云混合岩	80.10 m
3. 含石墨矽线石榴黑云条带状混合岩(基质为黑云变粒岩)	115.40 m
2. 黑云混合岩	25.60 m
1. 含墨石榴黑云条带状混合岩(基质为黑云斜长变粒岩)	83.80 m

——————— 整 合 ———————

下伏地层：**张岩(岩)组** 含墨黑云斜长变粒岩

【地质特征及区域变化】 泗源(岩)组在龙泉一带岩性为黑云变粒岩、黑云斜长变粒岩及长石石英岩、黑云石英片岩、黑云片岩等，普遍含有石墨、矽线石、石榴石和蓝晶石，受区域混合岩化作用。厚度 400～1324.9 m。

遂昌大柘一带岩性以黑云二长变粒岩为主，局部含石榴石、矽线石，常夹二云二长片岩、黑云二长变粒岩、含云母二长变粒岩及黑云片岩、石英黑云片岩。常见混合岩化。厚度大于 746.6 m。庆元竹口一带岩性以二长花岗质混合岩为主，夹混合质黑云变粒岩、含榴黑云变粒岩、含石墨黑云片岩和含蓝晶矽线黑云长石石英岩等。顶、底不全。厚度大于 1492.9 m。

大岩山(岩)组 *Ptdy* (33－0009)

【创名及原始定义】 原称大岩山组，由胡雄健等(1991)创名，命名地点在浙江省龙泉县大岩山。原始定义：大岩山组为八都岩群的最高层位，出露于千米高山顶巅，岩性以黑云片岩、黑云石英片岩为主，局部可过渡为黑云斜长片麻岩，富含石墨、矽线石和石榴石。原岩为陆源粘土岩类。花岗质岩石罕见。与下伏泗源组为连续过渡或断层接触，与上覆侏罗系不同层位呈不整合接触。最大厚度可达 460 m。

【现在定义】 大岩山组改称大岩山(岩)组。其他同原始定义。

【层型】 正层型为浙江省龙泉市大岩山剖面(118°51′,27°59′)，由浙江省第七地质大队胡雄健等(1985)实测。

上覆地层：**枫坪组** 变质砂岩

～～～～～～～ 不 整 合 ～～～～～～～

大岩山(岩)组	总厚度 463.60 m
6. 含石墨黑云片岩	18.10 m
5. 含石墨矽线石榴黑云石英片岩夹黑云斜长片麻岩	22.30 m
4. 含石墨石榴矽线黑云片岩夹黑云石英片岩，偶夹黑云变粒岩	263.80 m
3. 混合质黑云斜长石英片岩	32.70 m
2. 含石墨黑云石英片岩夹黑云变粒岩	92.40 m
1. 含石墨矽线黑云片岩夹黑云石英片岩、黑云变粒岩	34.30 m

——————— 整 合 ———————

下伏地层：**泗源(岩)组** 混合质黑云斜长变粒岩

【地质特征及区域变化】 大岩山(岩)组仅见于龙泉地区，岩性比较单一。以黑云片岩、黑云石英片岩为主，局部可过渡为黑云斜长片麻岩，富含石墨、矽线石和石榴石，石墨含量最多可达10%左右，花岗质岩石罕见。

陈蔡群 PtĈ (33-0015)

【创名及原始定义】 原称变质岩系，由浙江省区域地质测量大队(以下简称浙江区测队)(1975)创名，命名地点在浙江省诸暨市陈蔡。陈蔡群主要由一套中深度变质的片麻岩、片岩、大理岩组成，局部地区形成各种混合岩及混合花岗岩，总厚约 8494 m。按岩石组合由下而上划分为 a、b、c、d 四个岩性段，时代置于前中生代。本组断续出露于中生代火山岩的断块隆起中。

【沿革】 早在 30 年代，孟宪民、张更(1930)、李陶、金维楷(1932)、高平(1935)等曾对浙东变质岩作过调查，他们把分布于诸暨陈蔡、璜山等处的变质岩合称变质岩系，时代一般定为前奥陶纪。孟宪民(1930)将诸暨境内的变质地层自下而上分为高坞坑石灰岩、水口村闪长岩、鲁村片麻岩与大成坞片岩等 4 个单位。刘国昌(1948)将江山政棠、泉家弄等地绿泥片岩和片麻岩时代定为晚二叠世。刘瑞庭、王树三(1956)曾将诸暨璜山-石壁脚变质岩划为 5 个带，即石英片岩带，石英片麻岩带，片麻岩带、云母片岩带和石英云母片岩带，时代定为元古代。浙江省地质研究所(1962)提出浙东变质岩分属前奥陶纪及中生代。浙江区测队(1975)首创陈蔡群，并将其划分为 4 个岩性段，时代置于前中生代。浙江省区域地层表编写组(1979)将陈蔡群置于前泥盆纪。水涛等(1986)将陈蔡群划分为上、下亚群，并将其分布范围推广至浙闽变质带，作为中元古代华夏古陆的组成部分。浙江省区域地质调查大队(以下简称浙江区调队)(1987)①将陈蔡群分为 7 个岩性段。浙江省区调队(1989)将浙东南地区的变质岩系解体，一部分划归陈蔡群，时代置于前震旦纪；部分创建龙泉群，时代置于震旦纪—早古生代；另一部分划归鹤溪群，时代置于晚古生代。孔祥生等(1995)对陈蔡群做了详细研究，重新厘定地层层序并自下而上创建捣臼湾组、下河图组、下吴宅组和徐岸组。

【现在定义】 为分布于浙东南区的变质岩系，主要出露于诸暨陈蔡、龙游溪口、龙泉、上虞章镇及岱山大衢岛等地。为角闪岩相变质的基性火山岩-沉积岩系。陈蔡群划分为捣臼湾组、下河图组、下吴宅组和徐岸组，时代为中元古代。

捣臼湾组 Pt*d* (33-0011)

【创名及原始定义】 由孔祥生等(1989)所创，1995 年介绍。命名地点在浙江省诸暨市陈蔡捣臼湾。原始定义：指丁家坞剖面 14—19 层，它组成捣臼湾-梨树坞倒转背斜的核部，是陈蔡群最下部层位。下部为斜长角闪岩夹二长浅粒岩；上部为二长变粒岩、二长浅粒岩，以浅粒岩为主，夹斜长角闪岩，顶部有变余层理。

【现在定义】 同原始定义。原岩下段可能为基性富镁拉斑玄武岩；上段可能为砂泥质岩。未见底。与上覆下河图组呈整合接触。

【层型】 正层型为浙江省诸暨市陈蔡丁家坞捣臼湾剖面(120°22′,29°37′)，由浙江区调队孔祥生等(1989)实测。

上覆地层：下河图组 深灰、灰黑色黑云斜长(二长)变粒岩

——————整 合——————

① 浙江省区域地质调查大队，1987，1∶5 万陈蔡幅区域地质调查报告。

捣臼湾组	总厚度>714.30 m
上段	总厚度 340.6 m
6. 灰色混合岩化二长变粒岩	81.70 m
5. 二长浅粒岩、石英岩，夹斜长角闪岩	258.90 m
下段	总厚度 373.7 m
4. 深灰色斜长角闪岩夹薄层状石英岩	176.80 m
3. 糜棱岩化混合岩化浅粒岩	44.50 m
2. 深灰色斜长角闪岩	117.40 m
1. 糜棱岩化混合岩化黑云斜长变粒岩(未见底)	35.00 m

【地质特征及区域变化】 捣臼湾组主要出露于诸暨陈蔡及龙泉、岱山一带。诸暨陈蔡一带下段主要为斜长角闪岩夹石英岩；上段主要为二长变粒岩、二长浅粒岩夹斜长角闪岩，厚度大于 714.3 m。龙泉一带下段岩性主要为斜长角闪岩和角闪岩，混合岩化强烈，厚度大于 409.8 m；上段岩性为互层状含榴二云变粒岩、二云石英片岩和条带状磁铁石英岩等，厚度大于 961.7 m。岱山一带出露于双子山岛南部，岩性为斜长角闪岩与浅粒岩、变粒岩、长石石英岩互层。顶、底不全。厚度大于 255.2 m。

下河图组 Pt*x* (33－0012)

【创名及原始定义】 由孔祥生等(1989)创名，1995 年介绍。命名地点在浙江省诸暨市陈蔡下河图村西北。原始定义：岩性由大理岩、石墨石英片岩等组成，上下分别与下吴宅组和捣臼湾组呈整合接触。

【现在定义】 以大理岩、石墨石英片岩和石英岩为本组的主要特征，其他岩性有浅粒岩、二长变粒岩、斜长角闪岩和片麻岩等。与下伏捣臼湾组、与上覆下吴宅组均为整合接触。

【层型】 正层型为浙江省诸暨市陈蔡下河图剖面(120°22′,29°37′)，由浙江区调队孔祥生等(1989)实测。

上覆地层：**下吴宅组** 灰色、灰黑色黑云斜长变粒岩

——————— 整 合 ———————

下河图组	总厚度 359.78 m
10. 浅灰白、黄褐色碎裂浅粒岩，夹薄层斜长角闪岩	108.00 m
9. 乳白色白云质大理岩，夹黑色斜长角闪岩	21.57 m
8. 灰色、墨绿色斜长角闪岩	7.55 m
7. 下部为乳白色白云质大理岩，夹斜长角闪岩，上部为碎裂白色大理岩，夹斜长角闪岩	36.56 m
6. 黄褐色浅粒岩，夹墨绿色辉石斜长角闪岩	11.75 m
5. 灰黑色、银灰色石墨石英片岩，夹黑云石英片岩	27.55 m
4. 乳白色白云质大理岩，夹墨绿色斜长角闪岩	21.70 m
3. 灰白、黄褐色石英岩	25.37 m
2. 灰黑色、墨绿色斜长角闪岩	26.42 m
1. 下部为墨绿色含辉石斜长角闪岩夹大理岩，上部为大理岩夹斜长角闪岩透镜体	73.31 m

——————— 整 合 ———————

下伏地层：**捣臼湾组** 灰色、黄褐色浅粒岩

【地质特征及区域变化】 下河图组主要出露于诸暨一带，其它出露于龙泉、庆元和岱山等地。诸暨一带岩性为大理岩、石墨石英片岩、石英岩、浅粒岩、变粒岩、斜长角闪岩及片麻岩等，厚度359.8 m。龙泉一带下段由二云变粒岩、二云石英片岩、二云片岩组成韵律层；上段为二云变粒岩、黑云变粒岩、二云石英片岩，夹绿帘斜长角闪岩、大理岩及矽卡岩化大理岩，厚度大于1400 m。庆元一带岩性为黑云变粒岩、绿帘斜长角闪岩夹大理岩，厚度大于500 m。岱山一带岩性为大理岩与角闪片岩、斜长角闪岩互层夹含磁铁斜长角闪岩薄层。厚度大于299.0 m。与上覆下吴宅组整合接触，未见底。

下吴宅组 Pt*xw* (33-0013)

【创名及原始定义】 由孔祥生等(1989)所创，1995年介绍。命名地点在浙江省诸暨市陈蔡孝四下吴宅。原始定义：与下伏下河图组和上覆徐岸组都是整合接触；背斜北西翼为混合岩化辉石斜长角闪岩、角闪变粒岩等；南东翼以斜长角闪岩和辉石斜长角闪岩为主。

【现在定义】 岩性为灰、灰黑色辉石斜长角闪岩、角闪变粒岩、斜长角闪岩和黑云二长变粒岩、斜长变粒岩等。原岩下部可能为中基性、中酸性火山岩和火山碎屑岩，上部可能为砂泥岩。与上覆徐岸组、与下伏下河图组均呈整合接触。

【层型】 正层型为浙江省诸暨市孝四下吴宅剖面(120°24′,29°37′)，由浙江区调队孔祥生等(1989)实测。

上覆地层：**徐岸组** 灰色混合岩化含矽线石榴黑云斜长变粒岩

——————整　合——————

下吴宅组

	总厚度 690.00 m
12. 混合岩化含石榴黑云斜长变粒岩，夹灰黑—墨绿色斜长角闪岩	188.80 m
11. 灰色含榴黑云条带、条纹、条痕状混合岩	23.90 m
10. 墨绿色混合岩化斜长角闪岩	8.60 m
9. 墨绿色斜长角闪岩	40.80 m
8. 下部为灰色混合岩化含榴黑云斜长变粒岩，上部夹厚4m的混合岩化辉石斜长角闪岩	73.00 m
7. 深灰、墨绿色混合岩化辉石斜长角闪岩	23.70 m
6. 灰色粗糜棱岩化、混合岩化石榴黑云斜长变粒岩	37.30 m
5. 深灰、墨绿色混合岩化含榴斜长角闪岩	10.50 m
4. 下部为混合岩化矽线石榴黑云斜长变粒岩，上部为混合岩化含榴黑云斜长变粒岩	72.50 m
3. 中—下部为灰色混合岩化含矽线石榴黑云斜长变粒岩；上部为灰黑色石榴黑云斜长变粒岩	51.90 m
2. 深灰—墨绿色辉石斜长角闪岩、中部夹混合岩化黑云斜长变粒岩	128.90 m
1. 灰黑色混合岩化黑云斜长变粒岩	30.10 m

——————整　合——————

下伏地层：**下河图组** 深灰色角闪辉石变粒岩夹浅粒岩

【地质特征及区域变化】 下吴宅组主要出露于诸暨、龙游及岱山、余姚、上虞、慈溪等地。诸暨一带岩性为混合岩化辉石斜长角闪岩、角闪变粒岩、混合岩化黑云二长变粒岩、含矽线石榴黑云斜长变粒岩等，厚度690 m。龙游一带岩性以含榴斜长角闪岩、角闪岩、黑云斜长变粒岩为主，夹二云石英片岩、石墨斜长变粒岩、含蓝晶石石墨斜长片麻岩，糜棱岩化强烈，顶、底不全，厚度大于600 m。岱山县大衢山岛、余姚市湖山、上虞县朱港等地也有零星分布，岩性以斜长角闪岩、角闪斜长变粒岩、浅粒岩为主，夹矽线石榴黑云片岩和石墨变粒岩等。厚度 439.4 m。

徐岸组　Pt*xa*　(33-0014)

【创名及原始定义】　由孔祥生等(1989)创名，1995 年介绍。命名地点在浙江省诸暨市陈蔡徐岸。原始定义：指陈蔡群最上部层位，岩性以深灰、灰黑色矽线铁铝榴石变粒岩为主，局部为铁铝榴石黑云斜长片麻岩。与下伏下吴宅组为整合接触，与上覆乌灶组为不整合接触。

【现在定义】　同原始定义。原岩可能为砂泥质岩和凝灰质岩。

【层型】　正层型为浙江省诸暨市陈蔡丁家坞徐岸剖面(120°22′,29°37′)，由浙江区调队孔祥生等(1989)实测。

徐岸组	总厚度＞240.70 m
3. 黑灰色细粒矽线、铁铝榴石斜长变粒岩，夹黑云斜长变粒岩，本层产微古植物(未见顶)	32.60 m
2. 黑色、深灰色矽线黑云斜长变粒岩	140.50 m
1. 灰、黑色混合岩化黑云斜长变粒岩夹角闪斜长片麻岩	67.60 m

——————整　合——————

下伏地层：**下吴宅组**　深灰、灰黑色混合岩化黑云斜长变粒岩或条带状混合岩

【地质特征及区域变化】　徐岸组在诸暨一带岩性以矽线铁铝榴石黑云斜长变粒岩为主，局部混合岩化强烈，厚度大于 240.7 m。龙游县溪口一带岩性以矽线二云糜棱片岩、含石墨黑云斜长变粒岩为主，夹石英岩、阳起透闪片岩。厚度大于 1000 m。岱山县大衢山岛北部，岩性以石榴矽线黑云斜长变粒岩为主，夹少量石墨片岩、斜长角闪岩，厚度大于 1000 m。

双溪坞群　Pt$\hat{S}$　(33-0020)

【创名及原始定义】　张健康、马瑞士等(1973)创名，浙江区测队(1975)介绍，命名地点在浙江省富阳市章村双溪坞村。原始定义：为一套海相火山岩建造，包括两个大的喷发旋回。岩性为片理化中基性至酸性火山熔岩及火山碎屑岩夹砂砾岩、砂岩、泥岩及灰岩透镜体。普遍轻度变质，表现为片理化，部分变质略深，成为千枚岩、绢云母石英片岩和绿片岩。总厚 3112.6～4000 m。自下而上分为 a、b、c、d 四段：a 段为混合岩化砂岩、泥岩及混合花岗岩；b 段为浅海相变质火山岩夹沉积岩韵律层；c 段为海相、滨海相变质凝灰质砂砾岩；d 段为海相变质火山岩。

【沿革】　浙江区测队(1972)在区测中厘定上墅组之下有一套火山-沉积岩系，并命名“神功组”。张健康、马瑞士等(1973)在“神功组”中发现了角度不整合面并将其解体，将不整合面之下火山岩为主的地层，命名为双溪坞群，时代置于早元古代，并为浙江区测队(1975)诸暨幅区域地质调查报告采用。浙江省区域地层表编写组(1979)、浙江区调队(1989)将双溪坞群置于前震旦系；浙江区调队(1990)在《1∶5 万场口镇、河上镇幅区域地质调查报告》和《1∶5 万平水、丰惠幅区域地质调查报告》中重新厘定了地层层序，将双溪坞群划分为北坞组、岩山组、章村组；平水一带双溪坞群仍称平水群(表 2-2)。徐步台(1993)① 沈渭洲(1993)做了同位素测年研究，进一步肯定了双溪坞群的成岩时代为中元古代。浙江省第三地质大队、浙江区调队(1990—1994)在 1∶5 万富户、马金镇、杨林、开化县、石渠、孝顺等幅区调工作中，

---

① 徐步台，1993，浙西北前震旦系同位素地质年代学研究报告，浙江省地质矿产厅研究所所刊。

表 2-2 浙江省(浙西北区)前震旦纪地层划分沿革表

北京地质学院	浙江省区测队	浙江省区测队	浙江省区测队	浙江省区域地层表编写组	《浙江省区域地质志》	浙江省区调大队	浙江省区调大队	本书
1962	1965	1969	1975	1979	1989	1990	1990	
1:20万 衢县幅	1:20万 建德幅	1:20万 衢县幅	1:20万 诸暨幅	浙西北区	浙西北区	1:5万 平水幅	1:5万 河上镇幅	浙西北区
Z_1 志棠组	Z_1 志棠组	Z_1 志棠组 上墅组	Z_1 志棠组 上墅组 虹赤村组	Z_1 志棠组	Z_1 志棠组	Z_1 志棠组	Z_1 志棠组	Z_1 休宁组
AnZ 松木坞组	Pt 白沙群	Pt 双桥山群 钟吕群	AnZ 骆家门组 双溪坞群	AnZ 上墅组 虹赤村组 骆家门组 双溪坞群	AnZ 上墅组 虹赤村组 骆家门组 双溪坞群	AnZ 上墅组 虹赤村组 骆家门组 平水群	AnZ 河上镇群：上墅组、虹赤村组、骆家门组 双溪坞群：章村组、岩山组、北坞组	Pt 河上镇群：上墅组、虹赤村组、骆家门组 双溪坞群：章村组、岩山组、北坞组、平水组

也发现有双溪坞群地层的存在。

本书将双溪坞群置于中元古代晚期；将平水群改称平水组，置于双溪坞群下部。

【现在定义】 主要岩性为片理化中基性至酸性火山熔岩及火山碎屑岩夹砂砾岩、砂岩、泥岩，普遍轻度变质。自下而上划分为平水组、北坞组、岩山组和章村组。

依据同位素 Sm-Nd 等时线年龄，时代可能为中元古代晚期。

平水组 Pt*p* (33-0016)

【创名及原始定义】 原称平水群，由浙江区调队(1990)创名①，命名地点浙江省绍兴市平水。原始定义：指一套岛弧型火山演化系列，海底火山喷发成因的细碧角斑岩建造，并经受了绿片岩相变质作用。

【现在定义】 岩性是以细碧角斑岩为主的岩石组合，底部为细碧角斑岩夹泥质岩、硅质岩、含砾砂岩；上部为角斑质玻屑凝灰岩，以绍兴平水一带地层发育最好。本组顶、底均为断层接触。

【层型】 正层型为浙江省绍兴市平水横浜岭、兵康、白鹤殿剖面(120°33′,29°52′)，由浙江区调队(1990)实测。

上覆地层：朝川组 灰紫色凝灰质砂砾岩

═══════ 断层接触 ═══════

平水组 总厚度 2943.10 m

20. 糜棱岩化角斑质玻屑凝灰岩，含有10%以上的角砾 657.60 m
19. 灰绿色细碧玢岩，具杏仁状构造，基质斜长石主要为更钠长石 40.30 m
18. 糜棱岩化含角砾玻屑凝灰岩夹细碧玢岩 4.90 m

① 浙江省区域地质调查大队，1990，1:5万平水、丰惠幅区域地质调查报告。

17. 灰绿色细碧岩、细碧玢岩夹少量角斑质含砾屑凝灰岩，细碧岩具变余间片结构，杏仁状构造 167.80 m

16. 浅灰色泥质硅质细砂粉砂岩夹角斑质含角砾岩屑玻屑凝灰岩 167.80 m

15. 浅灰白色角斑质含角砾玻屑凝灰岩 40.90 m

14. 青灰—深灰色含粉砂硅质泥岩、泥质硅质岩 25.10 m

13. 上部为浅灰色细碧质含角砾玻屑凝灰岩；下部为细碧质晶屑凝灰岩 767.70 m

12. 上部为灰绿色细碧玢岩与含钙质粉砂质泥质硅质岩互层；中下部为灰绿色细碧玢岩，泥质硅质岩中水平层理发育 211.30 m

11. 浅灰绿色角斑质凝灰熔岩 102.20 m

10. 灰绿色含硅质泥质粉砂岩、粉砂质泥岩与含砾长石岩屑砂岩互层，见有层间小褶皱 32.90 m

9. 浅灰绿色凝灰质岩屑砂岩夹灰绿色角斑质含角砾凝灰熔岩 57.50 m

8. 浅灰绿色轻蚀变角斑质角砾凝灰熔岩，角砾自下而上含量逐渐减少 88.60 m

7. 浅灰—灰绿色角斑岩，基质具变余包含霏细结构和包含微晶结构 61.90 m

6. 浅灰色碎裂角斑质含角砾玻屑凝灰岩夹压碎沉角砾凝灰岩 85.50 m

5. 压碎蚀变灰绿色细碧玢岩，岩石具变余斑状结构，基质为变余间隐结构 9.20 m

4. 浅灰色凝灰质砂砾岩，砾石为泥岩、蚀变岩等，胶结物以凝灰质为主、少量泥质 138.10 m

3. 灰绿色角斑岩，基质具变余包含微晶结构 83.60 m

2. 浅灰绿色角斑质含角砾玻屑凝灰岩 83.70 m

1. 灰绿色压碎细碧玢岩夹似层状、透镜体状紫红—铁红色碧玉岩。细碧玢岩中常见有阳起石等变质矿物(断层接触未见底) 116.50 m

【地质特征及区域变化】 本组在平水剖面上，岩性为细碧岩、细碧玢岩、细碧质晶屑凝灰岩、细碧质含角砾玻屑凝灰岩、角斑岩、角斑质含角砾玻屑凝灰岩夹岩屑砂岩、沉凝灰岩、硅质岩、粉砂岩、泥岩、砂砾岩等，厚度大于2943.1 m。金华大盘山南坡岩性为细碧岩、角斑岩夹细砂岩、泥岩、硅质岩，厚度大于500 m。

北坞组 Pt*b* (33-0017)

【创名及原始定义】 由浙江区调队(1990)创名①，命名地点在浙江省富阳市章村北坞村。原始定义：岩性上部为片理化蚀变英安质含角砾玻屑凝灰岩、玻屑凝灰岩；下部为安山质角砾凝灰岩和凝灰质粉砂质泥岩，具低绿片岩相变质，未见底，与上覆岩山组呈整合接触。

【现在定义】 同原始定义。

【层型】 正层型为浙江省富阳市章村剖面(120°05′,29°52′)，浙江区调队(1990)测制。

上覆地层：**岩山组** 灰白、黄褐色片理化蚀变沉凝灰角砾岩

——————整 合——————

北坞组 总厚度 433.60 m

5. 灰绿色片理化流纹质玻屑凝灰岩、片理化流纹质含角砾玻屑凝灰岩 71.90 m

4. 灰绿、青灰色片理化蚀变英安质含角砾玻屑凝灰岩，夹英安质玻屑凝灰岩和蚀变安山岩 197.50 m

3. 灰绿色蚀变安山质含角砾岩屑玻屑凝灰岩、英安质含角砾玻屑凝灰岩，夹少量含角砾玻屑熔结凝灰岩 49.80 m

2. 灰绿色片理化蚀变安山质含角砾玻屑凝灰岩夹蚀变英安质玻屑凝灰岩 85.70 m

---

① 浙江省区域地质调查大队，1990，1∶5万场口镇、河上镇幅区域地质调查报告。

1. 灰绿色安山质(含角砾)沉凝灰岩与凝灰质粉砂质泥岩互层，水平层理发育(未见底) 28.00 m

【地质特征及区域变化】 北坞组主要出露于富阳双溪坞一带，构成双溪坞背斜核部，绍兴平水一带可能也有出露。

岩山组 Pty (33-0018)

【创名及原始定义】 由浙江区调队(1990)所创，命名地点在浙江省富阳市章村岩山。原始定义：指出露于双溪坞背斜的两翼和倾伏端，由片理化沉凝灰岩、凝灰质粉砂质泥岩、凝灰质砂岩，夹少量英安质火山碎屑岩组成，具低绿片岩相变质。与下伏北坞组、与上覆章村组均为整合接触。

【现在定义】 同原始定义。

【层型】 正层型为浙江省富阳市章村剖面(120°05′,29°50′)，浙江区调队(1990)测制。

上覆地层：章村组 灰绿色片理化英安质玻屑熔接凝灰岩

——————— 整 合 ———————

岩山组 总厚度 474.20 m

13. 下部为灰绿色蚀变沉角砾凝灰岩、含角砾沉凝灰岩，往上过渡为沉凝灰角砾岩 42.40 m
12. 下部为浅绿、灰绿色片理化凝灰质含粉砂质泥岩与片理化沉凝灰岩互层，局部发育包卷层理和滑塌构造；上部为凝灰质细砂粉砂岩、沉凝灰岩和凝灰质粉砂质泥岩互层，组成 2～5 cm 的韵律层，其规模较小 36.20 m
11. 灰绿色片理化凝灰质泥质砂岩夹沉凝灰岩，上部过渡为沉凝灰岩 45.10 m
10. 灰绿色片理化沉凝灰岩夹凝灰质砂岩 45.80 m
9. 灰绿色蚀变沉凝灰岩与蚀变凝灰质砂岩互层，夹凝灰质粉砂质泥岩 75.30 m
8. 灰绿色蚀变沉凝灰角砾岩，下部夹沉凝灰岩、凝灰质砂岩，沉凝灰角砾岩与沉凝灰岩，接触面呈犬牙交错，具冲刷面 50.60 m
7. 灰绿色蚀变沉凝灰岩，上部与蚀变凝灰质细中砂岩互层 29.60 m
6. 灰绿色蚀变凝灰角砾岩，蚀变含角砾沉凝灰岩 22.50 m
5. 灰绿、黄绿色蚀变含集块沉凝灰角砾岩、蚀变沉凝灰角砾岩 13.80 m
4. 下部为灰绿色蚀变凝灰质岩屑中粗砂岩，往上变细为灰绿色蚀变凝灰质中细砂岩 17.70 m
3. 灰绿色片理化沉凝灰岩 22.30 m
2. 灰绿色蚀变凝灰质砂砾岩 46.40 m
1. 灰白、黄褐色片理化蚀变沉凝灰角砾岩 26.50 m

——————— 整 合 ———————

下伏地层：北坞组 灰绿色片理化流纹质玻屑凝灰岩、含角砾玻屑凝灰岩

【地质特征及区域变化】 岩山组仅分布于富阳与萧山交界处的双溪坞一带，组成双溪坞背斜的翼部。

章村组 Pt$\hat{z}$ (33-0019)

【创名及原始定义】 由浙江区调队(1990)创名，命名地点在浙江省富阳市章村附近。原始定义：岩性为片理化流纹质或英安质含角砾晶屑玻屑熔结凝灰岩，局部夹凝灰质砂岩和沉凝灰岩。与下伏岩山组呈整合接触；与上覆骆家门组呈不整合接触。

【现在定义】 同原始定义。

【层型】 正层型为浙江省富阳市章村剖面(120°05′,29°52′)，浙江区调队(1990)测制。

上覆地层：**骆家门组** 杂色砾岩、砂砾岩

～～～～～～～～ 不 整 合 ～～～～～～～～

章村组	总厚度 847.20 m
11. 灰紫色片理化流纹质玻屑熔结凝灰岩	35.50 m
10. 灰紫色英安质晶屑玻屑熔结凝灰岩夹流纹质玻屑熔结凝灰岩	37.80 m
9. 灰白、紫灰色片理化蚀变英安质含角砾晶屑玻屑熔结凝灰岩	17.30 m
8. 灰紫色英安质晶屑玻屑熔结凝灰岩，局部夹灰绿色英安质含角砾晶屑玻屑熔结凝灰岩	243.70 m
7. 灰绿色蚀变英安质玻屑熔结凝灰岩	132.30 m
6. 灰绿色片理化蚀变英安质含角砾玻屑熔结凝灰岩	21.20 m
5. 灰白、灰绿色片理化流纹质玻屑熔结凝灰岩	37.20 m
4. 中下部灰白、灰色绢云石英千枚岩；上部明矾石化次生石英岩	120.60 m
3. 片理化英安质晶屑玻屑熔结凝灰岩夹片理化流纹质玻屑熔结凝灰岩	113.10 m
2. 灰绿色片理化流纹质含角砾玻屑熔结凝灰岩，夹片理化流纹质玻屑熔结凝灰岩	30.00 m
1. 灰绿色片理化英安质玻屑熔结凝灰岩	58.50 m

———————— 整 合 ————————

下伏地层：**岩山组** 灰绿色蚀变沉角砾凝灰岩，含角砾沉凝灰岩

【地质特征及区域变化】 富阳、萧山一带章村组构成双溪坞背斜的翼部，岩性为片理化流纹质-英安质(含角砾)晶屑玻屑熔结凝灰岩与玻屑熔结凝灰岩，局部夹凝灰质砂岩和沉凝灰岩，厚度 847.2 m。开化一带岩性为片理化蚀变英安质含角砾晶屑玻屑熔结凝灰岩和蚀变英安质玻屑凝灰岩，厚度大于 282 m。

河上镇群 Pt*H* (33－0024)

【创名及原始定义】 由浙江区调队(1990)所创，命名地点在浙江省萧山市西南河上镇。原始定义：为一套海相磨拉石-复理石建造和陆相火山岩建造。岩性为岩屑砂岩、粉砂质泥岩、泥岩和中基性熔岩、中酸性火山碎屑岩。自下而上划分为骆家门组、虹赤村组、上墅组。与下伏中元古界双溪坞群、与上覆震旦系志棠组均呈角度不整合接触。时代相当于青白口纪。

【沿革】 浙西北区震旦系休宁组之下存在更古老的地层，前人 60 年代初已有认识。北京地质学院(1963)将开化休宁组以下地层划分为松木坞组和演吉岭群，两者呈断层接触。浙江区测队(1965)创白沙群，骆家门组大致相当于白沙群的中部。浙江区测队(1969)创钟吕群、双桥群和上墅组，并将钟吕群与演吉岭群、溪口群对比；双桥群与松木坞群(南京大学，1963)和皖南邓家组对比，上墅组与皖南铺岭组对比。安徽省地质局 332 地质队(1971)将开化高岭、举林、汪公岭和淳安樟村一带的地层划为井潭组。浙西北区前震旦系研究的重要突破，是浙江区测队在 1972 年，测制了富阳章村—神功—骆家门—骆村剖面，将上墅组之下的一套火山-沉积岩系称为“神功组”；1973 年将“神功组”解体，在不整合面之上建骆家门组和虹赤村组，并在 1975 年《1∶20 万诸暨幅区域地质调查报告》中发表。该图幅工作期间，还在萧山市凤凰坞一带发现了比衢州市上墅层位更全、上下层位关系更清楚的上墅组剖面。浙江省区域地层表编写组(1979)、浙江区调队(1989)将骆家门组、虹赤村组和上墅组置于前震旦纪。浙江区调队(1990)在《1∶5 万场口镇、河上镇幅区域地质调查报告》中，对萧山、富阳交界处的骆家门组、虹赤村组和上墅组作了进一步的研究，合并建河上镇群，时代置于青白口纪。

浙江省第三地质大队(1994)完成的《1∶5 万富户、杨林区域地质调查报告》的野外验收

报告中将松木坞群分解，划分为上墅组、虹赤村组，原钟吕群改称骆家门组，并统称河上镇群。同年，浙江区调队将淳安樟村等处原划为井潭组的火山岩，改称上墅组。现已证实，赣、浙、皖三省交界处的叶家组(赣)、上墅组(浙)、井潭组(皖)实为同一层位，其下部拔竹坑组加叶家组(赣)、虹赤村组(浙)、邓家组(皖)也基本为同一层位。

【现在定义】 同原始定义。

骆家门组 Pt*l* (33-0021)

【创名及原始定义】 由浙江区测队(1975)创名，命名地点在浙江省富阳市骆家门。原始定义：下部为砾岩、长石岩屑砂岩夹酸性火山碎屑岩；中上部为砂岩、粉砂岩及泥岩、硅质泥岩组成复理石韵律层夹少量层凝灰岩薄层及砂质泥灰岩透镜体。与下伏双溪坞群呈角度不整合接触，与上覆虹赤村组呈平行不整合接触。

【沿革】 浙江区测队(1965)称白沙群，时代为元古代。浙江区测队(1975)称骆家门组。本书沿用。

【现在定义】 底部由花岗岩、火山岩砾石组成；下部为含砾砂岩夹酸性火山碎屑岩；中上部为砂岩、粉砂岩、泥岩、硅质泥岩组成韵律层，夹玄武玢岩。与下伏双溪坞群呈不整合接触；与上覆虹赤村组呈平行不整合接触。

【层型】 正层型为浙江省富阳市骆家门剖面(120°03′,29°53′)，由浙江区调队(1990)重测。

上覆地层：虹赤村组 含砾岩屑粗砂岩

——————— 平行不整合 ———————

骆家门组	总厚度 1498.90 m
上段	厚度 980.40 m
23. 灰黄色(风化)粉砂质泥岩、泥质粉砂岩夹粉砂岩	98.60 m
22. 青灰色粉砂质泥岩、粉砂岩，下部夹中—厚层状含砂质泥灰岩，局部发育波状印模构造，底部夹厚 25 m 的玄武玢岩	136.70 m
21. 青灰色粉砂质泥岩、粉砂岩、泥岩，组成厚 5～20 cm 的韵律层。本层中部具鲍马序列递变层理	112.00 m
20. 青灰色粉砂质泥岩、泥质粉砂岩夹泥岩，发育韵律层，单个韵律层厚 5～15 cm	33.20 m
19. 青灰色粉砂质泥岩、蚀变细粒长石砂岩夹泥岩、粉砂岩，发育水平层理	88.90 m
18. 灰色中—厚层细粒岩屑长石砂岩夹泥质粉砂岩及 20 m 厚玄武玢岩	54.80 m
17. 中细粒长石岩屑砂岩，具厚层状构造	17.10 m
16. 青灰色粉砂质泥岩、泥质粉砂岩夹凝灰质泥岩，发育水平层理	176.00 m
15. 青灰色粉砂质泥岩夹粉砂岩、泥质粉砂岩、发育水平层理，底部为粗中粒岩屑长石砂岩，上部夹厚 20 m 的玄武玢岩	121.70 m
14. 灰绿色沉凝灰岩与凝灰质粉砂质泥岩组成韵律层，单个韵律层厚 5～10 cm，底部夹厚 20 m 的玄武岩	44.30 m
13. 青灰色细砂岩、粉砂岩、粉砂质泥岩组成韵律层，单个韵律厚 10～20 cm	6.70 m
12. 青灰色粉砂岩与粉砂质泥岩互层，具水平层理，夹厚 3m 的玄武玢岩	25.50 m
11. 上部为长石细砂粉砂岩；下部为青灰色粉砂泥质硅质岩，发育水平层理	64.90 m
下段	厚度 518.50 m
10. 中—厚层状蚀变不等粒砂岩夹泥质粉砂岩、粉砂岩	92.20 m
9. 细中粒长石岩屑砂岩夹少量含硅质粉砂质泥岩，本层有宽 1～3 m 的辉绿玢岩侵入	28.50 m

8. 灰绿色含砾中粗粒岩屑长石砂岩、中粒长石岩屑砂岩，局部夹厚 10～20 cm 泥质粉砂岩　11.00 m

7. 含砾长石岩屑粗砂岩夹少量砂砾岩、粉砂质泥岩及厚 5 m 的玄武玢岩　15.80 m

6. 含砾砂岩、砂砾岩夹少量蚀变中细粒岩屑砂岩及厚约 5 m 的玄武玢岩　42.30 m

5. 灰色蚀变细粒长石砂岩，厚层状构造　6.70 m

4. 上部为中粗粒长石砂岩；下部为砂砾岩，具块状构造　109.20 m

3. 块状蚀变含砾中粗粒岩屑长石砂岩　58.50 m

2. 灰绿色沉角砾凝灰岩　49.80 m

1. 灰色、杂色砾岩。砾石大小混杂，砾径一般在 2～20 cm，大者 30～40 cm；砾石成分复杂，主要有花岗岩、花岗闪长岩、二长岩、钾长花岗岩、霏细岩、英安岩、闪长岩、蚀变片理化火山碎屑岩等。花岗岩砾石锆石 U－Pb 法测参考年龄 879 Ma　104.50 m

～～～～～～～～ 不 整 合 ～～～～～～～～

下伏地层：**章村组**　片理化英安质晶屑玻屑熔结凝灰岩

【地质特征及区域变化】　本组在骆家门剖面上，分为上下两段：下段为砾岩、砂砾岩、长石岩屑砂岩组成磨拉石沉积；上段为粉砂岩、粉砂质泥岩和泥岩组成复理石沉积。骆家门组在常山—绍兴一带下段为砾岩、砂砾岩、长石岩屑砂岩为主，局部夹中酸性火山碎屑岩，厚度 518.5～855.2 m；上段由粉砂岩、粉砂质泥岩、泥岩组成韵律层，厚 980.4～1638 m。苏庄—顺溪一带下段为变质长石岩屑砂岩夹少量千枚岩，未见底，厚度大于 262.4 m；上段为变质岩屑砂岩、粉砂质泥岩、板岩等组成，厚度 1229.9 m。局部地区因构造运动影响具蚀变和片理化现象。

虹赤村组　Pt*h*　(33－0022)

【创名及原始定义】　由浙江区测队(1975)创名。命名地点在浙江省富阳市虹赤村(新建村)。原始定义：指岩性为灰绿色、灰紫色块状含砾长石岩屑砂岩或杂砂岩，夹少量中基性火山岩。与下伏骆家门组呈整合或平行不整合接触；与上覆上墅组为连续沉积。

【现在含义】同原始定义。

【层型】　正层型为浙江省富阳市虹赤村剖面(120°03′,29°54′)，次层型为浙江省萧山市桥头剖面(120°07′,29°56′)，由浙江区调队(1990)重测。

上覆地层：**上墅组**　安玄岩，底部含砾砂岩

———————— 整 合 ————————

虹赤村组　总厚度 206.80 m

上段　厚度 77.40 m

6. 灰紫色中细粒长石砂岩、岩屑砂岩夹粗粒岩屑砂岩，呈块状—厚层状构造，局部见波痕　77.40 m

下段　厚度 129.40 m

5. 灰色粗粒岩屑砂岩　9.50 m

4. 灰紫色中粗岩屑砂岩　23.60 m

3. 灰紫色中粗粒岩屑砂岩　43.30 m

2. 灰紫中粗粒长石岩屑砂岩　28.80 m

1. 青灰色砂砾岩，块状构造，含 0.5～3 cm 复成分砾石，本层偏下部见有较多的下伏地层冲刷之不规则状泥砾　24.20 m

——————— 平行不整合？———————

下伏地层：**骆家门组**　粉砂质泥质硅质岩

【地质特征及区域变化】　虹赤村组在常山—绍兴一带下段为青灰色岩屑长石中粗粒砂岩、灰紫色中层状岩屑细粉砂岩夹英安质玻屑凝灰岩，厚度129.4～156 m；上段灰紫色长石岩屑砂岩夹少量粉砂细砂岩及粉砂质泥岩，厚77.4～305 m。苏庄—顺溪一带下段主要为灰紫色中细粒砂岩、长石岩屑砂岩、长石石英砂岩夹少量砂砾岩、粉砂质泥岩、凝灰岩，局部有对称波痕、脉状层理和透镜状层理，未见底，厚度大于310 m；上段主要为暗紫、灰绿色轻微蚀变粉砂岩、粉砂质泥岩，局部夹流纹质含角砾晶屑玻屑凝灰岩，在松木坞一带尚夹具杏仁构造安玄岩，厚度310.7 m。

上墅组　Pt$\hat{s}$　(33－0023)

【创名及原始定义】　由浙江区测队(1969)创名，命名地点在浙江省衢县上墅(上治，今称华墅)。原始定义：指一套陆相火山岩，岩性上部为灰绿色流纹质玻屑凝灰岩、凝灰岩夹角砾凝灰岩；下部以紫色流纹斑岩为主，夹流纹质熔结角砾凝灰岩。均见老棠组下段不整合其上。

【现在定义】　下部以杏仁状安山玄武岩为主夹安山玄武质含集块凝灰角砾岩；上部以流纹岩为主夹中酸性、酸性熔结凝灰岩。与下伏虹赤村组呈整合接触；与上覆休宁组呈不整合接触。

【层型】　正层型为浙江省衢县上墅(华墅)剖面(118°42′,28°52′)，次层型为浙江省萧山市直坞和高洪尖剖面(120°06′,29°56′)，由浙江区调二队(1990)实测。

上覆地层：**休宁组**　灰紫色砾岩

～～～～～～～～ 不 整 合 ～～～～～～～～

上墅组	总厚度 1775.30 m
上段(高洪尖剖面)	厚度 1207.70 m
23. 灰紫红色流纹斑岩	38.70 m
22. 紫红色流纹质含角砾玻屑熔结凝灰岩	6.70 m
21. 紫红色流纹斑岩和石英霏细斑岩	392.60 m
20. 紫红色石英斑岩	6.90 m
19. 石英霏细斑岩夹流纹质玻屑熔结凝灰岩	345.70 m
18. 流纹岩和霏细岩	94.20 m
17. 灰紫色英安岩	4.00 m
16. 灰紫红色流纹岩	79.30 m
15. 灰白色球泡流纹岩，球泡呈圆—似圆形，大小0.2～2.5 cm，由长石石英微粒组成	31.90 m
14. 灰紫红色流纹岩	50.30 m
13. 灰绿色、灰白色伊利石化、硅化流纹岩	33.50 m
12. 石英霏细斑岩	15.30 m
11. 灰紫红色流纹斑岩	43.70 m
10. 霏细岩	64.90 m
下段(直坞剖面)	厚度 567.60 m
9. 灰紫色安山玢岩	43.70 m
8. 灰紫色蚀变杏仁状安玄岩，杏仁体呈不规则状，椭圆状，为绿帘石、绿泥石、石英充填	155.20 m

7. 杂色蚀变安玄玢岩 18.30 m

6. 灰紫色蚀变杏仁状安玄岩，杏仁体呈椭圆状及不规则状，大小悬殊，大者 1～1.5 cm，一般在 0.3～0.6 cm，为绿帘石、绿泥石和石英充填 72.40 m

5. 灰绿色蚀变安玄质含角砾岩屑凝灰岩 63.30 m

4. 灰绿色、灰紫色蚀变杏仁状安玄玢岩，杏仁体呈椭圆状、长条状，由绿帘石、绿泥石组成 62.20 m

3. 深灰色杏仁状玄武岩，气孔发育，呈定向排列，本层下部为绿帘石、绿泥石组成杏仁体；上部为密集性小孔 14.90 m

2. 灰色蚀变安玄质含集块凝灰角砾岩，安玄质集块角砾岩 73.70 m

1. 深灰色安山质凝灰角砾岩 63.90 m

———————— 整　合 ————————

下伏地层：**虹赤村组**　灰紫色粗中粒岩屑砂岩

【地质特征及区域变化】　常山—绍兴一带上墅组的岩性、厚度有明显变化。在萧山河上镇附近，下段为中基性熔岩和中基性火山碎屑岩组成；上段以酸性熔岩为主夹酸性火山碎屑岩。总厚度 1775.3 m。在江山方家和上余附近，岩性以英安质熔结凝灰岩为主夹数层英安玢岩和流纹斑岩，未见底，厚度大于 2173 m。苏庄—顺溪一带上墅组上段顶部为流纹岩，主体为巨厚的中酸性熔结凝灰岩，偶夹安玄岩；下段以安玄岩为主，在高岭附近有两层厚度 100～300 m 的细碧岩夹于片理化砂泥岩中。总厚度 1033～1699 m。

第二节　生物地层及年代地层概况

一、生物地层、年代地层

在八都(岩)群中缺少古生物化石，主要以同位素年龄值作为确定时代的依据。胡雄健等(1991)在龙泉市淡竹片麻花岗岩和八都(岩)群泗源岩组中含墨矽线石榴二云带状混合岩，经锆石 U－Pb 法测定同位素年龄值，前者为 1878±27 Ma，后者为 1830 Ma 和 2032±16 Ma，在龙泉市八都和闽北等地，有相当多的碎屑锆石 U－Pb 同位素年龄值在 1800～1900 Ma 和 2000 Ma；汪新等(1988)在龙泉市花桥八都(岩)群中副片麻岩和 1 个斜长石经 Sm－Nd 等时线法测定，同位素年龄值为 2059±62 Ma 和 2199±95 Ma；在遂昌县沙口—龙殿剖面八都(岩)群中和龙泉市八都(岩)群泗源组中全岩经 Rb－Sr 等值线测定同位素年龄值，前者为 1707.4±65 Ma 和 1603.3±9.3 Ma，后者为 2079.9±11.5 Ma。综上八都(岩)群中的同位素年龄值在 1603～2199 Ma，时代为早元古代。

在陈蔡群中采集有微古植物、似几丁虫和同位素年龄样品。其中微古植物有 *Trachysphaeridium* sp.，*T. cultum*，*Macroptycha* cf. *uniplicata*，*Quadratimorpha* sp.，*Kildinella* sp.，*Pulvinomorpha* sp.，*Trematosphaeridium holtedahlii*，*Taeniatum* sp.，*Polyporata* sp.。这些微古植物，在我国东秦岭北坡青白口系及震旦系都有发现；中条山—乐山与嵩山地区的青白口系—震旦系有报道；前苏联的前寒武系，如上 Riphean－Vendian 系，特别是西伯利亚土鲁汗地区的上 Riphean 沉积岩中曾大量发现。另外，福建、鄂西也有类似的微古植物组合。

似几丁虫 chitinozoans－like 其特征与辽东、福建及美国亚利桑那州科罗拉多的丘瓦群有类似之处。

陈蔡群的同位素年龄值曾作过多次研究，由于受地质事件和源区母岩的影响，年龄值高低悬殊。本次清理选用孔祥生(1993)对诸暨市陈蔡地区 26 个样品经 Rb－Sr 等时线测定，同位素年龄值为 1129±23 Ma；水涛、徐步台(1988)对陈蔡一带黑云斜长片麻岩的锆石经 U－Pb 法测定，同位素年龄值为 1438(+150，−120) Ma，另外 5 组$^{207}Pb/^{208}Pb$ 年龄值为 1016～1100 Ma(平均为 1043.3 Ma)；胡雄健(1991)在龙泉市捣臼湾组和下河图组中全岩 Sm－Nd 等时线年龄值为 1389.2±47.2 Ma 和 1376.5±82.1 Ma。依据上述资料陈蔡群中所采样品时代可能为中元古代。

在双溪坞群中，浙江区调队(1990)在富阳市章村和史家双溪坞群章村组的熔结凝灰岩用锆石 U－Pb 法测定，同位素年龄值为 914 Ma 和 875 Ma；沈渭洲(1993)在绍兴市平水西袭和枫林双溪坞群平水组的细碧岩及其分离出来的磷灰石和绿帘石用 Sm－Nd 等时线法年龄值为 1012±28 Ma，并对绍兴市平水组的火山岩全岩进行 Rb－Sr 法测定，同位素年龄值为 972±40 Ma。

在赣东北与双溪坞群大致相当的火山岩 Sm－Nd 年龄值为 1038 Ma、1113 Ma，弋阳县的细碧岩全岩同位素年龄值为 1159 Ma、细碧岩、石英角斑岩、蛇纹岩 Sm－Nd 年龄值为 1034±24 Ma、1112.9±53 Ma 和 Rb－Sr 年龄值为 1401 Ma。综合上述分析对比，双溪坞群中所采样品时代为中元古代。

河上镇群中采集有微古植物和同位素年龄样品。其中在骆家门组中发现的微古植物有 *Pseudozonosphaeridium* sp.，*Nucellosphaeridium* sp.，*Protosphaeridium rigidulum*，*P. densum*，*P. pusillum*，*Trematosphaeridium holtedahlii*，*Margominuscula rugosa*，*Polyporata* sp.，*Turuchania* sp.，*Lignum* sp.，*Granomarginata prima*，*Leiopsophosphaera solida* 等。在虹赤村组中发现少量微古植物，主要有：*Microconcentrica*? sp.，*Leiopsophosphaera solida*，*Trematosphaeridium* sp.，*T. holtedahlii*，*Polyporata* sp. 等。

上述藻类化石大部分属种可与北方青白口系所产藻类化石对比。时代为晚元古代青白口纪。

河上镇群的同位素年龄值，浙江区调队(1990)在富阳市神功村采集骆家门组底部花岗岩砾石，经锆石 U－Pb 法测定，同位素年龄值为 879 Ma；浙江省第三地质大队(1994)在开化县小波浪和大丘虹赤村组的流纹质凝灰岩，经锆石 U－Pb 法测定，同位素年龄值为 830 Ma 和 880 Ma；浙江区调队(1991)在江山市上余上墅组的流纹斑岩，经锆石 U－Pb 法测定，同位素年龄值为 830～870 Ma；浙江省第三地质大队(1994)在开化县十里坑采集上墅组上部流纹质熔结凝灰岩，经锆石 U－Pb 法测定，同位素年龄值为 811±2 Ma；徐步台(1993)在萧山市河上镇采集上墅组下部安玄岩，经全岩 Sm－Nd 等时线法年龄值为 894±75 Ma；浙江区调队(1990)在富阳市侵入在双溪坞群中的道林钾长花岗岩，经锆石 U－Pb 法测定，同位素年龄值为 814 Ma。

赣东北与上墅组相当的变球粒英安岩，经 Rb－Sr 测定，同位素年龄值为 817±87 Ma，广丰县中流纹岩，经锆石 U－Pb 法测定，同位素年龄值为 821.2±9.2 Ma。

皖南与上墅组相当的火山岩 Sm－Nd 同位素年龄值为 839 Ma。

已知北方青白口系中海绿石同位素年龄值在 918～737 Ma，因此，河上镇群时代置于晚元古代。

第三节　形成环境和含矿性

1. 八都(岩)群

(1) 原岩恢复和形成环境

①变质特征与原岩恢复　八都(岩)群是一套经历角闪岩相变质作用和强烈花岗质混合岩化作用的区域变质岩。主要岩性为变粒岩，占70%以上，其次为25%的云母片岩及少量的长石石英岩和浅粒岩等。由于广泛的花岗质岩浆作用，致使八都(岩)群区域变质岩石的矿物成分、化学成分及结构构造呈现花岗质片麻岩的外貌，从而对变质岩石学研究和原岩恢复增加了难度。此处所指的原岩恢复，是剔除了混合岩化后的原岩基质部分。

变质特征：变粒岩类包括黑云斜长变粒岩、角闪斜长变粒岩和角闪黑云斜长变粒岩。黑云斜长变粒岩是八都(岩)群主体岩性，化学成分 $SiO_2$61.74%～69.84%，MgO>CaO，K_2O>Na_2O，局部富含铁铝榴石、蓝晶石、矽线石、石墨等特征副变质矿物，典型的变质沉积岩稀土元素型式。角闪斜长变粒岩仅见于堑头岩组，矿物组合简单，其中 $SiO_2$51.40%～56.59%，MgO>CaO；富 Cr、V、Sr；Rb/Sr<1。角闪黑云斜长变粒岩出露于局部地段。

片麻岩类的主要特征是粒度较变粒岩粗，成分与同类变粒岩一致。如黑云斜长片麻岩的化学成分与黑云斜长变粒岩一致，并显示出沉积变质的特征。遂昌—大柘和治岭头金矿区的片麻岩，SiO_2 57.96%～72.22%，K_2O>Na_2O，斜长片麻岩和含矽线石片麻岩具副变质特征。

长石石英岩类呈层状产出，单层厚0.5～1.0m者居多，边界清晰者可视为原始沉积夹层。化学成分 SiO_2 82.29%～86.88%，Al_2O_3 8.34%～8.58%，MgO>CaO，K_2O>Na_2O；常含铁铝榴石、矽线石和蓝晶石，具典型沉积碎屑岩稀土元素型式，Rb/Sr=4.9；原岩成熟度较高。

云母片岩类呈夹层出现于上部地层中，普遍含有石墨、矽线石、铁铝榴石和蓝晶石。其中黑云片岩低硅富铝贫钙，稀土总量高，轻重稀土分馏较强，Eu负异常较显著；黑云石英片岩中石英显著增高并与黑云母形成条带构造，稀土总量略低于黑云片岩。

原岩恢复：变粒岩和长石石英岩类——陆源碎屑岩为主。变粒岩多含有石墨、矽线石、蓝晶石等特征变质副矿物，岩石化学成分中，DF判别值大部分小于零，原岩应为陆源碎屑成因。角闪斜长变粒岩则属火山碎屑岩或火山质杂砂岩成因。图解分析，砂质岩的成熟度较低，以长石砂岩、杂砂岩和岩屑砂岩为主。长石石英岩本身呈薄层状产出，原岩为长石石英砂岩类。

片麻岩类——砂泥质沉积岩为主。图解分析，大部分属于砂、泥质沉积岩类，以含泥质砂岩及寒温带陆相泥岩和潮湿气候泥岩为主。

云母片岩类——粘土岩类。八都(岩)群云母片岩类富含石墨、矽线石和铁铝榴石，主要为潮湿和炎热气候带的陆相泥岩成分。云母片岩富含有机质。高铝，以蒙脱石为泥质岩的主要成分。

②成岩环境和演化　八都(岩)群是在花岗质陆壳的基础上发展起来的。主体地层为较稳定环境下的陆内或陆缘盆地的浅海—滨海相环境，形成巨厚的高铝富碳陆源砂泥岩沉积，并伴有少量的中酸性火山岩。

八都(岩)群的演化自下而上，火山活动由弱到无；岩浆成分由基性到酸性；沉积物质由火山质杂砂岩变为碎屑岩，成熟度愈来愈高，总体构成一个海进沉积旋回。

八都(岩)群中普遍含有机质成因的晶质石墨、铁铝榴石、矽线石、蓝晶石等；化学组分中的低硅(SiO_2 65%±)、高铝(Al_2O_3 16.5%～21.0%)，$K_2O>Na_2O$，$MgO>CaO$，K_2O/Na_2O 1∶3，$Al_2O_3/(K_2O+Na_2O)$约为2，显示了成熟度较低的中酸性花岗质陆源碎屑沉积物成分特征。

1800 Ma 左右，发生了强烈的构造-热事件，使八都(岩)群产生平卧褶皱、侧向挤压剪切和韧性剪切流变，发生水平方向的缩短，以及区域变质，混合岩化，并抬升成陆。这大致相当于华南的龙川运动或华北的吕梁-中岳运动。

1800～1400 Ma 之间，八都(岩)群抬升成陆接受剥蚀，被裂解成大小数十平方公里的地块或岩块，有的可能更小，总的趋势是八都地块较大，向北愈变愈少。陈蔡群开始沉积时的环境，应是在洋壳的基础上，有一些零散的花岗质陆源碎屑变质岩构成的大小不一的岩块散布。虽然在中晚元古代以及更晚的多期次构造活动和热事件中，使其进一步发生变化，而使八都(岩)群和陈蔡群的具体界线在某些地段不易辨认，但从八都(岩)群的岩石组合和宏观特征，可以很自然地将其与陈蔡群区分开来。这可能是浙东南区变质岩最基本最重要的事实之一。

(2) 含矿性

八都(岩)群的矿产有：金、银、铅锌多金属、磁铁矿、黄铁矿、萤石和高岭土等，有不少矿床达到中型和大型规模。这些矿床主要为受变质岩、片理及其扩容构造控制的脉状、似层状矿床。

2. 陈蔡群

(1) 原岩恢复和形成环境

①变质特征与原岩恢复　陈蔡群是经历了多期次区域动力—热流变质的区域变质岩系，局部遭受后期动力变质作用影响并形成糜棱岩。主要岩性有角闪岩类、变粒岩类、片麻岩类、大理岩类。

变质特征　角闪质岩类是构成捣臼湾组、下河图组和下吴宅组的主要岩石类型之一，并以斜长角闪岩为主。含普通角闪石45%～75%，斜长石25%～50%，偶见交代残留的辉石。斜长角闪岩分布较为广泛，多呈厚层状由数十米至百余米不等，呈团块状或透镜状产出，有时与大理岩互层或互为包裹。其中 SiO_2 42.93%～57.36%，K_2O 0.26%～2.88%，Na_2O 1.05%～3.68%；稀土总量变化大，Eu 异常不明显。另外，局部有角闪斜长变粒岩和透辉石岩呈夹层产出。

变粒岩类是陈蔡群的主体岩性，常见角闪黑云斜长变粒岩和黑云斜长变粒岩。角闪黑云斜长变粒岩浅灰—深灰色，主要暗色矿物为黑云母和角闪石；其中石英含量小于25%，长石含量大于石英，多呈薄层状分布；黑云斜长变粒岩灰—灰黑色，有时见变余层理；暗色矿物主要为黑云母、次为石墨；斜长石多在30%～45%；富含石榴石、蓝晶石；往往呈巨厚的层状产生，其中 SiO_2 61.91%～72.93%，MgO 含量大于 CaO，稀土具典型变质沉积岩特征。

浅粒岩类岩石的基本特征是暗色矿物含量小于10%，长石含量远大于石英，粒径多在0.05～0.5 mm，细粒均粒他形变晶结构。其中 SiO_2 71.42%～84.98%，CaO 和 MgO 大致相等，Al_2O_3、K_2O、Na_2O 含量变化大。

片麻岩类云母类片状矿物少，长石和石英含量50%～60%，片麻构造明显。

(磁铁)石英岩、大理岩和片岩类含磁铁石英岩仅见于下河图组，条带状、条纹状构造；石英含量大于85%，磁铁矿2%～5%；常与斜长角闪岩和大理岩共生。石英岩主要分布于捣臼湾组，单层厚30～50 m 不等，最大百余米，与斜长角闪岩互层；其中 SiO_2 含量大于83.36%，MgO 含量大于 CaO，Na_2O 含量可达1.52%。

大理岩为下河图组独有，灰白—乳白色，块状及条带状构造，条带由角闪石、透辉石及硅质岩组成；呈层状、透镜状与斜长角闪岩、石英岩共生。

原岩恢复　角闪质岩可能由基性为主的火山熔岩经角闪岩变质而成。总体呈层状—似层状分布，并可见变余枕状构造；角闪岩中锆石含量低，颗粒小，呈卵形和椭园形拉长，其往往为基性火山岩所特有，经图解分析为安山岩—粗玄岩类。说明陈蔡群中的大理岩与基性—中基性熔岩共生。

变粒岩类——杂砂岩、粘土岩和中酸性火山(碎屑)岩，变粒岩中，黑云斜长变粒岩多含矽线石等特征副矿物；一般 MgO 含量大于 CaO，K_2O 含量大于 Na_2O，Al_2O_3 含量大于 CaO $+Na_2O+K_2O$，图解分析，角闪斜长变粒岩中多保留火山碎屑物，各类矿物分布不均匀，原岩可能属中酸性火山岩和火山碎屑岩。

浅粒岩类——长石砂岩等沉积岩，浅粒岩为副变质成因，Al_2O_3—(Na_2O+K_2O)图解表明，它们以长石砂岩为主。

陈蔡剖面的片岩局部可见，主要特点是：石英含量大于 35%，长石含量小于 25%，片状矿物含量大于 30%，具典型的鳞片粒状和片状构造；其中石墨石英片岩多见于下河图组。另外，縻棱片岩类在龙泉一带十分发育。

至于其他岩类，研究表明，片麻岩可能是中酸性火山碎屑岩；而(磁铁)石英岩、大理岩和石墨石英片岩等均为沉积岩变质而来。

②成岩环境和演化　捣臼湾组原岩以厚层块状拉斑玄武岩为特色，较多硅质岩的存在，说明可能形成于深海环境。玄武岩还显示了深海拉斑玄武岩和岛弧低钾拉斑玄武岩的岩石地球化学特点。可以认为，捣臼湾组发育于洋壳之上，未受花岗质陆壳强烈混杂，以水下火山活动为特色。

下河图组为拉斑玄武岩、泥灰岩、硅碳质泥岩和碎屑岩沉积。大理岩碳氧同位素测定反映为浅海—滨海相(徐步台，1988)，并具洋岛拉斑玄武岩特点，反映了一种多岛洋的古地理格局。

下吴宅组中基性火山岩碱质成分相对增加，以拉斑玄武岩和钙碱玄武岩共存为特征，稀土元素仍具大洋岩性质，并可与夏威夷玄武岩类相比，其主体岩石具有岛弧性质，反映了弧下地壳增厚的趋势。

徐岸组以砂泥质复理石沉积为特色，具大洋岛弧性质，碳质较高，可能形成于半封闭还原环境。

陈蔡群以海底拉斑玄武岩喷发开始，碳酸盐岩和砂泥岩沉积结束，上部出现少量酸性岩，总体构成一个火山-沉积旋回。

中元古代末期，陈蔡群发生了强烈的区域(动力)变质作用，以后经历多次，使岩石变质变形，呈现纷杂的现象。

(2)含矿性

陈蔡群已知矿产有铅锌矿、多金属矿、金银矿、磁铁矿以及钾长石、黄铁矿、大理岩、石英岩、石榴石、云母、矽线石和石墨等，有的达到中、大型规模。

3. 双溪坞群

(1) 原岩的形成环境

双溪坞群为钙碱系列火山岩，并形成完整的基—中—酸性火山岩演化序列，反映为大陆边缘岛弧挤压背景下同源岩浆连续分异过程中火山作用的产物。它的动力学机制，可能是在中元古代(1200 Ma 左右)，浙东南地块向NW方向作B型俯冲所形成的扬子陆块外侧的陆缘火山弧引起的。

双溪坞群自下而上显示了岛弧逐步增大并不断成熟的过程。平水组为基性岩，以水下喷发为特色，向上则有中性、中酸性角砾凝灰岩和晶屑玻屑凝灰岩，以及成熟度很低的砂砾岩，反映了水体变浅甚至局部为陆相环境；北坞组下部以沉积岩和中性火山碎屑岩为主，与平水组上部岩性较接近，例如两者都有安山质凝灰岩、凝灰质砂岩和中酸性凝灰角砾岩，以及水平层理发育的砂泥岩等；岩山组为水盆地沉积，以沉凝灰岩类为特色；章村组以中酸性火山强烈爆发的陆上火山碎屑流相为特色。这种岩性组合在华南其他地区似不多见，反映浙江中元古代地层相对发育比较完整。中元古代末(1000 Ma)，由于浙东南陈蔡洋弧地体对双溪坞陆弧地体的碰撞，而使双溪坞群发生褶皱、片理化和绿片岩相的区域动力变质。

(2) 含矿性

双溪坞群的矿产主要有金、银、铜、明矾石、黄铁矿和绢云母等，常构成中、大型矿床。

4. 河上镇群

(1) 岩性组合特征

①磨拉石——骆家门组上段，是一套以陆相为主的巨厚砾岩和砂岩组成。岩石分选性差、层理不规则、常见交错层理和波痕、相变急剧，具磨拉石性质。

②复理石——骆家门组下段，主要由砂、泥质层交替组成，具有韵律性特征，单个韵律厚度自数厘米至数十厘米，总厚度很大，具复理石特征。

③杂砂岩——虹赤村组，由成熟度低的长石岩屑杂砂岩组成。

④陆相火山岩——上墅组，下段由基性火山岩组成；上段由中酸性—酸性火山岩组成。

(2) 形成环境与演化

①骆家门组下段经神功造山期之后首先形成磨拉石盆地沉积，由于当时还未形成准平原化和存在陆变海的过程，所以骆家门组的厚度变化很大。它显示了从山前盆地向复理石沉积的过渡状态。

②骆家门组上段为巨厚的复理石沉积，它是骆家门组的主体地层，相对持续时间长、延伸范围大、岩性稳定。它属于拉张环境下的弧后盆地沉积。

③虹赤村组杂砂岩和虹赤村组与骆家门组之间的整合或平行不整合接触关系。反映了水盆地变浅，弧后盆地消亡、关闭成陆。

④上墅组是陆相火山岩为主，并有钾长花岗岩侵入和辉绿岩岩墙群。显示了拉张背景下的产物。

因此，河上镇群由山前盆地—弧后盆地—弧后盆地消亡成陆—陆相火山喷发的发展过程。它的生成、发展与板块活动、岛弧-海沟系的发展直接相关。

(3) 含矿性

河上镇群的矿产主要有铜、金、银和伊利石、叶蜡石、钾长石等，多为小型矿床和矿点。

第四节 问题讨论

1. 八都(岩)群

(1) 关于八都(岩)群的沉积时限和主变质期

创名者将八都(岩)群的沉积时限定为2400～2050 Ma，主变质期为1900±100 Ma。本次清理将其沉积时限定在2400～1800 Ma左右，主变质期为1800 Ma，主要因为：八都(岩)群最高层位的大岩山(岩)组，缺乏沉积年龄方面的同位素资料，而在论证整个(岩)群的时代上限时，应予考虑。胡雄健等(1991)认为，能代表成岩年龄的同位素测试成果是2199±95 Ma，而反映变质年龄区间的有6个同位素测试成果，年龄值2080～1707 Ma，可以看出很有探讨的余地。从活动论的观点看，沉积作用与变质作用可以是连续的过程。按胡雄健等(1991)的划分意见，沉积作用停止之后和变质作用发生之前，似有一个150 Ma左右的间断，目前的资料尚不足以支持这种认识。

(2) 龙泉八都一带是稳定的克拉通还是多次叠加的造山带

有一种认识，八都一带绝非克拉通，而是浙东南区造山作用多次叠加的地方。如果八都(岩)群能成立，其主变质期和混合岩化期应主要是加里东期。从长石石英岩类分析，成熟度相当高，时代可能比陈蔡群还新。实际情况是广西(加里东)期，印支期和燕山期，该处的造山作用都非常强烈，不容忽视；如广西期数十平方公里的侵入岩，以及印支期和燕山期强烈的构造-热事件，都有继续研究的价值。

(3) 关于大岩山(岩)组

大岩山(岩)组能否成立，尚有不同认识。有人认为大岩山(岩)组是残余的外来推覆体，属于构造片岩之列。现置于八都(岩)群最上部，主要因为：大岩山(岩)组仅分布于八都(岩)群出露区，与下伏岩层为整合接触，未发现推覆构造的确切证据；该组与八都(岩)群构成一个完整的沉积旋回，所含特征变质矿物和所反映的变质程度与下伏岩层一致；在分布上有一定的稳定性。也不排除大岩山(岩)组沉积之前存在沉积间断的可能性。

(4) 关于汤源混杂岩

龙泉汤源岭背岭一带，童朝旭、叶国贵(1986)发现基性-超基性岩组成的构造混杂带；郭令智、施央申(1987)认为是典型的蛇绿混杂堆积岩，系大洋地壳的残块；汪新等(1988)认为属浙闽混杂岩——大陆地体缝合线的一部分，是洋壳俯冲与陆壳碰撞的标志；Howell(1989)认为是侏罗纪走滑断层所致；胡雄健等(1991)认为是八都(岩)群原地破碎的结果；钟志华(1991)认为汤源混杂岩带与汤源组和龙泉群成分完全一致；并认为八都群汤源组与龙泉群的斜长角闪岩、常量元素、形成环境、Sm－Nd等时线年龄和Nd同位素始比值一致而不存在重大差异，相反，它们具有极为相似的地球化学组成。本次对比研究认为，应属较晚期韧-脆性变形准原地混杂岩，但其原岩，应为拉斑玄武岩系列的大洋地壳的石英片岩，与陈蔡群下段捣臼湾组初期环境一致。

2. 陈蔡群

关于陈蔡群的时代，本次研究以比较多的论据作了阐述，认为可能属中元古代。但在地质界尚未完全统一，还有早—中—晚元古代、中—晚元古代、中元古代—震旦纪及元古代—早古生代多种意见；对其主变质期，也有1000 Ma、800 Ma，600～400 Ma等不同认识。

3. 双溪坞群

(1) 双溪坞群是否有根

许靖华1989年考察了富阳双溪坞群层型剖面后，认为(根据谈话记录)富阳双溪坞群与华南板溪群一样，属于外来推覆体，是印支期从SE向NW推覆过来的；神功村的底砾岩是对的，但可能为双溪坞群的底砾岩。这种意见，已被1∶5万河上镇幅区调工作所否定。双溪坞群不是推覆体；神功村的底砾岩是骆家门组的底砾岩。

(2) 双溪坞群是否为岛弧环境

关于双溪坞群是否为岛弧型火山岩，国内外地质界尚有不同的认识。根据岩石组合、构造特征和岩石地球化学特征，认为富阳章村双溪坞群火山岩具有洋、陆聚敛带中的火山岩特征，是产生在大陆边缘隆起的构造部位上，以中酸性火山碎屑岩为主体的钙碱性火山岩系。对比古岛弧、现代岛弧和陆缘火山岩系资料表明，双溪坞群是中元古代扬子板块东南缘较成熟岛弧系的组成部分。这个问题是华南构造格局中十分重要的问题。双溪坞群作为大陆边缘岛弧看待，似无问题。这对于认识中元古代华南到底是统一的古大陆，还是可能属不同的古板块和地体，并存在有板块边缘活动带，具有重要意义。

4. 河上镇群

(1) 骆家门组中的基性火山岩是否为细碧岩

自 1973 年以来，对骆家门组层型剖面，浙江区调队做了反复研究。除在下段划出 50 m 厚的沉角砾凝灰岩外，中、上部有数条顺层或有一定角度斜交的基性岩床和岩脉，并作为上墅早期的拉张背景下的岩脉群，这是一贯的处理意见。

1992 年 4 月，汤家富、毕治国、李玉发、马荣生等认为，至少一部分，可能为细碧岩。余达淦、管太阳、王贵金(1993)认为神功—骆家门剖面的骆家门组中，存在 5 层玄武岩，总厚 172 m 以上；并有 1 层夹硅质细条带的细碧岩，厚 127 m。

现有资料分析，基性岩脉群肯定存在，它不仅侵入于骆家门组，而且在虹赤村组和上墅组中均有发育，况且，这种基性岩脉群在开化松木坞等处也有发现。但是，骆家门组中一些顺层产出、结构很细的基性岩，有的可以肯定为玄武岩，是否有细碧岩的存在，值得今后的研究中注意。

(2) 晋宁造山期的磨拉石问题

有的研究者将“神功群”(似指骆家门组和虹赤村组)作为晋宁运动的磨拉石。事实上，河上镇群作为一个独立的构造层，变形变质程度、构造样式等与下伏双溪坞群和上覆休宁组都不一样。骆家门组下段磨拉石，是 1000 Ma 左右的中元古代末期神功运动的产物，而不是 800 Ma 左右发生的晋宁运动的产物。

研究表明，晋宁期磨拉石存在于上墅组与休宁组之间，厚度可达 500 m，为不稳定发育的灰紫色块状含砾岩屑砂岩，它与上墅组呈不整合接触，与休宁组底部滨岸相石英质砂砾岩为平行不整合接触。这在常山石龙岗北坡和衢县大川剖面完整、露头非常清晰。这套地层，赣东北也有存在。可从休宁组中单独划出，作为独立的组或正式段。它不是到处都存在，而且厚度变化很大，这些正是晋宁期磨拉石沉积的特点。

第三章
震旦纪—志留纪

震旦纪—志留纪地层分布于浙西北地区，属扬子地层区（$Ⅵ_4$）江南地层分区（$Ⅵ_4^5$）。出露面积约 12 552.7 km^2。为海相碎屑岩和碳酸盐岩岩系。根据岩性组合和沉积相的差异，各纪地层划归不同的地层分区和岩石地层单位。

震旦纪地层，下部划分为休宁组、南沱组。上部以常山球川-萧山、开化马金-桐乡乌镇两条断裂为界分为三部分：江山—绍兴一带划分为陡山沱组、灯影组、皮园村组；开化—临安一带划分为陡山沱组、板桥山组、皮园村组；昌化—安吉一带划分为蓝田组、皮园村组。

寒武纪地层分为江山-临安和杭州-嘉兴两个地层小区，前者划分为荷塘组、大陈岭组、杨柳岗组、华严寺组、西阳山组；后者划分为超山组、大陈岭组、杨柳岗组、超峰组。

奥陶纪地层分为江山-临安和杭州-嘉兴两个地层小区。江山-临安地层小区划分为印渚埠组、宁国组、胡乐组、砚瓦山组、黄泥岗组、长坞组或三衢山组、文昌组。杭州-嘉兴地层小区划分为仑山组、红花园组、牯牛潭组及砚瓦山组、黄泥岗组、长坞组、文昌组。

志留纪地层划分为霞乡组、河沥溪组、康山组、唐家坞组(图 3－1)。

第一节　岩石地层单位

休宁组　*Zx*　(33－0025)

【创名及原始定义】　原称休宁砂岩，由李毓尧(1936)创名，命名地点在安徽省休宁县蓝田。原义指安徽休宁蓝田一带覆于上溪系千枚岩之上，被冰川砾岩覆盖的一套紫红色、绿色砂岩，偶夹黄褐色泥质粉砂岩，其下为厚 40 m 底砾岩。

【沿革】　钱义元(1964)将休宁砂岩改称休宁组，并将底部砾岩称“一壶水砾岩”。休宁组长期为安徽沿用。浙江休宁组原称志棠组，由刘鸿允、沙庆安(1959)创名，命名地点龙游志棠。本次对比研究将志棠组改称休宁组(表 3－1)。

【现在定义】　指分布于皖南山区的休宁—绩溪一线，主体岩性为灰白、灰绿、紫色砂岩，粉砂岩与泥岩组成韵律，底界以紫色砾岩与下伏历口群、上溪(岩)群的不同层位及古老花岗岩之上的不同层位呈平行不整合接触。浙江休宁组底部为紫红色砂砾岩、岩屑砂岩；下部为凝灰质粉细砂岩夹沉凝灰岩；上部以微层理粉砂岩、粉砂质泥岩互层。以紫红色砂砾岩或岩

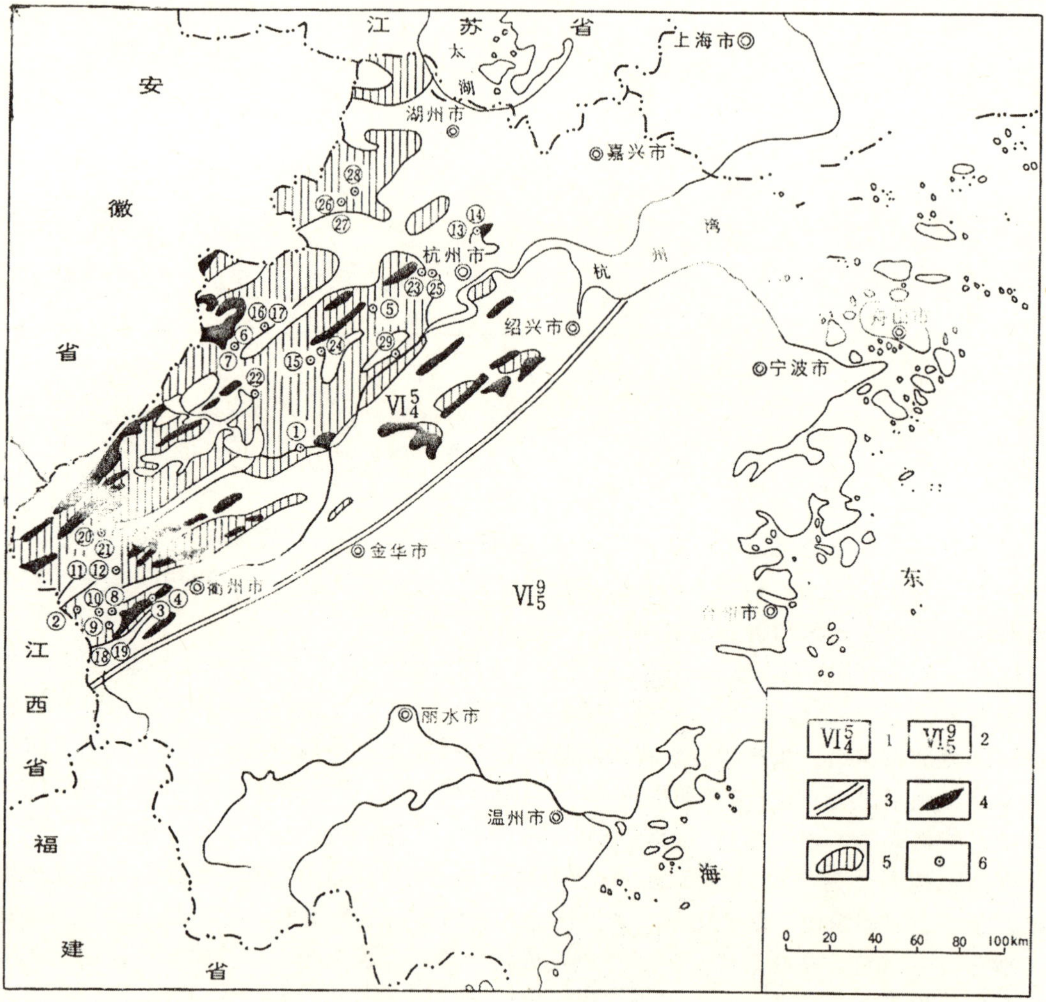

图 3－1　浙江省震旦纪—志留纪地层分布示意图

1. 江南地层分区(浙西北区)；2. 沿海地层分区(浙东南区)；3. 地层分区界线；4. 震旦系露头区；5. 下古生界露头区；6. 层型剖面地点：①建德市下涯埠休宁组剖面；②常山县白石南沱组剖面；③江山市五家岭陡山沱组剖面；④江山市五家岭灯影组剖面；⑤富阳市钟家庄板桥山组剖面；⑥淳安县秋源蓝田组剖面；⑦淳安县秋源皮园村组剖面；⑧江山市荷塘荷塘组剖面；⑨江山市大陈岭大陈岭组剖面；⑩江山市杨柳岗杨柳岗组剖面；⑪常山县天马山华严寺组剖面；⑫常山县西阳山西阳山组剖面；⑬余杭市超山超山组剖面；⑭余杭市超山超峰组剖面；⑮桐庐县分水印渚埠组剖面；⑯临安县湍口石板桥宁国组剖面；⑰临安县湍口石板桥胡乐组剖面；⑱江山市夏坞砚瓦山组剖面；⑲江山市夏坞黄泥岗组剖面；⑳开化县大举—官旦头长坞组剖面；㉑常山县灰山底三衢山组剖面；㉒淳安县潭头文昌组剖面；㉓余杭市闲林埠仑山组剖面；㉔临安县板桥南山上红花园组剖面；㉕余杭市荆山岭牯牛潭组剖面；㉖安吉县孝丰霞乡组剖面；㉗淳安县潭头河沥溪组剖面；㉘安吉县康山康山组剖面；㉙富阳市新店唐家坞组剖面

屑砂岩与下伏上墅组或虹赤村组或骆家门组呈不整合接触；与上覆南沱组灰绿色块状含砾泥质砂岩为整合接触。

【层型】　本省次层型为建德市下涯埠剖面(119°23′,29°32′)，由浙江区调队(1982)测制。

表 3-1　浙江省震旦纪地层划分沿革表

作者	年份	地区	地层划分（自上而下）
李四光等	1924	湖北宜昌	Z_3 灯影石灰岩；Z_2 陡山沱岩系；Z_1 南沱冰碛层、南沱砂岩
李毓尧	1936	安徽休宁	Z 页岩灰岩系、冰碛层、休宁砂岩；P_t 上溪系
丁　毅	1935	安徽休宁	$\in_1$ 郭村页岩；Z 蓝田系、冰碛层砂岩
汪龙文	1951	余杭临安	$\in$ 常山系；～～～；Z 板桥山砂岩、倒水坞层
盛莘夫	1951	常山	$\in$ 常山系；～～～；Z_2 西峰寺矽质灰岩；～～～；Z_1 板桥山砂岩、倒水坞层
刘鸿允、沙庆安	1959	龙游常山	$\in$ 荷塘组；Z_2 西峰寺统；Z_1 龙游统（雷公坞组、志棠组）
钱义元	1965	安徽休宁	$\in_1$ 黄柏岭组；Z_2 皮园村组、蓝田组；Z_1 冰碛层、休宁组
浙江省区测队	1967	120万临安幅	$\in_1$ 荷塘组；Z_2 西尖山组；Z_1 四里亭组、志棠组
浙江省区域地层表编写组	1979	昌化安吉	$\in_1$ 荷塘组；Z_2 西峰四组（硅质岩段、白云岩段、碎屑岩段）；Z_1 雷公坞组、志棠组；～～～；Pt 上墅组
蒋传仁、赵建新	1982—1990	昌化安吉	$\in_1$ 荷塘组；（震旦系）Z_2 皮园村组，Z_1 蓝田组；（扬子系）Y_2 雷公坞组、洋安组、下涯埠组，Y_1 志棠组；～～～；P_t 上墅组
		开化临安	$\in_1$ 荷塘组；（震旦系）Z_2 塘坞里组，Z_1 铜岭桥组；（扬子系）Y_2 雷公坞组、洋安组、下涯埠组，Y_1 志棠组；～～～；P_t 上墅组
		江山绍兴	$\in_1$ 荷塘组；（震旦系）Z_2 灯影组，Z_1 陡山沱组；（扬子系）Y_2 雷公坞组、洋安组、下涯埠组，Y_1 志棠组；～～～；P_t 上墅组
《浙江省区域地质志》	1989	浙西北	$\in_1$ 荷塘组；Z_2 灯影组、陡山沱组；Z_1 雷公坞组（上段、中段、下段）、志棠组；～～～；Pt 上墅组
本　书		昌化安吉	$\in_1$ 荷塘组；Z_2 皮园村组、蓝田组；Z_1 南沱组、休宁组；～～～；Pt 上墅组
		开化临安	$\in_1$ 荷塘组；Z_2 板桥山组、陡山沱组；Z_1 南沱组、休宁组；～～～；Pt 上墅组
		江山绍兴	$\in_1$ 荷塘组；Z_2 灯影组、陡山沱组；Z_1 南沱组、休宁组；～～～；Pt 上墅组

上覆地层：**南沱组**　灰绿色块状含砾泥砂岩，含砾粉砂质泥岩

——————　整　合　——————

休宁组　　　　总厚度 994.40 m

29. 上部灰绿色薄—中层细砂岩，具波状层理及中型板状交错层；中下部灰绿色薄—中层粉砂岩夹粉砂质泥岩，具水平层理　　21.20 m
28. 上部及下部灰绿色薄—中层粉砂质泥岩夹少量粉砂岩，水平层理发育；中部黄绿色薄—中层泥质粉砂岩夹粉砂质泥岩条带，水平层理发育　　82.80 m
27. 灰绿色薄—中层状凝灰质细砂岩，上部及下部夹薄层粉砂质泥岩，具波状层理　　27.30 m
26. 灰绿色薄—中层凝灰质泥岩，具水平层理，具对称浪成波痕　　22.20 m
25. 灰绿色中层状凝灰质细砂岩夹凝灰质泥岩和硅质条带，具波状层理、水平层理及小型不对称浪成波痕发育　　16.50 m
24. 灰绿色中—厚层鲕状—豆状沉凝灰岩，中部夹硅质泥岩及凝灰质砂岩，具有水平层理、波状层理和小型不对称浪成波痕　　37.90 m
23. 上部深灰色粉砂硅质页岩；下部灰绿色细砂岩与硅质泥岩互层。具水平层理、波状层理和小型不对称浪成波痕　　23.80 m
22. 灰绿色中厚层沉凝灰岩夹薄层条带状粉砂岩，具水平层理、波状层理及小型浪成波痕发育　　29.40 m
21. 顶部及底部灰黑色中—厚层纹层状硅质泥岩，具水平层理和波状层理，上部深灰色沉凝灰岩与硅质粉砂岩组成韵律层，波状层理发育，具浪成波痕；下部深灰色中—厚层凝灰质粗—中粒砂岩，具波状层理和脉状层理　　49.50 m
20. 灰绿色中—厚层豆粒状、鲕状沉凝灰岩，夹凝灰质粉砂岩及少量硅质泥岩，具波状层理，上部具小型不对称浪成波痕　　90.00 m
19. 深灰色薄—中层含粉砂硅质岩夹鲕状沉凝灰岩和泥质岩条纹，具波状层理和小型不

对称波痕。含微古植物 *Leiopsophosphaera densa*，*Oscillatoriopsis* sp.，*Leiominuscula minuta*，*Trachyminuscula* sp.，*Lophominuscula prima*，*Trachysphaeridium minor*，*Lophosphaeridium* cf. *acietatum*，*Nostocomorpha* cf. *prisca* 26.10 m

18. 上部灰绿色中—厚层凝灰质细纱岩；下部灰绿色中层状沉凝灰岩 23.40 m

17. 灰绿色中—厚层状凝灰质砂岩，下部夹泥质粉砂岩和小型不对称浪成波痕 53.10 m

16. 上部深灰色中—厚层硅质粉砂细砂岩夹硅质泥岩，具波状层理和小型不对称波痕；中、下部深灰色厚层—块状长石岩屑砂岩，具小型不对称浪成波痕。顶部含微古植物 *Leiominuscula minuta*，*Leiopsophosphaera densa*，*Nostocomorpha prisca*，*Oscillatoriopsis* sp.，*Palaeolyngbya* sp. 53.30 m

15. 深灰色厚层豆粒状沉凝灰岩，顶部有少量硅质粉砂岩和波状层理 13.40 m

14. 灰黑色薄层硅质泥岩，顶部厚 1.0 m 为凝灰质细砂岩，水平层理发育。含微古植物 *Leiominuscula minuta*，*Leiopsophosphaera densa*，*Nostocomorpha prisca* 29.90 m

13. 中上部灰绿色中层状沉凝灰岩；下部灰绿色厚层状凝灰质细砂岩。具波状层理和不对称浪成波痕 36.60 m

12. 黑色薄层硅质岩，具水平层理和波状层理 9.90 m

11. 灰绿色中层状细—粉砂岩，具波状层理 17.30 m

10. 灰绿色中层状鲕状沉凝灰岩，具波状层理，砂纹交错层 32.50 m

9. 中上部灰绿色、灰紫色薄—中层凝灰质粉砂岩，硅质泥岩夹沉凝灰岩；下部灰绿色、紫红色中层状凝灰质细砂岩 39.40 m

8. 灰绿色中层状沉凝灰岩夹粉砂—细砂条带，具波状层理、脉状层理 15.30 m

7. 灰绿色中层状凝灰质细砂岩，具小型不对称浪成波痕 21.40 m

6. 灰绿色紫红色薄—中层沉凝灰岩夹薄层泥岩，泥质硅质岩，局部具大型浪成波痕和小型板状楔状交错层 59.80 m

5. 暗紫色中层凝灰质砂岩，浅灰绿色沉凝灰岩，灰绿色粉砂质泥岩，三者组成三个韵律层，具波状层理，水平层理 100.20 m

4. 肉红色、灰绿色中层沉凝灰岩，具水平层理，波状层理，楔状交错层及浪成对称波痕 46.20 m

3. 灰紫色砾岩，凝灰质粗砂岩，具板状，楔状交错层理 5.50 m

2. 紫红色薄—中层中—粗粒砂岩，具板状交错层理 5.50 m

1. 上部紫红色中层砂质页岩；中下部紫红色块状砾岩，底面起伏，沿走向厚度变化很大 5.00 m

~~~~~~~~~~ 不 整 合 ~~~~~~~~~~

下伏地层：**骆家门组** 紫红色薄—中层状砂岩，粉砂岩组成韵律层

【地质特征及区域变化】 本组岩性主要由凝灰质砂岩、粉砂岩、粉砂质泥岩、泥岩、沉凝灰岩等组成。底部为紫红色岩屑砂岩、砾岩组成。在建德下涯埠、常山石龙岗、开化小郁坑等地含微古植物 *Leiominuscula minuta*，*Leiopsophosphaera densa*，*Lophosphaeridium* cf. *acietatum*，*Nostocomorpha prisca*，*Trachysphaeridium* sp.，*Taeniatum verrucatum*，*Turuchanica* sp.，*Trematosphaeridium holtedahlii*，*Pulvinomorpha* sp.，*Protosphaeridium rigidulum*，*Margominuscula ragosa*，*Monotrematosphaeridium* sp.，*Granomarginata* cf. *prima*。时代为早震旦世早期。

江山—绍兴一带凝灰质砂岩和沉凝灰岩夹层较多，厚度一般在 300～800 m；开化—临安和昌化—安吉一带凝灰质含量减少，厚度明显增大，最厚可达 1917 m。在江山—绍兴一带，休宁组底部砂砾岩层之下还发育一套紫红色岩屑砂岩，厚度 300～500 m。层位暂时置于休宁组下部。呈不整合覆于前震旦纪上墅组之上。
~~~~~~~~~~

南沱组　*Zn*　(33-0026)

【创名及原始定义】　由Blackwelder(1907)创名，李四光等(1924)介绍。命名地点在湖北省宜昌市莲沱镇。指伏于大套的“石灰岩”之下的砂质和泥质的岩石组成的南沱层。

【沿革】　李四光等(1924)将“南沱组”划分两个单位，分别命名为A南沱粗砂岩和B南沱冰碛岩。前者改称莲沱组，后者改称南沱组。浙江南沱组原称雷公坞组，由刘鸿允、沙庆安(1959)创建，命名地点在常山城西雷公坞。该组名为浙江、安徽沿用。施少峰、蒋传仁(1983)将雷公坞组划分为“洋安组”、“下涯埠组”、“雷公坞组”三个地层单位。《浙江省区域地质志》(1989)采用雷公坞组。本书认为雷公坞组与南沱组为同物异名，故改称南沱组。

【现在定义】　指莲沱组之上、陡山沱组之下的灰绿色冰碛岩，上部夹紫红色含小砾粉砂质泥岩，砾石大小悬殊，形态多样，成分复杂，具显著冰川沉积特征。浙江南沱组由冰成岩组成，分上、中、下三部分。下部和上部由冰碛含砾砂泥岩、冰碛含砾泥岩组成(称下冰期和上冰期)；中部为含锰白云质泥岩或含锰白云岩(称间冰期)。与下伏休宁组绿灰色凝灰质粉砂岩、粉砂质泥岩，与上覆陡山沱组含锰白云岩均为整合接触。

【层型】　本省次层型为常山县白石剖面(118°23′,28°49′)，由浙江区调队(1992)测制。

上覆地层：**陡山沱组**　灰色中—中厚层含锰粉晶白云岩

——————— 整　合 ———————

南沱组	总厚度 70.80 m
6. 灰色块状含砾砂质泥岩，砾石成分以含锰白云岩为主，次为泥质岩及少量黑色硅质岩，砾径 0.5～1 cm，最大可达 15 cm，白云岩砾常溶蚀呈孔洞	16.90 m
5. 深灰色块状含砾粉砂质泥岩，零星含有黑色硅质岩砾	15.70 m
4. 灰色薄层含锰泥岩，水平层理发育	6.00 m
3. 绿灰色块状含砾粉砂质泥岩，顶部厚 0.1 m 含砾较多，最大砾径 15 cm，上部夹含锰白云岩透镜体	13.80 m
2. 黄绿色块状含砾粉砂质泥岩	5.60 m
1. 黄绿色偶含砾粉砂质泥岩	12.80 m

——————— 整　合 ———————

下伏地层：**休宁组**　绿灰色凝灰质粉砂质泥岩

【地质特征及区域变化】　南沱组主要由冰成岩组成，一般可以分上、中、下三部分。下部为青灰色含砾砂岩、含砾泥岩组成，砾石含量较少，成熟度较高，厚度一般 20 m 左右，最厚可达 70 m；中部为深灰色含锰泥岩或含锰白云岩组成，一般厚度小于 10 m，最厚可达30 m；上部为灰绿色砾质砂泥岩或砾质泥岩组成，局部夹少量粉砂质泥岩，厚度变化很大，最小为 1.3 m，最大可达 497 m。本组厚度 3.8～550 m，由东南向西北逐渐增厚。

本组含有微古植物 *Lophominuscula prima*，*Leiopsophosphaera densa*，*Leiomarginata* sp.，*Leiominuscula minuta*，*Lophosphaeridium* cf. *acielatum*，*Polyporata obsoleta*，*Trachysphaeridium* sp.，*Granomarginata* cf. *prima*，*Palaeamorpha punctulata*，*Bavlenella faveolata*，*Nucellosphaeridium* sp.，*Micrhystridium odontodum*，*Asperatopsophosphaera* sp.。时代为早震旦世晚期。

陡山沱组　*Zd*　(33-0029)

【创名及原始定义】　原称陡山沱岩系，由李四光等(1924)创名，命名地点在湖北宜昌陡山沱。原始定义："中震旦系，陡山沱岩系：它主要含页岩和薄层石灰岩。在下部主要为页岩，…含有盘状黑色燧石的硬质页岩是这个地层下部的突出特征。…顺次地向上追索，页岩渐渐变得富于钙质。它们先后顺序是：最初为泥质的层纹蓝色硬石灰岩，其次局部呈鲕状的纯石灰岩层，最后是薄层状白云岩局部被砂质页岩盖覆。"

【沿革】 浙江陡山沱组原属西峰寺组下部。西峰寺组原称西峰寺矽质灰岩，由盛莘夫(1951)创名，命名地点在常山西峰寺。刘鸿允等(1963)将西峰寺矽质灰岩加冰碛岩之上碎屑岩，改称西峰寺统。浙江区测队(1965)改称西峰寺组。蒋传仁等(1987)① 将西峰寺组分为上、下两部分，根据岩性变化，在江山—临安一带西峰寺下部引用陡山沱组，上部引用灯影组；在桐庐—临安一带西峰寺下部新创铜岭桥组，上部新创塘坞里组。本书采用蒋传仁等的意见，并将陡山沱组引用于江山—绍兴和开化—临安一带。

【现在定义】 浙江陡山沱组岩性为灰色粉晶白云岩、含锰白云岩夹深灰色(局部为紫红色)泥岩、含碳硅质泥岩(局部为石煤)和含钾粉砂质泥岩组成，含微古植物。以紫红色含钾泥岩或黑色硅质泥岩与上覆灯影组薄层白云岩或泥质白云岩、以深灰色含锰泥晶白云岩与下伏南沱组灰绿色砾质砂泥岩均呈整合接触。

【层型】 本省次层型为江山市五家岭剖面(118°39′,28°51′)，浙江区调队(1986)测制。

上覆地层：**灯影组** 浅灰色细—粉晶灰质白云岩

——————— 整 合 ———————

陡山沱组 总厚度 52.00 m

8. 紫红色中层含钾粉砂质泥岩 17.30 m
7. 浅灰色薄层细粉晶白云岩，中部夹燧石团块或条带，具水平纹层 5.50 m
6. 灰色砾屑粗晶白云质灰岩。砾屑主要由白云岩块组成，含白色燧石透镜体，直径最大达 0.6 m，下部含锰较高，含微古植物 *Lophominuscula* sp.，*Trachysphaeridium dengyingense*，*Micrhystridium mininum*，*Nostocomorpha prisca*，*Palaeamorpha punctulata*，*Pterospermopsimorpha* sp.，*Leiopsophosphaera* sp. 9.10 m
5. 黄褐色含锰细—粉晶白云岩与浅灰色泥岩互层 6.20 m
4. 黑色含硅碳质页岩，含少量石英粉砂(5%)，含微古植物 *Leiominuscula minuta*，*Trachysphaeridium* sp.，*Bavlinella faveolata*，*Micrhystridium mininum* 4.60 m
3. 灰色粉晶白云岩与深灰色泥质粉晶白云岩间互 3.60 m
2. 黄褐色薄层含锰泥质细粉晶白云岩夹粉砂质泥岩 1.30 m
1. 深灰色薄层含锰泥晶白云岩。含微古植物 *Leiopsophosphaera densa*，*Trachysphaeridium* sp.，*Triangumorpha* sp.，*Leiofusa* sp.，*Taeniatum crassum*，*Baculimorpha* cf. *brevis* 4.40 m

——————— 整 合 ———————

下伏地层：**南沱组** 灰绿色砾质砂泥岩

【地质特征及区域变化】 本组为灰色白云岩与粉砂质泥岩互层，局部夹含碳硅质泥岩及石灰岩，底部为含锰白云质灰岩，局部地区顶部为紫红色含钾粉砂质泥岩。含微古植物 *Trachysphaeridium* sp.，*T. dengyingense*，*Micrhystridium mininum*，*Nostocomorpha prisca*，*Palaeamorpha punctulata*，*Pterospermopsimorpha* sp.，*Leiopsophosphaera* sp.，*L. densa*，

① 蒋传仁、赵建新，1987，浙江省震旦纪建系研究(铅印本)。

Leiominuscula minuta，*Bavlenella faveolata*，*Taeniatum crassum*，*Baculimorpha* cf. *brevis*。时代为晚震旦世早期。

陡山沱组岩性由东南向西北白云岩夹层逐渐减少，泥质和碳质含量逐渐增高，厚度由东南向西北逐渐增厚。江山—绍兴一带岩性以灰绿色、紫红色粉砂质泥岩、白云岩，局部夹黑色含碳硅质泥岩及含磷矿层（局部为石煤）。顶部普遍有一层紫红色含钾粉砂质泥岩（此层仅分布球川-萧山断裂东南侧），并作为与上覆灯影组的划界标志。厚度14.7～50 m。开化—临安一带岩性为深灰色泥岩、含碳泥岩夹含硅质泥岩夹少量泥质白云岩，底部有含锰白云岩。厚度40～113 m。昌化—安吉一带岩性以碳质泥岩、硅质泥岩为主，底部有含锰白云岩。这一带相当蓝田组的下部。

陡山沱组底部普遍有一层灰色含锰白云岩或含锰白云质灰岩，厚度3～6 m，由于含锰较高，风化后岩层表面常呈褐色粉末，此层为与下伏南沱组的划界标志。

灯影组　*Zdy*　(33-0030)

【创名及原始定义】　原称"灯影石灰岩"，由李四光等(1924)创名，命名地点在湖北宜昌灯影峡。原始定义："上震旦系灯影石灰岩：白色块状呈峭壁形的石灰岩，多少带白云质；在风化表面上有坚硬的矽质夹层突出。""在很多地方包含特殊而且成群的层状体，有时呈似圆筒状，但更多的是不对称圆锥状。""是震旦纪浅水中繁殖的钙质藻类遗骸，""特地命名为*Collenia cylindrica*，*Collenia angulata*"。"灯影石灰岩，从灯影峡下口的寒武纪页岩下突起。"

【沿革】　浙江灯影组相当盛莘夫(1951)创名的西峰寺矽质灰岩或刘鸿允(1963)改称西峰寺统上部、浙江区测队(1965)改称西峰寺组上部。蒋传仁等(1987)将灯影组一名引入本省并为《浙江省区域地质志》(1989)等文献沿用。本书将灯影组引用于江山—绍兴一带。

【现在定义】　浙江灯影组以白云岩或藻白云岩、泥质白云岩为主，夹白云质灰岩、硅质泥岩等。含叠层石和微古植物。与下伏陡山沱组紫红色含钾粉砂质泥岩呈整合接触，与上覆荷塘组石煤层之下磷块岩或皮园村组硅质岩呈平行不整合或整合接触。

【层型】　本省次层型为江山市五家岭剖面(118°39′,28°51′)，由浙江区调队(1986)测制。

上覆地层：**荷塘组**　黑色硅质碳质泥岩(石煤)，底部0.8m硅质岩夹磷块岩。含小壳化石：*Anabarites trisulcatus*，*Protohertzina* sp. 等

——————平行不整合——————

灯影组　　总厚度133.10 m

6. 浅灰色块状泥晶白云岩　　12.60 m
5. 浅灰色块状叠层石细粉晶白云岩。含叠层石 *Conophyton cirulus*，*C.* cf. *ressoti*，*Baicalia safia*，*B.* cf. *minuta*，*B. xingtongwuensis*，*Jacutophyton jiangshanense*，*Linella* f.，*Patomia* sp.；微古植物 *Leiominuscula minuta*，*Leiopsophosphaera densa*，*Trachysphaeridium dengyingense*，*Lophosphaeridium* sp.，*Micrhystridium mininum*，*Triangumorpha punctulata*，*Taeniatum verrucatum*　　52.70 m
4. 浅灰色中厚层泥晶云质灰岩，具水平纹层　　13.10 m
3. 深灰色中厚层细—粉晶白云岩，具水平纹层　　26.00 m
2. 灰色中至厚层泥质白云岩，具水平微细层理　　14.00 m
1. 浅灰色细—粉晶灰质白云岩，中部为白云质灰岩夹紫红色含钾白云质泥灰岩条带，具水平纹层　　14.70 m

——————整　合——————

下伏地层：**陡山沱组**　紫红色含钾粉砂质泥岩

【地质特征及区域变化】　本组岩性下部为灰色灰质白云岩、泥质白云岩；中部为白云岩、云质灰岩；上部为叠层石白云岩。与下伏陡山沱组呈整合接触，与上覆荷塘组呈平行不整合接触。

本组在绍兴坡塘和江山缸甫底、新塘坞、五家岭等地含叠层石 *Collenia* f.，*Kussiella* f.，*Cryptozoon* f.，*Conophyton* cf. *circulus*，*Baicalia* f.，*B*. cf. *minuta*，*B*. *xingtongwuensis*，*Jacutophyton jiangshanense*，*Patomia* f.，*Linella* f.，等。在建德下涯埠剖面，含似几丁虫 *Cyathochitina*－like，*Lagenochitina*－like，*Angochitina*－like。时代为晚震旦世晚期。

灯影组主要分布于江山—绍兴一带，岩性以白云岩、泥质白云岩为主，局部夹有灰岩。在绍兴坡塘、江山缸甫底、五家岭和新塘坞等地，上部发育藻礁白云岩，最厚可达 60 m。与上覆地层接触关系因地而异，在江山新塘坞和五家岭、龙游市志棠、浦江县嵩溪、绍兴市坡塘等地，以白云岩与上覆荷塘组底部磷块岩呈平行不整合接触，在萧山市沈家埭、诸暨市七家坞、桐庐县深沃、建德市下涯埠、常山县白石等地，与上覆皮园村组硅质岩呈整合接触。

板桥山组　*Zb*　(33－0028)

【创名及原始定义】　原称板桥山砂岩，汪龙文(1951)创名，命名地点在浙江省余杭泰山北西之板桥山。原始定义：岩性为灰黄、灰色厚层砂岩，其组成成分 80％为石英粒，砂岩中细孔极多，是易于风化之物质流失结果，时代为震旦纪。

【沿革】　盛莘夫(1951)将“板桥山砂岩”置于“西峰寺矽质灰岩”之下。蒋传仁等(1987)认为板桥山砂岩与灯影组为相变关系，创名塘坞里组，应用于富阳—余杭一带。本书启用板桥山组并应用于开化—余杭一带。停用塘坞里组。

【现在定义】　岩性以富含陆源碎屑白云岩、石英砂岩为主，夹白云岩、灰岩、砾屑灰岩及泥岩等，偶含叠层石。与下伏陡山沱组薄层条带状白云岩(灰岩)与泥质白云岩互层、与上覆皮园村组硅质岩或荷塘组石煤层或超山组白云质泥岩为整合或平行不整合接触。

【层型】　选层型为浙江省富阳市钟家庄剖面(119°23′,30°31′)，由浙江区测队(1965)测制。

上覆地层：**皮园村组**　黑色薄层硅质岩

——————— 整　合 ———————

板桥山组	总厚度 671.40 m
20. 灰色粉—细晶白云岩，含硅质条带，顶部 2.0 m 细晶白云岩，其下为 0.6 m 硅质岩	21.20 m
19. 浅灰色细晶白云岩，含少量砂质	30.40 m
18. 白色厚层—块状粗—中粒石英砂岩，顶部厚 1.0 m 砂质泥岩和泥质砂岩	23.20 m
17. 浅灰色泥晶—粉晶白云岩	27.70 m
16. 灰色块状砂质粉晶白云岩，砂质成分为石英，含量 30％～40％	217.00 m
15. 灰色石英砂质白云岩，具不规则波状弯曲泥晶白云石质条纹	36.50 m
14. 灰色砂质粉晶白云岩，底部 1.4 m 黑色含碳质白云岩	28.20 m
13. 灰黑色砂质粉晶白云岩	14.60 m
12. 浅灰色块状粉—细晶白云岩	14.10 m
11. 深灰色砂质粉晶白云岩	10.40 m

10. 上部深灰色块状含白云质中—粗粒岩屑石英砂岩；中下部深灰色块状细粒长石石英砂岩夹少量白云质中粗粒岩屑石英砂岩	86.80 m
9. 灰色含泥细砂岩，具波状棕红色泥质条纹	2.00 m
8. 棕红色含砾粗粒岩屑石英砂岩	0.90 m
7. 灰色砂质灰岩夹黑色泥晶灰岩，下部常具砂质条纹，局部含竹叶状砾屑	15.20 m
6. 浅棕红色泥晶—粉晶白云岩及浅灰色纹状砂质白云岩，有时具微斜层理	17.70 m
5. 上部浅灰色粉晶白云岩夹白云质泥岩，常含黄铁矿结核；下部浅灰色粉晶白云岩夹泥质粉砂岩条带	20.30 m
4. 灰色厚层—块状白云质细砂岩	70.70 m
3. 浅灰色厚层—块状白云岩，夹浅紫灰色白云质粉砂岩	4.70 m
2. 深灰色粉晶灰岩，近顶部具不规则砂质条纹，并具微斜层理	12.90 m
1. 灰白色白云岩与绿色灰质泥岩条带互层，底部 5.5 m 灰色粉晶白云岩	16.90 m

———————— 整　合 ————————

下伏地层：**陡山沱组**　灰色含粉砂白云质泥岩

【地质特征及区域变化】　本组岩性由白云岩、砂质白云岩、白云质砂岩、岩屑石英砂岩夹灰岩及白云质泥岩组成。

板桥山组主要分布于马金-乌镇断裂东南侧的余杭泰山—临安亭子头—富阳钟家庄—桐庐东溪—开化底本一线，出露较好。以余杭泰山—开化底本一线为界，向西北地层厚度急速变薄，砂岩逐渐尖灭，白云岩逐渐为灰岩替代，泥质岩、硅质岩逐渐增多，由板桥山组逐渐相变为蓝田组，也可能有部分相变为皮园村组；向东南地层厚度急速变薄，砂岩和砂质迅速减少，白云岩明显增多，逐渐相变为灯影组。时代为晚震旦世晚期。

蓝田组　*Zl*　(33－0027)

【创名及原始定义】　原名蓝田系，由丁毅(1935)创名，命名地点在安徽休宁蓝田。原始定义：指冰碛层之上“上长源灰岩”之下的一套碎屑岩-碳酸盐岩组合。

【沿革】　浙江省区调队(1990)引用于昌化—安吉一带。本书沿用。

【现在定义】　指分布于休宁县蓝田—绩溪煤炭山一线，平行不整合于下伏南沱组冰碛砾岩之上，整合于皮园村组硅质岩之下的一套泥岩、碳质页岩-碳酸盐岩组合，底部一般具含锰灰岩。浙江蓝田组岩性为含锰白云岩、泥质白云岩、薄层灰岩、含碳硅质泥岩、含碳泥岩组成，与下伏南沱组含砾砂质泥岩、与上覆皮园村组硅质岩均呈整合接触。

【层型】　本省次层型为淳安县秋源剖面(119°01′,29°56′)，由浙江区调队(1985)测制。

上覆地层：**皮园村组**　灰黑色薄—中层硅质岩

———————— 整　合 ————————

蓝田组	总厚度 198.60 m
11. 黑色硅质页岩夹薄层硅质岩，含锰白云岩	19.10 m
10. 黑色薄层—中层细晶灰岩夹少量白云岩团块，微细层理发育	7.20 m
9. 黑色硅质页岩夹薄层硅质岩，下部为含砂质白云岩	1.10 m
8. 黑色硅质页岩，水平层理发育	2.30 m
7. 黑色薄层页岩夹深灰色泥晶白云岩薄层或条带，上部夹中层含砂质白云岩	24.90 m
6. 青灰色硅质页岩夹细粉晶白云岩条带，水平层理发育	31.70 m
5. 灰白色—玫瑰红色薄层白云岩与泥质白云岩互层	30.60 m

4. 黑色含黄铁矿泥岩与泥晶白云岩互层，黄铁矿呈团块或条带，微细层理发育 10.00 m

3. 黑色厚层碳质泥岩夹少量泥质白云岩透镜体 26.20 m

2. 黑色薄—中层泥岩，碳质泥岩夹碳质泥晶白云岩，含黄铁矿较多，水平微层理发育 41.80 m

1. 浅灰色块状含锰白云岩 3.70 m

—————— 整 合 ——————

下伏地层：南沱组 灰绿色块状含砾砂质泥岩

【地质特征及区域变化】 蓝田组分布于马金-乌镇断裂西北侧之昌化—安吉一带。岩性分为上、下两段：下段为黑色泥岩、碳质泥岩夹泥质白云岩透镜体，具水平微细层理，底部为灰色含锰白云岩，本段层位大致相当陡山沱组的相变；上段为黑色硅质页岩夹含锰白云岩、薄层白云质灰岩或条带，其底部薄层白云岩与泥质白云岩互层，是与下段的划界标志，本段层位相当板桥山组或灯影组的相变，其特点是泥页岩的含量超过碳酸盐岩。时代为晚震旦世。

皮园村组 *Zp* (33-0031)

【创名及原始定义】 原名皮园村砂岩，由李捷等(1930)创名，命名地点在安徽休宁蓝田皮园村。意指整个震旦纪地层。

【沿革】 钱义元(1964)称皮园村组，指早寒武世含磷碳质页岩之下与蓝田组之间的一套黑白相间的硅质岩，层位置于震旦纪。蒋传仁等(1987)将皮园村组引用于昌化—安吉一带，层位仍置于震旦纪。《浙江省区域地质志》(1989)将开化—临安及江山—绍兴一带相当皮园村组硅质岩仍置于早寒武世荷塘组下部。本次对比研究又进一步将萧山沈家埭、诸暨七家坞和常山白石等地荷塘组底部磷矿层之下硅质岩划归皮园村组。

【现在定义】 指黑白条带相间的厚层硅质岩(下段)，薄层硅质岩、硅质页岩(上段)。上界与荷塘组以硅质岩结束，碳质页岩、粉砂质板岩出现为其标志，整合接触；下界以黑色硅质岩出现为标志，与下伏蓝田组分界清晰，整合接触。浙江皮园村组岩性由黑色薄层硅质岩、含碳硅质岩组成，以黑白硅质岩相间为其特征，与下伏蓝田组或板桥山组或灯影组呈整合接触，与上覆荷塘组石煤层为整合或平行不整合接触。

【层型】 本省次层型为淳安县秋源剖面(119°01′,29°56′)，由浙江区调队(1985)测制。

上覆地层：荷塘组 灰黑色薄层含硅质泥岩

—————— 整 合 ——————

皮园村组 总厚度 98.70 m

6. 灰黑色中层硅质岩，局部具明显水平微层理 15.20 m

5. 灰黑色中层硅质岩，含少量磷结核 29.20 m

4. 灰黑色中层硅质岩，夹薄层含泥质微层状硅质岩 13.20 m

3. 灰黑色硅质岩，具明显的水平微细层理 2.20 m

2. 灰黑色中—厚层硅质岩，具黑白条带及不明显微层理 33.40 m

1. 灰黑色薄—中层硅质岩，下部具水平微细层理 5.50 m

—————— 整 合 ——————

下伏地层：蓝田组 黑色硅质页岩夹薄层硅质岩及锰质白云岩

【地质特征及区域变化】 皮园村组主要由硅质岩组成。岩性比较稳定。厚度由东南向西北逐渐增大：常山—富阳一带厚 10 m 左右；开化—淳安一带厚 50～100 m；安吉樟村最厚为 176 m。在江山—绍兴一带的东南侧，皮园村组缺失。

荷塘组　$\in h$　(33－0035)

【创名及原始定义】　原称荷塘矽质页岩及石煤层。卢衍豪、穆恩之等(1955)创名，命名地点在浙江省江山市大陈东北荷塘村。原始定义："荷塘矽质页岩及石煤层，紫色、灰色、浅灰色矽质页岩、矽化程度较深成为黑色燧石，厚度约为20公尺，本系岩层以出露在江山大陈荷塘村为最清楚，石煤开采最多，故以荷塘取名。"

【沿革】　卢衍豪等(1963)在《浙江西部下古生代地层》中改称荷塘组，浙江省区域地层表编写组(1979)、《中国各纪地层对比表及说明书》(1982)、《浙江省区域地质志》(1989)等沿用至今(表3－2)。本书采用，并进一步明确荷塘组的含义，不包括相当皮园村组的层位。

表3－2　浙江省寒武纪地层划分沿革表

朱庭祜	盛莘夫	卢衍豪、穆恩之等	李蔚侬	浙江省区测队	鞠天吟	浙江省区域地层表编写组	《浙江省区域地质志》		本书	
1924	1951	1955	1965	1967	1979	1979	1989			
浙西北	浙西北	浙西	浙西	1:20万临安幅	浙北	浙西北	浙西北	杭州－嘉兴	浙西北	杭州－嘉兴
O_1 印渚埠系	O_1 印渚埠系	O_1 印渚埠页岩	O_1 印渚埠组	O_1 印渚埠组	O_1 印渚埠组	O_1 印渚埠组	O_1 印渚埠组	留下组	O_1 印渚埠组	红花园组
										仑山组
	$\in$ 常山系：常山石灰岩	$\in_3$ 西阳山页岩	$\in_3$ 西阳山组	$\in_3$ 西阳山组	$\in_3$ 超峰群	$\in_3$ 西阳山组	$\in_3$ 西阳山组	超峰群	$\in_3$ 西阳山组	超峰组
		华严寺石灰岩	华严寺组	石崆山组		华严寺组	华严寺组		华严寺组	
		$\in_2$ 杨柳岗石灰岩	$\in_2$ 杨柳岗组	$\in_2$ 杨柳岗组	$\in_2$ 杨柳岗组	$\in_2$ 杨柳岗组	$\in_2$ 杨柳岗组	杨柳岗组	$\in_2$ 杨柳岗组	杨柳岗组
			大陈岭组		大陈岭组	大陈岭组	大陈岭组		大陈岭组	大陈岭组
	黑色碳质页岩	$\in_1$ 荷塘矽质页岩	$\in_1$ 荷塘组	$\in_1$ 荷塘组 上段	$\in_1$ 超山组	$\in_1$ 荷塘组	$\in_1$ 荷峰组	超山组	$\in_1$ 荷塘组	超山组
				荷塘组 下段						
		Z_2 西峰寺组	Z_2 西峰寺组	Z_2 西尖山组	Z_2 西峰寺组	Z_2 西峰寺组	Z_2 灯影组	灯影组	Z_2 皮园村组、板桥山组	灯影组

【现在定义】　荷塘组由黑色薄层碳质硅质岩、碳质硅质泥岩、页岩、石煤层夹灰岩透镜体及磷矿层组成。以石煤层(含磷矿层)与下伏灯影组白云岩或皮园村组黑色薄板状碳质硅质岩呈平行不整合或整合接触；以碳质硅质页岩、硅质岩与上覆大陈岭组条带状白云质灰岩整合接触。

【层型】　正层型为浙江省江山市荷塘村剖面(118°37′,28°51′)，由卢衍豪、穆恩之等(1955)测制。

上覆地层：**大陈岭组**　深灰色薄层条带状白云质粉晶灰岩

———————— 整　合 ————————

荷塘组　　　　　　　　　　　　　　　　　　　　总厚度44.20 m

3. 黑色薄层含碳硅质岩、硅质页岩，底部夹黑色含碳细晶灰岩透镜体。含三叶虫 *Shabaella jiangshanensis*，*S. fengzuensis*(上部)，*Hunanocephalus ovalis*(下部) 30.10 m

2. 黑色含碳质硅质岩、碳质硅质页岩及石煤层，夹黑色含碳质隐晶灰岩透镜体。下部石煤层的灰岩透镜体中含小壳化石：*Siphogonuchites carinatus*，*Lopochites* sp.，*Fengzuella zhejiangensis*，*Calcihexactina* sp.，*Hyolithellus* sp.，*Kijacus kijanicus* 13.10 m

1. 浅灰—深灰色薄层状、条带状、砾屑状胶磷矿或含磷结核细粒灰岩，两者在岩层中呈交互状态出现。含小壳化石 *Anabarites trisulcatus*，*Protohertzina unguliformis* sp.，*P. anabarica*，*Kaiyangites jiangshanensis*，*Hartzina* sp.，*Conotheca* sp. 1.00 m

——————— 平行不整合 ———————

下伏地层：灯影组　浅灰色块状白云岩

【地质特征及区域变化】　本组底部为浅灰—深灰色磷矿层，其上为石煤层夹灰岩透镜体，再上为黑色薄层含碳质硅质岩、硅质页岩，夹黑色含碳质细晶灰岩透镜体。

本组下部在江山碓边和五家岭、桐庐东溪、富阳上万、萧山新桥头产小壳化石 *Anabarites trisulcatus*，*Protohertzina unguliformis*，*P. anbarica*，*Kaiyangites jiangshanensis*，*Hertzina* ? sp.，*Conotheca* sp.，*Archaeoides* sp.，*Siphogonuchites carinatus*，*Lophochites* sp.，*Kijacus kijanicus*，*Fengzuella zhejiangensis*，*Calcihexactina*? sp.，*Liangshanella*? sp.，*Hyolithellus* sp. 等。上部在江山碓边和荷塘、富阳上万和三溪口、临安夏禹桥、桐庐分水等地产三叶虫 *Hunanocephalus ovalis*，*H. constricatus*，*H. rarus*，*Shabaella jiangshanensis*，*S. convexa*，*Hsuaspis transversus*，*Hupeidiscus orientalis*，*Neocobboldia zhejiangensis*，*N. transversus*，*Sinolenus hotangensis*，*S. brevis* 及海绵骨针 *Protospongia* sp.。根据以上生物群，地质时限为早寒武世早期。

本组岩性分为磷矿层、石煤层、碳质页岩和硅质页岩三个岩性段。厚度 29.2～311.1 m。

磷矿层段：为黑色层状、似层状磷块岩或含磷结核硅质岩。有 1～3 层，层厚 0.01～1 m，层位稳定，含 $P_2O_5$13%～30%。从东南向西北，由磷块岩—结核状磷块岩—磷结核层或含磷结核硅质岩。

石煤层段：为黑色碳质页岩夹石煤层，呈层状或似层状产出。由东南向西北，石煤层增多(1～3 层)，厚度增大(2～40 m)，煤质也略有变好。

碳质页岩、硅质岩段：岩性为黑色碳质硅质页岩、硅质岩，夹白云质粉晶灰岩透镜体及薄层泥质白云质灰岩。由东南向西北，厚度逐渐增大，由 20 m 增大至 250 m。

大陈岭组　∈*d*　(33-0047)

【创名及原始定义】　由李蔚秾(1965)创建，命名地点在浙江省江山大陈东南大陈岭。原始定义：江山大陈岭附近杨柳岗组底部白云质灰岩采获三叶虫 *Arthricocephalus*，因此将其划出成立一个独立的地层单元，命名为大陈岭组，其层位可与皖南黄柏岭组上部及滇东龙王庙阶上部进行对比。

【沿革】　创名后被浙江省区域地层表编写组(1979)、《中国各纪地层对比表及说明书》(1982)、《浙江省区域地质志》(1989)等文献沿用至今。本书除江山-临安地层小区沿用外，还对杭州-嘉兴地层小区将原超山组上段划归本组。

【现在定义】　以灰色、深灰色条带状白云质灰岩为主，夹二层黑色碳质硅质泥岩。与下伏荷塘组碳质硅质岩、与上覆杨柳岗组泥质灰岩或碳质硅质泥岩均为整合接触。

【层型】　正层型为浙江江山市大陈岭剖面(118°35′,28°49′)，李蔚秾等(1965)测制。

上覆地层：**杨柳岗组**　深灰色薄层泥质灰岩、含饼状灰岩透镜体泥质灰岩

——————整　合——————

大陈岭组	总厚度 32.50 m
8. 黑灰色条带状白云质灰岩，顶部含三叶虫碎片	8.00 m
7. 薄至中层状灰岩夹硅质条带，硅质条带厚 1～3 mm 的页状层	2.00 m
6. 条带状薄层白云质灰岩	2.00 m
5. 块状白云质灰岩，含硅质结核	3.00 m
4. 中层状含白云质灰岩	3.50 m
3. 黑灰色厚层至块状白云质灰岩，具白云质条带，顶部含三叶虫 *Arthricocephalus*	5.00 m
2. 黑灰色块状白云质灰岩，含燧石结核	6.00 m
1. 黑灰色块状白云质灰岩。顶部含三叶虫 *Arthricocephalus*	3.00 m

——————整　合——————

下伏地层：**荷塘组**　黑色板状硅质页岩、碳质页岩及石煤层

【地质特征及区域变化】　本组底部为黑灰色，厚层至块状白云质灰岩，含燧石结核和白云质条带，其上为中层至块状白云质灰岩，再上为条带状白云质灰岩夹薄至中层状灰岩。

本组产三叶虫 *Arthricocephalus* sp.，*A. fuyangensis*，*A. granulus*，*A. laterilobatus*，*Probowmania transversus*，*P. elongata*，*Changaspis placenta*，*Kootenia longa*，*K. fuyangensis*，*Nangaops intermedia*，*N. yuhargensis*，*Bathynotus* sp.，*Neosolenopleurella typica* 等；腕足类 *Lingulella* sp.，*Homotreta* sp.，*Acrothele* sp. 等；软舌螺 *Hyolithes* sp. 及蠕虫。据上述古生物组合，地质时限为早寒武世晚期。

本组在江山一带，岩性由条带状白云质灰岩组成，一般厚度 30～36.5 m；诸暨至常山一线之西北地区碳质、硅质泥质含量明显增多，厚度增大，岩性为深灰色条带状白云质灰岩为主与两层黑色碳硅质泥岩组成互层，厚度 55～109.4 m；在杭州-嘉兴地层小区，岩性下部灰黑色泥质白云岩；上部灰色薄层泥质灰岩与薄—中层粉晶白云岩互层。与下伏超山组、上覆杨柳岗组均为整合接触。

杨柳岗组　∈*y*　(33－0036)

【创名及原始定义】　原称杨柳岗石灰岩，由卢衍豪、穆恩之等(1955)创建，命名地点在浙江省江山市大陈东北约 3.5 km 杨柳岗。原始定义：杨柳岗石灰岩整合于荷塘组矽质页岩之上，以石灰岩为主，间夹少量页岩层，厚度 127 米，可分为两部分：下部深灰褐色厚层白云质石灰岩及灰色中至厚层石灰岩；上部由薄层石灰岩组成夹少量页岩。时代为中寒武世。

【沿革】　创名前，盛莘夫(1934)创名常山系，后(1951)将常山系划分为下、上两部分，下部称黑色碳质页岩，上部称常山石灰岩。卢衍豪、穆恩之等(1955)将常山系下部称杨柳岗石灰岩，上部称华严寺石灰岩。卢衍豪、穆恩之等(1955)的杨柳岗石灰岩顶部包括华严寺石灰岩的一部分，经浙西地层现场会议的工作，本组顶界以含 *Lejopyge*，*Oidalagnostus* 的地层顶面为界。卢衍豪等(1963)改称杨柳岗组。李蔚秾(1965)将含 *Arthricocephalus* 层位从杨柳岗组底部划出，新建大陈岭组，此后的杨柳岗组时代为中寒武世，为岩石地层与年代地层相一致，浙江省区域地层表编写组(1979)、《中国各纪地层对比表及说明书》(1982)、《浙江省区域地质志》(1989)等文献沿用至今。本书继续采用。

【现在定义】　由条带状白云质灰岩、饼条状灰岩、含灰岩透镜体泥质灰岩、泥质灰岩及碳质硅质泥岩组成。以泥质灰岩或黑色碳硅质泥岩与下伏大陈岭组白云质灰岩、以含灰岩透

镜体泥质灰岩与上覆华严寺组薄层状灰岩均为整合接触。

【层型】 正层型为浙江省江山市杨柳岗剖面(118°36′,28°50′)，据卢衍豪、穆恩之等(1955)测制。

上覆地层：**华严寺组** 深灰色薄层含泥质条带灰岩

——————— 整 合 ———————

杨柳岗组 总厚度 61.70 m

7. 深灰色中厚层具微细纹理含白云质泥质灰岩，局部夹微粒灰岩透镜体。产三叶虫 *Lejopyge armata*，*Fuchouia oratolimba*，*Goniagnostus*(*Allobodochus*)*spiniger* 等 15.70 m

6. 深灰色薄—中层、隐晶—微粒灰岩，层间夹泥质灰岩条带，局部含灰岩透镜体。产三叶虫 *Ptychagnostus aculeatus* 1.60 m

5. 深灰色薄—中层含饼状灰岩透镜体具微细纹层泥质灰岩与微粒灰岩互层。产三叶虫 *Goniagnostus*(*Allobodochus*)*spiniger*，*Hypagnostus hunanicus*，*Ptychagnostus aculeatus*，*Pseudophalacroma* sp. 9.00 m

4. 深灰色中—中厚层透镜状微晶—隐晶灰岩与薄层微粒灰岩互层。产三叶虫 *Lejopyge armata*，*Ptychagnostus aculeatus*，*Diplagnostus* sp.，*Clavagnostus* sp.，*Goniagnostus*(*Allobodochus*)*spiniger* 13.60 m

3. 深灰色中层微粒灰岩为主，夹含泥质灰岩，微细纹层泥质灰岩。产叶虫 *Ptychagnostus aculeatus*，*Linguagnostus* sp.，*Lejopyge* sp. 15.50 m

2. 深灰色薄层状微粒灰岩与薄层微晶—隐晶灰岩互层，微细纹层发育 3.30 m

1. 深灰色薄—中层微粒含碳质白云岩与黑色含碳质页岩互层，底部 0.4 m 为碳质泥岩。产三叶虫 *Ptychagnostus atavus*，*P. sinicus*，*Ptychagnostus* sp. 3.00 m

——————— 整 合 ———————

下伏地层：**大陈岭组** 深灰色薄层条带状白云质微粒灰岩

【地质特征及区域变化】 本组底部为深灰色薄—中层微粒含碳质白云岩与黑色含碳质页岩互层，其上为深灰色薄层、薄—中层微粒灰岩与微晶—隐晶灰岩互层或夹泥质灰岩、饼状灰岩透镜体，再上为深灰色中厚层含白云质泥质灰岩，局部夹微粒灰岩透镜体。与上覆华严寺组薄层条带状微粒灰岩、与下伏大陈岭组薄层条带状白云质微粒灰岩均为整合接触。本组产三叶虫 *Lejopyge armata*，*Goniagnostus*(*Allobodochus*)*spiniger*，*Oidalagnostus changi*，*Fuchouia oratolimba*，*Hypagnostus brevifrons*，*Ptychagnostus aculeatus*，*Pseudophalacroma triangularis*，*Tomagnostella jiangshanensis* 等；腕足类 *Palaeobolus* sp.，*Acrothele* sp.，*Oryctocephalidae* sp. 等。根据上述古生物化石，本组地质时限为中寒武世。

本组岩性、厚度由东南向西北碳质、泥质、硅质含量逐渐增多，钙质含量减少，厚度逐渐增大。江山—绍兴一带岩性为泥质灰岩、含灰岩透镜体泥质灰岩、透镜状灰岩三者组成韵律层，厚度 63.7～260.4 m。开化—桐庐一带岩性为碳质硅质泥岩与含灰岩透镜体泥质灰岩互层，厚度 161～295.5 m。昌化—安吉一带岩性为碳质硅质泥岩与含球状灰岩透镜体泥质灰岩互层，厚度 278.2～457.0 m。在杭州-嘉兴地层小区，岩性为泥质灰岩、泥质云灰岩、粉晶灰岩、白云岩等。与下伏大陈岭组、与上覆超峰组均为渐变过渡。向东北方向泥质和白云质含量明显增多，生物群仍以球接子类三叶虫为主，但属种数量减少，并出现非球接子类三叶虫，如 *Elrathia*，*Amphoton*，*Anomocrarella* 等华北型分子，显示本区杨柳岗组与江山-临安地层小区杨柳岗组的不同特色。

华严寺组 $\in hy$(33－0037)

【创名及原始定义】 原称华严寺石灰岩，由卢衍豪、穆恩之等(1955)创名，命名地点在浙江省常山县华严寺(天马山)。原始定义：华严寺石灰岩在杨柳岗石灰岩之上，所覆地层仍为石灰岩，呈薄层状、深灰至黑色具白云质，岩性与杨柳岗灰岩相同。本层与杨柳岗石灰岩之间没有明显分界，其厚度在常山天马山—西阳山一线约为120公尺。时代为晚寒武世。

【沿革】 卢衍豪等(1963)改称华严寺组，浙江省区域地层表编写组(1979)、《中国各纪地层对比表及说明书》(1982)、《浙江省区域地质志》(1989)等文献沿用至今。

【现在定义】 以薄—中层条带状灰岩为主体，夹有薄层泥质灰岩、含碳钙质泥岩、页岩及角砾状、球砾状灰岩。以薄层条带状灰岩与下伏杨柳岗组含饼状灰岩透镜体泥质灰岩、以条带状灰岩与上覆西阳山组泥质灰岩均为整合接触。

【层型】 正层型为浙江省常山县天马山剖面(118°29′,28°52′)，据卢衍豪、穆恩之等(1955)测定。

上覆地层：**西阳山组** 深灰色透镜状粉晶泥质灰岩与薄层粉晶灰岩互层含三叶虫 *Hedinaspis regalis*，*Charchaqia norini* 等

—————— 整 合 ——————

华严寺组 总厚度110.10 m

8. 深灰色薄—中层条带状微粒灰岩，层间夹不规则泥灰质条带。含三叶虫 *Proceratopyge* (*Sinoproceratopyge*) *kiangshanensis*，*Xestagnostus transversus*，*Agnostotes* (*Pseudoglyptagnostus*) *clavatus* 13.70 m
7. 深灰色中层条带状含白云质微粒灰岩与浅灰色似网纹状微粒灰岩互层。含三叶虫 *Presmenaspis* (?) sp.，*Erixanium rectangularis* 5.60 m
6. 深灰色薄—中层条带状微粒灰岩，层间夹薄层泥质灰岩条带 19.20 m
5. 深灰色中厚层微粒灰岩，局部为微粒白云质灰岩，偶夹泥质灰岩条带，水平微细层理发育 22.60 m
4. 深灰色薄—中层微粒灰岩，层间夹波状泥质灰岩条带 3.30 m
3. 深灰色中—中厚层微粒灰岩，偶夹泥质灰岩条带。含三叶虫 *Glyptagnostus reticulatus* 10.30 m
2. 深灰色薄—中层条带状微粒灰岩，局部夹微细纹层泥质灰岩条带。含三叶虫 *Glyptagnostus stolidotus*，*Paradamesella* cf. *paratypica*，*Proceratopyge conifrons*，*Teinistion* sp.，*Homagnostus* sp.，*Kormagnostus* (?) sp. 等 23.60 m
1. 深灰色薄层条带状微粒灰岩，层间夹不规则泥质灰岩条带。含三叶虫 *Buttsia globosa*，*Cyclagnostus yaogongbuensis*，*Ammagnostus duibianensis*，*Linguagnostus* (?) sp. 11.80 m

—————— 整 合 ——————

下伏地层：**杨柳岗组** 深灰色中厚层微细纹层含白云质泥质灰岩

【地质特征及区域变化】 本组在江山市碓边大豆山剖面上，底部为薄层条带状灰岩，夹不规则泥质灰岩条带，其上为深灰色薄—中厚层灰岩，夹泥质灰岩条带，再上为深灰色薄—中层条带灰岩与不规则或薄层泥质灰岩条带互层。本组产三叶虫 *Proceratopyge* (*Sinoproceratopyge*) *kiangshanensis*，*Xestagnostus transversus*，*Erixanium rectangularis*，*Glyptagnostus reticulatus*，*G. stolidotus*，*Paradamesella* cf. *paratypica*，*Proceratopyge conifrons*，*Buttsia globosa*，*Cyclagnostus yaogongbuensis*，*Ammagnostus duibianensis* 等。根据上述古生物化石，本

组地质时限为晚寒武世早期。

本组岩性较稳定。厚度由东南向西北增厚。江山—绍兴一带，厚度99.2～154.9 m；开化—常山一带，厚度110.5～161.1 m；昌化—安吉一带，厚度157～189.9 m。

西阳山组　∈Ox　(33－0038)

【创名及原始定义】　原称西阳山页岩。由卢衍豪、穆恩之等(1955)创名，命名地点在浙江省常山县城南1.5 km西阳山。原始定义：华严寺石灰岩之上，页岩渐次增多，石灰岩逐渐减少，中上部仅夹少量薄层石灰岩。此页岩夹石灰岩层总厚85公尺，其上与印渚埠页岩为整合接触，取名为西阳山页岩。时代为晚寒武世。

【沿革】　卢衍豪等(1963)将西阳山页岩改称西阳山组，《中国各纪地层对比表及说明书》(1982)《浙江省区域地质志》(1989)等文献沿用。本次对比研究采用的西阳山组包含了下奥陶统含 *Hysterolenus－Dichelepyge sinensis* 带层位。

【现在定义】　下部由含饼状灰岩透镜体泥质灰岩与泥质灰岩组成；上部由泥质灰岩、小饼状灰岩、瘤状灰岩或网纹状灰岩组成韵律层。与下伏华严寺组条带状灰岩、上覆印渚埠组钙质泥岩均为整合接触。

【层型】　正层型为浙江省常山县西阳山剖面(118°29′,28°52′)，由卢衍豪、穆恩之等(1955)测定。

上覆地层：**印渚埠组**　黄绿(风化)—青灰色含钙质结核粉砂质泥岩

——————— 整　合 ———————

西阳山组　　　　　　　　　　　　　　　　　　　　　　　　总厚度148.90 m

10. 浅灰色泥质灰岩、泥灰岩互层。含三叶虫 *Parabolinella jiangnanensis*，*Euloma* (*Spineuloma*) *spinosum*，*Geragnostus* (*Micragnostus*) *xiyangshanensis* 等　　18.50 m

9. 深灰色泥质灰岩或泥灰岩与瘤状灰岩互层。含笔石 *Staurograptus dichotomus sinensis*，*S. dichotomus apertus*，*Anisograptus matanensis*，*A. richardsoni*，*Dictyonema* sp.，*Staurograptus dichotomus minimus*，*Bryograptus* sp.；三叶虫 *Shumardia* sp.　　7.00 m

8. 灰黑色泥质灰岩或泥灰岩与瘤状灰岩互层。下部产三叶虫 *Pseudoperonopsis orientalis*，*P. oblongus*　　10.40 m

7. 深灰—灰黑色瘤状灰岩与泥质灰岩互层。含三叶虫 *Hysterolenus asiaticus*，*Leiagnostus* sp.，*Parabolinella ocellata*，*Onchonotina* (*Guotangia*) *guotangensis*；底部产牙形刺 *Prooneotodus tenuis*　　17.70 m

6. 浅灰—深灰色瘤状灰岩与泥质灰岩互层，下部夹薄层灰岩。富产三叶虫 *Hysterolenus asiaticus*，*Rhadinopleura sp.*，*Geragnostus* (*Micragnostus*) sp.，*Symphysurus* (*Troedssonia*) *wimani*，*Euloma* (*Mioeuloma*) *subquadrata*，*Shumardia changshanensis*，*Leiagnostus* sp.，*Koldinioidia longa*，*Acrocephalina* sp.，*Niobella yangjiawanensis*，*Niobella oblonga*，*Onchonotina acuta*　　6.00 m

5. 浅灰色泥质灰岩夹薄层粉晶灰岩，具硅质细条带。上部产三叶虫 *Lotagnostus hedini*；下部产三叶虫 *Lotagnostus punctatus*，*Westergaardites* sp.，*Hedinaspis* sp.　　18.60 m

4. 浅灰—深灰色泥质灰岩，微细纹层发育。上部产三叶虫 *Lotagnostus punctatus*，*Pseudagnostus* sp.，*Olenus* sp.，*Charchaqia* sp.，*Chekiangaspis chekiangensis*，*Westergaardites* sp. 等　　21.70 m

3. 深灰色泥质灰岩，薄层粉晶灰岩互层。顶部富产三叶虫 *Lotagnostus* sp.，*Pseudagnostus* sp.，*Westergaardites* sp.，*Proceratopyge* sp.，*Hedinaspis* sp.，*Charchaqia* sp.，*Yuepin-*

gia sp. 等　　23.60 m

2. 浅灰—深灰色微纹状泥质灰岩与薄层粉晶灰岩互层。顶部产三叶虫 *Proceratopyge* 等　5.60 m

1. 浅灰—深灰色微纹状泥质灰岩夹薄层灰岩。顶部产三叶虫 *Pseudagnostus* sp., *Procera-topyge* sp. 等　　19.80 m

——————— 整　合 ———————

下伏地层：**华严寺组**　深灰色薄层粉晶灰岩与含泥质白云质灰岩相间组成的条带状灰岩

【地质特征及区域变化】　本组底部为浅灰—深灰色泥质灰岩，夹粉晶灰岩其上为浅灰—灰黑色瘤状灰岩与泥质灰岩互层，上部为浅灰色泥质灰岩、泥灰岩互层。

本组产笔石 *Staurograptus dichotomus sinensis*，*S. dichotomus apertus*，*S. dichotomus*，*Anisograptus matanensis*，*Dictyonema* sp.，*Bryograptus* sp.；三叶虫 *Shumardia* sp.，*Hysterolinus asiatucus*，*Parabolinella ocellata*，*Rhadinopleura* sp.，*Koldinioidia longa*，*Niobella yangjiawanensis*，*N. oblonga*，*Onchonotina acuta*，*Lotagnostus hedini*，*L. punctatus*，*Pseudagnostus* sp.，*Westergaardites* sp.，*Proceratopyge* sp. 等；牙形刺 *Prooneotodus tenuis*。

根据上述古生物化石，本组地质时限为晚寒武世—早奥陶世早期。

本组下部岩性变化相对稳定，一般由东南向西北泥质灰岩增多，厚度由 80 m 逐渐增大为 327 m。上部岩性变化较大：在江山附近由泥质灰岩、小饼状灰岩、网纹状灰岩或瘤状灰岩及泥灰岩互层；在桐庐分水—富阳俞家山和诸暨以东地区网纹状灰岩明显增多；昌化—安吉一带，泥质含量明显增多，以泥质灰岩、泥灰岩为主与小饼状灰岩或饼状灰岩透镜体泥质灰岩互层，厚度由东南向西北增大，由 40 m 逐渐增大为 145 m。

超山组　$\in\hat{c}$　**(33－0032)**

【创名及原始定义】　由鞠天吟(1979)创建，命名地点在浙江省余杭市超山。原始定义：据产状认为假整合于上震旦统之上，上部与“大陈岭组”连续沉积。厚 31 米。分上、下两段：下段：黑色碳质页岩；上段：灰黑色泥灰岩、钙质页岩，本组无硅质层、石煤层和磷块岩。含三叶虫、腕足类、及海绵骨针、软舌螺。时代为早寒武世。岩性和化石与安徽黄柏岭组相近似。

【沿革】　本书超山组仅指原始定义中的下段黑色碳质泥岩，其上段层位划归大陈岭组。

【现在定义】　岩性为灰黑色白云质泥岩。与下伏灯影组白云岩呈平行不整合接触，与上覆大陈岭组灰黑色泥质白云岩呈整合接触。

【层型】　正层型为浙江省余杭市超山剖面(120°13′,30°26′)，鞠天吟(1979)测制，罗璋等(1981)重测。

上覆地层：**大陈岭组**　灰黑色泥质白云岩，含灰岩透镜体

——————— 整　合 ———————

超山组

1. 黑色含碳质白云质泥岩，含黄铁矿。含软舌螺 *Hyolithes* sp.　　25.00 m

－－－－－－ 平行不整合 －－－－－－

下伏地层：**灯影组**　深灰色薄层粉至细晶白云岩，含硅质条带及透镜体

【地质特征及区域变化】　本组仅出露于余杭泰山和超山一带，在余杭徐家庄岩性为黑色含碳质泥岩，厚约 10 m 左右，向东北至超山白云质含量增多，为黑色含碳质白云质泥岩。本

组岩性与江山-临安地层小区荷塘组岩性有很大的差异，无硅质岩层、石煤层和磷块岩，厚度也明显变薄。

超峰组　$\in \hat{c}f$　(33－0033)

【创名及原始定义】　原称超峰群，由鞠天吟(1979)创名，命名地点在浙江省余杭市超山之顶超峰。原始定义：整合于杨柳岗组之上，为灰、深灰色白云岩，厚度达200米以上。仅获腕足类 *Obolus*。

【沿革】　《浙江省区域地质志》(1989)沿用超峰群，本书改称超峰组。

【现在定义】　岩性由灰白色厚层块状白云岩组成。与下伏杨柳岗组薄—中层灰岩呈整合接触，未见顶。

【层型】　正层型为浙江省余杭市超山剖面(120°13′,30°26′)，罗璋等(1981)重测。

超峰组	总厚度 175.10 m
3. 白色块状次生硅质岩(原岩可能为白云岩)，(未见顶)	16.20 m
2. 白色块状粉晶白云岩，夹角砾状灰质白云岩	124.60 m
1. 灰黑色中—厚层粉—细晶白云岩。含腕足类 *Obolus* sp.	34.30 m

——————— 整　合 ———————

下伏地层：**杨柳岗组**　灰黑色薄层泥质灰岩为主夹条带状粉晶白云岩、薄至中层灰岩。含三叶虫 *Hypagnostus* cf. *quadratus*，*Lejopyge* sp. 等

【地质特征及区域变化】　本组零星出露于余杭超山、萧山赭山、海宁硖石、平湖瓦山及嘉兴等地。岩性以浅灰色粉晶白云岩为主。岩性组合特征：向西白云质含量逐渐减少，相变为华严寺组和西阳山组；向东由杭州向嘉兴方向白云质明显增多，MgO 含量 18%～20%；硅质成分增多，出现较多硅质岩、硅质条带及团块；厚度也由西向东增厚，在余杭超山—萧山赭山厚 175～131 m，海宁硖石、嘉兴厚 175～342 m。

印渚埠组　Oy　(33－0042)

【创名及原始定义】　原称印渚埠系，由朱庭祜(1924)创建，命名地点在浙江省桐庐县分水印渚埠，当时未指定层型剖面。原始定义：“印渚埠系，因地层在于潜县南境印渚埠附近处，颇为发育，故称。以石灰岩为主，中间并包括板岩、砂岩、石英岩及千枚岩等。”

【沿革】　卢衍豪、穆恩之等(1955)称印渚埠页岩。专指以前所说印渚埠系中产三叶虫化石的那一段页岩地层。卢衍豪等(1963)改称印渚埠组。《中国各地层对比表及说明书》(1982)、《浙江省区域地质志》(1989)等文献沿用之。本书指青灰色—黄绿色厚层钙质泥岩以上的一套地层(表3-3)。

【现在定义】　下部灰绿色、青灰色钙质泥岩，含有少量灰岩小透镜体，中部为钙质泥岩，上部为钙质泥岩与含钙质结核钙质泥岩互层，含三叶虫及笔石化石。以钙质泥岩之底与下伏西阳山组网纹状灰岩、瘤状灰岩、泥质灰岩、以钙质泥岩与上覆宁国组微细纹层发育的粉砂质页岩均呈整合接触。

【层型】　选层型为浙江省桐庐市分水印渚埠剖面(119°27′,29°56′)，由浙江区调队(1993)测制。

上覆地层：**宁国组**　灰绿、黄绿色粉砂质泥岩、页岩，局部含碳质较高成黑色。产笔石 *Didymograptus* sp.，*Phyllograptus* sp.

表 3-3　浙江省奥陶纪地层划分沿革表

朱庭祜		刘季辰	卢衍豪、穆恩之等	浙江省区测队	浙江省区测队	鞠天吟	浙江省区域地层表编写组	《浙江省区域地质志》		本书	
1924		1927	1955	1965	1967	1979	1979	1989			
浙西北	浙北	浙西北	浙西	建德幅1:20万	临安幅1:20万	浙北	浙西北	浙西北	杭州－嘉兴	浙西北	杭州－嘉兴
				S_1 安吉组	S_1 安吉组	S_1 安吉组	S_1 安吉组、堰口组	S_1 安吉组	安吉组	S_1 霞乡组	霞乡组
O_1 印渚埠系	O_2 荆山层	O_3 凤竹页岩	O_3 长坞页岩	O_3 文昌组	O_3 张村坞组、文昌组	O_3 张村坞组、文昌组	O_3 张村坞组、文昌组	O_3 堰口组、文昌组	文昌组	O_3 文昌组	文昌组
				长坞组	干潜组、长坞组	干潜组、长坞组	干潜组、长坞组	干潜组、长坞组、三衢山组	长坞组	长坞组、三衢山组	长坞组
		O_2 砚瓦山系	黄泥岗页岩	黄泥岗组	黄泥岗组	黄泥岗组	黄泥岗组	黄泥岗组	黄泥岗组	黄泥岗组	
			O_2 砚瓦山灰岩	O_2 砚瓦山组	O_2 砚瓦山组	O_2 砚瓦山组	O_2 砚瓦山组	O_2 砚瓦山组	砚瓦山组	O_2 砚瓦山组	
			胡乐灰岩	胡乐组	胡乐组	荆山群	胡乐组	胡乐组	大田坝组	胡乐组	牯牛潭组
					牛上组				牯牛潭组		
		O_1 印渚埠系	O_1 宁国页岩	O_1 宁国组	O_1 宁国组	O_1	O_1 宁国组	O_1 宁国组	闲林埠组、荆山组	O_1 宁国组	
			印渚埠页岩	印渚埠组	印渚埠组	印渚埠组	印渚埠组	印渚埠组	留下组	印渚埠组	红花园地、仑山组
			$\in_3$ 西阳山页岩	$\in_3$ 西阳山组	$\in_3$ 西阳山组	$\in_3$ 超峰群	$\in_3$ 西阳山组	$\in_3$ 西阳山组	超峰组	$\in_3$ 西阳山组	超峰组

——————整　合——————

印渚埠组　　　　　　　　　　　　　　　　　　　　　　　　　　　总厚度 234.90 m

3. 青灰—黄绿色厚层—块状含大量钙质结核钙质泥岩，含三叶虫 *Niobella* sp.，*Symphysurus* sp.　　74.60 m

2. 黄绿色中—厚层钙质泥岩，偶夹中薄层含钙质结核钙质泥岩　　121.60 m

1. 青灰—黄绿色中—厚层钙质泥岩　　38.70 m

——————整　合——————

下伏地层：西阳山组　浅灰—深灰色细瘤条状，泥晶灰岩、薄饼条状含泥质微晶灰岩，夹含灰岩透镜体钙质泥岩

【地质特征及区域变化】　印渚埠组地质特征同现在定义。含三叶虫 *Symphysurus* sp.，*Euloma* sp.，*Geragnostus* sp.，*Niobella chui*，*Birmanites* sp.，*Asaphellus* sp.，*Asaphopsis* sp.，*Cyclopyge* sp.，*Corrugatagnostus* sp. 等；笔石 *Adelograptus asiaticus*，*Clonograptus tenellus*，*Anisograptus* cf. *matanensis*，*Bryograptus chekiangensis* 等。根据上述古生物化石，本组地质时限为早奥陶世早期。

本组岩性较稳定，由东南向西北厚度逐渐增大，钙质含量有所增多。在江山—绍兴一带岩性为青灰色泥岩、粉砂质泥岩含零星钙质结核，中上部夹有紫红色、紫色含钙质结核泥岩。在常山黄泥塘一带有较多灰岩夹层。厚度 93～212 m。在常山—桐庐一带岩性为青灰色、黄绿色钙质泥岩，普遍含有钙质结核。厚 160～280 m。在昌化—安吉一带岩性为下部钙质泥岩，含饼状灰岩透镜体；中部为钙质泥岩，局部夹泥灰岩；上部钙质泥岩，含钙质结核夹层增多增厚，局部夹瘤状泥灰岩。厚度 600～1100 m。

宁国组 *On* **(33-0043)**

【创名及原始定义】 原称宁国页岩，由许杰(1934)创建，命名地点在安徽省宁国县胡乐镇皇墓至滥泥坞。原始定义："富含钙质页岩之上为宁国页岩，其岩性为呈各种颜色之泥质页岩(下部绿色、中部暗蓝色、顶部棕黄色)，厚约110 m，富含笔石；此层之上为淡黄色柔软之泥质页岩，厚31 m，富含笔石。"

【沿革】 卢衍豪、穆恩之等(1955)对刘季辰、赵亚曾(1927)浙西北原印渚埠系上部(产早奥陶世 *Didymograptus hirundo* 等)的一段地层，因其岩性和化石与皖南的宁国组相同，故称为宁国页岩。卢衍豪等(1963)改称宁国组。浙江省区域地层表编写组(1979)、《中国各纪地层对比表及说明书》(1982)、《浙江省区域地质志》(1989)等文献沿用之，本书将原宁国组含笔石 N_8—N_9 带的页岩夹硅质岩地层划归胡乐组，体现了本组岩石地层单位的特性。

【现在定义】 指分别整合于印渚埠组钙质泥(页)岩与胡乐组硅质页岩之间富产笔石的灰绿、暗蓝、灰黑色页岩(泥岩)。底与印渚埠组以钙质泥岩结束，黄绿、灰黑色页岩出现为界，顶与胡乐组以硅质页岩出现为界。

【层型】 本省次层型为临安县湍口石板桥剖面(119°07′,30°02′)，浙江区调队三分队(1981)测制。

上覆地层：**胡乐组** 灰—深灰色含粉砂质碳质硅质页岩，夹薄层碳质硅质泥岩，微细层理发育。含笔石 *Didymograptus* sp.

——————— 整 合 ———————

宁国组 总厚度 174.80 m

9. 深灰色含碳质粉砂质页岩 12.00 m
8. 浅灰、灰绿色粉砂质页岩，常见有虫管痕迹，微细层理发育。含笔石 *Didymograptus asperus* 26.50 m
7. 青灰、灰绿色含钙质粉砂质页岩夹泥质白云岩及少量钙质结核。含笔石 *Didymograptus* sp. 19.10 m
6. 黄绿色粉砂质页岩，下部为粉砂质泥岩夹页岩。含笔石 *Didymograptus abnormis*, *D. hirundo* 27.50 m
5. 灰黄绿色含硅质粉砂质页岩，页理发育。含笔石 *Didymograptus hirundo*, *Loganograptus* sp. 10.70 m
4. 灰绿色含硅质粉砂质页岩。含笔石 *Didymograptus hirundo*, *Phyllograptus angustifolius* 16.00 m
3. 浅灰色含硅质粉砂质页岩，微细层理发育。含笔石 *Didymograptus hirundo* 11.60 m
2. 浅灰、青灰色含硅质粉砂质页岩，微细层理发育。含笔石 *Didymograptus nitidus* 22.00 m
1. 浅灰—青灰色含硅质粉砂质页岩，常有0.1～0.2 cm宽的灰白色透镜状断续出现的硅质细条。含笔石 *Didymograptus deflexus*, *D. inflexus*, *Tetragraptus* sp. 29.40 m

——————— 整 合 ———————

下伏地层：**印渚埠组** 青灰色钙质泥岩与含钙质结核钙质泥岩互层。富产三叶虫化石

【地质特征及区域变化】 本组为灰色、深灰色粉砂质泥岩、泥岩，以微细纹层发育，风化后常呈页片状，以富含笔石为其特征。区域岩性比较稳定，仅在江山一带底部为灰岩，常山黄泥塘夹有数层石灰岩，昌化一带普遍含有少量硅质。厚度由东南向西北逐渐增大，江山—绍兴一带厚度44.8～29.4 m，常山—桐庐一带，厚度54.9～88.9 m；昌化—安吉一带，厚

度为 175 m。

本组生物群除剖面所列外，尚有笔石 *Didymograptus abnormis*，*Oncograptus magmus*，*O. masculus*，*Cardiograptus* cf. *amplus*，*Glyptograptus austrodetatus*，*Phyllograptus ilicifolius*，*Azygograptus lapwoethi*，*Holmograptus orientalis* 等；腕足类 *Eosotrematorthis* sp.，*Nanothis* sp.。本组地质时限为早奥陶世中晚期。

胡乐组　*Ohl*　(33－0044)

【创名及原始定义】　原称胡乐页岩，由许杰(1934)创建，命名地点在安徽省宁国县胡乐镇皇墓至滥泥坞。原始定义：淡黄色宁国页岩之上为胡乐页岩，该组下部为白色矽质页岩，间有矽化薄层，全厚约 40 m，富含笔石；白色页岩之上为一层棕色柔软之泥质页岩，厚 2 m，富含笔石。再上为不纯泥质灰岩，厚 7 m。时代为中奥陶世。

【沿革】　浙江胡乐组是指刘季辰、赵亚曾(1927)所称砚瓦山系下部页岩，其生物群与皖南的胡乐页岩相似，岩性稍异。卢衍豪、穆恩之等(1955)引用胡乐页岩。卢衍豪等(1963)改称胡乐组。浙江省区域地层表编写组(1979)、《中国各纪地层对比表及说明书》(1982)、《浙江省区域地质志》(1989) 等文献沿用。本书对比研究认为该组包括了原宁国组中含笔石 N_8—N_9 带(曾称牛上组)的一段地层。

【现在定义】　指分别整合于宁国组之上、砚瓦山组之下灰黑色硅质页岩、碳质硅质页岩的地层，富产笔石。底与宁国组以灰黑色硅质页岩出现，顶与砚瓦山组以瘤状泥质灰岩出现为界。

【层型】　本省次层型为临安县湍口石板桥剖面(119°07′,30°02′)，浙江区调队三分队(1987)测制。

上覆地层：**砚瓦山组**　灰绿、青灰色瘤状泥质灰岩，含泥质瘤状灰岩

——————— 整　合 ———————

胡乐组	总厚度 149.30 m
9. 灰黑色含碳泥质硅质岩。含笔石 *Dicellograptus* sp.，*Dicranograptus nicholsoni* var. *diapason*，*Climacograptus* sp.，*Orthograptus* sp.	7.90 m
8. 灰黑色含碳质硅质岩，上部为泥质硅质岩	13.80 m
7. 灰黑色碳质泥质硅质岩	29.50 m
6. 灰黑色含碳质泥质硅质岩夹硅质泥岩、页岩。含笔石 *Pseudoclimacograptus* sp.，*Didymograptus* sp.	13.60 m
5. 灰黑色含粉砂碳质泥质硅质岩。产笔石碎片	18.70 m
4. 灰黑色含粉砂质碳质硅质页岩与泥质硅质岩互层。含笔石 *Didymograptus* sp.	18.60 m
3. 灰黑色含碳质硅质粉砂质页岩	17.60 m
2. 深灰、灰黑色含粉砂质硅质泥岩。产笔石碎片	14.70 m
1. 灰—深灰色含粉砂质碳质硅质页岩，夹薄层碳质泥质硅质岩，微细层理发育。含笔石 *Didymograptus* sp.	14.90 m

——————— 整　合 ———————

下伏地层：**宁国组**　深灰色含碳质粉砂质页岩

【地质特征及区域变化】　本组岩性比较稳定，局部略有变化，总的变化规律由东南向西北硅、碳质含量增多，厚度明显增大。在江山横渡、常山黄泥塘为硅质岩与灰岩互层，在龙

游志棠为含硅质粉砂质泥岩、页岩；在江山—绍兴一带厚度 5.9～14.4 m，常山—桐庐一带厚度 44.6～54.4 m；昌化—安吉一带厚度 149 m。

本组生物群，下部有笔石 *Pterograptus elegans*，*P. sinicus*，*Amplexograptus confertus*，*Nicholsonograptus* sp.，*Tylograptus geniculiformis*，*Phyllograptus anna*，*Sinograptus typicalis*，*Didymograptus ellesae*；上部有笔石 *Nemagraptus gracilis*，*Glossograptus hincksii*，*Glyptograptus teretiusculus*，*Dicellograptus gurleyi*，*Dicranograptus sinensis*，*D. sextans*。本组地质时限为早奥陶世晚期至中奥陶世早期。

砚瓦山组　*Oyw*　(33－0045)

【创名及原始定义】　原称砚瓦山系，由刘季辰、赵亚曾(1927)创名，命名地点在浙江省常山砚瓦山。原始定义："砚瓦山系以页岩及灰质结核的页岩为主，相间成层，间夹有不纯灰岩薄层，下部产三叶虫，上部产对笔石及直角石等化石。"

【沿革】　卢衍豪、穆恩之等(1955)改称砚瓦山石灰岩，相当刘季辰、赵亚曾(1927)砚瓦山系中部石灰岩。卢衍豪等(1963)改称砚瓦山组。浙江省区域地层表编写组(1979)、《中国各纪地层对比表及说明书》(1982)、《浙江省区域地质志》(1989)等文献沿用至今。

【现在定义】　由青灰色、局部紫红色瘤状灰岩、含钙质结核泥灰岩组成，含头足类和三叶虫化石。以瘤状灰岩与下伏胡乐组黑色硅质岩或碳泥质硅质岩，以含钙质结核泥灰岩与上覆黄泥岗组含钙质结核泥岩均为整合接触。

【层型】　选层型为浙江省江山市夏坞剖面(118°36′,28°48′)，浙江区调队二分队(1990)测制。

上覆地层：**黄泥岗组**　灰绿色块状含结核钙质泥岩

——————　整　合　——————

砚瓦山组	总厚度 45.90 m
4. 紫红色含钙质结核泥灰岩	5.00 m
3. 紫红色块状、薄层状瘤状泥灰岩夹薄层瘤状灰岩。含头足类 *Michelinoceras huangnigangense*，? *Kotceras sp.*，*Beloitoceras* sp.	26.50 m
2. 灰色块状泥灰质瘤状灰岩	3.20 m
1. 灰色中厚层网纹状隐晶灰岩，偶夹薄层灰色微—隐晶灰岩	11.20 m

——————　整　合　——————

下伏地层：**胡乐组**　黑色薄层泥质硅质岩为主，夹黑色泥岩

【地质特征及区域变化】　本组地质特征同现在定义。含三叶虫 *Cyclopyge recurvus*，*Corrugatagnostus jiangshanensis*，*Hammatocnemis huayinshanensis*，*H. formosus*，*Remopleurides* sp.；*Shumardia* sp.；头足类 *Sinoceras chinense*，*Wirnipegoceras* sp.，*Michelinoceras elongatum*，*M. huangnigangense*，*Discorceras* sp.；腕足类 *Rhynchotrema* sp.，*Lingula* sp.；介形虫 *Aparchites* sp.，*Primitia* sp.，*Oplikella* cf. *chekiangensis*；牙形刺 *Acodus similaris*，*Belodella fanxiangensis*。本组地质时限为中奥陶世晚期。

本组与中南区的宝塔组，华南区的滁江组相对比。岩性较稳定，仅局部地区有差异，如开化江家、常山黄泥塘为较纯的瘤状灰岩或网纹状灰岩，而龙游志棠以粉砂质泥岩为主。厚度也较为稳定，除常山黄泥塘厚达 102.5 m 外，一般均在 40～50 m 左右。

黄泥岗组　*Ohn*　(33－0046)

【创名及原始定义】 由卢衍豪等(1963)创名，命名地点在浙江省江山市黄泥岗村。原始定义：在江山、常山一带砚瓦山石灰岩之上常有紫红色石灰质页岩一层，其中亦夹黄色页岩。厚达45米，富产介壳相化石三叶虫 *Nankinolithus nankinensis* 等及介形类。层位与南京汤头层、湖北三峡及湖南北部临湘石灰岩相当。

【沿革】 卢衍豪(1963)创建的黄泥岗组是指刘季辰、赵亚曾(1927)砚瓦山系上部页岩，浙江省区域地层表编写组(1979)等沿用至今。

【现在定义】 岩性为灰绿色局部紫红色含钙质结核泥岩，局部夹瘤状泥灰岩。含三叶虫和头足类化石。以含钙质结核泥岩与下伏砚瓦山组瘤状泥灰岩，与上覆长坞组泥岩、粉砂质泥岩均呈整合接触。

【层型】 选层型为浙江省江山市夏坞黄泥岗剖面(118°36′,28°48′)，浙江区调队二分队(1990)测制。

上覆地层：长坞组 黄绿色块状泥岩

——————— 整 合 ———————

黄泥岗组	总厚度 57.90 m
5. 黄绿色、紫红色含钙质结核(灰岩瘤)钙质泥岩。结核中常有三叶虫、海百合茎及头足类等生物碎屑	6.40 m
4. 紫红色含钙质结核泥岩，结核含量由下而上减少。含三叶虫 *Maclurites* sp.	9.90 m
3. 灰绿色含钙质结核泥岩，局部夹瘤状隐晶灰岩	25.20 m
2. 紫红色含钙质结核钙质泥岩，局部富集成瘤状灰岩，含生物碎屑	6.80 m
1. 灰绿色块状含钙质结核泥岩	9.60 m

——————— 整 合 ———————

下伏地层：砚瓦山组 紫红色含钙质结核泥岩

【地质特征及区域变化】 该组底部为灰绿色块状含钙质结核泥岩夹紫红色灰岩瘤钙质泥岩或瘤状灰岩，其上为紫红色含钙质结核泥岩，再上为黄绿色钙质结核(灰岩瘤)钙质泥岩。本组产三叶虫 *Nankinolithus nankinensis*，*N.* cf. *wanyuanensis*，*Sinampyxina chekiangensis*，*Remopleurides* sp.，*Hammatocnemis oratus*，*Cyclopyge* sp.，*Shumardia* sp.，*Amphyxinella similis*，*Birmanites* sp.，*Basiliella* sp. 等；介形虫 *Aechmina* sp.，*Bythocypris longua*，*Octomaris* cf. *chekiangensis* 等；头足类 *Eurasiaticoceras* sp.。根据上述古生物化石，本组地质时限为晚奥陶世早期。黄泥岗组岩性比较稳定，厚度变化也不大。仅江山—绍兴一带，常夹紫红色钙质结核泥岩，在昌化—安吉一带钙质含量减少，硅质含量增多，岩性以深灰色含钙、硅质结核泥岩为主。厚度22～72.7 m。

长坞组 $O\hat{c}$ (33-0049)

【创名及原始定义】 系卢衍豪(1963)创名，命名地点在浙江省江山市城北南山—长坞东山。原始定义：“长坞组下和黄泥岗组为连续沉积，上与中石炭统藕塘底群底砾岩不整合。全部以黄绿色页岩为主，间夹砂岩薄层。含笔石 *Dicellograptus* cf. *complanatus*，共厚280m。”时代为晚奥陶世。

【沿革】 刘季辰、赵亚曾(1927)称凤竹页岩，时代为早志留世。许杰(1937)在于潜塔山发现晚奥陶世地层，创名“于潜系”。浙江区测队(1965)《1：20万建德幅区域地质矿产调查报告》测制完整晚奥陶世地层剖面，划分上、中、下三段：中下段称长坞组，上段称文昌组。

浙江区测队(1967)《1:20万临安幅区域地质矿产调查报告》中分东南和西北两区:东南区沿用长坞组和文昌组;西北区将“于潜系”划分为于潜组和张村坞组。于潜组以复理石韵律和含笔石为特征的碎屑岩;长坞组以类复理石韵律和含介壳类或介壳类与笔石混生的碎屑岩,两者层位相当、岩性都为碎屑岩。本次对比研究将于潜组改称长坞组。

【现在定义】 由黄绿色泥岩、粉细砂岩组成的复理石、类复理石韵律层,其间夹块状砂岩和泥岩。含笔石、腕足类等化石。与下伏黄泥岗组含钙质结核泥岩,与上覆文昌组含钙质砂岩均为整合接触。

【层型】 正层型被破坏。新层型为浙江省开化县大举—官旦头剖面(118°32′,29°09′),浙江省区测队(1965)测制。

上覆地层:**文昌组** 青灰色钙质泥质粉砂岩、粉砂质泥岩为主,夹薄—中层钙质细砂岩,底部夹钙质细砂岩,风化后呈褐色。含腕足类,海百合茎等

——————— 整 合 ———————

长坞组 总厚度 1436.90 m

13. 青灰色钙质泥岩,下部夹2～3层细砂岩。含腕足类 *Sowerbyella sericea*, *S. orientalis*, *Rostricellula* sp., *Rhynchotrema* sp.;腹足类 *Ophileta* sp., cf. *Chonetoidea* sp. 327.00 m

12. 顶部灰色泥质粉砂岩夹砂质条带;中上部钙质细砂岩与泥质粉砂岩、泥岩互层;下部钙质粉砂岩;底部含钙细砂岩,具波痕 86.00 m

11. 青灰色含钙泥岩,底部为钙质粉砂质泥岩 112.80 m

10. 上部青灰色含钙泥质粉砂岩夹细砂岩及条带,具不对称波痕;下部含钙粉砂质泥岩夹少量细砂岩;底部厚5～8 m厚层细砂岩 68.00 m

9. 上部青灰色含钙泥岩;下部灰色厚层细砂岩夹薄层粉砂质泥岩 32.70 m

8. 青灰色含钙粉砂质泥岩。含笔石碎片 101.20 m

7. 青灰色薄层粉砂岩与粉砂质泥岩互层,夹少量细砂岩,具水平及斜交微层理,含砂质条带 137.70 m

6. 青灰色厚层—块状细砂岩,夹薄层粉砂岩与粉砂质泥岩组成韵律层,具有微斜层理 93.30 m

5. 上部青灰色块状细砂岩夹泥岩及粉砂质条带;下部块状含钙细砂岩夹少量泥质条带 107.30 m

4. 青灰色薄层—块状钙质细砂岩为主夹条带状钙质泥岩,具粉砂质条带 64.40 m

3. 灰色薄层泥岩与粉砂岩组成小型复理石韵律层,底部厚3 m青灰色钙质泥岩为主夹薄—中层细砂岩,具水平波状及斜交微层理 85.20 m

2. 青灰色钙质泥岩为主与薄层钙质粉砂岩组成小型复理石韵律层,单个韵律一般厚3～5 cm,粉砂岩微层理明显,并具水平波状层理及斜层理,常见不对称波痕 141.50 m

1. 灰色泥岩为主夹粉砂质条带,底部为灰色泥岩,距底5 m夹黑色含笔石泥岩及少量粉砂质条带 79.80 m

——————— 整 合 ———————

下伏地层:**黄泥岗组** 灰色含灰岩结核钙质泥岩。含三叶虫 *Cyclopyge* sp.;腕足类 *Christiania zhitangensis*

【地质特征及区域变化】 本组下部青灰色泥岩与粉砂岩或细砂岩组成小型复理石韵律层;中部青灰色砂岩、粉砂岩与粉砂质泥岩为主,夹粉砂质泥岩;上部青灰色钙质泥岩,局部偶夹细砂岩。含有笔石、腕足类、腹足类等。由西北向东南笔石含量逐渐减少,介壳类含量逐渐增多的趋势。

在昌化—安吉一带：含笔石 *Paraorthograptus yuqianensis*, *Climacograptus venustus*, *Dicellograptus szechuanensis*, *Pseudoclimacograptus anhuiensis* 等四个笔石带。

在开化—临安一带含：腕足类 *Rafinesquina* sp., *Rhynchotrema* sp., *Rostricellula* sp., *Sowerbyella sericea*, *Howellites* sp., *Plectorthis* sp., *Leptellina* sp., *Zygospira* sp., *Lassinella* cf. *globosa*, *Catazyga* sp.；腹足类 *Ophileta* sp., *Pararaphistoma* sp., *Lophospira* sp., *Murchisonia* sp.；笔石 *Dicellograptus* cf. *complanatus*, *Orthograptus truncatus*, *Climacograptus* sp., *Pseudoclimacograptus* sp.。

在江山—绍兴一带含：腕足类 *Sowerbyella sericea*, *S. punctostus*, *Leptaena* sp., *Plasmatorella* sp., *Rostricellula* sp., *Ancistrorhyncha* sp., *Dalmanella* sp., *Rhynchotrema* sp., *Eoconchidium jiangshanensis*；腹足类 *Maclurites* sp., *Hormotoma* sp., *Helicotome* sp.；头足类 *Orthonybyoceras crebiseptum*, *Actinoceras* cf. *jiangshanense*, *Ormoceras* sp.；珊瑚 *Catenipora shigangensis*, *Plasmoporella breviseptata*, *P. microspinosa*, *P. convexotabulata*, *Propora multispnosa*, *Tetradium jiangshanensis*, *Heliolites tashanensis*；三叶虫 *Corrugatagnostus* cf. *perrugatur*, *Ampyx* sp., *Phylacops* sp.；笔石 *Dicellograptus* cf. *complanatus*, *Orthograptus truncatus*, *Climacograptus* sp. 等。生物群的特征，由西北向东南笔石含量减少，而介壳类含量增多。时代为晚奥陶世，相当于五峰阶 W_1—W_5 带。

长坞组变化规律：由东南向西北由类复理石韵律层渐变为复理石韵律层(具鲍马序列)。生物群以介壳相为主渐变为笔石相为主。

昌化—安吉一带：经浙江省石油地质大队罗璋等(1981)研究①该组由粉细砂岩、粉砂岩、泥岩三者递变过渡，频繁交互组成万个以上的韵律层，构成典型复理石建造。每一个递变韵律层都有特殊的韵律结构——鲍马序列。一个发育完全的韵律层，包括 A、B、C、D、E、F 六个基本单元。一般韵律层以 A、B、C、D、E 或 A、C、E 及 B、C、D、E 序列较为常见。在 A 段底面常发育有沟模、槽模、锥模、重荷模、枕状、火焰状构造及包卷层理等，反映了一种水流动速度快和快速堆积的密度流特点，在 E 序列之上常有很薄的黑色笔石页岩，为 F 序列，反映循环差、水动力条件弱的滞流水环境。本组厚度 1240.3 m。

开化—临安一带：该组下部具鲍马序列的韵律层，一般单个韵律层由粉砂岩、斜层理粉砂岩、微层理泥质粉砂岩与泥岩四个单元组成，底部有象形印模，偶见波痕；中部由粉细砂岩、斜层理粉砂岩、泥岩三者组成中—微型韵律层与厚层块状细砂岩组合成韵律系；上部主要由泥岩组成。本带特点是砂岩的含量比昌化—安吉一带多。含笔石和介壳类。厚度 1306～2042.6 m。

江山—绍兴一带：该组出露不全，大部被石炭系覆盖，主要为泥岩与粉细砂岩互层组成类复理石韵律层。砂岩与泥岩顶底接触界线明显，砂岩底部没有印模。泥质岩含量高于砂质岩，局部夹灰岩透镜体。并逐渐向三衢山组灰岩过渡，富含介壳类化石。厚度 319.4～1198.6 m。

三衢山组　O*s*(33-0048)

【创名及原始定义】 原称三衢山石灰岩。由盛莘夫(1951)创名，命名地点在浙江省常山县灰埠之三衢山。原始定义："三衢山石灰岩，下与常山系石灰岩，上与印渚埠系页岩间，仅发现余杭与常山及杭县荆山数处，层位相当北美奥陶纪坎拿大期。层位归属早奥陶世。"

【沿革】 北京地质学院(1963)曾称大桥灰岩。浙江区测队(1969)1∶20 万衢县幅区调时

① 浙江省石油地质大队罗璋等，1981，浙江省晚震旦世、早古生代沉积环境及相分析研究报告（未刊）。

查明三衢山石灰岩，位于黄泥岗组与文昌组之间，古生物化石证实为长坞组同期异相沉积。

【现在定义】 岩性为深灰色泥质条带泥晶灰岩、生物灰岩、粘结灰岩、网纹状泥晶灰岩等。含层孔虫、珊瑚、钙藻、腕足类、三叶虫等化石。与下伏黄泥岗组含钙质结核泥岩，上覆文昌组钙质细砂岩均呈整合接触。

【层型】 正层型为浙江省常山县灰山底剖面(118°29′,28°59′)，浙江省石油研究所(1991)重新测制。①

上覆地层：文昌组 青灰色厚层—块状钙质细砂岩夹粉砂质泥岩

——————整 合——————

三衢山组 总厚度 1537.70 m

26. 深灰色泥质网纹状泥晶灰岩。含层孔虫 *Cystostroma*，*Clathrodictyon*；钙藻 *Dasyporella* 6.30 m

25. 灰紫色镣珊瑚障积灰岩。含珊瑚 *Catenipora*，含量约 50% 2.80 m

24. 深灰色泥质网纹含生物泥屑晶灰岩、镣珊瑚—藻礁灰岩。富含珊瑚 *Catenipora*，*Agetolitella*，*Streptelasma*；层孔虫 *Cystostroma*，*Clathrodictyon*，*Plexodictyon*，*Labechia* 等化石，含量 20%～30% 28.50 m

23. 灰紫—灰黑色粗枝藻灰岩。含珊瑚 *Catenipora*，*Agetolites*，*Rhabdotetradium*；层孔虫 *Cystostroma*，*Clathrodictyon*，*Plexodictyon*，*Labechia*；钙藻 *Dasyporella*，*Solenopora*，*Sphaerocodium* 10.50 m

22. 灰黑色镣珊瑚—层孔虫—藻礁灰岩。含珊瑚 *Catenipora*，*Agetolites*；层孔虫 *Cystostroma*，*Clathrodictyon*，*Labechia*；钙藻 *Dasyporella*，*Solenopora*，*Ajakmalajsoria* 41.80 m

21. 深灰色—灰黑色网纹状生物碎屑泥晶灰岩与泥质纹层状泥晶灰岩互层。含珊瑚 *Rhabdotetradium*，*Hemiagetolitella*，*Atreptelasma*；层孔虫 *Cystostroma*，*Clathrodictyon*，*Labechia*；钙藻 *Ortonella*，*Tricophyton*，*Hedstroemia* 53.10 m

20. 深灰色中厚层网纹状生物屑泥晶灰岩，夹薄层纹层状粉砂泥灰岩。含珊瑚 *Rhabdotetradium*，*Agetolites*；层孔虫 *Cystostroma*，*Clathrodictyon*，*Labechia*，*Cryptophragmus*；钙藻 *Ortonella*，*Batinevia*，*Tricophyton*，*Hedstroemia* 及腹足类、腕足类、海百合茎等 29.70 m

19. 深灰色中薄层网纹状生物屑泥晶灰岩与纹层状泥质泥晶灰岩互层。含海百合茎、腹足类等 38.20 m

18. 深灰色中薄层网纹生物屑泥晶灰岩与中薄层状泥质泥晶灰岩互层。含珊瑚 *Rhabdotetradium*，*Paragetolitella*，*Agetolites*，*Streptelasma*，*Eofletcheria*，*Catenipora*；钙藻 *Ortonella*，*Sphaerocodium*，*Ajakmalajsoria*，*Hedstroemia*，*Tricophyton*；层孔虫 *Clathrodictyon*，*Eoclimadictyon*；腕足类 *Eoconchidium* 等 87.70 m

17. 灰色中厚层—块状藻粘结灰岩，发育缝合线、鸟眼。含藻类 *Tricophyton*；珊瑚 *Rhabdotetradium* 136.30 m

16. 灰色厚层—块状藻粘结灰岩，生物条纹层理发育。富含藻类 *Tricophyton*；珊瑚 *Rhabdotetradium* 182.50 m

15. 灰白—灰色厚层—块状藻粘结灰岩，生物条纹层发育。富含藻类 *Tricophyton*；珊瑚 *Rhabdotetradium* 182.50 m

14. 灰白—灰色厚层—块状藻粘结灰岩，含大量藻丝体与砂屑，砾屑凝块灰岩组成不等

---

① 浙江省石油地质研究所，1991，下扬子地区奥陶纪生物礁及储集条件研究（未刊）。

厚互层。含藻类 *Tricophyton*；珊瑚 *Rhabdotetradium* 88.40 m

13. 上部深灰色中厚层苔藓虫障结灰岩，灰泥条带和网纹发育，生物主要为苔藓虫，含量 20%～30%。含苔藓虫 *Hallopora*，*Stictopora*；钙藻 *Sphaerocodium*，*Ortonella*，*Garwoodia*；珊瑚 *Rhabdotetradium*，*Catenipora*；层孔虫 *Clathrodictyon*；三叶虫 *Pliomerina* 等，中下部深灰色中厚层生物屑泥晶灰岩。含珊瑚 *Rhabdotetradium* 15.30 m

12. 深灰色中—薄层条带状泥晶灰岩夹厚层—块状生物灰岩。含苔藓虫 *Hallopora*，*Stictopora*；钙藻 *Ortonella*，*Vermiporella*，*Coelophaeridia* 84.70 m

11. 深灰色条带状泥质泥晶灰岩、纹层状泥质灰岩夹少量薄层生物屑灰岩、泥云质灰岩、亮晶砂屑灰岩，下部具大型斜交层理及滑动褶皱。含珊瑚 *Streptelasma* 115.70 m

10. 深灰色薄层泥晶灰岩 16.70 m

9. 深灰色中薄层泥质泥晶灰岩及纹层状泥质灰岩 93.10 m

8. 深灰色中厚层泥晶灰岩及纹层状泥质灰岩 92.10 m

7. 灰黑色泥质条带状泥晶灰岩，具大型斜层理及滑动褶皱 70.40 m

6. 灰黑色条带泥质泥晶灰岩，具不规则条带及中—大型斜层理及滑动褶皱 36.80 m

5. 灰黑色条带泥质泥晶灰岩，以不规则条带为主，具活动褶皱。含遗迹化石 58.80 m

4. 灰黑色条带泥质泥晶灰岩，下部条带不规则向上渐变为水平状。中上部含遗迹化石 43.30 m

3. 灰黑色泥质条带泥晶灰岩夹薄层砾屑灰岩及变形条带灰岩 7.80 m

2. 灰黑色泥质条带泥晶灰岩 7.50 m

1. 灰黑色泥质条带泥晶灰岩夹砾屑泥晶灰岩薄层，条带以不规则为主 7.20 m

———— 整　合 ————

下伏地层：**黄泥岗组**　青灰色含钙质结核泥岩。含三叶虫 *Cyclopyge*，*Hammatocnemis*，*Paraphillipsinella*，*Telephina*，*Corrugatagnostus*，*Calymenesun*，*Ampyxinella*

【地质特征及区域变化】　本组岩性分上、中、下三段：下段为深灰色条带状泥质泥晶灰岩，夹薄层生物屑灰岩，底部夹数层薄层状砾屑灰岩，具斜层理及大型滑动褶皱，局部含有钙藻、苔藓虫、珊瑚、层孔虫、头足类、腹足类、三叶虫等。厚度 649.9 m；中段为灰白—浅灰色厚层—块状藻粘结灰岩，上部鸟眼构造密集，成层排列。含藻类及少量腹足类、苔藓虫、珊瑚等。厚度 649.9 m；上段为灰—深灰色泥质细网纹生物屑泥晶灰岩、泥晶灰岩与纹层状泥晶灰岩、云质泥晶灰岩互层，上部夹有燎珊瑚障积灰岩、珊瑚层孔虫障积灰岩、生物泥晶粘结灰岩。含珊瑚、层孔虫、钙藻、头足类、腕足类、三叶虫等。厚度 298.3 m。

本组生物群丰富，有：珊瑚 Agetolitidae，*Rhabdotetradium*，*Catenipora*，*Plasmopore*，*Fletcheriella*，*Eofletcheria*，*Heliolites*；层孔虫：*Cystostroma*，*Clathrodictyon*，*Cryptophragmus*，*Eoclimadictyon*，*Labechia*，*Plexodictyon*，*Sinodectyon* 等；腕足类 *Sowerbyella*，*Strophomena*，*Zygospira*，*Oxopleci̧a*，*Eoconchidium*，*Infurca* 等；头足类 *Actinoceras*，*Orthonybyoceras*，*Ormoceras*；三叶虫 *Birmanites*，*Cheirurus*，*Eobronteus*，*Remopleurides*，*Illaenus* 等。本组根据上述生物群地质时限为晚奥陶世。

本组主要分布于常山灰山底—宋畈一带和江山、江西省玉山鸡头山附近。常山灰山底三衢山组向东到芳村石畈坞变为灰岩与泥岩互层，向西到常山璞石—后弄还有出露。但大部被中生界和文昌组覆盖；江西省玉山鸡头山附近的灰岩，向东到江山大桥、仕阳一带相变为灰岩与泥岩互层，逐渐向钙质泥岩过渡；向西到玉山雷家以泥岩为主夹灰岩。本组灰岩是制水泥、石灰的优质材料。

文昌组　Ow　(33－0050)

【创名及原始定义】 由浙江区测队(1965)创名，命名地点在浙江省淳安县文昌潭头村南。原始定义：“文昌组代表整合于长坞组以上的一套晚奥陶世晚期以长石石英砂岩为主的沉积，产腕足扭月贝类和少量笔石。厚度250～790 m。”

【沿革】 《浙江省区域地质志》(1989)在常山—桐庐一带沿用文昌组，其包含了原安吉组下部含 *Dalmanitina* 的层位；在昌化—安吉一带原称张村坞组，由于在临安堰口安吉组下部发现 *Diplograptus bohemicus* 和 *Dalmanitina* cf. *mucronta* 混生的晚奥陶世顶部的带化石，将其划归奥陶系，并将张村坞组改称堰口组。本书认为文昌组与堰口组岩性相似、层位相当，按岩石地层划分原则，将堰口组改称文昌组。

【现在定义】 以青灰色厚层—块状中至细粒长石石英砂岩为主，夹粉砂质泥岩组成类复理石、复理石韵律层。顶部夹砂砾岩或含砾砂岩。产腕足类或少量笔石化石。与下伏长坞组黄绿色泥岩、上覆霞乡组含笔石泥岩均呈整合接触。

【层型】 正层型为浙江省淳安县潭头剖面(119°12′,29°07′)，浙江区测队(1962)测制。

上覆地层：**霞乡组** 黑色微层理发育泥岩。含笔石 *Glyptograptus* cf. *persculptus*；底部钙质粉砂岩，含腕足类 *Eospirifer* sp.；三叶虫 *Illaenus* sp.

—————— 整 合 ——————

文昌组 总厚度 604.40 m

21. 深灰色薄—中层长石石英细砂岩 1.00 m
20. 灰色泥岩、粉砂质泥岩与粉砂岩、细砂岩互层组成微细韵律层，具条带状及透镜状层理。含双壳类 *Modicelopsis* sp. 27.40 m
19. 灰色中—厚层长石石英细砂岩 9.60 m
18. 灰色块状含砾粗砂岩，底部1.6 m为砾岩 33.00 m
17. 上部厚4.1 m灰色块状长石石英中—粗粒砂岩；中下部灰色厚层—块状长石石英细—中粒砂岩 15.30 m
16. 灰色厚层—块状长石石英细砂岩 29.00 m
15. 灰色细砂岩与粉砂岩或粉砂质泥岩，组成三个韵律层 9.50 m
14. 灰色厚层—块状长石石英细砂岩，含泥砾具交错层理 50.00 m
13. 灰蓝色粉砂质泥岩，粉砂岩夹薄层细砂岩 12.70 m
12. 灰色厚层长石石英细砂岩夹泥质条带，底部夹数层薄—中层泥岩。含腕足类 *Zygospira* sp., *Rhynchotrema* sp., *Lepidocyclus* sp.；苔藓虫 *Rhinidictya* sp. 及海百合茎等 109.00 m
11. 灰色粉—细砂岩与泥岩互层组成微细韵律层，具波痕。含苔藓虫、海百合茎等 25.70 m
10. 灰色长石石英细砂岩，中部夹微层理粉砂岩和泥岩，砂岩含泥砾、泥质条带和波痕。上部及下部含腕足类 *Rhynchotrema* sp. 及腹足类等 29.80 m
9. 灰色细砂岩与粉砂岩互层夹薄层泥岩，具砂质结核和波痕，含腕足类 *Lepidocyclus* sp., *Rhynchotrema* sp. 43.80 m
8. 灰色长石石英细砂岩为主与粉砂岩、泥岩微型韵律层组成韵律系，局部具不对称波痕。中部含腕足类 *Zygospira* sp., *Lepidocyclus* sp., *Rhynchotrema* sp., *Ancistrorhyncha*；腹足类 *Ophileta* sp., *Ctenodonta* sp. 62.70 m
7. 灰色厚层—块状长石石英细砂岩，上部夹粉砂岩，下部含砂质结核。本层下部含腕足类 *Zygospira* sp., *Lepidocyclus* sp.；*Plectorthis* sp.；腹足类 *Lesueurilla* sp., *Ophileta* sp.；苔藓虫 *Ptilodictya*? sp. 38.80 m
6. 灰色细砂岩与粉砂岩组成微型韵律层，具波痕。含腕足类 *Glyptomena* sp.,

Rafinesquina sp. 10.50 m

5. 灰色粉砂质泥岩与粉砂岩互层。富含腕足类 *Zygospira* sp.，*Lepidocyclus* sp.，*Rhynchotrema* sp.，*Plectorthis* sp.，*Leptellina* sp. 6.60 m

4. 灰色长石石英细砂岩，下部夹厚 2.0 m 泥岩，局部含泥砾。含腕足类 *Zygospira* sp.，*Lepidocyclus* sp. 13.50 m

3. 灰色粉砂质泥岩为主，中下部夹粉砂岩或细砂岩，具波状层理，斜层理，底部 2.5 m 为薄—中层细砂岩，含泥砾。含腕足类 *Ancistrorhyncha* sp.，*Rhynchotrema* sp.，*Reuschella* sp. 16.90 m

2. 灰色粉砂质泥岩，夹薄层粉细砂岩，具波痕。含腕足类、海百合茎等 34.50 m

1. 灰色粉砂质泥岩与含钙质长石石英细砂岩互层，局部砂岩风化呈褐色。含腕足类、海百合茎 25.10 m

——————— 整 合 ———————

下伏地层：长坞组　灰色泥岩、粉砂质泥岩。含腕足类 *Sowerbyella* aff. *sericea* 及海百合茎等

【地质特征及区域变化】　文昌组广泛分布于浙西北区。在江山—绍兴一带由于被剥蚀，仅出露于江山仕阳。岩性分为上、下两段。

下段以块状砂岩为主夹粉砂质泥岩。在江山仕阳岩性由黄绿色岩屑长石石英细砂岩与粉砂岩或粉砂质泥岩互层，上部夹紫红色粉砂质泥岩，厚度 431.7 m；开化—临安一带以块状岩屑石英长石细砂岩为主夹粉砂质泥岩或泥质粉砂岩，厚度 350～675 m；昌化—安吉一带以厚层长石石英岩屑砂岩为主与粉砂岩、泥岩组成厚底式复理石韵律层，厚度大于 337.5 m。含腕足类 *Rosticellula* aff. *plena*，*Ancistrorhyncha sinensis*，*Sowerbyella sericea*，*S. orientalis*，*Rhynchotrema* sp.，*Kassinella globsa*，*Lepidocyclus* sp.，*Rafinesquina* sp.，*Lophospira* sp.，*Zygospira* sp.；三叶虫 *Remopleurides* sp.，*Illaenus* sp.；双壳类 *Ctenodonta* sp.，*Pseudocryptaenia* sp.，*Modiolopsis* sp.，*Ophiletina* sp.。

上段由砂岩和泥质粉砂岩组成，局部具泥质条带，底部常夹有含砾砂岩或砂砾岩。在江山、常山一带岩性由砂岩、含砾砂岩组成，厚度 4～10 m；开化—临安一带由砂岩、泥质粉砂岩组成，厚度 30～70 m，底部常有 1.6～4 m 砾岩和含砾砂岩；昌化—安吉一带由黄绿色粉砂质泥岩与砂岩互层，厚度 122～223 m，在德清三桥埠、安吉黄墅和于潜金家村等地，底部有厚为 0.5～10 m 的砾岩和含砾砂岩。含笔石 *Amplexograptus lacer*，*A. minutus*，*A. orientalis*，*A. extraordinarius*，*A. typicalis*，*Glyptograptus elegantulus*，*G.* cf. *gracilis*，*G.* cf. *kaochiapienensis*，*Diplograptus ojsuensis*，*D. bohemicus*，*D. spanis*，*Climacograptus pseudonormalis*；三叶虫 *Dalmanitina* sp.，*D.* cf. *nanchengensis*，*D.* cf. *mucronata*；双壳类 *Allodesma* ? sp.，*Cypricardinia* sp.，*Deceptris* sp.，*Thorslundinia* sp.；腕足类 *Plectambonities* sp.，*Paramalomena* sp.，*Aegirlmena* cf. *ultima*；腹足类 *Pleurorima* cf. *granata*。根据上述生物群地质时限为晚奥陶世晚期。

仑山组　*Ol*　(33－0034)

【创名及原始定义】　原称仑山石灰岩，系李希霍芬(1912)创名，丁文江(1919)介绍，命名地点在江苏省镇江西南 25km 的仑山。丁文江(1919)叙述：“仑山位于镇江西南 25 公里，高资西南偏南 12 公里。在其山中遇有石灰岩一层。构成山之大部。李希霍芬於此觅得化石数种，法雷区鉴定为下志留系即奥陶系是也。仑山石灰岩为李希霍芬唯一认为奥陶系者。”

【沿革】 其层位相当浙江区测队(1973)、鞠天吟(1979) 印渚埠组下部；罗璋等(1983)①、《浙江省区域地质志》(1989)留下组下部，在余杭闲林埠一带，本组下部白云岩划归超峰群底部。经对比研究仑山组首次引用本省。

【现在定义】 为一套灰色厚层含灰质白云岩、白云质灰岩和灰、暗灰色厚层状灰岩、鲕状灰岩，局部具燧石条带与燧石结核层，底部含三叶虫。与下伏观音台组灰白色中厚层含燧石白云岩呈整合接触。浙江仑山组为一套浅灰色厚层块状泥质粉晶白云岩、泥质白云质灰岩、细瘤条状—网纹状泥晶灰岩，夹有硅质细条、条带及硅泥质团块或结核的地层。以含泥质粉晶白云岩与下伏西阳山组深灰色泥质灰岩、与上覆红花园组浅灰色厚层—块状网纹状、细瘤条状、砾屑状灰岩均为整合接触。

【层型】 本省次层型为余杭市闲林埠剖面(119°59′,30°13′)，浙江区调队二分队(1993)测制。

上覆地层：红花园组 浅灰色厚层—块状网纹状灰岩，细瘤状灰岩，砾屑状灰岩组成韵律层，富含海百合茎等生物碎屑

——————— 整 合 ———————

仑山组 总厚度 90.60 m

6. 浅灰色薄—中层网纹状灰岩，细瘤条状灰岩夹薄层状泥质灰岩及砂质白云岩透镜体，含大量硅质团块、条带或结核 6.40 m

5. 浅灰色厚层—块状网纹状生物碎屑灰岩夹砾屑灰岩，细瘤条状灰岩，均产大量海百合茎等生物碎屑。含腕足类 *Conotreta* sp. 10.10 m

4. 浅灰色细瘤条状生物碎屑灰岩与网纹状生物碎屑灰岩互层，底部 1 m 厚为薄层条带状泥质灰岩，上部夹泥质白云质灰岩薄层及大量硅质团块及条带，产丰富的海百合茎化石 9.00 m

3. 浅灰色细瘤条状生物碎屑灰岩与网纹状生物碎屑灰岩互层，中夹 1 m 左右厚含泥质白云质灰岩。富含海百合茎化石 6.30 m

2. 浅灰色含泥质白云质灰岩为主，上部夹薄层细瘤条状灰岩，底部 1 m 厚为含硅质细砾生物碎屑灰岩，中部含硅质细条带。含腕足类 *Conotreta* sp. 及富含海百合茎化石 6.90 m

1. 浅灰—深灰色厚层含泥质粉晶白云岩，层间常有 0.3～0.5 cm 的黑色硅质细条，并由其形成缝合线状构造。含牙形刺 *Drepanodus tenuis* 51.90 m

——————— 整 合 ———————

下伏地层：西阳山组 深灰色小饼状灰岩，网纹状灰岩互层，顶部为含灰岩瘤条泥质灰岩

【地质特征和区域变化】 浙江仑山组下部为厚层块状含泥质粉晶白云岩；上部为含泥质白云质灰岩与细瘤条状、网纹状生物碎屑灰岩互层，局部含硅质条带、团块或结核，厚96.6 m，含腕足类、三叶虫、海百合茎和牙形刺。本组主要出露于杭州留下荆山岭(公路两侧)和余杭闲林埠。以后者采石坑出露最佳，向西南延伸逐渐变薄，至富阳郎家坞仅数米，向三溪口一带尖灭。层位相当江山-临安地层小区西阳山组顶部至印渚埠组底部。

在余杭闲林埠产牙形刺 *Cordylodus proavus*, *Drepanodus tenuis*；三叶虫 *Phalacroma* sp.，*Geragnostus* sp.。时代为早奥陶世早期。

红花园组 *Oh* (33-0040)

---

① 罗璋、曾云川，1983，浙江北部早中奥陶世地层的划分对比，浙江地质科技情报。

【创名及原始定义】 原称红花园石灰岩，由张鸣韶、盛莘夫(1940)创建，后由刘之远(1948)介绍。命名地点在贵州省桐梓县南7km红花园东山坡。原始定义：红花园灰岩，整合于桐梓层之上，露头于桐梓红花园附近，因此以红花园命名，其时代相当于北美加拿大期(Canadian)下部。岩性为灰色厚层灰岩，厚40m，含化石很丰富，有头足类 *Cameroceras hupehense*，海绵 *Archaeoscyaphia chinliensis*，*Calathium*? *kweichowense* 等，时代为下奥陶纪。

【沿革】 该组为本书首次引用，其层位相当罗璋等(1983)、《浙江省区域地质志》(1989)留下组中上部。

【现在定义】 整合于桐梓组灰岩夹页岩之上，湄潭组页岩之下，由灰至深灰色中至厚层夹薄层微至粗晶生物碎屑灰岩与波状泥质条带生物碎屑灰岩组成韵律式沉积，下部偶夹页岩或燧石薄层，自下而上常含结核状或透镜状燧石，富含头足类、海绵及三叶虫、腕足类等。厚33m。浙江红花园组岩性为瘤条状灰岩、网纹状灰岩、砾屑灰岩夹小饼状、饼条状灰岩组成。以厚层块状网纹状灰岩与下伏仑山组含燧石或硅泥质条带团块或结核白云质灰岩、以瘤状泥晶灰岩块状生物云灰岩与上覆牯牛潭组含灰岩瘤钙质泥岩，均为整合接触。

【层型】 本省次层型为临安县板桥南山上剖面(119°44′,30°08′)，浙江省石油地质大队(1980)测制。

上覆地层：**牯牛潭组** 青灰色—灰绿色含瘤状，小饼状灰岩透镜体钙质泥岩

——————— 整　合 ———————

红花园组	总厚度 299.00 m
11. 灰黑色中厚层含泥质瘤状泥晶灰岩，局部成钙质泥岩	12.20 m
10. 浅灰色厚层—块状网纹状泥晶灰岩	14.00 m
9. 浅灰色厚层—块状网纹状灰岩，上部网纹构造密集，下部夹有燧石团块	50.50 m
8. 浅灰色厚层—块状网纹状灰岩夹缝合线状灰岩	9.30 m
7. 灰—浅灰色厚层—块状网纹泥晶灰岩。产头足类及腹足类化石	12.90 m
6. 灰色中厚层含泥质细瘤条状灰岩，局部为小饼条状灰岩。含三叶虫 *Symphysurus* sp.，*Euloma* sp.	21.10 m
5. 灰—浅灰色瘤条状灰岩，局部为中层状网纹状灰岩，底部为细瘤条状泥质灰岩。含三叶虫 *Euloma* sp.	22.70 m
4. 浅灰色块状含泥质瘤条状泥晶灰岩，上部为细瘤条状灰岩，下部为瘤条—条带状灰岩	48.20 m
3. 灰色块状条带状微晶灰岩。含三叶虫 *Symphysurus* sp.	29.60 m
2. 灰色块状条带状灰岩，中上部泥质条带变宽，局部呈饼状构造。含 *Symphysurus* sp.	28.80 m
1. 灰色块状细瘤条状灰岩，局部为饼条状灰岩	49.70 m

——————— 整　合 ———————

下伏地层：**仑山组** 浅灰—深灰色含泥质细瘤条状，网纹状灰岩，夹燧石结核或薄层

【地质特征和区域变化】 余杭留下—临安板桥一带发育最好，岩性、厚度变化较大，总的变化规律：岩性自板桥向西南至桐庐分水灰质含量逐渐减少，泥质含量逐渐增多，由碳酸盐岩（红花园组）相变为泥质碎屑岩（印渚埠组）；厚度在临安板桥 299 m，至桐庐分水尖灭。在余杭市闲林埠—荆山岭一带，该组灰岩作水泥原料。

本组生物群有：牙形刺 *Acodus oneotensis*；头足类 *Ellesmeroceras yongshunensis*；三叶虫 *Symphysurus* sp.，*Euloma* sp.；腕足类 *Tomasina* sp.。时代为早奥陶世早期。

牯牛潭组　Og　(33-0041)

【创名及原始定义】　原称牯牛潭石灰岩，由张文堂等(1957)创建，命名地点在湖北省宜昌市分乡场牯牛潭。原始定义：牯牛潭石灰岩，厚23m，灰色泥质干裂纹石灰岩，夹灰黄色泥质瘤状石灰岩，产*Vaginoceras*及一些较大的头足类化石，与上覆庙坡页岩和下伏扬子贝层穇绿色页岩夹瘤状石灰岩均呈整合接触。

【沿革】　该组为本书首次引用，其层位相当罗璋等(1983)、《浙江省区域地质志》(1989)的留下组上部至大田坝组。

【现在定义】　为一套紫灰色、黄绿、灰色薄至中厚层瘤状灰岩，与上覆庙坡组黑色页岩，与下伏大湾组页岩夹薄层瘤状灰岩，均呈整合接触。当上覆无庙坡页岩时，与宝塔组龟裂灰岩呈整合接触。浙江省牯牛潭组岩性为：下部网纹状灰岩与含钙质结核钙质泥岩互层；中上部为瘤状灰岩、网纹状生物碎屑灰岩；顶部瘤状灰岩夹块状粗晶灰岩。以瘤状结晶灰岩与上覆砚瓦山组棕红色瘤状泥质灰岩、以黄绿色含钙质结核粉砂质泥岩与下伏红花园组深灰色瘤条状灰岩、鲕状生物灰岩均为整合接触。

【层型】　本省次层型为余杭市荆山岭剖面(120°02′,30°14′)，浙江省石油大队(1978)测制。

上覆地层：**砚瓦山组**　棕红色厚层—块状瘤状灰岩(含较多泥质)。含头足类 *Michelinoceras huangniganense* 等；牙形刺 *Drepanodus arcuatus* 等

——————— 整　合 ———————

牯牛潭组　　总厚度 148.9 m

8. 灰绿色薄—中层瘤状结晶灰岩，夹泥质灰岩及少量灰色页岩。含三叶虫 *Raphiophorlbae*　5.00 m

7. 灰—灰白色，中层—块状粗晶灰岩。含牙形刺 *Periodon aculeatus*，*Eoplacognathus foliaceus*，*Belodella fenxiangensis*，*Protopanderodus varicostatus*；头足类 *Dideroceras* sp.　10.60 m

6. 深灰色中—厚层网状含生物碎屑灰岩，下部夹瘤条状，角砾状灰岩。上部含头足类 *Chisiloceras changyangense*，*C. neichianense*，*Michelinoceras* cf. *yangi*，*Cochlioceras* sp.，*Sactothoceras* sp.；牙形刺 *Paltodus* sp. oistodiform，*Paraoistodus* sp.，*Scandodus brevibasis*，*Scolopodus rex*　37.00 m

5. 灰黑色含灰岩小透镜体和钙质结核钙质泥岩夹瘤状、网纹状灰岩。含牙形刺 *Oistodus lanceolatus* trignodiform，*Scolopodus rex*，*Drepanodus perlongus*，*Baltoniodus* sp.　10.50 m

4. 深灰色中层—块状网纹状含生物碎屑灰岩夹瘤状灰岩。含三叶虫 *Psilocephalina*? sp.，*Szechuanella*? sp.，*Euloma* sp.，*Nileus* sp.；头足类 *Talassoceras* sp.，*Proendoceras* sp.，*Coreanoceras* sp.，*Proterocameroceras* sp.；牙形刺 *Scolopodus rex* oistodiform，*Serratognathus diversus*，*S. bilobatus*；腕足类 *Diorthelasma* sp. 及海百合茎　27.50 m

3. 灰黑色厚层瘤状灰岩、网纹状灰岩，下部为含钙质结核钙质泥岩，向上过渡为瘤状灰岩。含三叶虫 *Asaphopsis* sp.，*Szechuanella transversa*，*Euloma* sp.，*Niobella*? sp.，*Psilocephalina* cf. *lubrica*；头足类 *Coreanoceras* sp.，*Proterocameroceras* sp.；牙形刺 *Drepanodus perlongus* 及孔菱类海林檎萼板、海百合茎　13.30 m

2. 深灰色中—厚层网纹含生物碎屑灰岩与黄绿色含钙质结核钙质泥岩组成四个互层。含：头足类 *Proterocameroceras* sp.；腕足类 *Diorthelasma* sp. 等　20.10 m

1. 灰绿、黄绿色含钙质结核泥岩夹瘤状灰岩透镜体。含三叶虫 *Asaphopsis* sp.，*Asaphel-*

lus sp. , *Niobella* sp. ; 腕足类 *Diorthelasma* sp. , *Obolus* sp.　　24.90 m

——————— 整　合 ———————

下伏地层：**红花园组**　深灰色块状云灰岩夹鲕状生物灰岩，顶部夹疙瘩状灰岩，泥质灰岩

【地质特征及区域变化】　本组仅分布在余杭市留下荆山岭、闲林埠，富阳市骆家岭一带向西南钙质含量逐渐减少，泥质含量逐渐增多，至临安县板桥相变为含钙质结核泥岩与碳酸盐岩互层，其顶部出现层位相当胡乐组含笔石的硅质岩和硅质泥岩。层位相当江山-临安地层小区的印渚埠组上部和宁国组，明显反映了江南地层分区与下扬子地层分区之间过渡带的岩性特征。生物见剖面所列。时代为早奥陶世晚期—中奥陶世早期。

霞乡组　Sx　(33－0052)

【创名及原始定义】　由安徽省地质局317地质队(1965)创名，命名地点在安徽省宁国县胡乐镇2.5 km霞乡村附近铁路边。原始定义：指整合于新岭组与河沥溪组之间的一套灰、灰黄色至厚层长石质砂岩、粉砂岩及粉砂质泥岩组成的岩性，底部常以厚层砂岩及碳质页岩为标志。

表3－4　浙江省志留纪地层划分沿革表

<table>
<tr><td colspan="2">刘季辰 赵亚曾</td><td colspan="2">舒文博</td><td colspan="2">盛莘夫</td><td colspan="2">浙江省煤炭研究所</td><td colspan="2">穆恩之</td><td colspan="3">浙江省区测队地层研究组</td><td colspan="3">浙江省区测队</td><td colspan="4">浙江区域地层表编写组</td><td colspan="4">《浙江省区域地质志》</td><td colspan="3">本书</td></tr>
<tr><td colspan="2">1927</td><td colspan="2">1930</td><td colspan="2">1951</td><td colspan="2">1961</td><td colspan="2">1963</td><td colspan="3">1965</td><td colspan="3">1967</td><td colspan="4">1979</td><td colspan="4">1989</td><td colspan="3"></td></tr>
<tr><td colspan="2">浙西</td><td colspan="2">浙西</td><td colspan="2">浙西</td><td colspan="2">安吉</td><td colspan="2">浙西</td><td colspan="2">浙北</td><td>浙西</td><td colspan="3">1:20万临安幅</td><td colspan="2">浙北</td><td colspan="2">浙西</td><td colspan="2">浙北</td><td colspan="2">浙西</td><td colspan="3">浙江</td></tr>
<tr><td rowspan="9">S</td><td rowspan="8">千里岗砂岩</td><td>D_3</td><td>西湖石英岩</td><td rowspan="8">DC</td><td rowspan="8">千里岗砂岩</td><td rowspan="2">D_{1-2}</td><td rowspan="2">茅山砂岩</td><td>D_3</td><td>西湖组</td><td>D_3</td><td>五通组</td><td>西湖组</td><td>D_3</td><td>五通组</td><td>西湖组</td><td>D_3</td><td>五通组</td><td>D_3</td><td>西湖组</td><td>D_3</td><td>五通组</td><td colspan="2">西湖组</td><td>D_3</td><td colspan="2">西湖组</td></tr>
<tr><td rowspan="8">S</td><td rowspan="7">唐家坞砂岩</td><td rowspan="7">S</td><td rowspan="7">唐家坞群</td><td>D_{1-2}</td><td>茅山群</td><td>唐家坞群</td><td>D_{1-2}</td><td>茅山群</td><td>唐家坞群</td><td>S_3</td><td>茅山群</td><td>D_{1-2}</td><td>唐家坞群</td><td>S_3</td><td>茅山组</td><td colspan="2">唐家坞组</td><td rowspan="2">S_2</td><td colspan="2">唐家坞组</td></tr>
<tr><td rowspan="2">S_3</td><td rowspan="2">康山层</td><td rowspan="2">S_3</td><td rowspan="2">康山组</td><td rowspan="2">半坞组</td><td rowspan="3">S_{2-3}</td><td colspan="2" rowspan="2">康山群</td><td rowspan="2">S_2</td><td rowspan="2">康山群</td><td rowspan="3">S_{1-3}</td><td rowspan="3">潭头群</td><td rowspan="2">S_2</td><td colspan="3">康山组</td><td colspan="2" rowspan="2">康山组</td></tr>
<tr><td colspan="3" rowspan="2">大白地组</td><td rowspan="3">S_1</td></tr>
<tr><td>S_2</td><td>凤凰山层</td><td>S_2</td><td colspan="2">潭头组</td><td colspan="2">大白地组</td><td rowspan="3">S_1</td><td>大白地组</td><td rowspan="2">S_1</td><td colspan="2">河沥溪组</td></tr>
<tr><td rowspan="3">S_1</td><td rowspan="3">高家边层</td><td rowspan="2">S_1</td><td colspan="2" rowspan="2">仕阳组</td><td rowspan="2">S_1</td><td colspan="2" rowspan="2">安吉组</td><td colspan="3">堰口组</td><td colspan="3">安吉组</td><td colspan="2">霞乡组</td></tr>
<tr><td colspan="3">安吉组</td><td rowspan="3">O_3</td><td rowspan="2">堰口组</td><td colspan="2" rowspan="2">文昌组</td><td rowspan="3">O_3</td><td colspan="2" rowspan="2">文昌组</td></tr>
<tr><td rowspan="2">O_3</td><td rowspan="2">于潜组</td><td rowspan="2">长坞组</td><td rowspan="2">O_3</td><td>张村坞组</td><td>文昌组</td><td rowspan="2">O_3</td><td>张村坞组</td><td colspan="2">文昌组</td></tr>
<tr><td>风竹页岩</td><td>风竹页岩</td><td>S</td><td>高家边群</td><td colspan="2"></td><td>O_3</td><td>长坞组</td><td>于潜组</td><td>长坞组</td><td>于潜组</td><td>长坞组</td><td>三衢山组</td><td>于潜组</td><td>长坞组</td><td>三衢山组</td><td>长坞组</td><td>三衢山组</td></tr>
</table>

【沿革】　霞乡组在浙江原称安吉组。安吉组由浙江省区测队(1967)创名，命名地点浙江安吉县孝丰。安吉组创名时，其底界以砾岩和含砾砂岩之底为界，浙江省区域地层表编写组(1979)将砾岩和含砾砂岩及产 *Dalmanitina* cf. *mucronata* 层位，从安吉组下部划出建立堰口组。而安吉组仅指含 *Glytograptus persculptus* 泥岩及其上部地层，《浙江省区域地质志》(1989)沿用之。由于安吉组与霞乡组岩性相似、层位相当，经与邻省协商将安吉组改称霞乡组(表3－4)。

【现在定义】　指分别整合于下伏坞组与上覆河沥溪组之间的粗碎屑岩系。底与长坞组以厚层砂岩及碳质页岩出现为界，顶与河沥溪组以黄绿、灰绿色具球状风化粉砂岩结束为界。浙江的霞乡组下部为含笔石 *Glyptograptus persculptus* 碳质泥岩或泥岩，其底部含一层介壳相化

石层；中部为灰绿色细砂岩、粉砂岩及页岩；上部灰绿色页岩及黄色砂质页岩、粉砂岩。以黑色碳质泥岩、泥岩与下伏文昌组长石石英砂岩、以灰绿色泥质粉砂岩、粉砂质泥岩与上覆河沥溪组石英细砂岩，均呈整合接触。

【层型】 本省次层型为安吉县孝丰剖面(119°32′,30°36′)，浙江省区调队(1964)测制。

上覆地层：**河沥溪组** 灰色中厚—厚层石英长石细砂岩，偶具斜层理、斜波状层理

——————— 整 合 ———————

霞乡组　总厚度 270.10 m

6. 灰绿色泥质粉砂岩与粉砂质泥岩，具水平条带　52.50 m

5. 灰绿色中厚层石英长石粉砂岩，具水平泥质条带　92.10 m

4. 灰绿色泥质粉砂岩、粉砂质泥岩，具水平缟状条带　48.40 m

3. 上部灰色具微层理泥质粉砂岩；下部黑灰色含粉砂泥岩。含笔石 *Akidograptus ascensus*, *Glyptograptus* aff. *tamariscus*, *Orthograptus* sp., *Climacograptus* aff. *angrustus*　48.40 m

2. 上部灰色中厚层石英长石细砂岩；下部灰黑色粉砂质泥岩。含笔石 *Diplograptus* sp., *D. modestus*, *Orthograptus* sp., *Glyptograptus* sp., *Climacograptus* aff. *angrustus*, *C.* aff. *normalis*　21.40 m

1. 深灰色中厚层泥质粉砂岩。含腕足类 *Eospirifer* sp., *Resserella* sp.　7.30 m

——————— 整 合 ———————

下伏地层：**文昌组** 灰绿色中—厚层长石石英中细砂岩

【地质特征及区域变化】 本组岩性、厚度、生物群横向变化明显，由西北向东南岩性逐渐变粗，厚度明显变薄，笔石群属种数量减少。在昌化—安吉一带岩性以泥质粉砂岩为主，夹黑色含碳质泥岩，厚度 443 m，含有 *Glyptograptus persculptus* 和 *Akidograptus ascensus* 二个笔石带。在开化—杭州一带岩性以粉砂岩为主夹粉砂质泥岩，厚度 60～104 m，仅含有 *Glyptograptus persculptus* 笔石带。在江山—绍兴一带，江山仕阳尾，岩性为细砂岩夹粉砂质泥岩，厚度 18 m。仅底部见介壳类化石。本组生物群以笔石为主，含 *Glyptograptus persculptus*, *G.* cf. *tamariscus*, *G.* cf. *serratus*, *Akidograptus ascensus*, *A. giganteus*, *Diplograptus* cf. *modestus*, *Climacograptus minutus*, *C.* cf. *normalis*, *C.* cf. *innotatus*, *C. scalaris*, *Orthograptus* sp. 等。在其底部普遍有一层厚数十厘米含钙质粉砂岩，风化后呈褐色，富含腕足类：*Resserella* sp., *Eospirifer uniplicatus*, *Fardenia* sp., *Leptaena* sp., *Clintonella* sp., *Zygospira* sp.；三叶虫 *Encrinurus* sp., *Illaenus* sp. 及珊瑚、腹足类等化石。

河沥溪组 *Sh* (33－0053)

【创名及原始定义】 原称河沥溪群，由安徽省地质局 317 地质队(1965)创名，命名地点在安徽省宁国县河沥溪。原始定义：指整合于下伏霞乡组与太平群之间的一套浅海相具类复理石韵律的碎屑岩沉积。

【沿革】 在浙江原称大白地组，由浙江区测队(1967)在 1∶20 万临安幅区域地质调查时创名，命名地点在浙江安吉县孝丰，在此以前浙江煤炭研究所(1961)称“凤凰山层”。浙江区测队地层研究组(1965)称潭头组。《浙江省区域地质志》(1989)沿用大白地组并扩大其含义包括康山组下段大套厚层—块状砂岩。本次对比研究认为大白地组与河沥溪组岩性相似，层位相当，故将大白地组改称河沥溪组。

【现在定义】 指分别整合于下伏霞乡组与上覆康山组之间的黄绿、灰绿色中厚层韵律状

细砂岩、粉砂岩、页岩的碎屑岩系。底与霞乡组以泥质粉砂岩或粉砂质泥岩结束，细砂岩夹粉砂岩出现为界；顶与康山组以互层的页岩和粉砂岩结束，细砂岩或含砾细砂岩出现为界。在浙江下部为灰绿色中厚层砂岩、粉砂岩；中部为黄绿色粉砂质泥岩与细砂岩互层，发育砂质条带或泥质条带；上部以灰绿色薄层泥岩为主与粉砂岩互层。富含介壳类化石。以具泥质条带或砂质条带的砂岩或泥岩与下伏霞乡组、以青灰色泥岩与灰色石英长石岩屑细砂岩互层与上覆康山组均呈整合接触。

【层型】 本省次层型为淳安县潭头剖面(119°12′,29°07′)，浙江区测队(1964)测制。

上覆地层：**康山组** 灰色薄—中层长石石英岩屑细—中粒砂岩

——————整 合——————

河沥溪组	总厚度 422.20 m
9. 青灰色泥岩为主与灰色石英长石岩屑细砂岩互层，砂岩常含泥砾	124.00 m
8. 灰色泥岩为主与长石石英岩屑细砂岩互层，具波状砂质或泥质条带，含同生泥砾，局部具对称波痕	31.40 m
7. 灰色细砂岩为主与泥岩互层，具波痕	21.70 m
6. 灰色块状长石石英岩屑细—中粒砂岩，含泥砾	12.80 m
5. 灰色粉砂质泥岩，夹灰色细砂岩，含泥砾和不对称波痕	44.20 m
4. 黄绿色岩屑长石石英细砂岩与青灰色泥岩互层，泥岩含砂质条带，砂岩含泥砾，局部具不对称波痕	39.00 m
3. 黄绿色泥岩为主，夹较多单层厚 0.1～0.4 m 细砂岩，顶底各一层厚 1.1 m、4.0 m 薄层状长石石英岩屑细砂岩，含泥砾和不对称波痕	35.10 m
2. 灰绿色泥质条带细砂岩与砂质条带泥岩互层。含腕足类 *Eospirifer* sp.，*E. radiatus*，*Zygospira* sp.，*Fardenia* sp.	82.00 m
1. 灰色薄—中层细砂岩，偶夹粉砂质，底部含泥砾，含腕足类 *Eospirifer uniplicatus*	32.00 m

——————整 合——————

下伏地层：**霞乡组** 灰绿色薄—中层细砂岩与粉砂岩互层，具缟状及波状层理

【地质特征及区域变化】 浙江西北部河沥溪组，自西北向东南岩性逐渐变粗，厚度变小，生物群属种减少，砂岩与泥岩中的泥质或砂质透镜状、波状脉状层理(潮汐层理)最为发育。昌化—安吉一带岩性下部以粉砂岩、细砂岩为主夹泥岩，上部为大套泥岩(前人称第一页岩)，介壳类生物层频繁出现，偶有笔石化石。厚度 1006～1742 m。开化—杭州一带岩性为砂岩、粉砂岩与泥岩互层，砂质与泥质的透镜状、波状条带层理较为发育，所含生物群属种比较单一，厚度 186～422 m。江山—绍兴一带仅出露于江山市仕阳尾附近，岩性以中—细砂岩与粉砂质泥岩互层，具有泥质和砂质条带层理。厚度 81.6 m。本组生物群由介壳类组成，局部地区偶含笔石化石。含腕足类 *Eospirifer uniplicatus*，*E. radiatus*，*E. minor*，*Leptaena cava*，*Fardenia* sp.，*Strophomena* sp.，*Resserella* sp.，*Zygospira* sp.；三叶虫 *Encrinuroides* sp.；双壳类 *Nuculites* sp.，*Modiolopsis crypta*，*M. lavoali*，*Cyrtodonta* sp.，*Cleidophorus* sp.，*Proetidae* sp.，*Delctodonta* sp.；腹足类 *Hormotoma* sp.，*Lophospira* sp. 等，在安吉一带，除上述介壳类化石外，并伴生有极少量的笔石 *Glyptograptus tamariscus*，*Climacograptus* sp.，*Diplograptus* sp.，*Amplexograptus* sp.。地质时代为早志留世早中期。

康山组 *Sk* (33－0055)

【创名及原始定义】 原称康山层，系浙江省煤炭工业厅科学研究所(1961)① 创名，命名地点在浙江省安吉县康山—郭笑山一带。原始定义：岩性为黄绿色页岩与浅色页岩与浅色细砂岩互层。自下而上分为第一页岩层、第二砂岩层、第二页岩层和第三砂岩层、第三页岩层。与下伏凤凰山层呈连续沉积、与上覆泥盆纪茅山砂岩为不整合接触。时代为早志留世。

【沿革】 浙江区测队(1967)在1:20万临安幅区域地质调查时称康山群(不包括原康山层下部第一页岩层)，时代为中—晚志留世，《浙江省区域地质志》(1989)将康山群改称康山组，并缩小含义，不包含康山群下部大套砂岩。本书康山组含义相当原康山群。

【现在定义】 下部黄绿色厚层—块状长石石英砂岩为主，夹粉砂岩、粉砂质泥岩；中部黄绿色粉砂质泥岩、粉砂岩与砂岩互层；上部为灰绿色、紫红色砂岩、粉砂岩、泥岩互层。含介壳类化石和微古植物。以大套砂岩与下伏河沥溪组、以紫红色层与上覆唐家坞组均呈整合接触。

【层型】 正层型为浙江省安吉县康山剖面(119°35′,30°39′)，浙江区测队(1964)重测。

上覆地层：**唐家坞组** 灰黄色厚层—块状长石石英细—中粒砂岩

——————— 整 合 ———————

康山组 总厚度 2101.50 m

25. 紫红色、灰黄色长石岩屑石英细砂岩与黄绿色、紫红色泥质粉砂岩、泥岩互层，偶见斜层理。中部含微古植物 *Tetrahdraletes medinensis*, *Nadospora retimenbrana*, *Strophomorpha ovata*, *Visbysphaera gotlandica*, *Baltisphaeridium* sp., *B.* cf. *trichophorum*, *Veryhachium* sp., *Gorgonisphaeridium* cf. *dentatum*, *Stelliferidium simplex*, *Polygonium* sp. 159.30 m
24. 土黄色厚层—块状长石石英细砂岩，偶夹黄绿色泥质粉砂岩，含泥砾。含腕足类 *Lingula* sp. 74.90 m
23. 土黄色厚层—块状石英长石细砂岩与黄绿色紫红色粉砂岩或粉砂质泥岩互层，富含泥砾，偶含斜层理 137.40 m
22. 土黄色、紫色厚层—块状细砂岩，夹青灰色、灰紫色泥岩，泥质粉砂岩，含泥砾和砂质条带。含腕足类 *Lingula* sp. 31.90 m
21. 土黄色薄—中厚层石英长石粉砂岩与砂质泥岩互层，含泥砾，偶见斜层理。含腕足类 *Lingula* sp. 62.70 m
20. 土黄色泥质粉砂岩与粉砂质泥岩互层，具砂质、泥质条带，偶见波痕 77.80 m
19. 灰绿色薄层粉砂质泥岩，偶夹细砂岩条带，偶具印模、波痕，底部中厚—薄层细砂岩与粉砂岩互层 168.50 m
18. 灰绿色薄层泥岩，偶夹粉砂岩，底部泥质粉砂岩、细砂岩 85.00 m
17. 土黄色厚层—块状长石石英细砂岩与黄绿色紫色泥质粉砂岩组成五个互层 30.50 m
16. 土黄色厚层—中厚层长石石英细砂岩，具波痕 74.10 m
15. 黄绿色薄层粉砂岩与薄层泥岩互层，具波痕。中部含微古植物 *Dyadospora murusattenuata*, *Tetrahdraletes medinensis*, *Dactylofusa striatifera*, *D. cabottii*, *D. uticaensis*, *Golyptosphaera speciosa*, *Multiplicisphaeridium rigidum*, *Stellechinatium sicaforme*, *Leprotolypa* sp., *Leiofusa* sp., *L. algerensis*, *Navifusa scrutilla*, *Lophosphearidium* sp., *Veryhachium* sp., *Actinoctodistus* sp. 81.70 m
14. 土黄色紫色薄层粉砂岩、砂质泥岩为主夹中厚层石英长石细砂岩 44.80 m

① 浙江省煤炭工业厅科学研究所，1961，浙江省安吉县志留系地层（油印本）。

13. 土黄色中厚—块状长石石英细砂岩为主夹灰绿色泥质粉砂岩 33.30 m

12. 暗紫色土黄色砂质岩、粉砂岩为主，夹土黄色中厚层石英长石细砂岩，具斜层理 32.40 m

11. 土黄色中厚—块状长石石英细砂岩，中部具斜层理 155.50 m

10. 黄绿色厚层细砂岩与紫色黄绿色粉砂岩、粉砂质泥岩互层，砂岩中具斜层理 82.90 m

9. 土黄色中厚—厚层长石石英细砂岩为主，夹粉砂质泥岩、泥质粉砂岩，偶见波痕及斜层理 197.80 m

8. 土黄色薄层砂岩与灰绿色薄层泥岩互层，具波痕、印模及砂质或泥质条带 40.70 m

7. 土黄色石英长石粉砂岩与黄绿色条带状粉砂质泥岩互层，具波痕及微斜层理 65.00 m

6. 土黄色薄层粉砂岩与黄绿色薄层泥岩互层，具砂质条带及波痕 81.50 m

5. 黄灰色中层粉砂岩与灰绿色泥岩互层，具波痕、印模及泥砾 52.20 m

4. 土黄色中厚层石英长石细砂岩与黄绿色含泥质条带薄层粉砂岩互层，偶具波痕 25.30 m

3. 灰白色中厚—厚层长石石英细砂岩为主，夹土黄色粉砂岩 54.50 m

2. 土黄色中厚—厚层长石石英细砂岩与紫红色厚层砂质泥岩互层，具斜层理和含硅质结核。含微古植物 *Lophosphaeridium* sp.，*Deunffia unispinosa*，*Tetrahdraletes medinensis*，*Dactylofusa striatifera*，*Golyptosphaera speciosa*，*Leiofusa* sp.，*Navifusa* sp. 38.80 m

1. 浅灰色厚层—块状长石石英细砂岩、中细砂岩夹薄层粉砂质泥岩。含微古植物 *Dactylofusa cabottii*，*Strophomorpha ovata*，*Acanthodiacrodium* sp.，*Baltisphaeridium* sp.，*Veryhachium* sp.，*Lophosphaeridium* sp. 213.50 m

——————整 合——————

下伏地层：**河沥溪组** 灰色中厚层长石石英中细砂岩与泥质粉砂岩互层

【地质特征及区域变化】 康山组的岩性、厚度、生物群组合变化较大，总的变化趋势，由西北向东南岩性变粗，厚度变薄，生物群增多。昌化—安吉一带中下部由二大套砂岩和泥岩组成(相当原康山群第二砂岩层、第二页岩层、第三砂岩层、第三页岩层)；上部为黄绿色或紫红色砂岩与黄绿色、紫红色粉砂质泥岩互层。在安吉康山仅见少量腕足类 *Lingula* sp.，*Dicoelosia* sp.，*Fardenia* sp.，及 *Acanthodii* 鱼鳍刺，并发现有微古植物 *Tetrahdraletes medinensis*，*Nadospora retimenbrana*，*Strophomorpha ovata*，*Visbysphaera gotlandica*，*Acanthodiacrodium* sp.，*Baltisphaeridium monterrosa*，*Dactylofusa cabottii*，*Leiofusa algerensis* 等。厚度 2087.6 m。开化—杭州一带下部以大套灰绿色厚层—块状砂岩为主；中部以灰绿色粉砂质泥岩为主与砂岩互层，富含介壳类化石，厚度 400～600 m。富含腕足类 *Eospirifer uniplicatus*，*E. minina*，*Resserella* sp.，*Aegiria* sp.，*Zygospiraella* cf. *elongata*，*Atrypa* sp.，*Odonotopieura* sp.；三叶虫 *Coronocephalus rex*，*Encrinuroides* sp.；双壳类 *Mendacella tungussensis*，*Leangella tennessensis*。江山—绍兴一带仅分布在江山市仕阳尾和常山县灰山底。岩性为灰绿色块状含砾粗—中粒砂岩及部分泥质粉砂岩。含介壳类化石。厚度 156～193 m。本组时代为中志留世早期至中志留世中期。

唐家坞组 *St* (33－0056)

【创名及原始定义】 原称唐家坞砂岩，系舒文博(1930)创名，命名地点在浙江富阳市北西 12 km 唐家坞。原始定义："唐家坞砂岩之层位，在风竹页岩与西湖石英岩之间。自富阳市西北之唐家坞至分水，砂岩发育，组成雄伟山岭。岩层厚度逾五百公尺，颜色深绿，间呈褐色，岩质粗硬，层垒其厚成块状。时代为志留纪。"

【沿革】 浙江区测队(1965—1985)和浙江省区域地层表编写组(1979)称唐家坞群，时代为早中泥盆世。《浙江省区域地质志》(1989)称唐家坞组，时代为晚志留世。唐家坞组浙江习惯用于开化马金-桐乡乌镇断裂以南地区，在安吉、长兴一带习惯称茅山组。本书统称唐家坞组。

【现在定义】 岩性为灰绿色夹紫红色中细粒岩屑长石石英砂岩夹少量粉砂质泥岩或泥质粉砂岩。在建德—杭州一带夹一层3～5.5 m沉凝灰岩，含鱼和微古植物化石。与下伏康山组呈整合接触，与上覆五通群呈平行不整合接触。

【层型】 选层型为浙江省富阳市新店剖面(119°50′,29°56′)，浙江区调队(1987)测制。

上覆地层：**西湖组** 灰白色粗粒石英砂岩、含砾中—粗粒石英砂岩

——————— 平行不整合 ———————

唐家坞组　总厚度594.30 m

14. 青灰色中厚层中粗粒岩屑砂岩，夹长石石英岩屑砂岩、泥岩　78.60 m

13. 青灰色中厚层中粗粒岩屑砂岩，偶夹灰绿色薄层泥岩、粉砂泥岩。含微古植物 *Leiospharidia wenlockia*, *L. microcystis*, *Leiofusa aspilis*, *L. filifera*, *Leiovalia ovalis*, *Eupoikilofuas striatifera*, *Navifusa* sp., *Deunffia brevispinosa*, *Dactylofusa cabottii*, *Strophomorpha ovata*, *Nucellosphaeridium minuta*, *Synsphaeridium conglutinatum*　34.40 m

12. 青灰色中层中粒岩屑砂岩　26.30 m

11. 青灰色厚层—块状粗—中粒岩屑砂岩　11.50 m

10. 青灰色中薄层中—细粒岩屑砂岩　67.60 m

9. 青灰色中层细粒岩屑砂岩，夹粉砂岩、泥质粉砂岩，具小型交错层理，泥质粉砂岩中含微古植物 *Leiospharidia wenlockia*, *L. microcystis*, *Leiofusa aspilis*, *L. parvitatis*, *L. filifera*, *Leiovalia ovalis*, *Eupoikilofusa striatifera*, *E. camura*, *Navifusa* sp., *N. brasiliensis*, *Deunffia brevispinosa*, *Dactylofusa cabottii*, *Strophomorpha ovata*, *Mirchystridium parveroquesi*, *Nucellosphaeridium minuta*, *Synsphaeridium conglutinatum*　101.40 m

8. 青灰色中—薄层细粒岩屑砂夹粉砂质泥岩。含微古植物 *Leiospharidia wenlockia*, *L. microcystis*, *Leiofusa aspilis*, *L. parvitatis*, *Leiovalia ovalis*, *Eupoikilofusa striatifera*, *E. camura*, *Navifusa* sp., *Deunffia brevispinosa*, *Dactylofusa cabottii*, *Strophomorpha ovata*, *Mirchystridium parveroquesi*, *Nucellosphaeridium minuta*, *Synsphaeridium conglutinatum*　36.70 m

7. 青灰色厚层—块状中细粒岩屑砂岩　18.50 m

6. 灰黄色中层细粒岩屑砂岩，夹青灰色石英岩屑砂岩　63.30 m

5. 青灰色中层细粒岩屑砂岩，夹薄层泥岩，发育大型波状层理。泥岩中含微古植物 *Leiospharidia wenlockia*, *L. microcystis*, *Leiofusa aspilis*, *L. filifera*, *Leiovalia ovalis*, *Eupoikilofusa striatifera*, *Navifusa* sp., *N. brasiliensis*, *Deunffia brevispinosa*, *Dactylofusa cabottii*, *Strophomorpha ovata*, *Mirchystridium parveroquesi*, *Lophosphaeridium citinum*, *Zonosphaeridium annularium*, *Nucellosphaeridium minuta*, *Synsphaeridium conglutinatum*　15.80 m

4. 灰紫色中层泥质细砂粉砂岩夹灰黄色中层细粒岩屑砂岩　93.40 m

3. 灰绿色中厚层粗—中粒岩屑砂岩、石英岩屑砂岩，夹紫红色灰绿色薄层粉砂质泥岩、泥质粉砂岩　12.40 m

2. 紫红色中—薄层粉砂岩与中细粒岩屑砂岩互层，局部夹粉砂质泥岩薄层。含微古植物 *Leiospharidia wenlockia*, *L. microcystis*, *Leiofusa aspilis*, *L. parvitatis*, *Leiovalia o-*

valis, *Eupoikilofusa striatifera*, *Navifusa* sp., *N. brasiliensis*, *Deunffia brevispinosa*, *Dactylofusa cabottii*, *Mirchystridium parveroquesi*, *Lophosphaeridium citinum*, *Zonosphaeridium annularium*, *Nucellosphaeridium minuta* 26.80 m

1. 青灰色中—厚层粉细岩屑砂岩，夹中粒岩屑砂岩及薄层泥岩。泥岩中含微古植物 *Leiospharidia wenlockia*, *L. microcystis*, *Leiofusa ovalis*, *Navifusa* sp., *N. brasiliensis*, *Dactylofusa cabottii*, *Strophomortha ovata*, *Zonosphaeridium annularium*, *Nucellosphaeridium minuta* 7.60 m

——————整　合——————

下伏地层：**康山组**　岩屑长石石英细砂岩与粉砂质泥岩互层

【地质特征及区域变化】　浙西北地区唐家坞组仅出露于安吉—长兴和开化—杭州一带，在褶皱隆起区(如江山—绍兴、昌化—德清)被后期剥蚀。

唐家坞组岩性、厚度、颜色、生物群，因地区不同略有变化。由西北向东南厚度变薄，由西南向东北上部紫色层增多，生物群稀少。

昌化—安吉一带岩性自下而上大致可分为三段：下段以灰绿色细粒长石石英砂岩为主；中段以灰绿色长石石英砂岩与紫红色长石石英岩屑砂岩相间；上段主要为紫红色长石石英岩屑砂岩。在安吉县弈家坞和长兴县木人发现鱼类 *Sinacanthes fancanensis*, *Ninggolepis fancanensis*。厚度 1466～1732 m。开化—杭州一带是唐家坞组的主要分布区，岩性由灰绿色岩屑石英砂岩组成。其上部"紫红色层"因地而异，在常山县球川厚约 7 m，富阳市以东—临平的厚度 40～143 m，在建德—富阳以西缺失上部"紫红色层"。这可能由于加里东运动后风化剥蚀和晚泥盆世地层区域超覆有关。建德—杭州一带该组下部夹一层厚 3～5.5 m 淡灰绿色酸性沉凝灰岩。本组厚度 584～1026 m。在富阳市新店和萧山市西山发现微古植物 *Leiospharidia wenlockia*, *Leiofusa aspilis*, *Leiofusa filiera*, *Leiovalia ovalis*, *Eupoikilofusa striatifera*, *Navifusa* sp., *Nucellosphaeridium minuta*, *Mirchystridium parveroquesi*, *Dactylofusa cabottii*, *Deunffia brevispinosa*, *Synsphaeridium conglutinatum*, *Zonosphaeridium annularium*。根据生物群其时代为中志留世。

第二节　生物地层及年代地层概况

一、震旦系生物地层特征及年代地层界线

(一) 生物群特征

本省早震旦世生物群主要有微古植物，以单球藻类亚群的分子为主，而晚震旦世不仅有微古植物，而且出现较丰富微体蠕形动物和似几丁虫及大量叠层石。

在下震旦统下部微古植物类型简单，以单球藻亚群的分子为主，常见分子有 *Leiominuscula minuta*, *Leiopsophosphaera densa*, *Lophosphaeridium* cf. *acietatum*, *Trematosphaeridium*；另外丝状藻类常见分子有 *Nostocomorpha prisca*, *Oscillatoriopsis* sp., *Palaeolyngbya* cf. *barghoornina* 及 *Nostocomorpha* cf. *prisca*, *Taeniatum verrucatum* 等。结合与下伏前震旦系顶部上墅组中取得同位素年龄值为 830～870 Ma，其时代应为早震旦世早期。

下震旦统上部所产微古植物，仍以单球藻亚群为主，除早震旦世早期上延微古植物外，还发现 *Asperatopsophosphaera* sp., *Bavlenella faveolata*, *Granomarginata prima*, *Leiomarginata* sp.，*Margominuscula* sp.，*Nucellosphaeridium* sp.，*Palaeamorpha punctulata* 等，及刺球藻群 *Cymatiosphaera* sp.，*Micrhystridium minium*，*M. odontodum* 等。上述微古植物中 *Bavlenella faveolata* 在湖南湘潭、江西萍乡和弋阳、鲁东及苏皖北部相当南沱组层位曾发现过，在欧洲东格陵兰中部前寒武系也有发现。*Micrhystridium* 在格陵兰中东部相当于 Vendian 冰期之下的灰质白云岩中也有报道，在我国陡山沱组和灯影组都发现这类分子的大量标本。其时代可能属早震旦世晚期。

在上震旦统所含微古植物除单球藻亚群外，开始出现较多的多面藻群，卵形藻群，异极藻亚群、船形藻群、刺球藻群、线状藻群和异形藻群分子。微古植物有 *Trachysphaeridium dengyingense*，*Bavlenella faveolata*，*Leiopsophosphaera densa*，*Leiominuscula minuta*，*Triangumorpha* sp.，*Quadratimorpha* sp.，*Leiofusa navicularа*，*Baculimorpha* cf. *brevis*，*Micrhystridium mininum*，*Nostocomorpha prisca*，*Taeniatum crassum* 等。而且出现较丰富微体蠕形动物和似几丁虫及大量叠层石。在绍兴坡塘、江山缸甫底、新塘坞、五家岭含：叠层石 *Collenia* f.，*Kussiella* f.，*Cryptozoon* f.，*Conophyton* cf. *circulus*，*Baicalia* f.，*B.* cf. *minuta*，*B. xingtongwuensis*，*Jacutophyton jiangshanense*，*Patomia* sp. *Linella* sp.，等。其中 *Linella* sp. 分布于前苏联、澳大利亚、北美、印度及非洲等地前寒武纪（在 700～600 Ma）地层中；*Gaarakia* 群在挪威北部产出时代为晚里菲（Riphean）晚期至文德（Vendian）期；*Conophyton* 群在前苏联产于 Vendian 冰碛层之下与南沱（冰碛）组相当，在我国产于此冰碛层之上（曹瑞骥等，1989）。在建德下涯埠，含似几丁虫 *Cyathochitina*－like，*Lagenochitina*－like，*Angochitina*－like；微体动物 *Baishaniaclavatus*，*B. monogibberosum*，*B. matatus*，*Jiandella bucerus*，*Zhejiangia siniensis* 及微古植物等。

根据上述资料，时代为晚震旦世。

（二）年代地层界线

1. 震旦系的底界

震旦系的底界，也就是休宁组的底部界线。在浙江震旦系和前震旦系之间，普遍存在区域性的构造不整合；反映晋宁运动形成的构造界面。休宁组普遍不整合于前震旦系的上墅组、虹赤村组和骆家门组之上。根据建德市下涯埠震旦系古地磁值古磁纬度为 12.39°，前震旦系古磁纬度为－3.4°，证实二者之间有构造界面的存在；在江山市上余前震旦纪上墅组中下部的流纹斑岩中锆石经 U－Pb 法测得同位素年龄值为 870 Ma。

依据上述资料，以晋宁运动形成的构造界面作为震旦系的底界是合理的，其地质年代大约为 800 Ma。

2. 震旦系的顶界

震旦系的顶界，即皮园村组或灯影组的顶部与寒武纪荷塘组底部划界。在江山市碓边和五家岭、桐庐县东溪、富阳市上万、萧山市新桥头在寒武纪荷塘组底部磷块岩中发现小壳化石 *Anabarites* 和 *Protohertzina* 两属共同出现为特征，层位相当下寒武统梅树村阶第 I 小壳动物化石组合带。

在常山—富阳以南和余杭泰山—超山以东，震旦纪灯影组与上覆寒武纪荷塘组呈平行不整合接触；因此，本省震旦系与寒武系界线，划在 *Anabarites*－*Protohertzina* 组合之下。

3. 震旦系的分统界线

震旦系下统与上统界线划在南沱组与陡山沱组之间，由于震旦纪南沱冰碛期是一次全球性的重要地质时期，它发育于欧洲和西伯利亚、澳大利亚、西南非洲和北美等地，我国长江

下游地区也均有分布。因此，可以将南沱组的顶界看作下震旦统与上震旦统的等时面；同时在此界面之下的微古植物以单球藻亚群为主，也出现一些刺球藻群。该界面之上的微古植物群面貌发生很大变化，除单球藻亚群外，开始出现较多的多面藻群、卵形藻群、异极藻亚群、船形藻群、刺球藻群、线状藻群和异形藻群中的分子。另外，在皖南蓝田晚震旦世早期的蓝田组中发现丰富的具清楚器官分化的多细胞高等宏观藻类，标志了生命演化史上的重要生物事件。

根据湖南震旦纪大塘坡组相当本省间冰期页岩，测得Rb－Sr同位素年龄值728±27 Ma；欧洲地台Vendian的*Vilchit's*群和澳大利亚上阿德雷得系Marinoan期冰碛岩同位素年龄值在700 Ma左右。南沱组的地质年代为700～740 Ma，因此以南沱组的顶界作为震旦系下统与上统划界是合适的。

二、寒武系生物地层特征及年代地层界线

（一）生物群特征

浙江寒武纪的生物群，有小壳化石、三叶虫、头足类、海绵骨针及腕足类等。为生物地层单位的建立提供了充分资料，也为东南地层区寒武系的划分和对比提供充分的依据。在江山-临安地层小区，寒武系下、中、上统共有18个化石带(组合)(表3－5)；在杭州-嘉兴地层小区寒武系下、中、上统，共有3个化石带。

江山-临安地层小区

下寒武统

① *Anabarites*－*Protohertzina* 组合

主要分子有小壳化石 *Anabarites trisulcatus*，*Protohertzina anabarica*，*P. unguliformis*，*Kaiyangites jiangshanensis*，*Hertzina* sp.，*Archaeoides* sp.，*Conotheca* sp.？*Turcutheca* sp.，？*Olivooiders* sp. 等。

② *Siphogonuchites*－*Lopochites* 组合

主要分子有：小壳化石 *Siphogonuchites carinatus*，*Lopochites zhejiangensis*，*Kijacus kijanicus*，*Hyolirhellas* sp.，*Calcihexaotina*？sp.，*Liangshanella*？sp.，微古植物 *Entophysalidaceae*，*Micrhystridium*，*Leiominuscula*，*Palaeomicrosystis* 及 *Protoleiosphaeridium* 等。

③ *Hunanocephalus*－*Hupeidiscus* 带

主要分子有三叶虫 *Hunanocephalus ovalis*，*Hupeidiscus orientalis*，*H.* (*Duodinia*)？*costricutus*，*H.* (*D*)？*rarus* 等。

④ *Shabaella*－*Hsuaspis* 带

主要分子有 *Shabaella jiangshanensis*，*S. convexa*，*S. fengzuensis*，*Sinolenus brevis*，*S. hotangensis*，*Hsuaspis transversus*，*Neocobboldia zhejiangensis*，*N. transversa* 等。

⑤ *Arthricocephalus* 带

主要分子有三叶虫 *Arthricocephalus fuyangensis*，*A. granulus*，*A. fenshuiensis*，*A.* (*Euarthricocephalus*) *laterilobatus*，*A.* (*E.*) *sanxikouensis*，*Changaspis pliacenta* 等。

⑥ *Probowmania*－*Kootenia* 带

主要分子有 *Probowmania transversus*，*P. elongata*，*Kootenia longa*，*K. fuyangensis*，*K. shangwanensis* 等。

表 3-5　浙江省寒武系生物带对比表

统	阶	卢衍豪、朱兆玲等（1982）生物带	浙江省浙西北区生物带	岩石地层
上寒武统	凤山阶	*Mictosaukia* 组合	⑱*Lotagnostus hedini* 带	西阳山组
		Sinocremoceras 带		
		Quadraticephalus 带		
		Ptychaspis－*Tsinania* 带	⑰*Acaroceras*－*Antacaroceras* 带	
	长山阶	*Kaolishania* 带	⑯*Lotagnostus punctatus*－*Hedinaspis* 带	华严寺组
			⑮*Pseudoglyptagnostus clavatus*－*Proceratopyge*(*Sinoproceratopyge*)*kiangshanensis* 带	
		Changshania 带	⑭*Erixamum* 带	
		Chuangia 带	⑬*Glyptagnostus reticulatus* 带	
	崮山阶	*Drepanura* 带	⑫*Glyptagnostus stolidotus* 带	
		Blackwelderia 带		
中寒武统	张夏阶	*Damesella* 带	⑪*Lejopyge sinensis* 带	
		Taitzuia 带	⑩*Lejopyge laevigata armata* 带	杨柳岗组
		Amphoton 带		
		Crepicephalina 带	⑨*Pseudophalacroma triangulus* 带	
		Liaoyangaspis 带		
	徐庄阶	*Bailiella* 带	⑧*Ptychagnostus atavus* 带	
		Poriagraulos nanum 带		
		Sunaspis 带	⑦*Triplagnostus gibbus* 带	
		Hsuchuangia－*Ruichengella* 带		
下寒武统	龙王庙阶	*Chittidilla*－*Kunmingaspis* 带		大陈岭组
		Redlichia guizhouensis 带	⑥*Probowmania*－*Kootenia* 带	
		Redlichia murakamii－*Hoffetella* 带	⑤*Arthricocephalus* 带	
	沧浪铺阶	*Megapalaeolenus* 带		
		Palaeolenus 带	④*Shabaella*－*Hsuaspis* 带	荷塘组
		Paokannia－*Sichuanolenus* 带		
		Metaredlichioides－*Chengkouia* 带		
		Drepanuroides 带		
		Yunnanaspis－*Yiliangella* 带	③*Hunanocephalus*－*Hupeidiscus* 带	
	筇竹寺阶	*Yunnanocephalus*－*Malungia* 带		
		Eoredlichia－*Wutingaspis* 带		
		Parabadiella－*Mianxiandiscus* 带		
	梅树村阶	*Siphogonuchites*－*Zhijinites*－*Sachites* 组合	②*Siphogonuchites*－*Lopochites* 组合	
		Anabarites－*Circotheca*－*Protohertzina* 组合	①*Anabarites*－*Protohertzina* 组合	

①组合为小壳化石组合，分布于江山碓边和五家岭、桐庐东溪、富阳上万、萧山新桥头的荷塘组底部磷块岩中；②组合小壳化石组合分布于江山碓边荷塘组石煤层之灰岩透镜体中；③、④带为三叶虫带，主要分布于荷塘组中部和上部；⑤、⑥带亦为三叶虫带，分布于大陈岭组中。这 6 个带，其中①、②组合见于滇东早寒武世早期的梅树村阶；③、④带与滇东、四川秀山、黔东、鄂西和湘西等地的沧浪铺阶相对比；⑤带与湘、黔地区 *Megapalaeolenus*－*Arthricocephalus* 带相对比，⑥带与湖北宜昌 *Palaeolenus* 和 *Kootenia* 带相对比，因此生物群①—⑥带层位相当下寒武统梅树村阶、筇竹寺阶、沧浪铺阶及龙王庙阶。时代为早寒武世。

中寒武统

⑦ *Triplagnostus gibbus* 带

主要分子有三叶虫 *Triplagnostus gibbus*, *T. lungrexi*；微古植物 *Archaeohystrichosphaeridium*, *Lophosphaeridium* 等。

⑧ *Ptychagnostus atavus* 带

主要分子有三叶虫 *Ptychagnostus atavus*, *P. sinicus* 等。

⑨ *Pseudophalacroma triangulus* 带

主要分子有三叶虫 *Pseudophalacroma triangulus*, *P. dubium*, *Goniagnostus spiniger*, *Hypagnostus hunanicus*, *Tomagnostus jiangshanesis*, *Diplagnostus floralis*, *Fuchouia oratolimbata* 等。

⑩ *Lejopyge laevigata armata* 带

主要分子有三叶虫 *Lejopyge laevigata armata*, *Diplagnostus humilis*, *Proceratopyge conifrons*, *Fuchouia oratolimba*, *Goniagnostus spiniger*, *Ptychagnostus aculeatus*, *Ovalagnostus oerstonatus*, *Clavagnostus lanceolatus* 等。

⑪ *Lejopyge sinensis* 带

主要分子有三叶虫 *Lejopyge sinensis*, *Oidalagnostus* sp., *Ptychagnostus* (*Goniagnostus*) *nodibundus*, *Cyclagnostus yaogongbuensis*, *Bergeronites* sp., *Buttsia globosa*, *Ammagnostus duibianensis*, *Jiangnaia fengzuensis* 等。

生物群⑦—⑪ 5个化石带分布于杨柳岗组中。其中 *Hypagnostus*, *Goniagnostus*, *Oidalagnostus*, *Peronopsis*, *Ptychagnostus*, *Triplagnostus* 等广布于亚洲东部，欧洲、北美东部和澳洲各地的中寒武统。*Fuchouia*, *Damesella*, *Anomocarella*, *Amphoton* 等是华北地区张夏阶的常见分子，*Anomocarella* 也见于湖北宜昌、皖南、青海、新疆都有分布。生物群⑦—⑪ 带与徐庄阶、张夏阶对比。时代中寒武世。

上寒武统

⑫ *Glyptagnostus stolidotus* 带

主要分子有三叶虫 *Glyptagnostus stolidotus*, *Paradamesella* cf. *paratypica*, *Proceratopyge conifrons*, *Teinistion* sp., *Homagnostus* sp., *Kormagnostus*(?) sp., *Pseudagnostus* cf. *bulgosus*, *Aspidagnostus* sp., *Clavagnostus* sp. 及微古植物 *Trachysphaeridium* 等。

⑬ *Glyptagnostus reticulatus* 带

主要分子有三叶虫 *Glyptagnostus reticulatus*, *G. reticulatus angelini*, *Aspidagnostus* sp., *Pseudagnostus* sp., *Prochuangia* sp., *Proceratopyge* 等。

⑭ *Erixamum* 带

主要分子有三叶虫 *Erixamum rectangularis*, *Presmenaspis*(?) sp., *Pseudagnostus* 等。

⑮ *Pseudoglyptagnostus clavatus* - *Proceratopyge* (*Sinoproceratopyge*) *kiangshanensis* 带

主要分子有 *Pseudoglyptagnostus clavatus*, *Proceratopyge* (*Sinoproceratopyge*) *kiangshanensis*, *Proceratopyge distensa*, *P. frabilis*, *Xestagnostus transversus*。

⑯ *Lotagnostus punctatus* - *Hedinaspis* 带

主要分子有三叶虫 *Lotagnostus punctatus*, *L. asiaticus*, *Rhaptagnostus changshanensis*, *Neoagnostus* sp., *Diceratopyge yuqianensis*, *Onchonotina vigilans*, *Pseudoyuepingia intermedia*, *Promacropyge longa*, *Hedinaspis regalis*, *H. shengi*, *Charchaqia norini*, *Micragnostus chiushuensis* 等。

⑰ *Acaroceras* - *Antacaroceras* 带

主要分子有头足类 *Acaroceras endogastrum*，*A. elongatum*，*A. duibianensis*，*Ectenolites abnormis*，*E. mirabilis*，*Antacaroceras exogastrum*，*A. amore*，*A. fengzuensis* 等。

⑱ *Lotagnostus hedini* 带

主要分子有三叶虫 *Lotagnostus hedini*，*Plicatolina* sp.，*Pseudagnostus communis*；牙形刺 *Cordylodus proavus* 等。

⑫ —⑮4 个化石带中 *Glyptagnostus* 产于亚洲、欧洲、北美和澳洲的上寒武统下部 *Glyptagnostus reticulatus*，*G. stolidetus* 见于新疆、湘南、滇西、黔东和湘西。在湘西、黔东 *Glyptagnostus reticulatus* 与华北长山阶下部 *Chuangia* 带共生，*Erixamum* 是长山阶中部 *Changshania* 带组成分子。因此，生物群⑫ —⑮ 带与崮山阶和长山阶中下部相对比，时代为晚寒武世早期。

⑯ —⑱2 个三叶虫带和 1 个头足类带中 *Lotagnostus*，*Hedinaspis*，*Charchaqia* 产于亚洲、欧洲、北美和澳洲上寒武统上部，国内产于赣西北、黔东和湘西，新疆和淮北。淮北的凤山阶 *Acaroceras* 与华北的凤山阶 *Quadraticephalus* 共生，因此生物群⑯—⑱带可以与长山阶上部和凤山阶相对比，时代为晚寒武世晚期。

杭州-嘉兴地层小区

下寒武统

① *Nangaops* 组合

主要组成分子有：三叶虫 *Nangaops yuhangensis*，*N. intermedia*，*N. subqadrangulata*，*Bathynotus* sp.；腕足类 *Lingulella* sp.，*Homotreta* sp.，*Acrothele* sp. 等。在海宁峡石钻孔中产 *Neosolenopleurella typica*，*Kootenia* sp.。在上海宝山钻孔中产 *Redlichia* (*Pteroredlichia*)*shanghaiensis*，*Shanghaiaspis usualis* 及腕足类 *Homotreta* 等。

本区为江南地层分区与下扬子地层分区的过渡区，*Nangaops* 大量分布于贵州丹寨的中寒武统底部，结合其它三叶虫化石，层位大致相当于龙王庙阶上部，其时代可能为早寒武世晚期。

中寒武统

② *Triplagnostus lundygreni* 带

主要组成分子有：三叶虫 *Triplagnostus lundgreni*，*T.* sp.，*Olenoides* sp.，*Hypagnostus* sp. 及腕足类等。

③ *Pseudophalacroma triangularis* - *Amphoton* 带

主要分子有：*Pseudophalacroma triangularis*，*P. breviovata*，*P. ovalis*，*P. subsphaeria*，*Hypagnostus nepos*，*H. quadratus*，*Amphoton elongreni*，*Ptychagnostus atavus*，*Diplagnostus planicauda*，*Prodamesella lila*，*Elrathia huananensis*。

本区产自杨柳岗组中的生物群具有东南地层区球接子类为主的三叶虫，如 *Triplagnostus* 和 *Pseudophalacroma* 的带化石等；也出现华北型中寒武统张夏阶的非球接子类三叶虫的主要组成分子，如 *Amphoton*，*Anomocarella*，*Prodamesella*，*Elrathia* 等。反映了杭州-嘉兴地层小区寒武系生物群具有东南地层区和华北地层区的过渡色彩。

（二）年代地层界线

1. 寒武系的顶、底界

寒武系的底界，即寒武系与震旦系界线，以梅树村阶作为寒武系最底部的一个年代地层单位，以含小壳化石 *Anabarites* - *Protohertzina* 组合之底作为寒武系的底界。

寒武系的顶界，根据三叶虫、笔石、头足类的地层分布，将寒武—奥陶系界线划在 *Lotagnostus hedini* 带与 *Hysterolenus* 带之间(卢衍豪等，1983)；根据牙形刺将寒武—奥陶系界线划在 *Cordylodus proavus* 带与 *Utahconus - Monocostodus sevierensis* 带之间(丁连生，1987、1988)。三叶虫与牙形刺的分界基本一致。而西阳山组既含有寒武系的动物群，也发现有下奥陶统的 *Hysterolenus* 等生物群，因此，西阳山组是个穿时的地层单位。

2. 寒武系统内界线

寒武系下统与中统划界以大陈岭组上部的 *Kootenia* 和 *Probowmania* 等非球接子类三叶虫与杨柳岗组下部的 *Triplagnostus gibbus* 球接子二者之间划界．岩性上在江山—绍兴一带以大陈岭组白云质灰岩与杨柳岗组泥质灰岩与含灰岩透镜体组成的韵律层作为宏观划分标志，年代地层与岩石地层的界线一致。

寒武系中统与上统界线，划在 *Glyptagnostus stolidotus* 带与 *Lejopyge sinensis* 带之间。岩性以泥质灰岩与含灰岩透镜体的泥质灰岩组成韵律层结束，出现薄层状条带灰岩(一般单层厚5 cm)，年代地层与岩石地层界线一致。

三、奥陶系生物地层特征与年代地层界线

(一) 生物群特征

浙江奥陶系生物群有笔石、三叶虫、腕足类、头足类、珊瑚及牙形刺等。其中以笔石、三叶虫及牙形刺最具地质意义。由于生物化石丰富，生物地层单位的建立和分统界线也比较清楚。奥陶系下、中、上统共有 22 个化石带(表 3-6)。

江山-临安地层小区

下奥陶统

① *Hysterolenus* 带

主要分子有三叶虫 *Hysterolenus asiaticus*，*Symphysurus wimani*，*Geragnostus xiyangshanensis*，*Shumardia changshanensis*，*Parabolinella ocellata*，*Pseudoperonopsis orientalis* 等；牙形刺 *Proconodontus muelleri*。

② *Staurograptus dichotomus* 带

主要分子有笔石 *Staurograptus dichotomus*，*S. tenuis*，*Anisograptus matanensis*，*A. orientalis*，*A. minutus*，*Triograptus linealis*，*Bryograptus*；牙形刺 *Prooneotodus tenuis* 等。

③ *Dichelepyge sinensis* 带

主要分子有三叶虫 *Dichelepyge sinensis*，*D. brevicaudatus*，*Euloma* (*Spineuloma*) *spinosum*，*Symphysurus planarius*，*Bienvillia tetragnoalis*，*Shumardia liantangensis* 及笔石 *Adelograptus* sp.。

④ *Adelograptus - Clonograptus* 带

主要分子有笔石 *Adelograptus robustus*，*A. simplex*，*A. sinicus*，*A. jiangxiensis*，*Clonograptus tenellus*。

⑤ *Asaphopsis - Birmanites* 组合/*Etagraptus approximatus* 带、*Tetragraptus fruticosus* 带

Asaphopsis - Birmanites 组合主要分子有三叶虫 *Asaphopsis welleri*，*Birmanites* sp.，*Euloma changshanensis*，*Niobe kientehsiensis*，*Niobella chekiangensis*，*Corrugatagnostus* sp.，*Triarthrus* sp.，*Cyclopyge* sp.，*Symphysurus* sp. 等及笔石 *Adelograptus* sp.。

Etagraptus approximatus 带主要分子有笔石 *Etagraptus approximatus*，*E. lavalensis*，

表 3-6 浙江省奥陶系生物带对比表

统	阶	代号	张文堂等(1982)生物带	浙江省浙西北地区生物带	岩石地层
上奥陶统	五峰阶	W_6	*Diplograptus bohemicus* 带	㉒ *Diplograptus bohemicus*－*Dalmanitina mucronata* 带	文昌组
		W_5	*Paraorthograptus uniformis* 带	㉑ *Paraorthograptus yuqianensis* 带	
		W_4	*Diceratograptus mirtus* 带		长坞组
		W_3	*Paraorthograptus typicus* 带	⑳ *Climacograptus venustus* 带	
		W_2	*Dicellograptus szechuanensis* 带	⑲ *Dicellograptus szechuanensis* 带	
		W_1	*Amplexograptus lui* 带	⑱ *Pscudoclimacograptus anhuiensis* 带	
	石口阶	Sh_2	*Dicellograptus johnstrupi* 带	⑰ *Nankinolithus nankinensis* 带	黄泥岗组
		Sh_1	*Orthograptus quadrimucronatus* 带		
中奥陶统	滞江阶	Ha_2	*Dicranograptus clingani*－*Climacograptus spiniferus* 带	⑯ *Sinoceras chinense* 带	砚瓦山组
		Ha_1	*Pseudozygograptus chongyiensis*－*Climacograptus wilsoni* 带		
	胡乐阶	Hu_3	*Dicranograptus sinensis* 带	⑮ *Dicranograptus sinensis* 带	胡乐组
		Hu_2	*Nemagraptus gracilis* 带	⑭ *Nemagraptus gracilis* 带	
		Hu_1	*Glyptograptus teretiusculus* 带	⑬ *Glyptograptus teretiusculus* 带	
下奥陶统	宁国阶	N_9	*Pterograptus elegans* 带	⑫ *Pterograptus elegans* 带	
		N_8	*Amplexograptus confertus* 带	⑪ *Amplexograptus confertus* 带	
		N_7	*Glyptograptus austrodentatus* 带	⑩ *Glyptograptus austrodentatus* 带	宁国组
		N_6	*Cardiograptus amplus* 带	⑨ *Cardiograptus amplus* 带	
		N_5	*Oncograptus magnus* 带	⑧ *Oncograptus magnus* 带	
		N_4	*Didymograptus abnormis* 带	⑦ *Didymograptus abnormis* 带	
		N_3	*Didymograptus deflexus* 带	⑥ *Didymograptus deflexus* 带	
		N_2	*Tetragraptus fruticosus* 带	⑤ *Asaphopsis*－*Birmanites* 组合 / *Tetragraptus fruticosus* 带	印渚埠组
		N_1	*Etagraptus approximatus* 带	⑤ *Asaphopsis*－*Birmanites* 组合 / *Etagraptus approximatus* 带	
	新厂阶	X_3	*Adelograptus*－*Clonograptus* 带	④ *Adelograptus*－*Clonograptus* 带	
		X_2	*Aletograptus*－*Triograptus* 带	③ *Dichelepyge sinensis* 带 ② *Staurograptus dichotomus* 带	西阳山组
		X_1	*Staurograptus*－*Anisograptus* 带	① *Hysterolenus* 带	

E. pacificus，*Didymograptus* cf. *parallelus*。

Tetragraptus fruticosus 带主要分子有笔石 *Tetragraptus fruticosus*，*T. decipiens*，*Didymograptus filiformis*，*D. adamantinus*，*Acrograptus filiformis*，*A. nicholsoni*，*A. pusillus*。

上述①—⑤带为笔石和三叶虫带。其中：①—③带产于西阳山组上部，见于江山碓边和临安湍口的坑口和海月桥，相当张文堂、李积金(1982)的新厂阶 *Staurograptus*－*Anisograptus* 带(X_1)和 *Aletograptus*－*Triograptus* 带(X_2)；④带产于印渚埠组下部，仅见于临安湍口海月桥，层位相当新厂阶 *Adelograptus*－*Clonograptus* 带(X_3)；⑤*Asaphopsis*－*Birmanites* 带产于印渚埠组中上部，浙西北地区广泛分布，由于岩相古地理变化，可由壳相变为笔石相，相当于宁国阶 *Etagraptus approximatus* 带(N_1)和 *Tetragraptus fruticosus* 带(N_2)，局部地区为 *Didymograptus deflexus*/*Didymograptus protobifidus* 带(N_3)。根据上述生物群，时代为早奥陶世早期。

⑥ *Didymograptus deflexus* 带

主要分子有笔石 *Didymograptus protobifidus*，*D. vacillans*，*D. sinensis*，*D. eobifidus*，*D. exilis*，*D. yushanensis*，*D. enshiensis*，*D. deflexus*，*D. minutus*，*D. nanus*，*D. parvus*，*D. aequabilis*，*Zygograptus simplex*，*Phyllograptus regularis*，*P. sinicus*。

⑦ *Didymograptus abnormis* 带

主要分子有 *Didymograptus abnormis*，*D.* cf. *ensjoensis*，*D. extensus*，*D. opimus*，*Azygograptus suecicus*，*A. flexilis*，*A. priscus*，*A. lapworthi*，*Thallograptus jiangxiensis*，*T. flexilis*，*Goniograptus rigidus*，*Dichograptus octobrachiatus*，*D. sinicus*，*D. yushanesis*，*Jiangnanograptus undolatus*，*J. tenerum*，*J. yushanensis*，*Schizograptus* cf. *chengkouensis*，*S. sinicus*，*Phyllograptus acuminatus*，*P. elegans*，*P. ilicifolius*。

⑧ *Oncograptus magnus* 带

主要分子有笔石 *Oncograptus magnus*，*O.*（*Proncograptus*）*diversus*，*O.*（*P.*）*forcatus*，*O.*（*P.*）*robustus*，*Erigraptus uniformis*，*Goniograptus intermedius*，*Tetragraptus reclinatus*，*T. amii*，*Dichograptus jiangxiensis*，*Isograptus approximatus*，*I. curvithecatus*，*I. victoriae*，*Pseudoisograptus bellulus*，*P. manubriatus*，*Pseudotrigonograptus ensiformis*，*P. uniformis*，*Didymograptus extensus*，*D. acutidens*，*D. hirundo* 等。

⑨ *Cardiograptus amplus* 带

主要分子有笔石 *Cardiograptus amplus*，*C. angustus*，*C. giganteus*，*C. hsui*，*C. zhejiangensis*，*Dichograptus changshanensis*，*Didymograptus arcuatus*，*D. aorangiensis*，*D. nitidus*，*Tetragraptus amii*，*T. rigidus*，*Pseudoclimacograptus formosus*，*P. manubriatus* 等。

⑩ *Glyptograptus austrodentatus* 带

主要分子有 *Glyptograptus austrodentatus*，*G. smilis*，*G. microndentatus*，*Pseudotetragraptus tuberosus*，*P. sinicus*，*Allograptus chekiangensis*，*A. mirus*，*Didymograptus zhejiangensis*，*Tetragraptus bigsbyi*，*T. ovalis*，*T. reclinatus* 等。

⑪ *Amplexograptus confertus* 带

主要分子有笔石 *Amplexograptus confertus*，*A. differtus*，*A.* cf. *perexcavatus*，*Didymograptus ellesae*，*D. linealis*，*Tytograptus geniculiformis*，*T. globiformis*，*T. intermedius*，*T. regularis*，*T. spinatus*，*Sinograptus aequalis*，*S. rastritoides*，*S. typicalis*，*Sinozygograptus spinatus*，*Dicaulograptus hystrix*，*Nicholsonograptus fasciculatus*，*Phyllograptus glossograptoides*，*Cryptograptus elongatus*，*C. uniformis*，*Paraglossograptus intermedius*，*P. latus*，*P. nanus*，*P.* cf. *regularis*，*Pseudoclimacograptus wannanensis* 等。

⑫ *Pterograptus elegans* 带

主要分子有笔石 *Pterograptus elegans*，*P. flabeliformis*，*P. sinicus*，*P. scanicus*，*Didymograptus murchisoni*，*D. jiangxiensis*，*D. gracilis*，*Wuninograptus tetrabrachiatus*，*W. erectus*，*Dicaulograptus hystris*，*Retiograptus compactus*，*Glossograptus wuningensis*，*G. acanthus* 等。

浙江的宁国阶笔石缺少系统研究，笔石带的划分主要参考萧承协、陈洪冶（1990）对浙、赣江山和玉山交界处早中奥陶世笔石动物群研究和结合本省以往研究情况进行分带的。

上述⑤—⑫笔石带，可以与张文堂、李积金等（1982）的宁国阶（N_1—N_9）相对比。但浙江宁国阶下部的笔石带因地而异，*Etagraptus approximatus*（N_1），*Tetragraptus fruticosus*（N_2）

带，仅见于玉山与江山边界的陈家坞和草坝；江山—绍兴一带仅见 *Didymograptus abnormis* (N_4)带；江山—绍兴一带以北地区，仅见 *Didymograptus deflexus*(N_3)带。这可能是由于古地理环境的不同而形成生物相的变化，可能在 *Adelograptus - Clonograptus*(X_3)带之上与 *Didymograptus deflexus*(N_3)或 *Didymograptus abnormis*(N_4) 带之间为 *Asaphopsis - Brimanites* 带所替代。根据上述生物群其时代为早奥陶世晚期。

⑬ *Glyptograptus teretiusculus* 带

主要分子有 *Glossograptus hincksii*, *G. acanthus*, *Glyptograptus teretiusculus*, *Climacograptus antiquus*, *C. brevis*, *Amplexograptus innotatus*, *Orthograptus calcaratus*, *O. truncatus*, *Pseudoclimacograptus scharenbergi*, *P. demittolabiosus*, *Dicellograptus gurleyi* 等。

⑭ *Nemagraptus gracilis* 带

主要分子有笔石 *Nemagraptus gracilis*, *N. ramosus*, *N. surcularis*, *Diplograptus yushanensis*, *Climacograptus macrescens*, *C. caudatus*, *C. antiquus*, *C. crebrithecatus*, *Glossograptus jiangxiensis*, *G. longispinus*, *G. fimbriatus*, *Dicellograptus sincerus*, *D. sextans*, *D. intortus*, *D. succintus*, *D. decrescentis*, *Pseudazygograptus incurvus*, *P. semicircularis*, *Amphigraptus formosus*, *Dicranograptus succintus*, *Pseudoclimagraptus angulatus*, *P. crebrithecatus*, *Orthograptus calcaratus*, *O. apiculatus*, *O. whitfiedi* 等。

⑮ *Dicranograptus sinensis* 带

主要分子有笔石 *Dicranograptus sinensis*, *Climacograptus* cf. *brevis*, *Dicellograptus decrescemis* 等。

⑯ *Sinoceras chinense* 带

主要分子有头足类 *Sinoceras chinense*, *Orthoceras regulare*, *O.* cf. *scabridum*, *Endoceras* sp., *Michelinoceras huangnigangense*, *Kotoceras* sp., *Beloitoceras* sp., ? *Miamoceras* sp., *Orthonybyoceras crebriseptum*, ? *Actinoceras* cf. *jiangshanesis*; 三叶虫 *Corrugatagnostus* sp., *Hammatocnemis* sp., *Cyclopyge vigilans*, *Birmanites* sp. 等。

上述⑬—⑯带是由 3 个笔石带和 1 个头足类带组成。其中⑬—⑮带见于胡乐组中，可与张文堂、李积金等(1982)的胡乐阶相对比。本省的 *Glossograptus hincksii* 是 *Glyptograptus teretiusculus* 带(Hu_1)的常见分子和 *Nemagraptus gracilis* 带(Hu_2)均有广泛分布，而 *Dicranograptus sinensis*(Hu_3)仅见于诸暨应店街的净心庵和临安昌化的石岭上及浙赣边境的玉山陈家坞和白家坞；⑯带见于砚瓦山组中，层位相当于滞江阶。上述生物群的时代为中奥陶世。

⑰ *Nankinolithus nankinensis* 带

主要分子有三叶虫 *Nankinolithus nankinensis*, *Nankinolithus* sp., *Paraphilipsinella spectabilis*, *Hammatocnemis formosus*, *Amphxinella similis*, *Telephina convexa*, *Shumardia minus*, *S.* cf. *polonica*, *Cyclopyge recurvus*, *Remopleurides* sp.; 头足类 *Eurasialicoceras* sp. 等。以产 *Nankinolithus nankinensis* 为特征，层位相当石口阶。可与湖北、湖南、江苏南京、江西等地对比。时代为晚奥陶世早期。本省黄泥岗组的顶底界与其相应的石口阶的顶底界一致。

⑱ *Pseudoclimacograptus anhuiensis* 带

主要组成分子有笔石 *Pseudoclimacograptus anhuiensis*, *Dicellograptus excavatus*, *D.* cf. *complanatus*, *D.* cf. *ornatus*, *Climacograptus chiai*, *C.* cf. *angrustus*, *C.* cf. *supernus*, *Rectograptus abbreviatus* 等。

⑲ *Dicellograptus szechuanensis* 带

主要组成分子有笔石 *Dicellograptus szechuanensis*，*D. excavatus*，*D.* cf. *ornatus*，*Climacograptus procerus*，*C.* cf. *supernus*，*Amplexograptus* sp.，*Pseudoclimacograptus* cf. *hughesi*，*Orthograptus truncatus* 等。

⑳ *Climacograptus venustus* 带

主要组成分子有笔石 *Climacograptus venustus*，*C. supernus*，*C. leptothecalis*，*Amplexograptus disjunctus*，*Dicelograptus ornatus* 等。

㉑ *Paraorthograptus yuqianensis* 带

主要组成分子有 *Paraorthograptus yuqianensis*，*P. uniformis*，*P. styliformis*，*P. angustus*，*Amplexograptus suni*，*Rectograptus socialis* 等。上述化石主要见于昌化—安吉一带。在开化—临安和江山—绍兴等地除含笔石 *Orthograptus*，*Climacograptus*，*Dicellograptus*，*Pseudoclimacograptus* 等属外，尚有腕足类 *Rafinesquina* sp.，*Rhynchotrema* sp.，*Rostricellula* sp.，*Howellites* sp.，*Plectorthis* sp.，*Leptellina* sp.，*Zygospira* sp.，*Kassinella* cf. *globosa*，*Ancistrohyncha* sp.；腹足类 *Ophileta* sp.；头足类 *Orthonybyoceras crebiseptum*，*Actinoceras* cf. *jiangshanensis*；珊瑚 *Catenipora* sp.，*Plasmoporella jiangshanensis*，*Hellolites tashanuse* 等。

㉒ *Diplograptus bohemicus* - *Dlamanitina mucronata* 带

主要组成有：笔石 *Diplograptus bohemicus*，*D. orientalis*，*D. spanis*，*D. ojsuensis*，*D. maturarus*，*Climacograptus extrodinarius*，*C. miserabilis*，*Glyptograptus* cf. *posterus*，*G. elegantulus*，*Pseudoclimacograptus* sp.；三叶虫 *Dalmanitina* cf. *mucronata*，*Dalmanitina* cf. *nanchengensis*，*Illaenus* sp.；腕足类 *Rhynchotrema* sp.，*Rafinesquina* sp.，*Ancistrohyncha* sp.，*Lepidocyclus* sp.，*Plectorthis* sp.，*Plearorima* cf. *granata*；双壳类 *Allodesma* sp.，*Thorshendia* sp.，*Cypricarolinia* sp. 等。

上述⑰—㉒6 个带，其中⑰为三叶虫带，广泛分布于浙西北地区的黄泥岗组中，层位相当石口阶，时代为晚奥陶世早期；⑱—㉑为笔石带产于长坞组中，㉒带产于文昌组中，笔石生物群主要分布于昌化—安吉一带，层位相当张文堂、李积金等(1982)的五峰阶(W_1—W_6)带。

本省由西北向东南，由笔石相渐变为介壳相，因此在江山—绍兴一带则以介壳类为主，无法进行分带。在临安堰口三叶虫 *Dalmanitina mucronata*，*D.* cf. *nanchengensis* 与笔石 *Diplograptus bohemicus* 共生，上述三叶虫是 *Hirnantia* 动物群的重要组成部分，广泛分布于华中、祁连和滇西等地。由于 *Diplograptus bohemicus* 是晚奥陶世晚期分子，那么与其共生的 *Dalmanitina mucronata* 亦为晚奥陶世晚期的分子，是目前奥陶系的最高层位。

三衢山组由生物礁组成，主要分布于常山及江山，为长坞组的同期异相沉积。三衢山组生物群丰富，以珊瑚、层孔虫、钙藻为主体，其它腕足类、腹足类、头足类、三叶虫等(表 3-7)。

根据浙江省石油地质研究所(1991)的研究，经初步鉴定共有珊瑚 40 余种，其中以床板珊瑚和日射珊瑚为主。它们多见于欧亚地区，也具浓厚的地方性色彩(林宝玉、邹鑫祐 1977)。Agetolitidae 科的属多见于晚奥陶世，并以中、晚期为主。*Rhabdotetradium*，*Fletcheriella*，*Wormisipora*，*Plasmoporella* 等属常见于北美、西伯利亚、北欧、中亚、波罗的海地区晚奥陶世。按其产出层位、丰度、分异度变化等特征，自下而上建立两个珊瑚组合。

下部为 *Rhabdotertradium* - *Eofletcheriella* 组合。

表 3-7 浙、赣地区晚奥陶世三衢山组化石分布表

化石 \ 时代	奥陶纪 早期	奥陶纪 中期	奥陶纪 晚期	志留纪
珊瑚				
Heliolites		—	—	—
Agetolites			—	
Agetolitella			—	
Agetolitoides			—	
Hemiagetolitella			—	
Paragetolitella			—	
Paragetolites			—	
Eofletcheriella		—	—	
Rhabdotetradium	—	—	—	
Catenipora		—	—	—
Fletcheriella		—	—	—
Proheliolites		—	—	
Plasmoporella		—	—	
Paraheliolits			—	
Wormisipora			—	
Calapoecia		—	—	
Streptelasma		—	—	
头足类				
Actinoceras		—	—	—
Orthonybyoceras		—	—	
Ormoceras	—	—	—	
三叶虫				
Birmanites	—	—	—	
Cheirurus			—	—
Calymenesun		—	—	
Eobronteus		—	—	—
Remopleurides	—	—	—	
Illaenus	—	—	—	—
腕足类				
Sowerbyella		—	—	—
Strophomena		—	—	—
Zygospira		—	—	—
Eoconchidium			—	
Infurca			—	
Oxoplecia			—	—
层孔虫				
Clathrodictyon			—	—
Cryptophragmus		—	—	
Cystostroma		—	—	
Eoclimadictyon			—	—
Labechia		—		—
Plexodictyon			—	—
Sinodictyon		—	—	
Tuvaechia		—	—	
Rosenella		—	—	—
Pseudostylodictyon		—	—	—

本表参考浙江省石油地质研究所 1991 下扬子地区奥陶纪生物群及储集条件研究

上部为 *Catenipora - Plasmoporella - Fletcheriella* 组合。其它层孔虫、三叶虫、头足类、腕足类等的地质时代也多趋于晚奥陶世。层位相当于五峰阶 *Amplexograptus disjunctus*(W_1)带 - *Paraorthograptus uniformis*(W_5)带。

杭州-嘉兴地层小区仑山组中生物群稀少，仅见牙形刺 *Drepanodus tenuis* 及腕足类 *Conotreta* sp.，时代为早奥陶世。

红花园组中生物化石有三叶虫 *Symphysurus* sp.，*Euloma* sp.；头足类 *Ellesmeroceras yungshunensis*；牙形刺 *Acodus oneotensis*；腕足类 *Tomasina* sp.。

Symphysurus 和 *Euloma* 属在浙西仅见于下奥陶统下部，*Ellesmeroceras* 一属是早奥陶世新厂阶主要组成分子。*Acodus* 一属多见于宁国阶。时代为早奥陶世。

牯牛潭组中生物化石有头足类 *Proteocameroceras* sp.，*Coreanoceras* sp.，*Talassoceras* sp.，*Proendoceras* sp.，*Chisiloceras changyangense*，*C. marinella*，*C. neichianense*，*Michelinoceras* cf. *yangi*，*Cochlioceras* sp.，*Dideroceras* sp.；牙形刺 *Drepanodus perlongus*，*Scolopodus rex*，*Serratognathus diversus*，*S. bilobatus*，*Oistodus lanceolatus*，*Baltoniodus* sp.，*Paltodus* sp.，*Paroistodus* sp.，*Scandodus brevibasis*；三叶虫 *Asaphopsis* sp.，*Asaphellus*? sp.，*Niobella* sp.，*Euloma* sp.，*Psilocephalina* cf. *lubrica* 等；头足类 *Protercameroceras*，*Ellesmeroceras* 主要产于新厂期，*Proendoceras*，*Coreanoceras*，*Chisiloceras*，*Cochioceras*，*Dideroceras* 主要产于宁国期。牙形刺 *Drepanodus*，*Scolopodus*，*Serratognathus*，*Oistodus*，*Scandodus* 等属种主要

见于宁国期。

综上所述，时代为早奥陶世至中奥陶世早期。

（二）年代地层界线

1. 奥陶系的底界

浙江奥陶纪生物地理分区属东方动物群的东南动物群区系江南沉积区（卢衍豪等，1974—1976）。浙西地区是东南动物群区系寒武-奥陶系界线的标准地点。卢衍豪、林焕令等（1982）在江山和常山地区对寒武-奥陶系界线的层型剖面进行了详细研究。根据三叶虫、笔石、头足类的地层分布，将寒武—奥陶系界线上下的地层自上而下分为：下奥陶统（下部）*Dichelepyge sinensis* 带、*Staurogograptus dichotomus* 带、*Hysterolenus* 带；上寒武统 *Lotagnostus hedini* 带、*Acaroceras* - *Antacaroceras* 带、*Lotagnostus punctatus* 带。寒武—奥陶系界线划在 *Lotagnostus hedini* 带与 *Hysterolenus* 带之间。

2. 奥陶系的顶界

葛梅钰、钱家驹等（1982）在临安堰口汤家早志留世霞乡组底部的 *Glyptograptus* aff. *persculptus* 层位之下的晚奥陶世文昌组顶部发现 *Dalmanitina* cf. *nanchengensis* 与 *Diplograptus bohemicus* 共生，为奥陶系与志留系划分与对比提供了可靠的生物化石证据。

浙江奥陶系与志留系的界线划在 *Glyptograptus persculptus* 带与 *Diplograptus bohemicus* 带之间。

3. 下统与中统的界线

下统与中统的界线以 *Pterograptus elegans* 带的顶与 *Glyptograptus teretiusculus* 带的底划界。此顶、底界线与张文堂、李积金等（1982）的宁国阶顶界一致。岩性以宁国组顶部硅质层之底作为中、下统的宏观标志，因此，宁国组为一跨阶的岩石地层单位。

4. 中统与上统界线

从生物群以 *Sinoceras chinensis* 带与 *Nankinolithus nankinensis* 带之间。大致相当于砚瓦山组与黄泥岗组之间。

四、志留纪生物地层特征及年代地层界线

浙江志留纪生物群有笔石、腕足类、三叶虫、双壳类、腹足类、微古植物及鱼类。2个笔石带主要分布于下部，介壳相化石广泛分布。

（一）生物群特征

下志留统下部相当霞乡组地层中含有两个笔石带，自下而上为：

① *Glyptograptus persculptus* 带

主要分子有笔石 *Glyptograptus persculptus*，*G. tamariscus*，*G. zhui*，*G. lungmaensis*，*G. gnomus*，*G. lanpherei*，*G. intersitus*，*G.* cf. *avitus*，*Climacograptus normalis*，*C. scalaris*，*C. indivisus*，*C.* cf. *innotatus*，*C. miserabilis*，*Orthograptus* sp.，*Diplograptus modestus*，*D.* cf. *gracilis* 等。

在 *Glyptograptus persculptus* 带之下，普遍有一层含钙质粉砂岩，产腕足类 *Eospirifer uniplicatus*，*Resseralla* sp.，*Fardenia* sp.，*Laptaena* sp.，*Clintonella* sp.，*Zygosira* sp；三叶虫 *Encrinurus* sp.，*Ellaenus* sp. 等。

② *Akidograptus ascensus* 带

主要分子有笔石 *Akidograptus ascensus*，*A. giganteus*，*A. zhejiangensis*，*Glyptograptus* aff. *tamariscus*, *G.* cf. *serratus*, *Climacograptus normalis*, *C. miserabilis*, *C. minutus*, *C. scalaris*, *Orthograptus* sp. 等。

其中, *Glyptgraptus persculptus*、*Akidograptus ascensus* 是我国志留系底部的两个笔石带，所含腕足类 *Eospirifer*，*Resserella*，*Fardenia* 和三叶虫 *Encrinurus* 也是志留纪地层中常见分子。

下志留统上部相当于河沥溪组地层中发现有介壳类化石，局部地区偶见笔石。其中有腕足类 *Eospirifer uniplicatus*, *E. radiatus*, *E. minor*, *Leptaena cava*, *Fardenia* sp., *Strophomena* sp., *Resserella* sp., *Zygospira* sp.; 三叶虫 *Encrinuroides* sp.; 双壳类 *Nuculites* sp., *Modiolopsis crypta*, *M. lavoli*, *Cyrtodonta* sp., *Cleidophorus* sp., *Medcella tungusensis*, *Preoetidae* sp., *Delctodonta* sp.; 腹足类 *Hormotoma* sp., *Lophospira* sp. 等。在安吉一带，除上述介壳类化石外，并伴生有极少量的笔石：*Glyptograptus tamariscus*，*Climacograptus* sp.，*Diplograptus* sp.，*Amplexograptus* sp.。其中，*Glyptogeaptas tamariscus* 等双笔石科分子显示了早志留世的生物群特征。

早、中志留世康山组的地层中所含的生物化石主要分布于开化—杭州一带，在康山组的中部泥岩内，含腕足类 *Eospirifer uniplicatus*, *E. minina*, *Resserella* sp., *Aegiria* sp., *Zygospiraella* cf. *elongata*, *Atrypa* sp.; 三叶虫 *Coronocephalus rex*, *Encrinuroides* sp.; 双壳类 *Mendacella tungussensis*, *Leangella tennessensis*。在安吉康山仅含少量腕足类 *Lingula* sp., *Dicoelosia* sp.，*Fardenia* sp. 及 *Acanthodii* 棘鱼鳍刺；并发现有微古植物 *Acanthodiacrodium* sp.，*Actinoctodistus* sp.，*Baltisphaeridium monterrosa*，*B.* cf. *trichophorum*，*Dactylofusa cabottii*，*D. uticaensis*, *D. striatifera*, *Deunffia unispinosa*, *Dyadospora murusattenuata*, *Gorgonisphaeridium* sp.，*Goniosphaeridium* sp.，*Leiofusa algerensis*，*Leprotolypa* sp.，*Lophosphaeridium* sp.，*Multiplicis phaeridium* sp.，*Nadospora retimenbrana*, *Navifusa scrutilia*, *Stelliferidium simplex*，*Strophomorpha ovata*，*Stellechinatium sicaforme*，*Tetrahdraletes medinensis*，*Veryhachium* sp.，*V. setosapelliculum*, *Visbysphaera* sp. 根据上述生物群时代暂置于早中志留世。

中志留世唐家坞组中生物化石稀少，仅发现鱼类和微古植物。在安吉奕家坞和长兴木人界发现鱼类 *Sinacanthes fancanesis*，*Ninggolepis fancanesis*；在富阳新店和萧山西山发现微古植物 *Leiospharidia wenlockis*, *Leiofusa aspilis*, *Leiofusa filiera*, *L. parvitatis*, *Leiovatia ovalis*, *Strophomorpha ovata*, *Eupoiklilofusa striatifera*, *Navifusa* sp., *Nucellosphaeridium minuta*, *Mirchystridium parveroquesi*，*Dactylofusa* (*Moyeria*) *cabottii*，*Deunffia brevispinosa*，*Synsphaeridium conglutinatun*，*Zonosphaeridium annularium* 等。其中：微古植物 *Dactylofusa* (*Moyeria*) *cabottii*, *Strophomorpha ovata*, *Leiofusa filifera*, *L. parvitatis*, *Eupoiklilofusa striatifera* 等，在我省长坞组至唐家坞组中均有发现，在北美、欧洲产于 Llandoverian 期至 Wenlockian 期；*Leiofusa aspilis*，*Deunffia brevispinosa*，*Micrhystridium eatomensis* 等见于英国、北美 Wenlockian 期。关于鱼类，潘江(1988)在《浙江长兴茅山组修水鱼(*Xiushuiaspis*)的发现及其地层意义》一文中，根据浙江长兴中华盔甲鱼(*Sinogaleapis zhejiangensis*)的特征近似江西修水西坑组下段的模式种 *S. shankouensis* 及江西西坑组下段的 *Xiushuiaspis* 特征与模式种 *X. jiangciensis* 也非常近似，而且层位相当。潘氏认为："故而改变了以往认为其时代为'泥盆纪'的观点。更改为晚志留世，比中志留世更为合适。……目前各家均倾向于茅山组的时代为中或晚志留世"。

依据唐家坞组所发现丰富的微古植物，结合鱼类化石，将唐家坞组时代置于中志留世。

（二）年代地层界线

1. 志留系的底界

志留系与奥陶系的分界，相当于霞乡组的底界作为志留系之底。德清县三桥、临安县堰口，在 *Glyptograptus persculptus* 带之下发现笔石 *Diplograptus bohemicus* 与三叶虫 *Dalmanitina* cf. *nanchengensis* 相伴生，前者为英国志留系 Llandoverian 阶底部的笔石带，后者为张文堂、李积金(1982)五峰阶(W_6)的顶部笔石带。因此志留系底界划在 *Diplograptus bohemicus* 带与 *Glyptograptus persculptus* 带之间。

2. 志留系的顶界

浙江志留系与泥盆系为平行不整合接触，晚泥盆世五通群平行不整合于中志留世唐家坞组的不同层位，或晚奥陶世长坞组之上，因此缺失上志留统。

第三节　震旦纪地层格架探讨

一、岩相古地理概况

晋宁运动代表了前震旦纪末的一次强烈的造山运动，表现为内陆造山性质。晋宁运动之后，华夏陆块和扬子陆块连成一体，组成统一华南大陆块，结束了前震旦纪地槽的格局，成为震旦纪沉积的稳定陆壳基底。震旦纪开始，由于地壳运动，华夏陆块发生陆内隆起成为陆蚀区；扬子陆块发生陆内拗陷成为扬子海盆，随着海平面的升降和古地理环境的变化，震旦纪沉积环境由陆相(河流—三角洲)—滨岸—潮坪—陆架—台地和海湾的沉积环境，组成由海进至海退的地史过程。

二、震旦纪层序地层分析

浙江震旦纪地层划分 A、B、C 三个层序。

1. A 层序

由休宁组构成。分为：I 型不整合面、低水位体系域、海侵体系域、饥饿段、高水位体系域五部分(图 3-2)。

(1) I 型不整合面(SB_1)

晋宁运动前震旦纪地层褶皱抬升成陆，处于陆蚀和夷平。震旦纪初期地壳运动形成东南高、西北低的古地理面貌，震旦纪地层的沉积与下伏前震旦纪地层之间具有明显的间断面，反映震旦纪休宁组对上墅组、虹赤村组和骆家门组依次超覆，表现为明显的不整合。

(2) 低水位体系域(LST)

在常山大桥、江山石龙岗、衢县大川、萧山凤凰坞等地，位于休宁组底部岩性为紫红色块状不等粒含砾长石岩屑杂砂岩夹少量含砾砂岩或粉细砂岩和紫红色岩屑砂砾岩，发育有大型交错层理，厚度 300～500 m，为河流三角洲相沉积。在衢县大川该砂岩之上局部有泥岩层，可能为牛轭湖沉积。呈不整合超覆于前震旦系上墅组之上。为低水位三角洲。

(3) 海侵体系域(TST)

位于休宁组下段。休宁组底部的紫红色砂砾岩之上，发育一层厚 10.0 m 的浅色但成熟度较高的砾岩，砾石成分主要为硅质岩、石英岩组成，滚圆度较好，属滨岸砾石，为海侵初始重要标志，与下伏层杂砂砾岩、杂砂岩接触面，有小的波状起伏，该面称海侵面(TS)。在砾

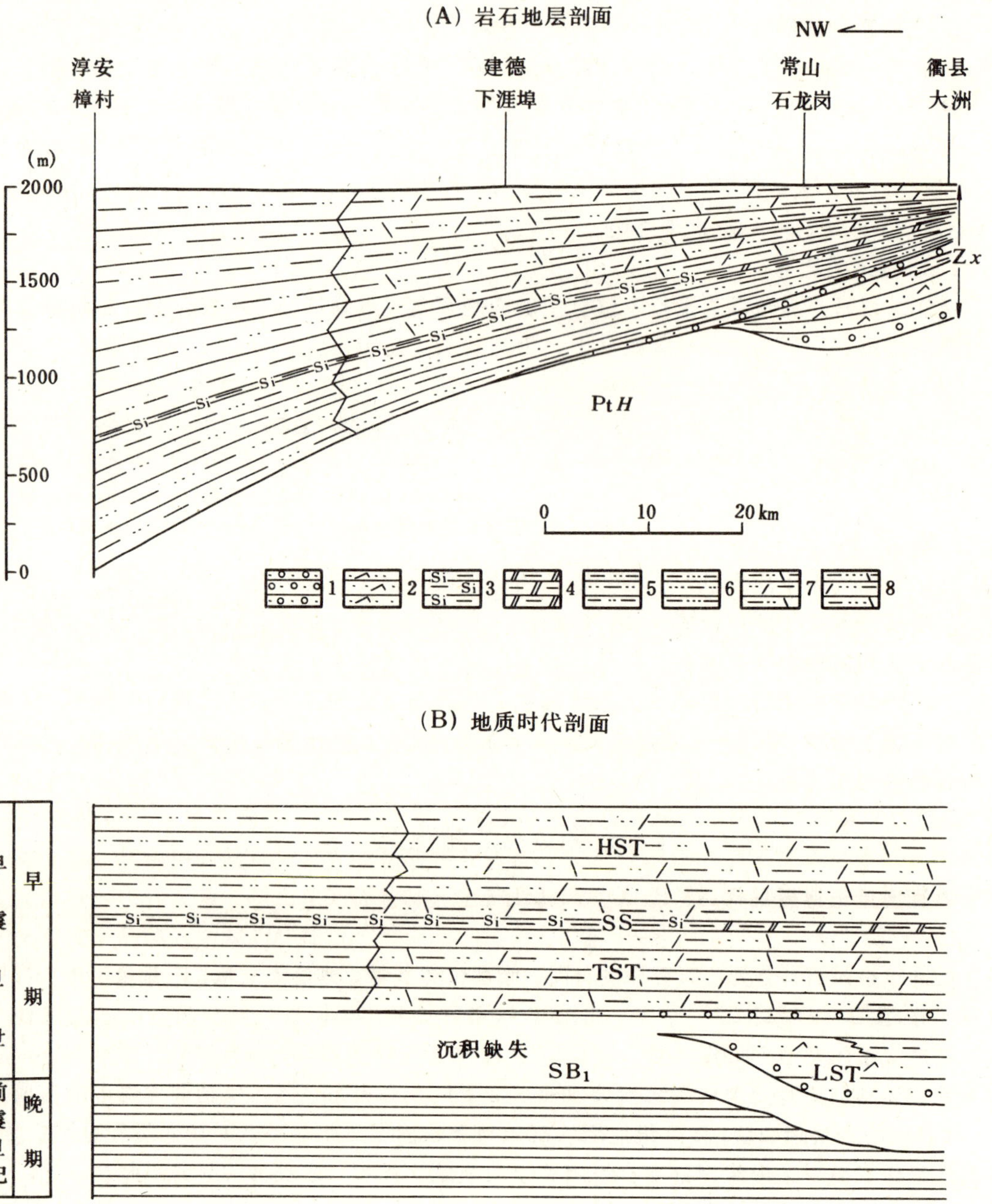

图 3-2　浙江省早震旦世休宁组岩石地层格架

1. 砂砾岩；2. 岩屑砂岩；3. 硅质泥岩；4. 泥质白云岩；5. 砂泥岩韵律层；6. 泥砂岩韵律层；7. 砂泥岩夹火山碎屑岩韵律层；8. 泥砂岩夹火山碎屑岩韵律层；LST. 低水位体系域；TST. 海侵体系域；SS. 饥饿段；HST. 高水位体系域；SB_1. Ⅰ型不整合面；*Zx*. 休宁组；*Pts*. 上墅组；*Pth*. 虹赤村组；*Ptl*. 骆家门组

岩层之上为紫红色、灰绿色石英砂岩、岩屑砂岩、凝灰质砂岩、粉砂岩和沉凝灰岩组成的韵律层。在砂岩中具平行层理、砂纹层理；在粉砂岩中具波状层理、透镜状层理、脉状层理和包卷层理，层面具波痕等特征。为滨岸—潮坪相沉积。反映海水逐渐加深，为海侵体系域的沉积。

(4) 饥饿段(SS)

位于休宁组中部，为灰黑色薄层状硅质岩，含粉砂和碳质呈黑白相间的条带，含黄铁矿扁豆体，水平层理发育。这一段地层代表海侵最大，沉积速率较低的产物。

(5) 高水位体系域(HST)

位于休宁组上部。岩性为灰绿色凝灰质细砂岩与青灰色粉砂质泥岩、凝灰质泥岩、硅质泥岩夹凝灰质砂岩、粉砂岩，夹较多沉凝灰岩组成。发育有板状交错层理、平行层理、波状层理、脉状层理、不对称浪成波痕等。为滨岸—浅海陆架相沉积，反映了高水位期的产物。

2. B层序

由南沱组构成。分为：Ⅱ型不整合面、海侵体系域、饥饿段、高水位体系域(图3-3)。

(1) Ⅱ型不整合面(SB_2)

早震旦世后期，由于全球性的冷却事件，发生广泛的冰川活动，根据岩性组合特征，扬子海盆大部分地区主要为冰海沉积，在华夏陆块可能有冰川覆盖，为后来地壳抬升剥蚀而未能保留其踪迹。

晚震旦世早期的沉积继承了早震旦世的古地理环境，根据沉积特征可分为上、中、下三期。前期为冰前陆架相沉积，中期为陆架相沉积，后期为冰岸—陆架相沉积。与下伏休宁组没有发现明显间断面。表现为Ⅱ型不整合。

(2) 海侵体系域(TST)

位于南沱组下部。晚震旦世晚期全球气候变冷，形成了广泛的冰川，后气候转暖，冰川在海洋中形成众多的冰筏，随着气温升高，海洋中的冰筏被溶解，冰筏所携带的碎屑物质很快沉积在浅海陆架，下部沉积了青灰色含砾砂岩、含砾泥砂岩，上部沉识了含砾砂泥岩夹少量粉砂岩及粉砂质泥岩，含砾量较少，砾径较细，厚层块状，有时可见不明显层理和斜纹层理。从岩性变化说明海平面有一定程度的上升。为海侵体系域的沉积。

(3) 饥饿段(SS)

位于南沱组中部。早震旦世晚期前气候转暖，海洋中的冰筏消融已尽，恢复正常条件下的陆架沉积环境，沉积了深灰色含锰泥岩、含锰白云岩、泥岩等，薄层水平层理发育的岩性特征。一般厚度小于10 m，最厚可达20 m。反映了随着冰筏的解冻海平面上升到最大时的海盆地沉积，是沉积速率较低的产物。

(4) 高水位体系域(HST)

位于南沱组上部。早震旦世晚期，气候又骤然变冷，而较前期更为严寒，冰川更为发育，冰川的覆盖面更大，所含的冰碛物也更为丰富，冰碛石在冰川消融和搬运过程留下的遗迹，如擦痕、刻痕、压坑、形态奇特的研磨砾石等都有所发现。随着气候的转暖，海洋中的冰筏迅速消融。但由于所处的古地理环境不同而有所变化。在江山—绍兴一带较近陆缘，沉积了冰前滨海相沉积，岩性以砾质砂岩和含砾砂泥岩为主，冰碛砾石成分复杂，含砾多，砾级变化大，分选差，分布不均匀，砾石表面可见擦痕和压坑等冰迹现象。在昌化—安吉一带较远陆缘，沉积物以含砾泥岩为主及含砾砂泥岩，砾石含量少而稀，反映冰前陆架相的沉积环境。属高水位体系域的沉积。

3. C层序

由陡山沱组、灯影组(板桥山组、皮园村组、蓝田组)构成。分为：Ⅱ型不整合面、海侵体

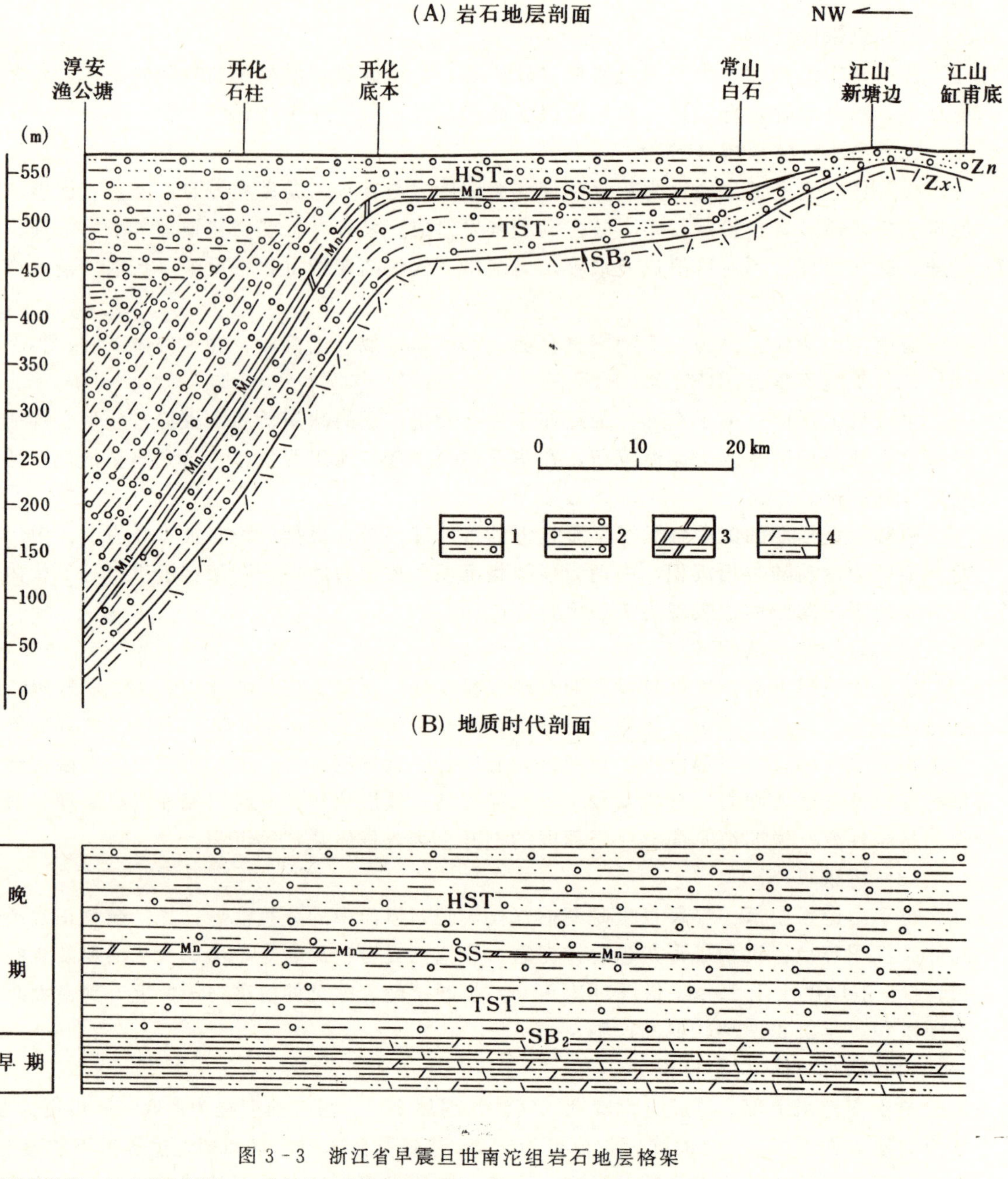

图 3-3　浙江省早震旦世南沱组岩石地层格架

1. 砾质泥砂岩；2. 含砾砂泥岩；3. 含锰白云质泥岩或含锰白云岩；4. 凝灰质砂泥岩；SB_2. Ⅱ型不整合面；TST. 海侵体系域；SS. 饥饿段；HST. 高水位体系域；*Zx*. 休宁组；*Zn*. 南沱组

系域、饥饿段、高水位体系域四个部分(图 3-4)。

(1) Ⅱ型不整合面(SB_2)

早震旦世晚期末至晚震旦世早期初，气候突然转热，冰川迅速解冻，结束了冰川海洋沉积。海平面随之上升，海洋沉积也恢复生机。当时的地壳运动处于稳定，陆蚀区已近于夷平，陆源碎屑物质的供给已很少，盆屑的含量逐渐增多，随着沉积增厚，海水逐渐变浅。浙西北区

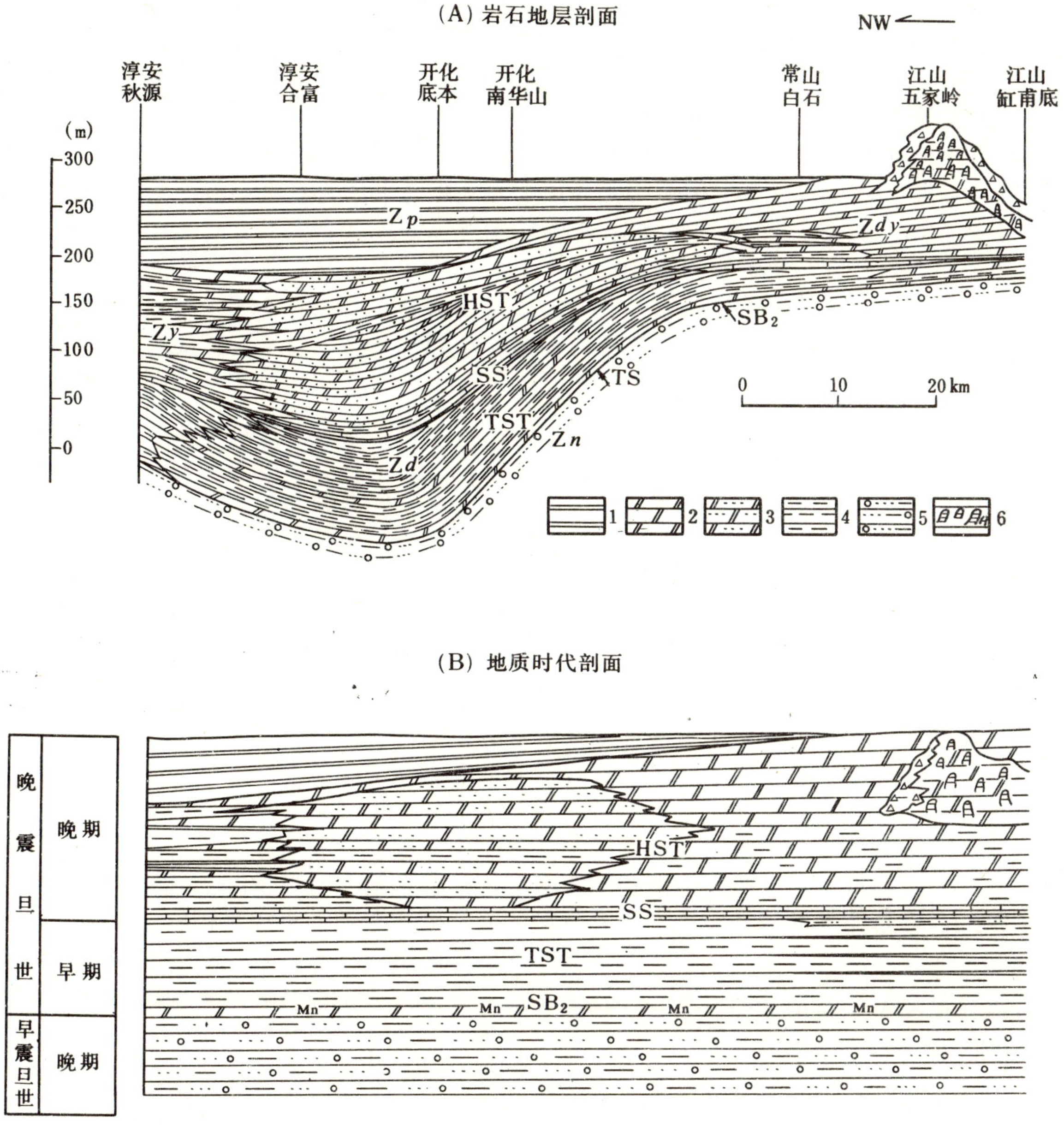

图 3-4　浙江省晚震旦世岩石地层格架

1. 硅质岩；2. 白云岩；3. 白云质砂岩、砂质白云岩；4. 泥岩；5. 含砾泥砂岩；6. 藻礁白云岩；SB_2. Ⅱ型不整合面；ST. 海侵面；TST. 海侵体系域；SS. 饥饿段；HST. 高水位体系域；*Zd*. 陡山沱组；*Zdy*. 灯影组；*Zl*. 蓝田组；*Zb*. 皮园村组；*Zn*. 南沱组

海底地貌总的趋势，仍继承早震旦世的古地理环境，与下伏高水位体系呈Ⅱ型不整合接触。

(2) 海侵体系域(TST)

位于陡山沱组下部。在建德下涯埠剖面陡山沱组底部白云岩之下，有 20 cm 硅锰质砂泥岩，风化面显示水平或波状层理，局部见大型板状层理和交错层理，陡山沱组下部为含锰泥晶灰岩、粉晶白云岩向上泥质白云岩、泥岩夹层逐渐增多。反映海水逐渐加深。

(3) 饥饿段(SS)

位于陡山沱组中部，岩性为灰色薄层条带状灰质白云岩，单层厚度 5 cm 左右，厚度在 10～15 m，向西北厚度逐渐增厚，向东南逐渐变薄，近陆缘地区缺失。是沉积速率最低产物。

(4) 高水位体系域(MST)

位于陡山沱组上部和灯影组(板桥山组、蓝田组上部、皮园村组)。在继承早震旦世晚期的古地理和沉积相环境，沉积物质的供给大于构造运动的沉降率，随着沉积物质对海盆的充填，海水越来越浅，随着海平面的下降，由陆架发展为碳酸盐台地、浅滩沙坝及局部海湾相的沉积。由于古地理位置不同，各地沉积相也有明显变化。

江山—绍兴一带，在缸甫底、新塘坞、五家岭、杨柳岗发育叠层石白云岩为潮坪藻礁相沉积；其它地区为局限海台地相，沉积了白云岩、泥质白云岩为主夹少量石灰岩和泥岩，白云岩具微细水平纹层。

开化—余杭一带为浅滩沙坝相，沉积了砂屑白云岩、白云质石英砂岩、砾屑灰岩和灰岩，夹硅质泥岩，具斜层理和水平层理。

昌化—安吉一带为陆架内缘相，沉积了薄层白云质灰岩、含锰白云岩与黑色碳质泥岩、碳质硅质岩，具水平和波状微细层理。

由于晚震旦世后期海域范围越来越小，海水循环极差，盆屑沉积明显减少，形成滞水的海湾环境，沉积了硅质岩，硅质泥岩。

上述震旦系的沉积环境是由陆相→潮坪→陆架→台地→海湾的沉积环境，反映了由海进至海退的过程。

第四节　问题讨论

1. 皮园村组

岩性为硅质岩，其层位缺乏生物群佐证，是否为灯影组同期异相沉积，目前没有充分依据。上震旦统为海退相沉积，从相序分析皮园村组沉积相归属海湾相或泻湖相更为恰当，目前尚有分歧。

2. 南沱组

本省南沱组成因是否属冰川成因尚有不同认识。据研究所知，沉积厚度变化受古地理控制，与正常沉积层的厚度变化规律没有区别。从砾石的磨圆度以次棱角—次圆状为主，个别极圆；砾石的球度、扁平度，以扁球体为主，次为椭球体、圆球体、长扁球体，其成熟度较高，并非刨蚀之产物。关于间冰期，含锰云质泥岩、含锰白云岩等从厚度、纵向分布部位和其层数变化较大，可能是由于洋流或低凹封闭部位在特定化学作用下形成。

3. 寒武系与震旦系的接触关系

寒武系与震旦系接触关系，有二种不同认识。一种认为整合接触，自荷塘组底部磷块岩发现小壳动物 *Anabarites* 之后，证实荷塘组底界与滇西梅树村组底界一致，认为震旦-寒武系之间为连续沉积。另一种认为整合或平行不整合接触，据目前所知荷塘组石煤层(包括磷矿层)覆于皮园村组硅质岩和超覆于灯影组白云岩之上。就沉积环境来看，晚震旦世为海退，早寒武世为海侵，荷塘期的海域范围比皮园村期要大，这本身就存在海进超覆的接触关系。

第四章
泥盆纪—中三叠世

泥盆纪—中三叠世地层主要分布浙西北地区，隶属扬子地层区（$Ⅵ_4$）江南地层分区（$Ⅵ_4^5$）。出露面积约 1086.79 km²。为滨海—浅海相碳酸盐岩和碎屑岩。零星呈浅变质杂岩分布于东南地层区（$Ⅵ_5$）沿海地层分区（$Ⅵ_5^9$）。

泥盆纪地层，本省中下泥盆统缺失，仅发育上泥盆统，分布于常山—杭州、安吉—长兴和兰溪、诸暨等地。为一套海陆交互相碎屑岩。厚度 205～492 m。划分为五通群，包括西湖组和珠藏坞组。

石炭纪地层，主要分布于江山—杭州、昌化—长兴一带。为滨海—浅海相碳酸盐岩和碎屑岩。厚度 188.4～515 m。划分为叶家塘组、藕塘底组、老虎洞组、黄龙组和船山组。

二叠纪地层，主要分布于江山—杭州、昌化—长兴等地。为海相碳酸盐岩和海陆交互相含煤碎屑岩沉积。厚度 527～980 m。划分为梁山组、栖霞组、孤峰组、龙潭组、长兴组和大隆组。

三叠纪地层，仅零星分布于长兴、湖州、江山、衢县等地。为海相碳酸盐岩和碎屑岩沉积。厚度 355～560 m。划分为政棠组、青龙组和周冲村组（图 4-1）。

第一节　岩石地层单位

五通群　*DCW*　(33-0059)

【创名及原始定义】　原称五通山石英岩，系丁文江(1919)创名，命名地点在浙江省长兴县煤山镇五通山。指“为一厚度相当大的红色的石英岩系，具有砂质页岩和杂色砂岩，厚度不小于 500m，时代定为泥盆纪(?)。”

【沿革】　丁文江和叶良辅合编的 1∶100 万地质图中，将“五通山”误写成“乌桐山”，造成“五通”、“乌桐”双名并用。葛利普(Grabau,1923—1924)将命名地点误认为在江苏省。金玉玕(1961)据腕足类化石将五通群上部分出“金陵组和高骊山组”。李星学(1963) 论述了“五通山石英岩”的历史和含义，改称为五通群，划分为观山组和擂鼓台组。安徽省区域地质调查队(1974)、江苏省区域地质测量队(1976)及浙江省区域地层表编写组(1979)、《浙江省区域地质志》(1989)划分为“五通组、金陵组和高骊山组”。

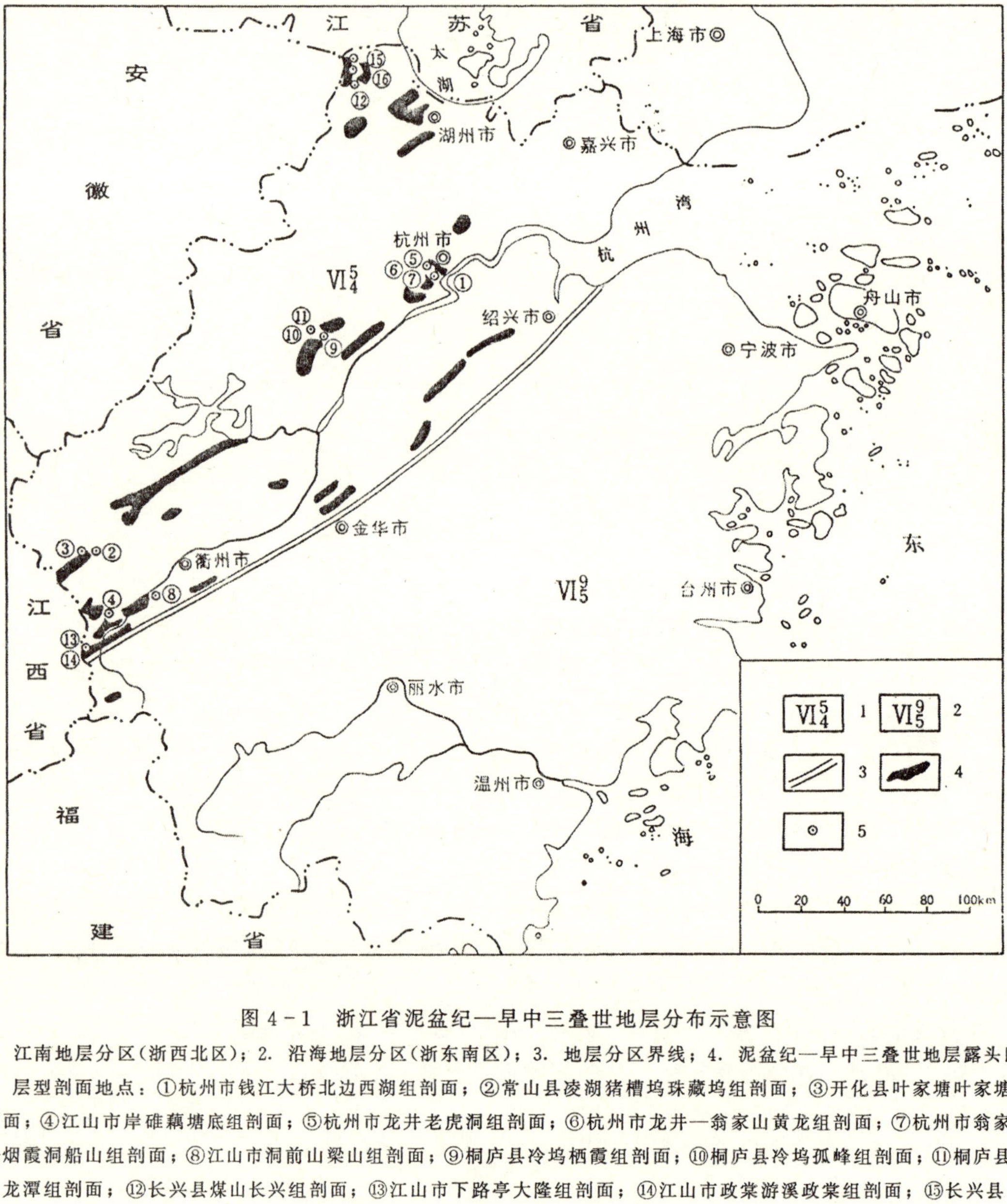

图 4－1 浙江省泥盆纪—早中三叠世地层分布示意图

1. 江南地层分区(浙西北区)；2. 沿海地层分区(浙东南区)；3. 地层分区界线；4. 泥盆纪—早中三叠世地层露头区；5. 层型剖面地点：①杭州市钱江大桥北边西湖组剖面；②常山县凌湖猪槽坞珠藏坞组剖面；③开化县叶家塘叶家塘组剖面；④江山市岸碓藕塘底组剖面；⑤杭州市龙井老虎洞组剖面；⑥杭州市龙井—翁家山黄龙组剖面；⑦杭州市翁家山—烟霞洞船山组剖面；⑧江山市洞前山梁山组剖面；⑨桐庐县冷坞栖霞组剖面；⑩桐庐县冷坞孤峰组剖面；⑪桐庐县冷坞龙潭组剖面；⑫长兴县煤山长兴组剖面；⑬江山市下路亭大隆组剖面；⑭江山市政棠游溪政棠组剖面；⑮长兴县广兴井青龙组剖面；⑯长兴县广兴井周冲村组剖面

常山—杭州一带的五通群，刘季辰、赵亚曾(1927)创名为“千里岗砂岩”，时代为志留纪。舒文博(1930)又将“千里岗砂岩”划分为唐家坞砂岩和西湖石英岩。盛莘夫(1951)在浙江统一使用西湖石英岩，时代定为早石炭世。蒋声治(1959)在常山凌湖珠藏(“猪槽”的音误)坞将西湖石英岩上部创名珠藏坞组，时代归属中石炭世；西湖石英岩下部称“西湖层”，时代为泥盆—石炭纪。北京地质学院(1963)改称西湖组，与珠藏坞组同属晚泥盆世。浙江省区测队(1965)把珠藏坞组时代归属早石炭世。浙江省区域地层表编写组(1979)认为西湖组与“五通组”相当，珠藏坞组相当“金陵组”。赵修祜等(1986)认为西湖组时代属晚泥盆世，珠藏坞组时代属晚泥盆世末至早石炭世。浙江区调队(1989)将珠藏坞组时代归晚泥盆世，而将浙北的

"金陵组"、"高骊山组"的层位置于在珠藏坞组与叶家塘组之间(表 4-1)。

表 4-1 浙江省泥盆纪—石炭纪地层划分沿革表

作者	年代	地区	地层划分(自上而下)
丁文江	1919	长兴	D 五通山石英岩
刘季辰 赵亚曾	1927	浙西	P 飞来峰石灰岩；S 千里岗砂岩
舒文博	1930	浙西	P—C 飞来峰石灰岩；D 西湖石英石；S 唐家坞砂岩
盛莘夫	1951	浙西北	P_1 栖霞石灰岩；C_3 船山石灰岩；C_2 黄龙石灰岩；C_1 西湖石英石；D 唐家坞砂岩
卢衍豪 穆恩之	1955	江山	C_3 船山石灰岩；C_2 藕塘底层
中国区域地层表	1956	浙西北	P_1 栖霞灰岩；C_3 船山灰岩；C_2 黄龙灰岩及藕塘底组；DC 西湖石英石；S 唐家坞砂岩
蒋声治等	1959	浙西	C_2^3 黄龙石灰岩；C_2^2 叶家塘煤组；C_2^1 珠藏坞组；DC 西湖层
李星学等	1959	浙西	P_1 栖霞组；C_3 船山组；C_2^2 上新桥组；C_2^1 叶家塘组；DC 千里岗群
金玉玕	1961	长兴	C_1 高骊山组、金陵组；D_3 五通组
浙江省区域地层表编写组	1979	浙西	P_1 栖霞组；C_3 船山组；C_2 黄龙组；C_1 叶家塘组、珠藏坞组；D_3 西湖组；D_{1-2} 唐家坞组
浙江省区域地层表编写组	1979	浙北	P_1 栖霞组；C_3 船山组；C_2 黄龙组；C_1 高骊山组、金陵组；D_3 五通组；D_{1-2} 茅山组
《浙江省区域地质志》	1989	浙北	P_1 栖霞组；C_3 船山组；C_2 黄龙组；C_1 高骊山组、金陵组；D_3 五通组；S_3 茅山组
《浙江省区域地质志》	1989	浙西	P_1 栖霞组；C_3 船山组；C_2 黄龙组；C_1 叶家塘组；D_3 珠藏坞组、西湖组；S_3 唐家坞组
本书		浙西北	P_1 梁山组；C_2 船山组、黄龙组、老虎洞组/藕塘底组；C_1 叶家塘组；DC 五通群 珠藏坞组；D_3 西湖组；S_2 唐家坞组

本书将浙西西湖组、珠藏坞组合并称五通群；浙北五通群包括：原"五通组"下段亦称西湖组，原"五通组"上段、金陵组及高骊山组合并称珠藏坞组。

【现在定义】 五通群划分为西湖组和珠藏坞组，为一套海陆交互相的沉积。时代为晚泥盆世—早石炭世早期。与下伏唐家坞组呈平行不整合接触或与上奥陶统长坞组呈不整合接触、与上覆叶家塘组或藕塘底组呈平行不整合接触。

西湖组 D*x* (33-0057)

【创名及原始定义】 原称西湖石英岩，系舒文博(1930)创名，命名地点在杭州西湖。原始定义指"唐家坞砂岩与飞来峰石灰岩之间的石英岩，厚约三百至四百公尺，而以出露于西湖附近者为最厚，颜色粉白与紫红。成为块状。其中部间夹紫色页岩薄层；上部含石英卵石而为石英质砾岩，卵石长数分至一寸，形状无定；顶部以薄层石英质砂岩与页岩之互层……"。

【现在定义】 岩性由灰白色中至厚层含砾石英砂岩、石英砂岩夹石英砂砾岩和泥质粉砂岩薄层，含植物化石。以灰白色石英砂岩与下伏唐家坞组复成分砂岩呈平行不整合或超覆于上奥陶统长坞组黄绿色页岩之上呈不整合接触；以灰白色中至厚层含砾石英砂岩与上覆珠藏坞组薄层泥质粉砂岩呈整合接触。

【层型】 选层型为浙江省杭州市钱江大桥旁剖面(120°07′,30°12′)，浙江区调队(1971)重测。

上覆地层：珠藏坞组 紫红色薄层泥质粉砂岩，层面微有起伏，层理不发育

——————— 整 合 ———————

西湖组 总厚度 279.10 m

15. 浅灰色中厚层石英细砾—粗砂岩夹少量中粒砂岩，具有流水波痕，波状层理，层面宽缓起伏 15.80 m

14. 浅灰色中层不等粒砂岩、细砂岩、泥岩和含砾石英砂岩组成向上变细的韵律层，底面见冲刷构造，局部见交错层理 3.80 m

13. 白色中层含砾石英粗砂岩，具大型低角度斜交层理 10.40 m

12. 浅灰色中厚层石英砂砾岩，层面平直，常见中—大型低角度交错层理 33.60 m

11. 白色中厚层石英砂砾岩夹浅灰、灰紫色薄层含云母细砂岩，粒度向上变细，无明显层理 7.80 m

10. 浅灰白色中厚层含砾石英粗砂岩，层理不发育 11.60 m

9. 灰白色厚层石英粗砂岩，局部含砾，正粒序沉积 30.10 m

8. 灰白色厚层石英细砂岩、粗砂岩成正粒序互层 9.70 m

7. 白色中层石英中粗砂岩夹浅灰色薄层含云母中细粒砂岩，逆粒序沉积 63.40 m

6. 浅灰白色中厚层石英中粒砂岩，局部含砾，粒度向上变粗 41.00 m

5. 浅灰白色中层中细粒石英砂岩与含砾石英砂岩互层 7.90 m

4. 浅灰白色石英砂砾岩夹薄层岩屑石英细砂岩和粉砂岩 11.20 m

3. 浅灰白色石英中细粒砂岩，中层状，局部含砾 3.30 m

2. 浅灰黄色含砾不等粒砂岩夹浅灰白色石英细砂岩 5.60 m

1. 浅灰黄色中层石英粗粒砂岩，向上为中粒石英砂岩夹薄层浅紫色粉砂质泥岩，底部有冲刷面 23.90 m

——————— 平行不整合 ———————

下伏地层：**唐家坞组** 紫红色中厚层中粒岩屑砂岩夹长石岩屑砂岩

【地质特征及区域变化】 岩性主要由白色中—中厚层含砾石英粗粒砂岩、夹细砂岩及粉砂岩、粉砂质泥岩组成，下部为中层石英粗砂岩。砂、砾成分主要为石英，含量一般在96%以上。

本组在长兴煤山、嘉善胥山、富阳三溪口、兰溪柱杆山、衢县上方、萧山虎山等地采获植物化石有 *Eolepidodendron wusihense*，*Sublepidodendron* sp.，*S. mirabile*，*Lepidodendropsis* sp.，*L. hirmeri*，*Sphenophyllum lungtanense*，*S. pseudotenerrimum*，*Lepidostrobus grabaui*，*Plagiozamites oblongifolius*，*Platyphyllum ginkgophyloides*，*Leptophloeum rhombicum*，*Archaeocalamites* sp.，*Sphenopteris taihuensis*，*Xihuphyllum megalofolium*，*X. elongatum*，*Knorria* 等。富阳新店发现孢子有 *Retispora lepidophyta*，*Apiculiretusispora hunanensis*，*Cordylosporites papillatus*，*Lophozonotriletes rarituberculatus*，*Knoxisporites literatus*，*Dibolisporites distinctus*，*Grandispora* sp. 等。本组时代为晚泥盆世。

本组在昌化—长兴一带，泥质粉砂岩、粉砂质泥岩夹层增多，厚度 79.9～117 m。常山—杭州一带，岩性与选层型剖面相同，自西南向东北地层厚度逐渐增厚。江山—诸暨地区，仅分布于兰溪、诸暨和绍兴等地，岩性以石英砾岩夹砂岩为主，偶夹薄的细砂岩和粉砂岩，厚度 80～120 m，本区西湖组超覆于奥陶纪长坞组之上。

珠藏坞组 DC$\hat{z}$ (33-0058)

【创名及原始定义】 系蒋声治等(1963)创名，命名地点在浙江省常山县凌湖猪槽坞。原始定义指“代表叶家塘煤系下伏的紫红色岩层……岩性上与西湖层和煤系都有一定的差别。……时代可能属于中石炭纪之下部或下石炭纪上部。”

【沿革】 舒文博(1930)将千里岗砂岩分为唐家坞砂岩和西湖石英岩。蒋声治等将西湖石英岩上部创名珠藏坞组。沿用至今。长兴一带原称五通组上部、金陵组、高骊山组，本书统称珠藏坞组。

【现在定义】 岩性为灰色、紫红色砂岩、粉砂岩、泥岩互层，含植物化石。以砂岩、粉砂岩、泥岩互层与下伏西湖组灰白色中至厚层含砾石英砂岩呈整合接触；以紫红色砂岩、泥岩互层与上覆叶家塘组灰黑色煤系地层底部砾岩或藕塘底组砂砾岩呈平行不整合接触。

【层型】 正层型为浙江省常山县凌湖猪槽坞剖面(118°27′,29°01′)，蒋声治等(1959)测制。

上覆地层：**叶家塘组** 灰色砂砾岩

——————— 平行不整合 ———————

珠藏坞组	总厚度 105.20 m
13. 紫红色中粒砂岩和泥岩夹 0.3 m 绿黄色泥岩	3.20 m
12. 灰绿色砂岩、石英砂岩	1.00 m
11. 紫红色砂岩、泥岩互层	8.00 m
10. 灰色中厚层中粒石英砂岩	5.00 m
9. 紫红色砂岩、泥岩互层，夹深灰色薄层砂岩及含砾砂岩	30.00 m
8. 杂质砾岩，砾石以石英为主，次有燧石、页岩	3.00 m
7. 紫色砂岩、泥岩互层，夹细砂岩	27.00 m
6. 浅紫色含云母中粒石英砂岩	2.00 m
5. 含砾石英粗砂岩	4.00 m
4. 砖红色砂质泥岩	1.00 m
3. 杂质砾岩，砾石以石英为主，次为燧石和页岩	2.00 m
2. 紫色厚层砂岩、泥岩组成互层	16.00 m
1. 灰色石英砾岩，滚圆度不好，分选差，砾径 0.5～5 cm	3.00 m

——————— 整 合 ———————

下伏地层：**西湖组** 灰色含砾石英粗砂岩

【地质特征及区域变化】 岩性由紫红色、灰绿色、灰色间互的含砾砂岩、石英砂岩、粉砂岩、泥岩组成。岩屑成分较高，45%～55%，具交错层理、楔状层理、透镜状层理、波状层理、水平层理等。

珠藏坞组在长兴煤山和李家巷、杭州六和塔、富阳新桐和茅湾、桐庐洞前和高山庄、淳安仙姑洞等地，采获植物化石有 *Leptophloeum rhombicum*, *Archaeocalamites scrobiculatus*, *Lepidodendron* sp., *Bothrodendron* sp., *B. fuyangense*, *Sublepidodendron mirabile*, *Eolepidodendron wusihense*, *Lepidodendropsis hirmeri*, *Lepidostrobus* sp., *Stigmaria rugulosa*, *S. ficoides*, *Sphenopteridium* sp., *Sphenophyllum* sp., *Carpolithus* sp., *Worthenia* sp. 等。

在长兴、便山、李家巷、缠岭珠藏坞组的中上部在钙质细砂岩中含：腕足类 *Eochoristites leei*, *E. neipentaiensis*, *Ptychomaletoechia xuanchengensis*, *P. kinglingensis*, *Enteletes kayseri*, *Martiniella chinglungensis*, *Fusella* sp., *Araxathyris* sp., *Schuchertella* sp.；头足类 *Michelinoceras* sp.。在杭州水洪庙含腕足类 *Linoproductus* sp., *Lingula* sp. 等。时代为晚泥盆世—早石炭世。

在昌化—长兴一带，以粉砂岩与泥岩互层为主，并夹含腕足类化石的砂岩，厚度 129～143m。常山—杭州地区，本组以紫红色碎屑岩为特征，厚度 125～160 m。江山—诸暨地区仅见于兰溪柱杆山，由紫红色砂砾岩和砂岩组成。珠藏坞组总体岩性由南向北紫红色减少，粒度变细，厚度增大。

叶家塘组 Cy (33－0060)

【创名及原始定义】 原称叶家塘煤组，系蒋声治等(1963)创名，命名地点在浙江省开化叶家塘村。原义指“代表煤系地层，相当卢衍豪、穆恩之等(1955)藕塘底层之中部下段和下部上段”，“基于 *Neuropteris gigantea* 乃系中石炭纪标准化石，因此笔者等认为本煤系的地质时代属于中石炭纪”。

【沿革】 李星学(1963)将叶家塘组作为藕塘底群下部一个组，吴秀元等(1982)认为叶家塘组层位相当安徽的和州组。浙江区调队(1989)认为叶家塘组在区域上其层位相当和州组。

【现在定义】 岩性由灰、灰黑色砂砾岩、砂岩、粉砂岩、泥岩夹煤层组成。含植物化石。与下伏珠藏坞组泥岩呈平行不整合接触。与上覆藕塘底组灰白色、紫红色的砂砾岩呈整合接触。

【层型】 正层型为浙江省开化县叶家塘剖面(118°26′,29°00′)，邹鑫祜等(1985)重测。

上覆地层：**藕塘底组** 含砾粗砂岩

——————— 整 合 ———————

叶家塘组 总厚度 91.00 m

10. 灰黑色砂质泥岩、泥质砂岩夹黑色泥岩，下部为灰黑色石英砂岩。含植物化石 *Neuropteris gigantea* 5.00 m
9. 灰黑色泥岩、砂质泥岩及细砂岩，夹碳质泥岩和鲕状菱铁矿，含 *Neuropteris* sp. 11.00 m
8. 灰黑色泥质砂岩、砂泥岩与碳质泥岩互层，底部夹灰白色细至中粒石英砂岩，含黄铁矿结核。含 *Neuropteris gigantea*，*N. otozamioides*，*Sphenopteris* cf. *schatzlarensis* 14.00 m
7. 黑色高碳质泥岩夹煤层 4.20 m
6. 黑色砂质泥岩、砂岩夹碳质泥岩，含植物化石 *Adiantites* sp.，*Rhodeopteridium* cf. *hsianghsiangensis*，*Neuropteris gigantea*，*Mariopteris acuta* cf. *obtusa*，? *Sigillaria* sp. 5.60 m
5. 灰白至灰黑色中粒石英砂岩夹含碳砂质泥岩，底部具砂砾岩 17.20 m
4. 灰黑色泥质砂岩和泥岩夹碳质泥岩及石英砂岩，上部含植物化石 *Archaeocalamites scrobiculatus*，*Adiantites* sp.，*Sphenophyllum tenerrimum*，*Cardiopteridium* sp.，*Rhodeopteridium tenuis*，*R. hsianghsiangensis*，*R. chunanense*，*Rhacopteris kaihuaensis*，*Neuropteris* sp. 7.00 m
3. 煤层夹碳质泥岩 5.00 m
2. 灰白至灰黑色石英细砂岩，砂岩 7.00 m
1. 灰白色石英砂砾岩夹黑色砂质泥岩、粉砂岩，局部可见透镜状薄层碳质泥岩，含植物化石 *Neuropteris* sp. 15.00 m

——————— 平行不整合 ———————

下伏地层：**珠藏坞组** 紫红色中薄层砂岩、粉砂岩和砂质泥岩互层

【地质特征及区域变化】 岩性特征为石英砂砾岩、石英砂岩、粉砂岩、泥岩夹煤层组成 4～5 个沉积旋回，下段含主采煤层，上段一般无可采煤层。

叶家塘组含丰富植物化石及孢子和疑源类。植物化石 *Lepidodendron worthenii*，*Bothrodendron ellipticum*，*Stigmaria* sp.，*Lepidostrobophyllum* cf. *ovatifolium*，*Sphenophyllum ten-*

errimum, *Rhacopteris* sp., *Adiantites* sp., *Sphenopteris* sp., *Rhodeopteridium machanekii*, *Neuropteris gigantea*, *Archaeocalamites scrobiculatus*, *Anisopteris* cf. *transitionis*, *Aneimites dichotomous*, *Cardiopteridium* sp. 等；疑源类 *Ammonidium* sp., *Lophozonotriletes* sp., *Veryhachium* sp., *Hemisphaeridium* sp., *Goniospaeridium* sp.；孢子 *Dibolisphorites distinctus*, *Cristatisporites elchimatus* 等。时代为早石炭世晚期。

在常山—杭州一带，叶家塘组分布于建德石马头以西至常山球川一带，地层发育齐全，厚度 91 m，砂岩与泥岩之比为 1∶4，下段可采煤层最厚 8 m，平均厚 2.47 m，煤层呈似层状、透镜状、藕节状等。建德石马头砂、泥岩之比为 2∶3，下段可采煤层最厚 2.9 m，平均厚 0.84 m，煤质差。江山—诸暨一带，本组分布于金华唐家至江山坛石，叶家塘组超覆于奥陶纪长坞组之上，无可采煤层，地层厚度 19～58 m，底部有一层厚 3～5 m 的硬质铝土矿，可作耐火原料。

藕塘底组 Co (33-0061)

【创名及原始定义】 原称藕塘底层，系卢衍豪等(1955)创建，命名地点在江山城西牛塘底(“藕”为牛的音误)村东。原义指“包含岩层为砂岩、页岩夹灰岩透镜体，厚度 475 m，其下不整合覆在晚奥陶世长坞组之上，其上与船山石灰岩交界处被掩盖，两者之间关系不明，本层时代归属中石炭纪，层位相当于黄龙石灰岩”。

【沿革】 蒋声治等(1963)命名叶家塘组时，将常山—建德一带藕塘底组归入叶家塘组上部，这种划分被沿用。李星学等(1963)改称藕塘底群，其下部称叶家塘组，上部称“上新桥组”。浙江省区域地层表编写组(1979)、浙江区调队(1989)均用“黄龙组”包括藕塘底组，在球川—石马头一带藕塘底组划归叶家塘组上部。王云慧、李跃西(1987)、陈宏明(1987)、胡世忠(1987)等虽然沿用藕塘底组，但其含义却与李星学等的“上新桥组”相当。本书启用藕塘底组，包括原叶家塘组顶部含海相化石碎屑和相当于老虎洞组、黄龙组、船山组相变为碎屑岩的地层。

【现在定义】 岩性为灰白色、紫红色砂砾岩、砂岩、泥岩互层夹白云岩和灰岩透镜体，含䗴类化石。与下伏叶家塘组或珠藏坞组呈平行不整合接触；与上覆老虎洞组白云岩或黄龙组灰岩或船山组灰岩呈整合接触。

【层型】 新层型为浙江省江山市岸碓剖面(118°34′,28°42′)，由浙江省石油地质大队(1980)实测。

上覆地层：**黄龙组** 浅灰色厚—块状泥质生物碎屑灰岩与含砾屑粉—泥晶生物碎屑灰岩互层。含䗴类 *Fusulina mayiensis*, *Fusulinella* sp. 等

——————— 整 合 ———————

藕塘底组	总厚度 173.00 m
15. 灰白色中—厚层中—粗粒石英砂岩夹二层砂砾岩	31.30 m
14. 浅—深灰色中至厚层含生物屑泥晶灰岩，上部含燧石团块和条带。含䗴类 *Profusulinella* sp.；腕足类 *Choristites* sp.；珊瑚 *Caninia* sp. 等	3.70 m
13. 浅灰色中厚层泥—粉晶白云岩与中粒石英砂岩互层	12.10 m
12. 灰色中—厚层泥晶白云岩夹泥质条带	4.10 m
11. 灰白色厚层含砾中—粗粒石英砂岩	2.70 m
10. 浅灰色中—厚层粉晶白云岩	1.40 m
9. 灰白色厚层中粒石英砂岩	1.60 m

8. 浅灰色中—厚层粉晶白云岩	3.70 m
7. 灰白色厚层中粒石英砂岩夹紫红色含砂泥岩	35.10 m
6. 灰白色中—厚层石英砂砾岩	4.20 m
5. 灰白、紫色中—厚层中粒砂岩夹含砾粗砂岩和紫红色粉砂岩	21.20 m
4. 灰白色中—厚层石英砂砾岩	14.10 m
3. 紫红色含砂泥岩夹含砾粗砂岩	35.10 m
2. 灰色泥岩和细—中粒长石石英砂岩	1.60 m
1. 深灰黄色含砾石英粗砂岩	1.10 m

——————— 平行不整合 ———————

下伏地层：**叶家塘组**　灰色、黑色泥岩夹薄—中层细砂岩

【地质特征及区域变化】　岩性由白色石英砂砾岩和紫红色为主石英砂岩、粉砂岩、泥岩组成，上部夹有白云岩、灰岩透镜体，具波状层理和潮汐层理。

在江山藕塘底组化石有：䗴类 *Fusulina lanceolata*，*Fusulinella pseudobocki*，*Pseudostaffella khotunensis*，*P. ozawai*，*Profusulinella* sp.，*P. convoluta*，*P. subaljutovica*；珊瑚 *Multithecopora* sp.，*Caninia* sp.，*Pseudozaphrentoides* sp.；腕足类 *Spiriferella media*，*Wellerella delicatula* 等。兰溪柱杆山还发现有 *Profusulinella rhomboides*，*Pseudostaffella nibelensis*。时代为晚碳世早期。

藕塘底组层位相当老虎洞组、黄龙组和船山组相变，但各地因地而异，总的变化趋势由东南向西北相变，层位逐渐降低。江山—诸暨地区：衢县大洲，金华双龙洞附近，藕塘底组岩性为紫红色粉砂质泥岩夹砂砾岩及灰岩透镜体，厚度 173～224.2 m，层位相当䗴类 *Pseudostaffella*－*Triticites* 带。常山—杭州地区：岩性以灰色砂砾岩和紫红色砂岩为主，厚度 4.5～15.9 m。层位相当䗴类 *Pseudostaffella*－*Profusulinella* 带。昌化—长兴地区：藕塘底组为石英质砾岩和砂砾岩为主，层位仅相当䗴类 *Pseudostaffella* 带的下部，厚度仅 0.5～10 m。

老虎洞组　*Cl*　(33－0062)

【创名及原始定义】　原称老虎洞白云岩，系夏邦栋(1959)创建，命名地点在江苏省江宁县淳化老虎洞。原黄龙灰岩下部一层白云岩，应划分出来称老虎洞白云岩，岩性为灰、浅灰或暗灰钙质白云岩、白云岩，具细粒状断口，表面具溶蚀沟。与上覆粗晶灰岩之间有一底砾岩，与下伏和州组的泥质灰岩相接，上、下之间均为平行不整合。时代为下石炭纪末或中石炭纪初。

【沿革】　朱绍隆、朱德寿(1974、1984)以长兴花石山剖面为标准，建议黄龙组下段白云岩单独划出，称“花石山白云岩”或“花石山组”，时代属 Namurian B、C 期。陈其爽(1987)将杭州龙井老虎洞组剖面 1—4 层单独划出称“杭州组”。江苏的老虎洞组已被广大的地质工作者所接受，便于区域地层对比，本书将黄龙组下段白云岩采用老虎洞组一名。

【现在定义】　指“和州组之上，黄龙组之下的肉红、浅灰色块状粉细晶白云岩，中部含燧石结核，白云岩中偶含石英砂粒，产珊瑚、䗴类等化石。底与和州组以薄层泥岩消失，白云岩出现为界；顶与黄龙组以白云岩消失，灰岩出现为界。浙江老虎洞组为一套深灰至浅灰色块状粉(细)晶白云岩，中部含燧石结核，白云岩偶含石英砂粒。与上覆黄龙组底部含同生角砾粗晶灰岩、与下伏藕塘底组砂岩夹白云岩透镜体均为整合接触。

【层型】　本省次层型为杭州市龙井剖面(120°06′,30°13′)，中国地质科学院南京地质矿产研究所(1984)重测。

上覆地层：**黄龙组**　浅灰色块状巨晶灰岩，上部 2.3 m 含纯灰岩

———————— 整　合 ————————

老虎洞组	总厚度 12.00 m
10. 深灰色块状细晶白云岩，含燧石条带或团块。含牙形刺 *Idiognathodus delicatus*, *Neognathodus bassleri*	3.10 m
9. 浅灰色中厚层含砂粉晶白云岩	1.00 m
8. 深灰色中—厚层细晶白云岩。含珊瑚 *Chaetetes* sp.；牙形刺 *Idiognathodus delicatus*, *I. sinuosus*, *Declinognathodus leteralis*, *Hibbardella* sp.	2.10 m
7. 上部白云质泥质砂岩夹砂质白云岩透镜体，下部灰黑色中厚层砂质白云岩	0.30 m
6. 黑灰色中—薄层粉晶白云岩	0.60 m
5. 黑灰色厚层粉晶白云岩，含燧石条带或结核。含牙形刺 *Idiognathodus delicatus*, *Ozarkodina delicatula*, *Hindeodella* sp.	3.30 m
4. 灰黑色中厚层泥质白云岩	0.20 m
3. 灰黑色厚层泥质白云岩，含黄铁矿团块	0.50 m
2. 黑灰色厚层含泥质粉晶白云岩，局部含黄铁矿团粒和石英砂粒	0.40 m
1. 灰黑色厚层粉砂质白云岩，含较多黄铁矿团粒，底部含中粒石英砂含腕足类 *Schuchertella* sp., *Lingula* sp.	0.50 m

———————— 整　合 ————————

下伏地层：**藕塘底组**　灰白色厚层中粒石英砂岩和砂岩

【地质特征及区域变化】　本组岩性下部为深灰色，向上渐变成浅灰色的白云岩和白云质灰岩，龙井剖面代表了老虎洞组岩性特征。厚度有变化，常山—杭州一带，厚度 10～37.9 m、常山至建德一带厚度，最厚达 40 m，昌化—长兴一带，厚度 10～15 m。在江山—诸暨一带全部相变为藕塘底组。时代为晚石炭世早期。

黄龙组　*Ch*　(33－0063)

【创名及原始定义】　原称黄龙石灰岩，李四光、朱森(1930)创名，命名地点在江苏南京龙潭镇之西黄龙山。原义指“根据岩性和化石特点从栖霞石灰岩(李希霍芬,1912)中分出，属中石炭纪。因为该石灰岩构成黄龙山的主体，风化后表面呈土黄色而得名。其岩性上部是带粉红细结构的块状灰岩，底部是由带绿色的细粒致密灰岩组成，若干层位中产䗴 *Fusulinella bockl*, *Fusulina cylindrica*, *F. quasicylindrica*；腕足类 *Choristites mosquensis*，厚度 102 m，并认为黄龙石灰岩呈现典型的莫斯科阶有孔虫动物群，其层位相当于华北的本溪系”。

【沿革】　浙江黄龙组由盛莘夫(1951)将朱庭祜(1924) 创名的飞来峰层下部的下段改称黄龙石灰岩，《中国区域地层表(草案)》(1956)改称黄龙组，杨敬之等(1962)称黄龙群。李星学等(1963)将藕塘底组和黄龙组统称上新桥组。朱绍隆等(1984)的黄龙组不包含相当老虎洞组白云岩。浙江省区域地层表编写组(1979)、浙江区调队(1989) 的黄龙组包括了黄龙组和老虎洞组及藕塘底组。本书将黄龙组下部白云岩，改称老虎洞组。

【现在定义】　岩性由浅灰色、灰白色厚层至块状生物屑灰岩和粉晶灰岩，底部为粗晶灰岩组成。含䗴类、珊瑚等化石。与下伏老虎洞组白云岩或白云质灰岩、与上覆船山组深灰色灰岩与浅灰色灰岩互层均为整合接触 。

【层型】 本省次层型为杭州市龙井—翁家山剖面(120°06′,30°13′),王仪诚等(1986)①测制(剖面描述作了补充)。

上覆地层:船山组 暗灰色厚层微晶生物屑灰岩、介屑泥晶灰岩,含䗴类 *Schwagerina* sp., *Rugosofusulina* sp., *Quasifusulina* sp.

——————整 合——————

黄龙组 总厚度 127.80 m

21. 灰白色厚层泥晶生物屑灰岩与泥晶介屑灰岩互层。含䗴类 *Beedeina* cf. *pseudonytvica*, *Fusulinella* sp., *Fusulina cylindrica* 5.10 m
20. 浅灰色厚层生物微晶灰岩 1.20 m
19. 上部为灰白色厚至块状泥晶灰岩,下部为亮晶生物屑灰岩. 含䗴类 *Hemifusulina* cf. *bocki* 4.50 m
18. 灰白色厚层含生物屑泥晶灰岩. 含䗴类 *Beedeina truncalina* 5.90 m
17. 浅灰色厚层微晶生物屑灰岩及泥晶灰岩。含䗴类 *Fusulina* sp., *Fusulinella* sp. 5.00 m
16. 浅灰色块状生物屑泥晶灰岩及亮晶生物屑灰岩。含䗴类 *Beedeina pseudokonnoi*, *Fusulina* sp., *Fusulinella* sp. 3.50 m
15. 浅灰色厚层微晶灰岩。含䗴类 *Fusulinella* cf. *asiatica*, *F.* cf. *bocki*, *F. paracolaniae*, *Beedeina schellwieni*, *B. lanceolata*, *Profusulinella* sp. 3.50 m
14. 灰白色厚层含生物屑微晶灰岩及微晶生物屑灰岩。含䗴类 *Beedeina truncatulina*, *B. pseudokonnoi*, *B.* cf. *schellwieni*, *Fusulina cylindrica*; 珊瑚 *Caninia* sp. 7.50 m
13. 灰白色厚至块状微晶灰岩。含珊瑚 *Caninia* sp. 28.00 m
12. 灰白色厚层微晶生物屑灰岩。含䗴类 *Fusulina quasicylindrica*, *Fusulinella* sp., *Ozawainella vozhgalica*, *Eofusulina* sp. 4.20 m
11. 灰白色块状微晶生物屑灰岩。含䗴类 *Neostaffella sphaeroides*, *N. sphaeroides* var. *cuboides*, *Fusulinella* cf. *colaniae*, *Pseudostaffella paradoxa*, *Ozawainella vozhgalica*, *O. angulata*, *Beedeina cheni*, *B. pseudonytvica*, *B. schellwieni*, *B. teilhardi*, *B. mayiensis* 6.30 m
10. 灰白色厚至块状微晶泥晶生物屑灰岩。含:䗴类 *Fusulinella schwagerinoides*, *Fusulinella mosquensis*, *Beedeina cheni*, *B. lanceolata* 5.50 m
9. 浅灰色厚至块状微晶生物屑灰岩。含䗴类 *Pseudostaffella ozawai*, *Fusulinella* sp. 13.50 m
8. 泥晶灰岩及生物屑泥晶灰岩。底部含䗴类 *Pseudostaffella* sp. 10.00 m
7. 灰白色厚层亮晶生物屑灰岩。含䗴类 *Pseudostaffella ozawai*, *Fusulinella* sp. 3.30 m
6. 灰白色厚层微晶生物屑灰岩。含䗴类 *Fusulinella mosquensis*, *Eofusulina* sp. 0.90 m
5. 灰白色微晶生物屑灰岩(下接龙井采石场剖面) 0.80 m
4. 灰白色厚层粉晶生物屑硅质灰岩。含䗴类 *Pseudostaffella khotunensis*, *Profusulinella wangyuei*, *Taitzehoella taitzehoensis*, *Eofusulina* sp.; 珊瑚 *Caninia* sp. 0.90 m
3. 下部为浅灰色微晶生物灰岩。含䗴类 *Eofusulina* cf. *prolixa*, *Profusulinella* sp. 3.90 m
2. 微晶生物灰岩,上部为不等粒灰岩。含䗴类 *Eofusulina* cf. *prolixa*, *Profusulinella* sp., *Ozawainella* sp. 2.30 m
1. 灰白色厚层粗晶灰岩 12.00 m

——————整 合——————

下伏地层:老虎洞组 浅灰色中—厚层微晶—粉晶白云岩

① 王仪诚、林国为、陈学时,1986,浙江杭州地区石炭系剖面简介,地质旅游指南。

【地质特征及区域变化】 岩性由浅灰色灰白色生物屑灰岩，粉至泥晶灰岩，底部为粗晶灰岩。黄龙组化石丰富，长兴煤山有䗴类 *Beedeina elegans*，*B. nytvica*，*B. pseudokonnoi longa*，*Fusulinella bocki*，*F.* ex gr. *colaniae*，*F. bocki* var. *timanica*，*F.* cf. *typica*，*F.* cf. *obesa*，*F. praebocki*，*F. pseudobocki*，*Fusiella* cf. *mui*，*Pseudostaffella* sp.，*Profusulinella* sp.。浙西地区䗴类化石与龙井—翁家山剖面类同，还含腕足类 *Dielasma* sp.，*Linoproductus* sp.，*Striatifera* sp.，*Echinoconchus elegans*；珊瑚 *Lithostrotionella* aff. *tingi*.。时代为晚石炭世早期。昌化—长兴一带以灰白微带红色厚层灰岩为主偶夹硅质灰岩，长兴县煤山厚度 73.1 m。向南变薄，临安县大石门厚度仅 28.4 m，超覆在寒武系之上。常山—杭州一带以浅灰色、灰白色厚层至块状生物屑灰岩夹白云质灰岩，局部含燧石团块，厚度自西南向东北逐渐增大，为 62～127.8 m。江山—金华一带黄龙组仅见江山和兰溪，岩石中燧石团块较多，夹有砾屑灰岩和钙质泥岩，厚度 51～68.5 m。

船山组 CP$\hat{c}$ (33-0064)

【创名及原始定义】 原称船山石灰岩，系丁文江(1919)创名，命名地点在江苏句容县赣船山，原始定义："石灰岩中常含有孔虫。故以有孔虫石灰岩名之。然含有孔虫之石灰岩并非专属此层。故余名之曰船山石灰岩。因李氏(李四光)捡得有孔虫希瓦格(*Schwagerina*)后为之记。即在船山。而其上盖有二叠纪化石之煤系。船山石灰岩(L2)上石炭纪"。

【沿革】 盛莘夫(1951)把浙江"飞来峰层"下部中、上段改称船山石灰岩。《中国区域地层表(草案)》(1956)称船山灰岩。杨敬之等(1962)称船山群。李星学等(1963)称船山组。浙江省区域地层表编写组(1979)等均沿用船山组。林国为(1981)根据顶部发现 *Nankinella*，*Sphaerulina* 等的一段灰岩划出，创建"东华组"，时代属二叠纪。《浙江省区域地质志》(1989)将船山组顶界划在 *Sphaeroschwagerina* 化石带之顶界。将含 *Schwagerina tschernyschewi* 灰岩段划归栖霞组底部。本书船山组包含了产 *Schwagerina tschernyschewi* 的灰岩。

【现在定义】 为灰色厚层结晶含藻球灰岩、生物屑灰岩夹深灰色中、厚层状微晶灰岩含丰富䗴、珊瑚等化石。常以薄层灰质砾岩与下伏黄龙组浅灰色厚层灰岩呈整合至平行不整合接触，与上覆栖霞组薄层碎屑岩呈整合或平行不整合接触。浙江船山组顶部包含了含 *Schwagerina tschernyschewi* 深灰色含燧石结核或条带灰岩。与下伏黄龙组呈整合接触，与上覆梁山组呈整合或平行不整合接触。

【层型】 本省层型为杭州市翁家山—烟霞洞剖面(120°06′,30°13′)，王仪诚等(1986)测制(剖面描述作了补充)。

上覆地层：梁山组　黑色泥岩(被掩盖)

——————— 整　合 ———————

船山组　　总厚度 141.60 m

14. 深灰色块状粉晶灰岩及粉晶生物屑灰岩，局部含燧石结核　　16.90 m
13. 深灰色厚层泥晶粉晶灰岩，局部含燧石结核　　3.50 m
12. 深灰色中至厚层生物屑粉晶灰岩。含䗴类 *Eoparafusulina tenuitheca*，*E. concisa*，*Schwagerina* sp.，*Pseudofusulina* sp.　　7.60 m
11. 灰色厚至块状粉晶灰岩夹泥晶灰岩。富含"船山球"，含䗴类 *Eoparafusulina concisa*，*E. pseudosimplex*，*E. pararegularis*　　15.80 m

10. 灰色中至厚层粉晶灰岩夹泥质灰岩、亮晶灰岩，含较多“船山球” 14.40 m

9. 灰色厚层粉晶灰岩，近顶部偶见“船山球”，含䗴类 *Sphaeroschwagerina sphaerica*，*S. glomerosa* 15.40 m

8. 灰色厚层粉晶灰岩。含䗴类 *Sphaeroschwagerina sphaerica*，*Eoparafusulina* cf. *contracta*，*Rugosofusulina* sp. 15.80 m

7. 灰色中至厚层泥晶灰岩和粉晶灰岩。含䗴类 *Sphaeroschwagerina sphaerica*，*S.* cf. *glomerosa*，*Rugosofusulina donglingensis*，*R. prisca*，*Pseudofusulina* sp. 5.50 m

6. 灰色厚层块状粉晶灰岩。含䗴类 *Rugosofusulina hutienensis*，*Quasifusulina* sp.，*Sphaeroschwagerina* sp.，*Schwagerina* sp.，*Pseudofusulina* sp.；珊瑚 *Caninia* sp. 11.30 m

5. 灰白色厚层砂屑粉晶灰岩及亮晶灰岩。含䗴类 *Sphaeroschwagerina* sp.，*Schwagrina* sp.；珊瑚 *Caninia* sp.，*Bothrophyllum* sp. 4.90 m

4. 灰色厚层粉晶及亮晶灰岩。含䗴类 *Rugosofusulina* cf. *prisca*，*Schwagerina* sp.；腕足类 *Productella* sp. 5.90 m

3. 深灰色厚层粉晶灰岩。含䗴类 *Triticites kuanshanensis*，*Pseudofusulina vulgaris*，*Eoparafusulina pseudosimplex*，*Schwagerina* sp. 12.10 m

2. 浅灰色厚层泥晶灰岩，向上为粉晶灰岩。含䗴类 *Triticites chinensis*，*T. longtanica*，*Pseudofusulina globosa*，*P.* cf. *vulgaris*，*Pseudoschwagerina* sp.，*Rugosofusulina* sp.，*Eoparafusulina* sp. 4.10 m

1. 深灰色厚层泥晶灰岩至粉晶灰岩。含䗴类 *Schwagerina* sp.，*Eoparafusulina* cf. *pararegularis*，*Rugosofusulina* sp.，*Quasifusulina longissima* 8.40 m

——————整　合——————

下伏地层：**黄龙组**　灰白色厚层泥晶灰岩。含䗴类 *Fusulina cylindrica*

【地质特征及区域变化】　本组岩性可分下部深灰色和浅灰色相间的厚层至块状粉晶、泥晶灰岩组成，局部夹砂质灰岩，含少量的燧石团块。中部为灰色厚层至块状生物屑灰岩夹泥晶灰岩组成，以含大量“船山球”为特征。上部为深灰色中至厚层粉晶灰岩，生物屑灰岩组成，含有较多的燧石结核为特征。

船山组生物化石丰富，有䗴类、腕足类、珊瑚等，杭州翁家山、烟霞洞剖面中的化石，代表了浙西北船山组的总貌。特别指出的是在桐庐、建德、常山一带本组底部有 *Fusulina* 和 *Fusulinella* 化石，占剖面中地层厚度桐庐县洞前为 72.3 m，常山县东岭为 64.7 m。在桐庐县冷坞船山组上部，含䗴类 *Nankinella* sp.，*Sphaerulina* sp.，*Staffella* sp.，*Eoparafusulina ovata*，*E. bellula*，*E. pararegularis*，*Pseudofusulina* cf. *solida*，*Schwagerina japonica*，*S.* aff. *pailensis*；珊瑚 *Michelinia* sp.，*Cystomichelinia* sp. 等。在江山老虎山相同层位采获大量䗴类 *Nankinella* sp.，*Sphaerulina* sp.，*Schwagerina japonica*，*S.* cf. *tschernyschewi*，*S.* cf. *gregaria*，*S. cushmani*，*Eoparafusulina pusilla*，*E. pseudosimplex*，*Darvasites* sp. 等。时代为晚石炭世晚至早二叠世早期。

船山组岩性稳定。在昌化—长兴一带，缺失本组上部地层，与梁山组呈平行不整合接触，厚度仅 42～47.2 m；常山—杭州一带自西南向东北厚度变薄，297～141 m；江山—诸暨一带，仅出露于江山、金华，岩石颜色变深，以灰黑色为主，燧石结核和条带大量增加，还夹有多层碳质钙质泥岩薄层，中部“船山球”大大减少，偶而可见。

梁山组　*Pl*　(33－0065)

【创名与原始定义】　原称梁山层，系赵亚曾、黄汲清(1931)创名。命名地点在陕西省汉中现归南郑县梁山，原指黑色页岩，含有劣质的无烟煤及植物化石痕迹，直伏于含有 *Tetrapora* 的巫山石灰岩之下，而和志留纪笔石页岩直接接触。

【沿革】 盛金章(1962)将长兴煤山地区船山组与栖霞组之间的黑色页岩(泥岩)引用梁山组一名。在 1∶20 万区域地质调查中都归入栖霞组内。浙江省区域地层表编写组(1979)划出梁山组。《浙江省区域地质志》(1989)作为栖霞组的泥岩段。梁文平(1990)划出梁山组(表 4-2)。本书沿用梁山组。

表 4-2 浙江省二叠纪—早中三叠世地层划分沿革表

盛莘夫	盛金章	李星学等	赵金科等	浙江省区域地层表编写组	盛金章等	《浙江省区域地质志》	梁文平	本书
1951	1962	1965	1977	1979	1982	1989	1990	
浙西北	浙西北	浙西	浙西	浙江	浙西北	浙北 / 浙西	桐庐	浙北 / 浙西
T_1 青龙石灰岩	T_{1-2} 青龙群			T_1 政棠组 / 青龙组	T_1 殷坑组	T_1 青龙群（南陵湖组、和龙山组、殷坑组） / 政棠组		T_2 周冲村组；T_1 青龙组 / 政棠组
P_3 长兴石灰岩	P_2 长兴组			P_2 大隆组 / 长兴组	P_2 长兴组	P_2 长兴组 / 大隆组		P_2 长兴组 / 大隆组
P_2 礼贤煤系	龙潭组	P_2 礼贤组	P_1 丁家山组	礼贤群 / 龙潭组	礼贤组 / 龙潭组	龙潭组 / 寡林山组	P_3 龙潭组	龙潭组
丁家山组	P_1 茅口组（丁家山段、下段）	P_1 李家组、茅口灰岩		P_1 丁家山组 / 堰桥组	P_1 丁家山组 / 堰桥组	P_1 孤峰组 / 丁家山组	P_2 冷坞组；P_1 丁家山组	P_1 孤峰组
P_1 茅口石灰岩							茅口组	
栖霞石灰岩	栖霞组（灰岩段、梁山段）	栖霞组	栖霞组	栖霞组	栖霞组	栖霞组	栖霞组	栖霞组
				梁山组	梁山组		梁山组	梁山组
							东华组	
C_3 船山石灰岩	C_3 船山群	C_3 船山组		C_3 船山组	C_3 船山组	C_3 船山组	C_1 鸡笼山组	C_2 船山组

【现在定义】 平行不整合在新滩组或罗惹坪组之上，以黑色含铁质页岩为主，夹劣质煤层及粘土岩、碳岩等，与上覆阳新组整合接触。浙江梁山组为滨海相的黑色粉砂质泥岩夹粉砂岩、夹薄层硅质岩及灰岩透镜体，偶夹煤线。含腕足类及䗴类化石。与下伏船山组呈整合或平行不整合接触；与上覆栖霞组含燧石结核灰岩呈整合接触。

【层型】 本省次层型为江山市洞前山剖面(118°43′,28°48′)，浙江区调队(1982)测制。

上覆地层：栖霞组　灰黑色厚层块状泥晶生物屑灰岩

——————— 整　合 ———————

梁山组　　总厚度 92.60 m

5. 深灰色粉砂质泥岩。含腕足类 *Spinomarginifera* sp.　　3.60 m
4. 深灰色泥质粉砂岩与泥岩互层　　24.50 m
3. 深灰色粉砂岩与泥岩互层，下部以粉砂岩为主，上部以泥岩为主，并夹有硅质岩。含腕足类 *Crurithyris* sp.，*Chonetes tenuilirata*，*Acosarina indica*，*Neoplicatifera sintanensis*，*Cancrinella* sp.，*Derbyia* cf. *yangtzeensis*，*Urushtenoidea* cf. *crenulata*　　29.50 m
2. 黑色钙质泥岩夹薄层泥晶灰岩，底部偶夹硅质岩。含䗴类 *Schwagerina tscher-*

nyschewi；腕足类 *Crurithyris* sp. 20.50 m

1. 黑色泥岩与硅质岩互层 14.50 m

——————整 合——————

下伏地层：**船山组** 灰黑色中至厚层泥晶灰岩，含较多燧石条带和团块，含䗴类 *Darvasites* sp.，*Schwagerina japonica*

【地质特征及区域变化】 岩性为深灰色—黑色泥岩、粉砂质泥岩夹泥质粉砂岩、薄层硅质岩及灰岩透镜体。梁山组化石在江山有：䗴类 *Schwagerina tschernyschewi*，*S.* cf. *gregaria*；腕足类 *Chonetes tenuilirata*，*Acosarina indica*，*Neoplicatifera sintanensis*，*Derbyia* cf. *yangtzeensis*，*Urushtenoidea* cf. *crenulata*，*Spinomarginifera* sp.，*Crurithyris* sp.；三叶虫 *Phillipsia* sp.；苔藓虫 *Fenestella* sp.。在桐庐县冷坞有：腕足类 *Chonetes* sp.，*Acosarina indica*，*Urushtenoidea* sp.，*Orthotichia* sp.，*Marginifere* sp.；双壳类 *Limipecten* ? sp.，*Euchondria* sp. 等。时代为早二叠世早期。

本组岩性稳定，厚度变化很大。在江山—诸暨一带，仅出露于江山、金华，岩性与江山洞前山剖面相同，厚度69～92 m；常山—杭州一带岩性为泥岩和粉砂岩互层，局部夹有灰岩透镜体，厚度较薄，0.5～5 m；昌化—长兴一带岩性为泥岩偶夹煤线，局部地段夹有灰岩透镜体，与下伏船山组呈平行不整合接触，厚度0.2～3.7 m。其他地区为整合接触。

栖霞组 Pq （33－0066）

【创名及原始定义】 原称栖霞灰岩，系李希霍芬(Richthofen，1912)创名，命名地点江苏省南京东郊栖霞山。原义指泥盆系五通砂岩与南京砂岩（即钟山层）之间的一大套深灰至暗灰色夹燧石结核厚层灰岩、灰岩及泥灰岩等序列，产珊瑚、腕足类和海绵等化石，命名为栖霞灰岩(Hsihsia kalkstein)，定其时代为下石炭纪，南京砂岩为上石炭纪。

【沿革】 盛莘夫(1951)首先把“飞来峰层”中部改称栖霞石灰岩，上部称“茅口石灰岩”，时代归早二叠纪。李星学等(1963)称栖霞组和茅口灰岩。盛金章(1962)将栖霞组分为梁山段、灰岩段和茅口组下段。《浙江省区域地质志》(1989)中栖霞组包括了船山组上部和现在的梁山组、栖霞组地层。本书沿用栖霞组，相当梁山组与孤峰组之间的一套地层。

【现在定义】 指船山组与孤峰组之间一套碳酸盐岩。自下而上：碎屑岩或夹煤层；臭灰岩层为灰黑色沥青质中厚层泥晶灰岩；下硅质层为灰黑色薄层硅质岩夹灰岩；本部灰岩为深灰色厚层含燧石结核微晶灰岩、生物碎屑灰岩；上硅质层为灰黑色中薄层硅质岩夹灰岩。含䗴类、珊瑚、腕足类等。与下伏船山组呈平行不整合接触，与上覆孤峰组合含锰或磷结核页岩为整合接触。其时代属早二叠世早期。浙江栖霞组不包含底部称梁山组的碎屑岩。

【层型】 本省次层型为桐庐县冷坞剖面(119°32′，29°55′)，浙江区调队(1982)重测。

上覆地层：**孤峰组** 黑色泥岩夹硅质岩和石煤，含菊石 *Tongluceras tongguanensis*

——————整 合——————

栖霞组 总厚度 409.30 m

16. 灰黑色薄层至中层泥质灰岩，夹钙质泥岩，含腕足类化石 22.50 m

15. 灰黑色块状含燧石结核泥晶灰岩，底部夹灰白色泥晶灰岩。含䗴类 *Verbeekina grabaui*，*Cancellina neoschwagerinoides*，*Nankinella orbicularia*，*Parafusulina multiseptata*，*Yangchienia* sp. 117.70 m

14. 黑色薄层燧石层夹透镜状泥晶灰岩 8.10 m

13. 灰黑色薄至中层泥质灰岩，上部夹泥灰岩　24.40 m

12. 灰至深灰色块状泥晶灰岩，含少量燧石结核。含䗴类 *Verbeekina grabaui*，*Cancellina schellwieni*，*Yangchienia iniqua*，*Staffella* cf. *moellerana*，*Nankinella inflata*，*N. orbicularia*，*Parafusulina* sp.，*Pseudoliolina* sp.　23.80 m

11. 黑色薄层燧石层夹灰岩　19.10 m

10. 黑色薄至中层含碳泥质灰岩，含腕足类 *Marginifera* sp.，*Chonetes* cf. *soochouensis*，*Martinia* sp.　28.00 m

9. 黑色碳质页岩，底部夹白云质灰岩，含硅质和黄铁矿结核。含珊瑚 *Polythecalis chinensis*　10.20 m

8. 黑色薄层粉晶灰岩夹碳质条带。含腕足类 *Orthotichia chekiangensis*　11.30 m

7. 黑色碳质泥岩夹灰岩条带。含腕足类 *Argentiproductus* sp.，*Buxtonia* sp.，*Orthotichia chekiangensis*，*Chonetes* sp.　2.70 m

6. 灰黑色薄层条带状泥晶灰岩与透镜状泥晶灰岩互层，夹碳质钙质泥岩。含珊瑚 *Yatsengia asiatica*；腕足类 *Dictyoclostus* sp.，*Spinomarginifera* sp.，*Avonia* sp.，*Martinia* sp.；腹足类 *Euomphalus* sp.　14.20 m

5. 深灰色厚层至块状含燧石结核粉晶灰岩、泥晶灰岩。含珊瑚 *Cystomichelinia* sp.，*Liangshanophyllum chiuyaoshanense*；䗴类 *Nankinella* sp.；腕足类 *Tyloplecta* cf. *nankingensis*，*Dictyoclostus* sp.　58.00 m

4. 灰黑色厚层泥晶生物灰岩，含白云质灰岩团块和燧石结核。含䗴类 *Misellina claudiae*；珊瑚 *Michelinia* sp.；腕足类 *Chonetes* sp.，*Marginifera* sp.　30.70 m

3. 灰黑色厚层含燧石条带生物粉晶灰岩。含腕足类 *Avonia* sp.　16.90 m

2. 深灰色块状含燧石结核泥晶生物灰岩夹细晶灰岩。含珊瑚 *Yatsengia hangchowensis*，*Y. hupeiensis*，*Liangshanophyllum chiuyaoshanense*；䗴类 *Schwagerina* sp.；腕足类 *Spinomarginifera* sp.，*Linoproductus* sp.，*Chonetes* sp.　14.00 m

1. 灰黑色中层泥晶生物灰岩。含腕足类 *Orthotichia chekiangensis*　7.70 m

——————— 整　合 ———————

下伏地层：梁山组　黑色薄层钙质泥岩

【地质特征及区域变化】　本组岩性分上、下二段：下段中、下部为灰黑色厚层至块状含燧石结核泥晶、粉晶生物屑灰岩，上部为灰黑色含碳质泥质泥晶灰岩与碳质泥岩互层，厚196.5 m。上段下部为灰黑色薄层泥岩夹灰岩、中上部含燧石结核灰岩，厚212.8 m。

栖霞组生物化石丰富，下段除桐庐县冷坞剖面化石以外，其他地方还有：䗴类 *Misellina claudiae*，*Nankinella minor*，*N.* cf. *orbicularia*，*Pisolina* cf. *subspherica*；珊瑚 *Protomichelinia* sp.，*Michelinia multicystosa*，*Polythecalis chinensis*；腕足类 *Neoplicatifera sintanensis*，*Plicatifera* aff. *chaoi*，*Chonetes* sp.，*C.* aff. *uralicus*，*Spinomarginifera* sp.，*Orthotichia chekiangensis*，*O. derbyi*；双壳类 *Anthraconauta* sp.，*Edmondia* sp.，*Carbonicola wangsoweni* 等。以䗴类 *Misellina claudiae* 和腕足类 *Orthotichia chekiangensis* 为代表。上段有：䗴 *Cancellina* sp.，*Verbeekina* cf. *heimi*，*V.* cf. *verbeeki*，*Schwagerina chihsiaensis*，*Parafusulina constricta*，*P. yunnanica*，*Yangchienia compressa*；珊瑚 *Stylidophyllum volzi*，*Hayasakaia* sp.，*H.* aff. *syringoporoides*；腕足类 *Urushtenoides crenulata*，*Neoplicatifera huangi*，*Monticulifera* sp. 等。以 *Cancellina* 和 *Parafusulina* 为代表。时代为早二叠世中期。

本组岩性相对稳定，不同地区略有变化。江山—金华一带燧石结核明显增多，厚度变薄，下段厚 127.5 m，上段厚 85.2 m；常山—杭州一带同桐庐县冷坞剖面；昌化—长兴地区以生物屑灰岩为主，泥质和含燧石结核减少，厚度变薄，下段厚 186.9 m，上段厚 42.6 m。

孤峰组 Pg (33－0067)

【创名及原始定义】 原称孤峰镇石灰岩，系叶良辅、李捷（1924）创名，命名地点安徽省泾县孤峰镇。原义为黑色灰质页岩及硅质甚富之灰岩等，间于栖霞灰岩与龙潭煤系之间，底部之黑色灰质页岩含化石极丰富，其最著者为菊石及贝类……”。

【沿革】 在浙西原称丁家山层，由盛莘夫(1951)创名，命名地点在杭州丁家山，时代为中二叠世。《中国区域地层表(草案)》(1956)改用孤峰组，时代为早二叠世。盛金章(1962)归茅口组，称丁家山段。李星学(1963)改名李家组。浙江区测队(1965)沿用盛金章的划分。安徽省区域地质调查队(1974)在长兴地区引用孤峰组。江苏省区域地质测量队(1976)将龙潭组下部含 *Neomisellina* 的岩层和孤峰组合并称堰桥组。赵金科等(1977,1978)按化石将丁家山组含义扩大，包括了礼贤煤系，并分为东坞里段、石煤层段、石门堂段和“礼贤煤系”段，层位置于龙潭组之下。浙江省区域地层表编写组(1979)在江山地区称丁家山组。长兴、湖州一带沿用堰桥组。汪炳浩等(1986)沿用孤峰组，包括含 *Neomisellina* 化石的地层。《浙江省区域地质志》(1989)浙北称孤峰组，并扩大其含义包含了龙潭组下部含 *Neomisellina* 化石的地层；浙西称丁家山组，扩大其含义，包含了札贤煤系下部含 *Polydiexodina* 化石的地层。本书认为丁家山组与孤峰组岩性相似、层位相当，将丁家山组改称为孤峰组，并恢复命名时孤峰组的含义。

【现在定义】 为栖霞组与龙潭组之间的薄层硅质岩、硅质页岩、砂质页岩、锰质页岩，下部页岩含锰及磷质结核。含菊石、腕足类、双壳类等，底与栖霞组含锰页岩消失，厚层灰岩出现为界，呈平行不整合接触；顶与龙潭组薄层硅质岩消失，页岩出现为界，为整合接触。

【层型】 本省次层型为桐庐县冷坞剖面(119°32′,29°55′)，浙江省石油地质研究所(1988)重测。

上覆地层：**龙潭组** 黑色碳质泥岩夹薄层粉砂岩、细砂岩

——————— 整 合 ———————

孤峰组	总厚度 69.30 m
4. 黑色含碳硅质泥岩，含磷结核和黄铁矿结核	16.80 m
3. 黑色泥岩夹含碳泥质灰岩，泥质硅质岩，顶部 3.3 m 为碳质生物屑泥晶灰岩。含腕足类 *Tyloplecta yangtzeensis*	7.30 m
2. 黑色泥岩，含硅质泥岩与含碳硅质岩互层，含磷结核和黄铁矿结核。含菊石 *Tongluceras lengwuense*，*Altudoceras* sp.，*Chekiangoceras carinatum*	23.20 m
1. 黑色碳质泥岩，含磷结核。含菊石 *Paragastrioceras* sp.，*Daubichites* sp.	22.00 m

——————— 整 合 ———————

下伏地层：**栖霞组** 深灰色厚层泥晶灰岩

【地质特征及区域变化】 本组岩性以黑色泥岩、含硅质泥岩、含碳硅质岩（石煤层）夹薄层泥质灰岩。孤峰组化石丰富，盛莘夫(1951)报道有：三叶虫 *Phillipsia* sp.；腕足类 *Marginifera* sp.；双壳类 *Aviculopecten* sp. 等。近年发现化石有：菊石 *Altudoceras* sp.，*A. zitteli*，*Daubichites* sp.，*D. shouchangensis*，*Chekiangoceras carinatum*，*Erinoceras* sp.，*Elephantoceras spinonodosum*，*Paraceltites elegans*，*P. hoeferi*，*P. lijiaense*，*Paragastrioceras dongwuliense*, *Tongluceras lengwuense*, *T. tongguanense*；腕足类 *Neoplicatifera* sp.，*Tyloplecta yantzeensis*。时代为早二叠世晚期。

岩性由南向北硅质岩变少、厚度变薄。在江山市洞前一带，厚度 69.1 m，其中硅质岩占 50 m；桐庐县冷坞本组厚度 69.3 m，其中硅质岩与泥岩互层(即石煤层)23 m；杭州厚度 74 m，硅质岩占 10 m；长兴厚度 28.4～16.1 m，以硅质泥岩为主，未见硅质岩层。

龙潭组　P*lt*　(33－0068)

【创名及原始定义】　原称龙潭煤系，丁文江(1919)创名，命名地点江苏省南京东郊龙潭镇。原始定义：见于龙潭，为南京诸山中唯一已开的煤矿，故用龙潭之名称这一含煤地层龙潭煤系，时代定为二叠纪。惟其下为上石炭纪船山灰岩，其上为二叠或三叠纪张公岭灰岩而已。

【沿革】　浙西地区原称礼贤煤系，由刘季辰等(1927)创名，命名地点浙江省江山礼贤，时代归中二叠世。《中国区域地层表(草案)》(1956)改用龙潭组。李星学等(1963)称礼贤组。赵金科(1977，1978)改为"丁家山组"的"礼贤煤系段"。浙江省区域地层表编写组(1979)在江山小区称为礼贤群。汪炳浩等(1986)改称龙潭组。《浙江省区域地质志》(1989)称为"雾林山组"。

浙北地区，哈安姆(1932)曾称"长兴煤系"或"下部含煤系"、"司徒镇煤系"或"上部含煤系"，无人沿用。盛莘夫(1951)统称为礼贤煤系。《中国区域地层表(草案)》(1956)沿用龙潭组。《浙江省区域地质志》(1989)，将龙潭组下部并入孤峰组。本书认为礼贤煤系与龙潭煤系总体岩性相似，层位相当，本省统称龙潭组，并恢复命名时龙潭组的含义。

【现在定义】　指孤峰组与大隆组或长兴组之间一套含煤地层。下部以深灰色砂、页岩互层为主，顶部为砂岩及含鏇灰岩；中部为黄褐色中至粗粒厚层长石石英砂岩、铝土质泥岩、页岩夹煤层，含植物化石；上部以黑色页岩为主夹灰岩及细砂岩，富含腕足类化石。下与孤峰组以含个体小的双壳类含钙质碳质页岩之底为界；上以大隆组硅质页岩或长兴组灰岩出现为界，均为整合接触。本省情况较类似。局部地区上覆地层与劳村组呈不整合接触。

【层型】　本省次层型为桐庐县冷坞剖面(119°32′，29°55′)，由浙江省石油地质大队(1982)重测。

上覆地层：劳村组　紫红色砂砾岩，含大量灰岩砾石

～～～～～～～～ 不　整　合 ～～～～～～～～

龙潭组	总厚度 482.50 m
30. 灰色薄层泥质岩屑石英粉至细砂岩夹泥岩	6.20 m
29. 灰黑色粉砂质泥岩与粉砂岩、泥质粉砂岩互层，底部为中至厚层碳质砂岩。含植物化石 *Lobatannularia* cf. *heianensis*, *Neuropteris* sp., *Neuropteridium polymorphum*, *Gigantopteris nicotianaefolia*	13.60 m
28. 灰、灰绿色块状泥质粉砂岩、粉砂岩夹碳质泥岩，顶部 1 m 为灰色粉砂质鲕状泥岩	20.50 m
27. 灰色薄至中层粉砂质泥岩，底部 2 m 为长石石英粗砂岩	8.50 m
26. 灰色泥岩。下部夹深灰色薄层石英中细粒砂岩，上部夹一层泥质粉砂岩	42.40 m
25. 灰、灰白色厚层石英中粒砂岩夹黑色泥岩	4.60 m
24. 深灰色厚至块状砂质泥岩夹泥质粉砂岩，底部 2 m 为厚层粉砂岩	51.40 m
23. 灰、灰黄色中层泥质岩屑石英细至中粒砂岩，底部为含砾粗砂岩，具斜层理	8.70 m

22. 深灰色泥质砂岩夹灰黄色粉砂岩，顶部为含碳质泥岩 3.20 m

21. 灰黄色块状岩屑石英粗砂岩，底部含砾，顶为薄层粉砂岩 14.20 m

20. 灰黄色岩屑石英含砾粗砂岩，泥质粉砂岩，灰色粉砂质泥岩组成韵律层 20.50 m

19. 黄绿色粉砂质泥岩，层理不显。含 植物化石 *Cladophlebis* sp.，*Compsopteris* sp.，*Pecopteris* sp. 14.20 m

18. 灰黄色含泥质岩屑石英中粒砂岩，正粒序 3.90 m

17. 灰黄色中层粉砂岩夹 0.3 m 岩屑石英细砂岩，顶部为灰白色铝土质泥岩 1.60 m

16. 上部为含砾粗砂岩；下部为灰黄色含泥质岩屑长石石英中粒砂岩 18.60 m

15. 深灰色泥岩，薄层泥质粉砂岩与中层粉砂岩互层，顶部为灰黑色碳质泥岩夹煤线 16.50 m

14. 灰黄色岩屑长石中砂岩，泥质岩屑石英粉至细砂岩，泥质粉砂岩和粉砂质泥岩组成韵律层。含植物化石 *Neuropteridium* sp. 7.90 m

13. 上部为灰黄色中粒砂岩夹细砂岩；中部为岩屑石英粗砂岩；下部为灰黄色岩屑石英中粒砂岩。上部含植物化石 *Pecopteris* sp.，*Gigantopteris* sp. 14.60 m

12. 灰黑色泥岩。含菊石 *Pseudogastrioceras* sp.；腕足类和双壳类 *Aviculopecten* sp. 等 1.00 m

11. 深灰色厚层粉晶至粗晶生物灰岩、生物砾屑灰岩，中部夹钙质泥岩，泥质灰岩。含䗴类 *Polydiexodina chekiangensis* 等 18.40 m

10. 灰白色块状生物灰岩。含腕足类 *Tyloplecta yangtzeensis*，*Edriosteges poyangensis*，*Urushtenia* sp. 等 27.80 m

9. 灰白色块状泥晶灰岩，生物砾屑灰岩 16.20 m

8. 浅灰色块状生物礁灰岩，岩石中常见白云岩团块 3.00 m

7. 灰白色含钙质长石石英粉砂岩 0.20 m

6. 浅灰色块状亮晶生物碎屑灰岩 1.10 m

5. 浅灰色块状泥晶生物碎屑灰岩 7.40 m

4. 上部为灰色厚层亮晶生物灰岩；下部为灰黑色生物碎屑泥质粉晶灰岩夹泥至粉晶灰岩透镜体 7.00 m

3. 深灰色中层粉砂质泥岩，粉砂岩夹钙质泥岩和含生物碎屑泥晶灰岩 26.20 m

2. 灰黑色泥岩与薄层石英粉砂岩互层 35.90 m

1. 黑色泥岩夹薄层石英粉砂岩 67.20 m

——————— 整 合 ———————

下伏地层：孤峰组　黑色泥岩夹泥质硅质岩和泥晶灰岩透镜体

【地质特征及区域变化】　本组下段下部为深灰色泥岩、钙质泥岩夹薄层长石石英细砂岩，上部为生物碎屑灰岩、薄层灰岩、含泥质粉晶灰岩；上段为黄绿色砂岩、粉砂岩、粉砂质泥岩、泥岩和煤层组成韵律层，底部夹有煤层。

下段生物群有：䗴类 *Neomisellina multivoluta*，*N. compacta*，*N. lepida*，*Codonofusiella schubertelloides*，*Polydiexodina chekiangensis*，*P. tongluensis*；菊石 *Altudoceras lijiaense*，*Shangraoceras* sp.，*Shouchangoceras shouchangense*，*S. reticulatum*，*S. multinodosum*；腕足类 *Tyloplecta yangtzeensis*，*Edriosteges poyangensis*；珊瑚 *Tachylasma* sp.；双壳类 *Palaeolima chekiangensis*；植物化石 *Gigantopteris nicotianaefolia*，*Lobatannularia heianensis*，*Gigantonoclea hallei* 等。

上段生物群有：䗴类 *Codonofusiella taihuensis*，*C. megasphaerica*，*Taihuella regularis*；菊石 *Anderssonoceras* sp.，*Araxoceras* sp.，*Prototoceras* sp.；腕足类 *Tylolecta yangtzeensis*，*Edriosteges poyangensis*；植物 *Gigantopteris nicotianaefolia*，*Gigantonoclea fukienensis*，*Lo-*

batannularia ensifolia，*L. heianensis*，*Lepidodendron* cf. *oculusfelis* 等。

时代为早二叠世晚期至晚二叠世早期。

龙潭组由北向南岩性、生物群、含煤性有一定变化。长兴一带以泥岩为主夹有较多的海相细砂岩和粉砂岩，动物化石比植物化石发育，含有A、B、C、D四个煤组，其中C、D煤组有可采煤层；在桐庐、建德一带岩性同冷坞剖面，局部含砾，下部夹有灰岩透镜体，在桐庐冷坞夹有厚81m生物礁灰岩，局部有煤线，未见可采煤层；在江山一带以砂岩为主夹有砂砾岩和含砾砂岩，含大量植物化石，发育有煤系，仅在上段底部有可采煤层。

龙潭组厚度较大，南部厚，北部薄，湖州南皋桥为411.6 m，桐庐冷坞为482.5 m(未见顶)，江山地区厚达541.4 m。

长兴组　$P\hat{c}$　(33－0070)

【创名及原始定义】　原称长兴石灰岩，系葛利普(Grabau，1924)创名，命名地点在浙江省长兴。原义为长兴石灰岩指含煤地层之上产 *Oldhamina* 化石的石灰岩。

【沿革】　黄汲清(1932)确认长兴石灰岩为中国二叠系最上部的一个地层单位。哈安姆(1932)把长兴灰岩和青龙灰岩合并称“煤山石灰岩”和“狮子山石灰岩”。计荣森(1933)、盛莘夫(1951)认为长兴石灰岩上下为假整合接触。盛金章等(1955、1962)确认长兴灰岩 *Palaeofusulina* 带代表中国和世界二叠系最高的一个䗴带，改称长兴组，上下为整合接触。赵金科等(1978)将长兴组分为葆青段和煤山段，1981年再次系统研究了葆青剖面建立长兴阶。徐自强等(1979)① 对长兴县等地的晚二叠世长兴组䗴类的研究，自下而上建立 *Gallowaii nella－Reichelina*、*Staffella* 和 *Palaeofusulina* 三个䗴带，认为长兴葆青剖面仅相当于 *Palaeofusulina* 带层位。在长兴县双板桥矿区的长兴组下部 *Gallowaiinella－Reichelina* 带发现大量的吴家坪组中的常见分子，如 *Codonofusiella kwangsiana*，*Reichelina pulchra*，*R. media* 等，并与 *Palaeofusulina? simplex* 共生。1993年国际二叠-三叠系界线工作组提出长兴煤山(葆青)剖面为国际二叠-三叠系界线层型候选剖面。该剖面先后经赵金科等(1981)、Sheng 等(1984)、杨遵仪等(1987)和 Yin 等(1994)多次研究和报道，已得到国际上一致认可。该剖面是国际二叠系最高阶——长兴阶标准剖面所在地，并于1980年由浙江省人民政府和长兴县人民政府立碑保护，碑名为“长兴灰岩标准地质剖面保护区”。

【现在定义】　岩性由灰色微晶至粉晶灰岩、生物碎屑灰岩、白云质灰岩组成，局部含燧石结核和条带，下部夹0.19m流纹质晶屑凝灰岩。与下伏龙潭组砂岩呈整合或平行不整合接触；与上覆青龙组底部泥岩呈整合接触。

【层型】　选层型剖面位于浙江省长兴县葆青(119°42′，31°04′)，由南京地质古生物研究所(1978)重测(作部分修改)。

上覆地层：**青龙组**　黑色钙质泥岩，底部6 cm为灰白色蒙脱石粘土岩。含菊石 *Otoceras* sp.，Otoceratidae；腕足类 *Araxathyris araxaensis*

———————— 整　合 ————————

长兴组　　　　　　　　　　　　　　　　　　　　总厚度 40.51 m

20. 深灰色中层状微晶灰岩，偶含黑色燧石团块，近顶部0.47 m处含沥青质和星点状黄铁矿。含䗴类 *Palaeofusulina acervula*，*Plaeofusulina nana*，*P.* cf. *sinensis*，*Reicheli-*

① 徐自强、罗永铭、徐北煤，1979，浙江北部长兴组及其䗴类分带，浙江省地质学会第二届 代表大会暨学术年会论文选编(内部印刷)。

na changhsingensis, *R. pulchra*；牙形刺 *Neogondolella changxingensis*, *N. subcarinata*（少量），*N. carinata*, *N. deflcta*, *Enantiognathus ziegleri*, *Xaniognathus elongatus*；菊石 *Changhsingoceras meishanense*, *Pachydiscoceras changhsingense*, *Pleuronodoceras mirificum*, *P. multinodosum*, *P.? inflatum*, *Pseudogastrioceras* sp., *Rotodiscoceras asiaticum*, *Stacheoceras pachydiscum*, *Trigonogastrites changxingenis* 2.79 m

19. 深灰色含生物碎屑硅化微晶灰岩，夹黑色燧石条带和结核，上部含白云质。含䗴类 *Palaeofusulina acervula*, *Palaeofusulina nana*, *P. ovata*, *P. pseudominima*；牙形刺 *Neogondolella changxingensis*, *Enantiognathus ziegleri* 3.05 m
18. 灰白、灰色含泥质微晶灰岩 0.14 m
17. 浅灰至深灰色中层状含泥质和白云质微晶灰岩。含䗴类 *Palaeofusulina acervula*, *Palaeofusulina nana*, *Reichelina changhsingensis*, *R. pulchra*；牙形刺 *Neogondolella changxingensis*, *N. subcarinata*, *Hindeodus minutus*, *Prioniodella decrescens*, *Xaniognathus elongatus* 2.44 m
16. 灰、深灰色中层状微晶灰岩夹薄层微晶灰岩。含牙形刺 *Neogondolella changxingensis*, *Xaniognathodus elongatus* 2.00 m
15. 深灰色中层状微晶灰岩，具顺层黑色燧石条带，底部夹一层 8cm 厚的黑色沥青质燧石灰岩，水平层理发育，镜下见有硅质海 绵骨针。含牙形刺 *Neogondolella changxingensis*, *N. subcarinata*, *N. deflecta*, *Ellisonia teicherti*, *Enantiognathus ziegleri*, *Prioniodella decrescens*, *P.* "*prioniodelloides*", *Xaniognathus elongatus* 6.03 m
14. 灰黄色泥岩夹泥质灰岩透镜体，透镜体长 0.30～0.70 m，宽 0.08～0.10 m 0.16 m
13. 灰黄色薄层状微晶至隐晶灰岩，具燧石条带，微细水平层理发育，含沥青质。含牙形刺 *Neogondolella subcarinata*, *N. changxingensis*, *Ellisonia teicherti*, *Enantiognathus ziegleri*, *Prioniodella decrescens*, *P.* "*prioniodelloides*", *Xaniognathus elongatus* 7.37 m
12. 灰黑色中层状微晶至粉晶质灰岩。含有孔虫 0.22 m
11. 灰黑色薄层状含沥青质微晶灰岩，水平层理发育。含牙形刺 *Neogondolella subcarinata*, *N. changxingensis*, *N. carinata*, *Enantiognathus ziegleri*, *Prioniodella decrescens*, *P.* "*prioniodellides*" 0.80 m
10. 深灰色中层状微晶灰岩夹薄层状隐晶灰岩，水平层理发育，含燧石结核。含牙形刺 *Neogondolella carinata*, *N. changxingensis* 1.10 m
9. 灰黄色泥岩 0.02 m
8. 深灰色中层状微晶灰岩，含燧石结核，夹薄层状水平层理发育隐晶灰岩，镜下见有海绵骨针，含䗴类 *Palaeofusulina? simplex*, *Reichelina pulchra*；牙形刺 *Neogondolella subcarinata*, *N. wangi*, *N. carinata*, *N. changxingensis*, *N. deflecta*；菊石 *Changhsingoceras* sp., *Liuchengoceras* sp., *Mingyuexiaceras changxingense*, *M. radiatus*, *Pseudogastrioceras* sp., *Pseudostephanites* sp., *Rongjiangoceras* cf. *lenticulare*, *Sinoceltites* sp., *Tapashanites costatus*, *T. curvoplicatus* 4.73 m
7. 灰黄色泥岩 0.04 m
6. 灰黑色薄层状泥晶灰岩，含沥青质，夹硅质条带，水平层理发育。含有孔虫 *Nodosaria* sp. 0.94 m
5. 灰色，局部为浅灰色中层状微晶灰岩。含牙形刺 *Neogondolella subcarinata*, *N. wangi*, *N. deflecta*, *Enantiognathus ziegleri*, *Xaniongathus elonatus* 3.32 m
4. 灰黄色泥岩 0.02 m

3. 灰白色碳酸盐化流纹质晶屑凝灰岩，含黄铁矿晶体，风化后呈灰黄色　0.19 m

2. 深灰、灰黑色中层状隐晶至细晶灰岩，水平层理发育，夹薄层状石灰岩和黑色硅质层，风化后薄层状，含沥青质，底部夹泥质白云岩。含䗴类 *Palaeofusulina minima*，*Reichelina changhsingensis*，*R. pulchra*；牙形刺 *Neogondolella subcarinata*，*N. wangi*，*Ellisonia gradata*，*Enantiognathus ziegleri*，*Hibbardella* sp.，*Metalonchodina mediocris*，*Prioniodella decrescens*，*P.* "*prioniodelloides*"，*Xaniognathus elongatus*；鱼类 *Sinoplatysomus meishanensis* 等　4.85 m

1. 深灰色灰砾岩，横向过渡为白云质灰岩；砾石为黑、灰黑色灰岩，近棱角状，钙质胶结。含牙形刺 *Neogondolella orientalis*（大量），*N. mediconstricta*　0.30 m

——————— 平 行 不 整 合 ———————

下伏地层：**龙潭组**　灰黑色泥岩夹中层状粉砂岩。含菊石 *Pseudogastrioceras* sp.；腕足类 *Anidanthus* cf. *sinosus*，*Orbiculoidea minuta*，*Paryphella gouwaensis*，*Spinomarginifera lopingensis*

【地质特征及区域变化】　本组岩性分为上、下两段。下段以灰黑色薄至中层含生物屑微晶灰岩为主，次为粉晶灰岩夹粘土岩和流纹质晶屑玻屑凝灰岩（0.19 m），普遍含黑色沥青，沿层理断续分布构成纹层，底部为含砾屑白云质灰岩，厚度 23.9 m；上段以深灰至浅灰色中层生物屑灰岩为主与微晶灰岩互层夹泥质微晶灰岩和白云质微晶灰岩，水平层理发育，厚度 16.61 m。综观全组，其下段灰岩以灰黑色、纹层发育为特征，上段灰岩以灰色、灰白色、中层状为特征。

长兴组生物群有：䗴类 *Palaeofusulina sinensis*，*P. acervula*，*P. minima*，*P. nana*，*P. ovata*，*Reichelina changhsingensis*，*R. pulchra*；菊石 *Rotodicoceras asiaticum*，*Pseudogastrioceras* sp.，*Pleuronodoceras mirificum*，*P. multinodosum*，*Tapashanites changxingensis*，*T. costatus*，*T. curvoplicatus*，*Mingyuexiaceras changxingense*；牙形刺 *Neogondolella deflecta*，*N. changxingensis*，*Neogondolella subcarinata*，*N. wangi*，*N. orientalis*；腕足类 *Peltichia zigzag*，*Paryphella sulcatifera*；鱼类 *Sinoplatysomus meishanensis*；有孔虫 *Nodosaria* sp. 等。时代为晚二叠世晚期。

长兴组分布于湖州—长兴一带，向西延伸至安徽境相变为碎屑岩称大隆组。以湖州附近长兴组厚度最大，可达 112～142 m（下段为 42～79 m，上段为 52～75 m）。与下伏龙潭组呈整合或平行不整合接触。

大隆组　*P*d　(33-0069)

【创名及原始定义】　原称大埪层，系张文佑、陈家天（1938）创名。命名地点在广西省合山大垅村。原定义为：其岩性可分为上、下两部分：上部为灰色、黄灰色、绿灰色硅质页岩、灰质页岩及砂岩；下部为暗色硅质页岩夹白灰色杂色砂岩。时代为二叠纪—三叠纪。与上覆三叠系、与下伏合山组都为连续沉积。

【沿革】　浙江省区域地层表编写组（1979）首次引用于江山和兰溪地区，认为与礼贤群为假整合接触。汪炳浩等（1986）认为与上、下地层均为整合接触。傅肃雷（1988）对江山礼贤的大隆组生物群作了详细研究并对二叠、三叠纪界线作了比较详细的划分。《浙江省区域地质志》（1989）对大隆组只作了概略的说明。本书沿用。

【现在定义】　广西大隆组，指位于合山组之上，三叠系南洪组之下一套硅质岩、泥岩、砂岩及凝灰岩等岩性组成的地层。下以泥质灰岩、泥灰岩的消失或硅质岩的出现与合山组分界，上以硅质岩的消失或灰色薄层页岩的出现与南洪组分界，均为整合接触。浙江大隆组岩性为硅质泥岩和粉砂岩互层。与下伏龙潭组含煤的砂岩、铝土质泥岩互层呈平行不整合接触、与上覆政棠组泥岩、粉砂岩互层，为整合接触。

【层型】　本省次层型为江山市下路亭剖面(118°26′,28°32′)，由傅肃雷等(1986)测制。

上覆地层：**政棠组**　灰绿色薄—中层泥岩夹钙质粉砂岩。含菊石 *Pseudaspidites* sp.；腕足类 *Cathaysia orbicularis*

——————　整　合　——————

大隆组　　总厚度 7.70 m

7. 灰黑色薄层硅质泥岩。含菊石 *Pseudotirolites* sp.，*Pernodoceras* sp.，*Huananoceras* sp.，*Pseudogastrioceras* sp.；腕足类 *Dielasma* sp.；双壳类 *Hunanopecten exilis*，*Pernopecten sichuanensis*；叶肢介 *Palaeorthothemos lochtaensis*，*Loxopolygrata zhejiangensis*　2.30 m
6. 灰黄色粉砂岩，微层理发育。含双壳类 *Hunanopcten*? *exilis*，*Annuliconcha* sp.；腕足类 *Orbiculoidea anhuiensis*　1.00 m
5. 灰黄色粉砂质泥岩、粉砂岩，微层理清晰。含菊石 *Pseudostephanites* sp.，*Huananoceras* sp.　1.20 m
4. 灰黄色粉砂质泥岩。含菊石 *Mingyuexiaceras* sp.，*Xenaspis* sp.，*Pseudogastrioceras* sp.，*Huananoceras* sp.　1.20 m
3. 灰白，土黄色泥岩。含菊石 *Pseudogastrioceras* sp.；双壳类 *Leptodesma*(*Leptodesma*) sp.　0.70 m
2. 灰白色含鲕状菱铁矿铝土质泥岩　0.20 m
1. 青灰色泥质粉砂岩。夹 5 cm 淋滤型褐铁矿。含腕足类化石碎片　1.10 m

－－－－－－－ 平 行 不 整 合 －－－－－－－……………………

下伏地层：**龙潭组**　灰色铝土质泥岩。含植物化石 *Gigantopteris* sp. 等

【地质特征及区域变化】　大隆组仅出露于江山市政棠、衢县一带，以灰黑色硅质泥岩为主与灰黑色粉砂岩互层，风化后呈灰白色或灰黄色，微层理发育，厚度 5～17.8 m。大隆组生物群有：菊石 *Pseudotirolites* sp.，*Pseudogastrioceras* sp.，*Mingyuexiaceras* sp.，*Pernodoceras* sp.，*Huananoceras* sp.；腕足类 *Dielasma* sp.，*Orbiculoidea anhuiensis*；双壳类 *Hunanopecten exilis*，*Pernopecten sichuanensis*，*Leptodesma* (*Leptodesma*) sp. 等。时代为晚二叠世晚期。

政棠组　T$_1$*zt*　(33-0071)

【创名及原始定义】　为浙江省区域地层表编写组(1979)创名，命名地点在浙江省江山市政棠村东南。原义指岩性为黄褐色、黄绿色钙质粉砂岩、页岩、夹泥质粉细砂岩。以双壳类 *Claraia* cf. *fukianensis* 为代表，厚 160.8 m，仅分布于江山—衢州一线以南。

【沿革】　最早刘国昌等称之为大冶灰岩，聂大正等(1964)采到了菊石 *Ophiceras* sp. 和双壳类 *Claraia* cf. *fukianensis* 等证实了早三叠世地层的存在。浙江省区域地层表编写组命名为政棠组。《浙江省区域地质志》(1989) 对政棠组作了较全面的总结。本书沿用。

【现在定义】　岩性为含钙质泥岩、粉砂质泥岩、泥质粉砂岩组成的韵律层。含海相双壳类、菊石化石。整合于大隆组灰黑色硅质泥岩之上，未见顶。

【层型】　正层型为浙江省江山市政棠游溪剖面(118°27′,28°34′)，由浙江省石油地质大队(1984)重测。

政棠组 总厚度 160.80 m

12.	青灰色粉砂质泥岩夹少量薄层钙质粉砂岩，底部为 3 m 厚青灰色薄—中层状钙质粉砂岩夹 0.2 m 的粉砂质泥岩(未见顶)	14.20 m
11.	青灰色含钙质泥岩夹少量钙质粉砂岩薄层	21.60 m
10.	青灰色薄—中层状含钙泥质粉砂岩与含钙粉砂质泥岩互层	5.80 m
9.	青灰色含钙粉砂质泥岩夹少量薄层状钙质粉砂岩	12.20 m
8.	青灰色含钙粉砂质泥岩与青灰色钙质粉砂岩互层	18.00 m
7.	青灰色泥岩夹薄—中层状含泥质粉砂岩	11.30 m
6.	青灰色泥岩间夹薄层状含钙泥质粉砂岩	12.70 m
5.	青灰色薄—中层状含钙泥质粉砂岩为主与钙质泥岩互层	2.00 m
4.	青灰色钙质泥岩夹少量含钙泥质粉砂岩薄层及条带	18.30 m
3.	上部青灰色钙质泥岩与含钙泥质粉砂岩互层；下部青灰色含粉砂钙质泥岩夹粉砂条带	19.80 m
2.	青灰色薄层状含钙粉砂质泥岩与钙质泥岩呈薄层状互层，夹中层状含泥钙质粉砂岩	10.00 m
1.	青灰色风化后呈土黄色薄层钙质泥岩夹钙质粉砂岩	14.90 m

———————— 整　合 ————————

下伏地层：**大隆组**　黑色板状泥岩夹少量硅质岩和粉砂岩薄层

【地质特征及区域变化】　本组岩性下部以钙质泥岩为主，粉砂岩呈夹层出现，向上粉砂岩增多成为互层。条带状水平层理发育。政棠组在衢县大洲稻子铺厚度 474.7 m，夹较多的灰岩透镜体，剖面中部的新鲜露头为薄层条带状泥质灰岩与钙质泥岩互层，夹钙质粉砂岩。风化后为钙质泥岩、粉砂岩互层。

政棠组生物群有：菊石 *Pseudaspidilites* sp.，*Ophiceras* sp.，*Metophiceras* sp.，*Glyptophiceras* sp.，*Pseudosageceras* sp.；双壳类 *Claraia wangi*，*C. griesbachi*，*C. stachei*；腕足类 *Waagenites barusiensis*，*Enteletes hemiplicata*，*Crurithyris* cf. *speciosa*，*Paryphella* sp.；腹足类 *Polygyrina* sp.，*Neritaria* sp. 等。时代为早三叠世。

青龙组　Tq　(33-0072)

【创名及原始定义】　原称青龙层(扬子层上石灰岩)，系刘季辰、赵汝钧(1924)创名，命名地点在江苏省南京东郊龙潭镇南侧青龙山。原始定义：系上二叠纪地层，包括薄层石灰岩和钙质页岩，仅发现于江苏南部，它无疑地与下伏煤系呈整合接触，因为它们过渡带的岩石包括页岩与灰岩互层，无明确的界线，它与前面提到过的二层紧密相随，即二叠纪煤系和下石炭纪石灰岩，作为一个整体。该层由薄层灰岩组成，偶见中等厚度的层。

【沿革】　叶良辅(1917)在《浙江西北部长兴煤田报告》中起名“上石灰岩”，归二叠—三叠纪。许德佑(1936—1937)首次将“上石灰岩”改用青龙灰岩一名，时代为早三叠世。安徽区调队(1974)和《浙江省区域地质志》(1989)划分为殷坑组、和龙山组。本书改称青龙组。

【现在定义】　青龙组自下而上分湖山段和沧波门段：湖山段下部灰黄色薄层泥岩夹泥灰岩，中上部灰色薄层粉晶灰岩夹泥质泥晶灰岩及泥岩。含菊石、双壳类、牙形刺、腕足类等化石。底与大隆组黑色硅质泥岩、上与沧波门段灰岩薄层粉晶灰岩为界，均为整合接触；沧波门段下部灰色薄至中层粉晶灰岩与紫色泥晶瘤状灰岩；上部粉晶灰岩夹蠕虫状灰岩。含菊石及双壳类等。底与湖山段灰色薄层粉晶灰岩，顶与周冲村组膏溶角砾岩为界，均为整合接触。浙江青龙组岩性下部为灰黄色薄层泥岩夹泥灰岩；上部为粉晶灰岩与紫色泥晶瘤状灰岩互层。含菊石、双壳类等化石。以黄色泥岩与下伏长兴组深灰色中层微晶灰岩、以粉晶灰岩与上覆周冲村组白云岩均为整合接触。

【层型】　本省次层型为长兴县广兴井剖面(119°43′,31°07′)，安徽省区测队(1972)测制。剖面经修改。

上覆地层：**周冲村组**　浅灰、灰色中厚层含灰质泥质粉晶白云岩

——————— 整　合 ———————

青龙组	总厚度 355.60 m
17. 浅灰、灰白、粉红色中—薄层夹厚层粉晶灰岩，缝合线清晰，单层厚 0.3～0.6 m	21.40 m
16. 灰白、白色微带粉红色块状—厚层含白云质泥晶—粉晶灰岩，单层厚 1.5 m	45.30 m
15. 灰白、白色厚层夹中厚层粉晶灰岩，单层厚 0.6～1 m	26.70 m
14. 灰白、白色微带粉红色厚层—块状含白云质粉晶灰岩，单层厚 1.5 m 以上	37.00 m
13. 浅灰、灰白色薄层夹中层含白云质泥晶灰岩，单层厚 0.15～0.25 m	9.30 m
12. 浅灰色薄层条带泥晶灰岩夹灰岩，单层厚 0.05～0.15 m	16.60 m
11. 浅灰色薄层夹中层泥晶灰岩，单层厚 0.15 m	7.30 m
10. 浅灰、灰白色薄层—薄板状条带泥晶—粉晶灰岩与泥晶灰岩互层，每一互层厚 15～25 cm	32.50 m
9. 浅灰、灰色薄层—中层条带泥晶—粉晶灰岩与泥晶灰岩互层，单层厚 0.15～0.25 m	32.80 m
8. 浅灰、灰色薄层夹板状泥晶灰岩夹条带灰岩，底部有厚 1.5 m 的灰白色同生角砾状泥晶灰岩，灰岩单层厚 0.03～0.15 m	12.50 m
7. 浅灰色薄板状—薄层条带泥晶—粉晶灰岩，单层厚 0.1 m 左右	8.00 m
6. 浅灰、灰白色薄—中层夹板状泥晶灰岩，单层厚 0.03～0.25 m，底部有厚 0.6 m 的同生角砾状泥晶灰岩	21.60 m
5. 浅灰色薄层条带泥晶—粉晶灰岩与薄层粉晶灰岩互层	14.00 m
4. 浅灰、灰色薄层夹中层泥晶灰岩夹条带泥晶—粉晶灰岩，单层厚 0.05～0.25 m	26.50 m
3. 浅灰色板状—薄层条带粉晶—泥晶灰岩夹薄层泥晶灰岩(—层)	22.60 m
2. 黄绿色薄层钙质泥岩、黄色泥质灰岩，夹紫色钙质泥岩及泥质灰岩类，每个互层厚 0.1～0.2 m，泥岩单层厚 3～7 cm。含双壳类 *Claraia wangi*；菊石 *Prionolobus* sp.	13.70 m
1. 黄色泥岩夹紫色钙质泥岩，底部夹泥灰岩，泥岩中产双壳类 *Claraia* cf. *griesbachi*	7.80 m

——————— 整　合 ———————

下伏地层：**长兴组**　黑色、深灰色薄层硅质石灰岩

【地质特征及区域变化】　青龙组仅分布于长兴、湖州一带。岩性可分：下部黄绿色钙质泥岩与泥质灰岩互层，底部以泥岩为主，向上渐变成灰岩为主；中部浅灰色、灰白色薄层条带状粉晶灰岩为主夹泥晶灰岩；上部灰白色厚层至块状粉晶灰岩夹白云质粉晶灰岩。本组厚度355～390 m。

青龙组底部泥岩中含：菊石 *Ophiceras* sp.，*Otoceras* sp.，*Prionolobus* sp.，*Pseudogastrioceras* sp.；双壳类 *Claraia wangi*，*C. griesbachi*，*C. dieneri*；腕足类 *Waagenites barusiensis*，*Crurithyris flabelliformis*，*Fusichonetes pigmaea*，*Paryphella obicularia*，*Neowellerella pseudoutah*；有孔虫 *Geinitzina* cf. *caucascia*，*Nodosaria* sp.，*Pseudoglandulina* sp. 等。时代

为早三叠世。

周冲村组　$T\hat{z}$　(33-0073)

【创名及原始定义】　系江苏省地质局第一地质大队(1972)创名，命名地点在江苏省南京市周冲村。岩性由石膏、硬石膏、白云岩、白云质灰岩、灰岩等组成，局部含少量自然硫。岩石中普遍含角砾，角砾圆度中等，大部分系同生角砾。地表未出露，埋深一般在150 m以下。厚600～800 m，化石有双壳类。下与黄马青组紫红色粉砂质泥岩整合，上与水家边组(范家塘组)杂砾岩不整合接触?。

【沿革】　长兴一带叶良辅(1919)原称上石灰岩，许德佑(1937)称青龙石灰岩的上部。安徽省区调队(1974)划归扁担山组。《浙江省区域地质志》(1989)改称南陵湖组，本书采用周冲村组。

【现在定义】　岩性为下段下部灰黄色薄层至中层砾屑灰岩与泥晶灰岩互层，上部薄至厚层粉晶灰岩、泥质灰岩及膏溶砾屑灰岩，夹粉晶白云质灰岩和白云岩；上段下部为泥岩夹砂岩，上部为泥质泥晶灰岩。具蜂窝状构造，含双壳类等化石。在钻孔中顶部有为白云岩与石膏互层。下以砾屑灰岩(在浙江为白云岩)与青龙组纹层灰岩、上以泥质灰岩与黄马青组灰色泥灰岩均为整合接触。

【层型】　本省次层型代表剖面为长兴广兴井剖面(119°43′,31°07′)，安徽省区测队(1972)测制。

周冲村组　　　　总厚度>177.60 m

9. 灰白粉红色中厚层—薄层灰岩，粉晶灰岩，缝合线发育，单层厚0.3～0.6 m(未见顶)	47.50 m
8. 灰、浅灰色薄层—厚层含白云质粉晶灰岩，单层厚0.3～1 m	35.20 m
7. 浅灰、灰白色中厚层粉晶灰岩夹鲕状灰岩、薄层灰岩，单层厚0.5～0.7 m	6.90 m
6. 浅灰、灰、灰白色薄层泥晶灰岩夹粉晶灰岩及灰岩缝合线，发育单层厚0.1～0.15 m	12.60 m
5. 浅灰色薄层—中层粉晶灰岩夹中厚层灰岩及少量鲕状灰岩，缝合线清晰，单层厚5～35 cm	33.30 m
4. 灰黄、黄灰色中厚层—薄层含灰质泥晶白云岩夹灰质泥质白云岩，单层厚0.3～0.6 m	9.40 m
3. 浅灰色中厚层夹薄层含白云质粉晶灰岩，夹一层1.2 m厚的同生角砾状灰岩，单层厚度0.4～0.6 m	13.00 m
2. 黄色、灰黄色中厚层含泥质灰质鲕粒状白云岩夹白云质泥岩，白云质灰岩，具微细层理，单层厚0.6 m	13.60 m
1. 浅灰、灰色中厚层含灰质泥质粉晶白云岩与厚层白云质灰岩互层，夹假鲕状白云质灰岩，微层理发育，单层厚0.8～1.5 m	6.10 m

———————— 整　合 ————————

下伏地层：**青龙组**　浅灰、灰白、粉红色中—薄层夹厚层粉晶灰岩，缝合线清晰，单层厚0.3～0.6 m

【地质特征及区域变化】　本组仅出露于长兴地区，未见顶，岩性以灰黄、浅灰色薄至中层灰岩与白云岩、白云质灰岩互层，层位相当正层型剖面下段。时代可能为早三叠世末至中三叠世早期。

第二节 生物地层及年代地层概况

一、泥盆纪生物地层特征及年代地层界线

浙江省仅发育晚泥盆世地层，生物群主要为植物化石。

(一)生物群特征

Leptophloeum rhombicum 组合

主要组成分子以植物石松类占绝对优势，其次是楔叶类和蕨类。主要属种有 *Leptophloeum rhombicum*，*Sublepidodendron mirabile*，*Eolepidodendron wusihense*，*Lepidodendropsis hirmeri*，*L. arborescens*，*Lepidostrobus grabaui*，*Sphenophyllum lungtanense*，*S. pseudotenerrimum*，*Lepidodendron procurens*，*Hamatophyton verticillatun*，*Platyphyllum ginkgophyloides* 等。

在富阳新店发现孢子化石 *Dibolisporites distinctus*，*Cordylosporites papillatus*，*Apiculiretusispora hunanensis*，*Retispora lepidophyta* 等。

Leptophloeum rhombicum 是世界晚泥盆世的标准属种。与江西、江苏、安徽晚泥盆世相对比。时代为晚泥盆世法门期。

(二)年代地层界线

1. 泥盆系的底界

浙江泥盆系缺失中、下统，早泥盆世西湖组平行不整合于中志留世唐家坞组的不同部位和早奥陶世长坞组之上。如：杭州—常山球川一线和长兴一带早泥盆世西湖组石英砂岩超覆于中志留世唐家坞组紫红色岩屑砂岩之上；富阳—建德地区超覆于中志留世唐家坞组黄绿色岩屑砂岩或灰色岩屑石英砂岩之上；在兰溪柱杆山至绍兴一线超覆于晚奥陶世长坞组黄绿色泥岩之上。所以泥盆系的底界，覆盖于下伏的不同层位。

2. 泥盆系的顶界

泥盆系与石炭系连续过渡，泥盆系顶界，大致相当于 *Leptophloeum rhombicum* 组合与 *Eochoristites* - *Martiniella* 组合之间，相当于珠藏坞组的下部与中部之间。

二、石炭纪生物地层特征及年代地层界线

浙江石炭纪地层发育，生物群以䗴类为主，其它有腕足类、珊瑚和植物等。本书采用杨敬之等(1982)将石炭系划分为二统四阶的方案。本省划分 8 个生物带(组合)(表 4-3)。

(一)生物群特征

①*Sublepidodendron mirabile* - *Eolepidodendron wusihense* 组合/*Eochoristites* - *Martiniella* 组合。

主要组成分子有植物化石 *Sublepidodendron mirabile*，*Eolepidodendron wusihense*，*Leptophloeum rhombicum*，*Lepidodendron* sp.，*Lepidodenropsis hirmeri*，*L. arborescens*，*Lepidostrobus* sp.，*Stigmaria rugulosa*，*S. ficoides*，*Sphenophyllum* sp.，*Archaeocalamites scrobiculotus*，*Sphenopteris* sp.；在长兴煤山珠藏坞组上部钙质砂岩中(原称金陵组的底部)含腕足类 *Ptychomaletoechia kinglingensis*，*P. xuanchengensis*，*Eochoristites leei*，*E. neipentaiensis*，*Fusella* sp.，*Araxathyris* sp.，*Schuchertella* sp.，*Enteletes kayseri*，*Martiniella chinglungen-*

sis, *Dielasma* sp., 在杭州水洪庙含腕足类 *Linoproductus* sp., *Lingula* sp.; 头足类 *Michelinoceras* sp. 等。

②*Anisopteris* cf. *transitionis* – *Archaeocalamites scrobiculatus* 组合

主要组成分子有楔叶类 *Sphenophyllum tenerrimum*; 木贼类 *Archaeocalamites scrobiculatus*; 古羊齿类 *Anisopteris* cf. *transitionis*, *Aneimites dichotomous*, *Rhacopteris kaihuaensis*, *Cardiopteridium* sp., *Adiantites gothani*; 楔羊齿类 *Rhodeopteridium tenuis*, *R.* cf. *hsianghsiangensis*, *R.* cf. *nematophyllum* 等。常山球川发现疑源类 *Ammonidium* sp., *Hemisphaeridium* sp., *Goniosphaeridium* sp., *Veryhachium* sp. 等。

表 4-3 浙江省石炭系生物带对比表

系	统	阶	杨敬之等(1982)生物带	浙江省生物带	地层岩石
石炭系	上统	马平阶	*Robutoschwagerina schellwieni* 带 *Sphaeroschwagerina* 带 *Triticites* 带	⑧*Sphaeroschwagerins* 带 ⑦*Triticites* 带	船山组
		威宁阶	*Fusulina* – *Fusulinella* 带 或 *Fusulinella* – *Beedeina* 带 *Profusulinella* 带 *Pseudostaffella* 带 *Neuropteris gigantea* – *Mariopteris acuta* 组合	⑥*Fusulinella* – *Beedeina* 带 ⑤*Profusulinella* 带 ④ *Pseudostaffella* 带/*Idiognathodus* – *Neognathodus bassleri* 组合	黄龙组 老虎洞组 藕塘底组
	下统	大塘阶	*Cardiopteridium spetsbergense* – *Triphyllopteris collombiana* 组合 *Lepidodendron gaolishanense* – *Eolepidodendron* 组合	③*Neuropteris schlehani* – *Mariopteris acuta* 组合 ② *Anisopteris* cf. *transitionis* – *Archaeocalamites scrobiculatus* 组合	叶家塘组
		岩关阶	*Fusella shaoyangensis* 组合 *Eochristites* – *Martiniella* 组合 *Schuchertella* – *Yanguania* 组合 *Sphenospria* – *Mesoplica* 组合	① *Sublepidodendron mirabile* – *Eolepidodendron wusihense* 组合/*Eochoristites* – *Martiniella* 组合	珠藏坞组
泥盆系	上统	法门阶	*Leptophloeum rhombicum* – *Sublepidocendron mirabile* 组合	*Leptophloeum rhombicum* 组合	西湖组

③*Neuropteris schlehani* – *Mariopteris acuta* 组合

主要组成分子有：鳞木类 *Lepidodendron quadratum*, *L. jiandeense*, *Bothrodendron ellipticum*; 楔叶类 *Sphenophyllum tenerrimum*; 木贼类 *Mesocalamites jiangshanensis*; 古羊齿类 *Rhacopteris* sp., *Adiantites* sp., 楔羊齿类 *Spenopteris leei*, *S.* cf. *schatzlarensis*, *Rhodeopteridium machanekii*, *R. multibifidium*, *R. chunanense*, *R. quxianense*; 畸羊齿类 *Mariopteris acuta*; 脉羊齿类 *Neuropteris gigantea*, *N. schlehani*, *N. zhejiangensis*, *N. otozamioides*, *Linopteris* sp. 等。

④*Pseudostaffella* 带 /*Idiognathodus-Neognathodus bassleri* 组合

主要组成分子有䗴类 *Pseudostaffella* cf. *gorshyi*, *P. composita*, *P. ozawai*, *P. antigua*, *Eofusulina* sp.; 珊瑚 *Chaetetes* sp.; 腕足类 *Schuchertella* sp.; 牙形刺 *Idionathodus delicatus*, *Ozarkodina delicatula*, *Hindeodella* sp., *Declinognathodus leteralis*, *Neognathodus bassleri* 等。

⑤*Profusulinella* 带

主要组成分子有：䗴类 *Profusulinella wangyui*, *P. ovata*, *P.* cf. *convoluta*, *P. rhomboides*, *P. composita*, *Pseudostaffella taitzehoensis*; 珊瑚 *Caninia* sp.。

⑥*Fusulinella-Beedeina* 带

主要组成分子有：䗴类 *Fusulinella mosquensis*, *F. schwagerinoides*, *F.* cf. *asiatica*, *F.* cf. *bocki*, *F. obesa*, *F. pseudobocki*, *Beedeina cheni*, *B. lanceolata*, *B. pseudonytvica*, *B. schellwieni*, *B. truncalina*, *B. pseudokonnoi*, *Fusulina quasicylindrica*, *F. cylindrica*, *F.* cf. *obesa*, *F. tyiangula*, *F. obsidata*。

⑦*Triticites* 带

主要组成分子有：䗴类 *Triticites chinensis*, *T. longtanica*, *T. kuanshanensis*, *T. simplex*, *T. bellus*, *Rugosofusulina* cf. *prisca*, *Eoparafusulina pseudosimplex*, *Quasifusulina* sp. 等。

⑧*Sphaeroschwagerina* 带

主要组成分子有：䗴类 *Sphaeroschwagerina sphaerica*, *S.* cf. *glomerosa*, *Rugosofusulina hutienensis*, *R. prisca*, *R. donglingensis*, *Eoparafusulina concisa*, *E. tenuitheca*, *E.* cf. *contracta*, *E. consobrina*, *E. pseudosimplex*, *E. pararegularis* 等。

①带由植物化石、腕足类和头足类组成。其中：*Sublepidodendron mirabile-Eolepidodendron wusihense* 植物组合，在长兴、富阳、桐庐都有发现，这些组合分子和晚泥盆世植物分子很近似，称欧美植物群或五通植物群，但在长兴一带该植物组合中夹有腕足类 *Eochoristites* 和 *Martiniella* 等，属于早石炭世的属种。因此其时代为早石炭世早期。相当于丰宁统岩关阶，也相当于欧洲的 Tournaisian。

②、③植物组合，*Neuropteris gigantea* 为主，此种在欧洲是中石炭世 Westpharian 的标准化石，是华北中石炭统植物群的重要分子，在华南见于湖南、江西西部。与其共生的 *Rhodeopteridium* 一属仅发育于早石炭世晚期。*Arhaeocalamites scrobiculatus* 与 *Adiantites* 主要产于叶家塘组下部，它是世界性早石炭世标准化石，也是我国早石炭世晚期发育较盛的植物化石。*Mesocalamites* 与 *sphenopteris* 两属出现于叶家塘组上部，在广东、江西都有发现，其时限于早石炭世晚期。本省尚未发现早石炭世早期以 *Sublepidodendron* 为代表的植物群，因此②、③植物组合时代为早石炭世晚期，相当贵州大塘阶中上部，也相当欧洲的 Visean。

④—⑥由䗴和牙形刺组成。其中④带为 *Pseudostaffella* 带主要见于长兴，牙形刺 *Idiognathodus-Neognathodus bassler* 组合见于杭州龙井，分布于老虎洞组中；⑤䗴带广泛见于浙西北地区的老虎洞组上部或藕塘底组下部或黄龙组下部；⑥带广泛见于浙西北地区，黄龙组上部或藕塘底组上部。层位与杨敬之等(1982)相对比，④带相当威宁阶早时，⑤带相当威宁阶早中时，(6)带相当威宁阶晚时。

⑦、⑧两带主要分布于船山组，层位相当杨敬之等(1982)的 *Triticites* 带和 *Sphaerochwagerina* 带，时代为马平阶。与贵州、湖南、江西、安徽、江苏的同期地层进行对比。

（二）年代地层界线

1. 石炭系的底界

本省石炭系与泥盆系为连续沉积，下石炭统底部所含植物化石与晚泥盆世植物类型很近似，石炭系底界以植物化石 *Leptophloeum rhombicum* 组合与腕足类 *Eochoristites*－*Martiniella* 组合之间作为石炭系与泥盆系界线。

2. 石炭系的顶界

石炭系的顶界，以往我国以 *Pseudoschwagerina* 带作为石炭系最高的一个化石带，杨敬之等（1982）将 *Pseudoschwagerina* 带又分为 *Sphaeroschwagerina* 带和 *Robustoschwagerina schellwieni* 带。后者目前还没有发现，仍以 *Sphaeroschwagerina* 带作为本省石炭系最高的一个化石带。

三、二叠纪生物地层特征及年代地层界线

浙江二叠纪地层，零星分布于向斜槽部和断裂带中，由碳酸盐岩和含煤碎屑岩组成。生物有䗴类、腕足类、双壳类、菊石、植物、牙形刺等。可划分为8个生物带（组合）（表4-4）。

表4-4　浙江省二叠系生物带对比

系	统	阶	盛金章等(1982)生物带	浙江省生物带	岩石地层
三叠系	下统	印度阶		*Claraia*－*Ophiceras* 组合 *Hindeodus parvus* 带	青龙组 / 政棠组
二叠系	上统	长兴阶	*Palaeofusulina* 带： *Palaeofusulina sinensis* 亚带 *Gallowayinella meitienensis* 亚带	⑧*Palaeofusulina* 带： *Palaeofusulina sinensis* 亚带 *Gallowayinella* 亚带 *Pseudotirolites*－*Pleuronodoceras* 带	长兴组 / 大隆组
		吴家坪阶	*Codonofusiella* 带	⑦*Codonofusiella* 带 *Gigantopteris nicotianaefolia* 组合	龙潭组
	下统	茅口阶	*Yabeina*－*Neomisellina* 带 *Neomisellina*－*Polydiexodina* 带 *Neoschwagerina* 带 (*Chusenella conicocylindrica* 带)	⑥*Polydiexodina* 带/*Neomisellina* 带 ⑤*Altudoceras* 组合	龙潭组 孤峰组
		栖霞阶	*Parafusulina*－*Cancellinai* 带 *Misellina claudiae* 带 *Schwagerina tschernyschewi* 带	④*Cancellina* 带 ③*Misellina claudiae* 带 ②*Orthotichia chekiangensis* 组合 ①*Schwagerina tschernyschewi* 带	栖霞组 梁山组
石炭系	上统	马平阶	*Robustoschwagerina* 带 *Sphaeroschwagerina* 带	*Sphaeroschwagerina* 带	船山组

(一)生物群特征

①*Schwagerina tschernyschewi* 带

主要组成分子有：䗴类 *Schwagerina tschernyschewi*，*S*. cf. *regularis*，*S*. aff. *pailensis*，*S. japonica*，*S*. *cushmani*，*Nankinella* sp.，*Sphaerulina* sp.，*Eoparafusulina pusilla*，*E*. *pseudosimplex*，*E*. *conica*，*E*. *ovata*，*E*. *bellula*，*E*. *pararegularis*，*Pseudofusulina* cf. *solida*，*P*. *baschkirica* 等；珊瑚 *Protomichelinia* sp.，；腕足类 *Chonetes* sp.，*Plicatifera* sp.，*Dictyoclostus* sp. 等。

②*Orthotichia chekiangensis* 组合

主要分子有：腕足类 *Chonetes tenuilirata*，*Acosarina indica*，*Neoplicatifera sintanensis*，*Derbyia* cf. *yangtzeensis*，*Urushtenoidea* cf. *crenulata*，*Spinomarginifera* sp.，*Crurithyris* sp.，*Orthotichia chekiangensis*，*Warginifera* sp.；三叶虫 *Phillipsia* sp.；苔藓虫 *Fenestella* sp.；双壳类 *Limipecten*? sp.，*Euchondria* sp. 等；䗴类 *Schwagerina tschernyschewi*，*S*. cf. *gregaria* 等。

③*Misellina claudiae* 带

主要组成分子有：䗴类 *Misellina claudiae*，*Nankinella minor*，*N*. cf. *orbicularia*，*Pisolina* cf. *subspherica*；珊瑚 *Protomichelinia* sp.，*Michelinia mulicystosa*，*Polythecalis chinensis*，*Yatsengia hangchowensis*，*Y*. *hupeiensis*，*Liangshanophyllum chiuyaoshanensis*，*Cystomichelinia* sp.；腕足类 *Orthotichia chekiangensis*，*Tyloplecta* cf. *nankinensis*，*Spinomarginifera* sp.，*Chonetes* sp.，*Marginifera* sp.，*Dictyoclostus*，*Argentiproductus* sp.，*Buxtonia* sp. 等。

④*Cancellina* 带

主要组成分子有：䗴类 *Cancellina schellwieni*，*C. neoschwagerinoides*，*Verbeekina grabaui*，*V. minor*，*Nankinella inflata*，*N. orbicularia*，*Parafusulina constricta*，*P. yunnanica*，*Yangchienia compressa* 等；珊瑚 *Polythecalis chaoxianensis*，*P*. *multitabulata*，*P*. *chinensis*，*Hayasakaia infundibula*，*H*. aff. *syringoporoides*，*H*. *tsengi*；腕足类 *Orthotichia chekiangensis*，*Marginifera* sp.，*Chonetes* cf. *soochowensis*，*Martinia* sp.，*Urushtenoidea crenulata*，*Neoplicatifera huangi*，*Monticulifera* sp. 等。

⑤*Altudoceras* 组合

主要组成分子有：菊石 *Altudoceras zitteli*，*Paragastrioceras* sp.，*Chekiangoceras carinatum*，*Tongluceras lengwuense*，*Daubichites shouchangensis*，*Paraceltites elegans*，*P*. *hoeferi*；腕足类 *Neoplicatifera* sp.，*Tyloplecta yangtzeensis* 等。

⑥*Polydiexodina* 带 / *Neomisellina* 带

Polydiexodina 带主要组成分子有：䗴类 *Polydiexodina chekiangensis*，*P*. *tongluensis*，*Kahlerina sinensis*，*Codonofusiella schubertelloides*；腕足类 *Urushtenoidea maceus*，*Chonetes* cf. *soochowensis*，*Orthotichia* sp. 等；菊石 *Shouchangoceras shouchangensis*，*Shangraoceras* sp. 等。*Neomisellina* 带主要组成分子有：*Neomisellina multivoluta*，*N*. *lepida*，*N*. *compacta*，*Codonofusiella* sp.，*Staffella* sp.，*Kahlerina* sp.，*Minojapanella* sp.，*Ozawainella* cf. *kueichihensis* 等；腕足类 *Urushtenoidea crenulata*，*Orthotichia* sp. 等；植物 *Gigantopteris fukienensis*，*Compsopteris contracta*，*Sphenopteris* cf. *tenuis*，*Paracalamites stenocostatus* 等。

⑦*Codonofusiella* 带 / *Gigantopteris nicotianaefolia* 组合

Codonofusiella 带主要组成分子有：䗴类 *Codonofusiella taihuensis*，*C*. *megasphaerica*，*C*.

cf. *schubertelloides*, *Taihuella regularis*, *T. chonetoides*, *Reichelina* sp.; 腕足类 *Cathaysia chonetoides*, *Crurithyris speciosa*, *Streptorhynchus* sp., *Anidanthus* cf. *sinosus*, *Pseudowellerella* sp., *P. pseudoutah*, *Neophricodothyris asiatica*, *N. waageni*, *Edriosteges poyangensis*, *Tyloplecta yangtzeensis*, *Orthotetina raber*, *Squamularia elegantula*, *S. grandis*; 菊石 *Pseudogastrioceras* sp., *Anderssonoceras* sp., *Huananoceras* sp., *Araxoceras* sp., *Jinjiangoceras* sp., *Konglingites* sp., *Prototoceras* sp., *Planodiscoceras* sp. 等。

Gigantopteris nicotianaefolia 组合的主要分子有：*Gigantopteris nicotianaefolia*, *Gigantonoclea fukienensis*, *Lobatannularia ensifolia*, *L. heianensis*, *Pecopteris hemiteloides*, *Stigmaria ficoides*, *Sphenophyllum sinocoreanum*, *Compsopteris* cf. *contracta*, *Paracalamites stenocostatus*, *Lepidodendron* cf. *oculusfelis*, *Chiropteris reniformis*, *Cordaites* sp. 等。

⑧*Palaeofusulina* 带 / *Pseudotirolites* - *Pleuronodoceras* 带

Palaeofusulina 带，按其组合特征分为下部 *Gallowayinella* 亚带，上部 *Palaeofusulina sinensis* 亚带。

Gallowayinella 亚带：主要组成分子有：䗴类 *Gallowayinella* sp., *Palaeofusulina simplex*, *P. nana*, *P. minima*, *Reichelina simplex*, *R. changhsingensis*, *R. media*, *Staffella taihuensis*, *S. minima*, *S. changhsingensis*, *S. sphaeruliniodes*, *Codonofusiella kwangsiana* 等。

Palaeofusulina sinensis 亚带：组成分子有：䗴类 *Palaeofusulina sinensis*, *P. nana*, *P. acervaula*, *P. ovata*, *P. simplex*, *P. minima*, *Reichelina changhsingensis*, *R. pulchra*; 牙形刺 *Neogondolella subcarinata*, *N. carinata*, *N. deflecta*, *N. orientalis*, *Xaniognathus elongatus*, *Enantiognathus ziegleri* 等；菊石 *Tapashanites costatus*, *T. changxingensis*, *T. curvoplicatus*, *Pseudogastrioceras* sp., *Changhsingoceras meishanense*, *Pachydiscoceras changhsingensis*, *Pleuronodoceras mirificum*, *P. muhinodosum*, *P.? inflatum*, *Rotodiscoceras asiaticum*, *Mingyuexiaceras changxingense* 等；鱼类 *Sinoplatysomus meishanensis* 等。

Pseudotirolites - *Pleuronodoceras* 带：组成分子有：菊石 *Pseudotirolites* sp., *Pleuronodoceras* sp., *Pseudogastrioceras* sp., *Pseudostephanites* sp., *Pernodoceras* sp., *Hunanoceras* sp., *Mingyuexiaceras* sp., *Xenaspis* sp.; 双壳类 *Leptodesma* sp., *Huananopecten exilis*, *Annuliconcha* sp., *Pernopecten sichuanensis*; 腕足类 *Dielasma* sp., *Orbiculoides anhuiensis* 及叶肢介等。

上述8个化石带中，其中①—④带主要分布于江山，桐庐、建德、兰溪、杭州等地。长兴、湖州一带缺失 *Schwagerina tschernyschewi* 带，*Orthotichia chekiangensis* 组合发育不全，*Cancellina* 带未发现，唯 *Misellina claudiae* 带发育齐全；⑤带广泛发育于浙西北地区；⑥带的 *Polydiexodina* 带主要发育于桐庐和江山一带，*Neomisellina* 带主要发育于长兴、湖州一带；⑦带的 *Codonofusiella* 带主要发育于长兴一带，*Gigantopteris nicotianaefolia* 组合主要发育于江山、桐庐一带；⑧带的 *Gallowayinella* 亚带和 *Palaeofusulina sinensis* 亚带主要发育于长兴一带，*Pseudotirolites* - *Pleuronodoceras* 带主要发育于江山一带。①—⑧带除 *Orthotichia chekiangensis* 组合外，可以与盛金章等(1982)划分的生物带相对比，①—④带相当栖霞阶，⑤、⑥带相当茅口阶，⑦带相当吴家坪阶，⑧带相当长兴阶。

(二)年代地层界线

1. 二叠系的底界

二叠系的底界，即二叠系与石炭系的界线划分，国际上尚未统一。美国、日本、前苏联等

以 *Pseudoschwagerina*（即 *Sphaeroschwagerina*）带之底为二叠系的底界，以往我国将 *Pseudoschwagerina* 作为石炭系最高的一个化石带，之后在贵州省该带之上发现 *Robustoschwagerina schellwieni* - *Kepingophyllum* 组合作为石炭系顶界。本省没有发现此组合，所以仍以 *Sphaeroschwagerina* 带作为石炭系顶界，由于二叠系底部的层位各地不一，因此二叠系与石炭系界线划在二叠系 *Schwagerina tschernyschewi* 带与石炭系 *Sphaeroschwagerina* 带之间，在长兴、吴兴一带二叠系与石炭系为平行不整合接触，缺失 *Schwagerina tschernyschewi* 带，则二叠系的 *Orthotichia chekiangensis* 带或 *Misellina claudiae* 带直接与石炭系之顶界接触。

2. 二叠系的顶界

本省二叠系与三叠系为渐变过渡，划分标志也比较明显，长兴地区以二叠系 *Palaeofusulina sinensis* 带与三叠系 *Hindeodus parvus* 带之间，在江山地区以 *Pseudotirolites* - *Pleuronodoceras* 带与 *Hindeodus parvus* 带之间作为划界。

3. 上、下二叠统分界

在长兴一带的下统与上统分界以 *Neomisellina* 带与 *Codonofusuiella* 带之间，在江山、桐庐、建德地区，以 *Polydiexodina* 带与 *Gigantopteris nicotianaefolia* 组合之间。

四、早中三叠世生物地层特征

浙江早中三叠世地层，零星出露于长兴、吴兴及江山、衢县地区。研究程度较差。生物群有菊石、牙形刺、双壳类、腕足类、腹足类、有孔虫等。按岩性、岩相不同，在长兴、吴兴地区划分为青龙组、周冲村组；江山、衢县一带称政棠组。生物化石主要采集于政棠组中部及青龙组下部，在青龙组中上部偶见于煤井，周冲村组没有发现化石。

下三叠统

生物群特征

①*Hindeodus parvus* 带

该带生物稀少，主要为牙形刺 *Hindeodus parvus*，该种是目前国际公认的下三叠统底部的标准化石，长兴煤山剖面能成为国际上二叠-三叠系界线层型候选剖面，除了煤山剖面地层出露好，剖面连续，交通方便等有利因素外，更重要的一个因素是在单一的岩相中发现了 *Hindeodus parvus*，该种是 Indian 阶的第一个化石带。因此，该种在二叠-三叠系界线地层中起了极重要的作用。

②*Claraia* - *Ophiceras* 组合

该组合分子有：双壳类 *Claraia wangi*，*Cl. clarai*，*Cl. griesbashi*，*Cl. fukienensis*，*Cl. concentrica*，*Cl. dieneri*，*Cl. aurita*，*Cl. stachei*；菊石 *Ophiceras* sp.，*Otoceras* sp.，*Pseudaspidilites* sp.，*Metophiceras* sp.，*Paranorites*? sp.，*Glyptoceras* sp.，*Pseudosageceras* sp.，*Glyptophiceras* sp. 等；腕足类 *Fusichonetes pigmaea*，*Paryphella triquetra*，*P. obicularis*，*Cathaysia orbicularis*，*Neowellerella pseudoutah*，*Fusichonetes nayongensis* 等；腹足类 *Polygyrina* sp.，*Neritaria* sp.，*Worthenia*? sp.，*trumcalalella* sp.；有孔虫 *Geinitzina* cf. *caucasia*，*Nodosaria* sp.，*Pseudoglandulina* sp. 等。

下三叠统分布于江山、衢县一带的政棠组中下部，含 *Claraia* - *Ophiceras* 组合，属 Indian 阶，上部没有采得化石，是否为 Olenekian 阶下部还有待于进一步工作。分布于长兴、吴兴地区的青龙组下部泥岩中含 *Claraia* - *Ophiceras* 组合，属 Indian 阶，青龙组中上部仅在煤山广兴

井发现有牙形刺 *Neospathodus homeri*，*N. triangularis* 等，是 Olenekian 阶上部的重要组成分子，说明青龙组时代属于早三叠世。

周冲村组中没有采得化石，其层位位于牙形刺 *Neospathodus homeri* 生物群之上，又与江苏、安徽的中三叠世的层位相当、岩性相似，可能为 Anisian 阶。时代为中三叠世早期。

第三节 晚泥盆世—石炭纪地层格架探讨

一、岩相古地理概况

广西运动使扬子海盆海水全部退出，震旦纪—志留纪地层褶皱回返，抬升为扬子陆块，并与华夏陆块连成一体，成为泥盆纪以后沉积的基底和陆蚀区。早泥盆世处于陆蚀和夷平，晚泥盆世时海平面上升，海水侵入华夏陆块和江南孤岛之间的低拗地区，形成了扬子海盆南缘西南封口的一个海湾。沉积了晚泥盆世—早石炭世早期的西湖组、珠藏坞组，为滨海陆屑滩—海陆交互相沉积；早石炭世早期海水短暂退出成陆，在早石炭世广大地区为陆蚀区，局部低陷地区为叶家塘组湖沼相沉积；晚石炭世时海平面明显上升，海域范围扩大，海侵淹没了江南孤岛，而侵入到华夏陆块的低陷地带，使扬子海和华南海连成一片汪洋，沉积了藕塘底组、老虎洞组、黄龙组和船山组的滨海—碳酸盐台地相的沉积。

二、晚泥盆世—石炭纪层序地层探讨

浙江晚泥盆世和石炭纪划分 A、B 二个层序(图4-2)。

1. A 层序

由西湖组和珠藏坞组构成。分为：Ⅰ型不整合面、低水位体系域、海侵体系域、饥饿段、高水位体系域五部分。

(1) Ⅰ型不整合面(SB_1)

广西运动使扬子海盆全部升为陆地、早、中泥盆世处于陆蚀和夷平阶段，缺失早、中泥盆世地层沉积。晚泥盆世海水由扬子海侵入，沉积了西湖组与下伏志留纪唐家坞组或晚奥陶世长坞组，表现为明显的平行不整合接触关系。

(2)低水位体系域(LST)

位于西湖组底部。建德北坞、饶岭坑、杭州六和塔等地，西湖组底部有30～70 m 灰白色薄层岩屑石英砂岩，偶含砾石和泥砾。为河流三角洲相沉积，与下伏中志留世唐家坞组灰绿色或紫红色长石岩屑砂岩呈平行不整合接触，与西湖组石英质含砾砂岩具明显区别。

(3)海侵体系域(TST)

位于西湖组。晚泥盆世西湖组沉积了以含砾石英砂岩为主，夹极薄的泥质粉砂岩。石英砂岩很纯，仅含少量的硅和铁质胶结物，石英含量在95%左右，最高可达98%，砂粒磨圆度和分选性较好，说明岩石的成熟度较高。层理方面可见有低角度交错层理和楔状交错层理。表明岩石组成物质经历了长途搬运和波浪反复冲刷后沉积下来。总体西湖组为一套海进式滨岸相沉积，为海侵时的沉积。

(4)饥饿段(SS)

浙西位于珠藏坞组底部，长兴地区相当原称金陵组。在长兴一带黑色薄层泥岩与粉砂岩互层，底部为钙质砂岩，含腕足类化石，厚7.8 m。

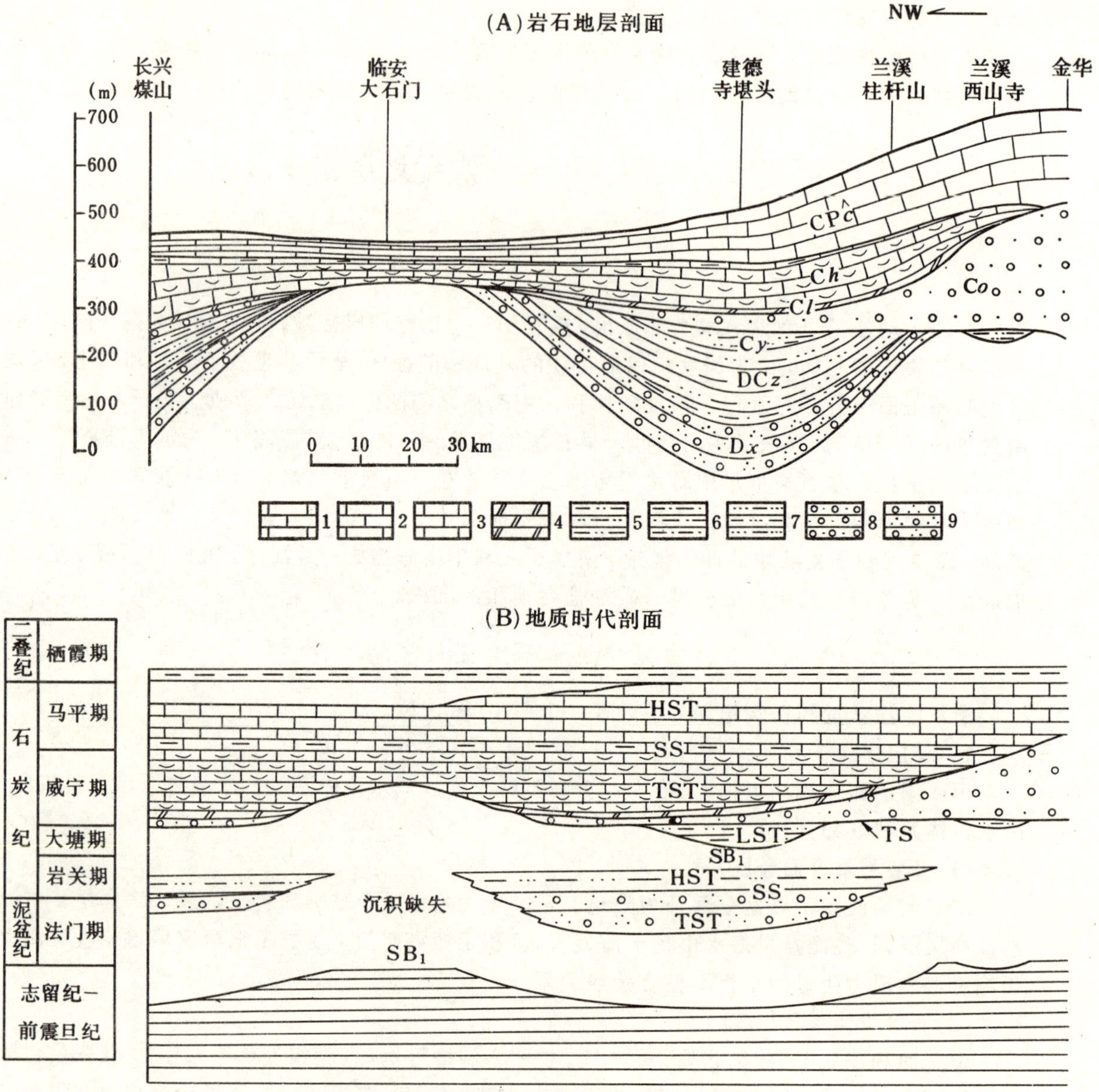

图4-2　浙江省晚泥盆纪—石炭纪岩石地层格架

1. 含泥灰岩；2. 粉泥晶灰岩；3. 生物屑灰岩；4. 白云岩；5. 煤系层；6. 砂质泥岩；7. 砂泥岩互层；8. 砂砾岩；9. 含砾石英砂岩；Dx 西湖组；DCz 珠藏坞组；Cy 叶家塘组；Co 藕塘底组；Cl 老虎洞组；Ch 黄龙组；Cĉ 船山组；SB_1. Ⅰ型不整合面；TS. 海侵面；LST. 低水位体系域；TST. 海侵体系域；SS. 饥饿段；HST. 高水位体系域

在杭州、富阳、桐庐一带，岩性为灰色薄层粉砂岩、粉砂质泥岩组成，含植物化石，向西南方向缺失。

(5)高水位体系域(HST)

位于珠藏坞组。岩关期开始海退，常山—建德一带处于干燥炎热的氧化环境，陆源碎屑供给充分，形成陆相的红色粗碎屑沉积，在桐庐、杭州和浙北地区沉积了紫红和灰色交替，岩石夹有黑色砂泥岩和煤线，局部地段含鲕状赤铁矿和腕足类化石，常见水平层理、交错层理、槽状层理、波状层理、透镜状层理、板状交错层理等。说明海水进退频繁，气候干热和湿热交替，形成三角洲相海陆交互的沉积。受柳江上升运动的影响浙西北区全面上升结束了岩关期末的沉积，华夏陆块、江南孤岛和扬子陆块连成一体。

2. B层序

由早石炭世叶家塘组、晚石炭世藕塘底组、老虎洞组、黄龙组、船山组构成。分为：I型不整合面、低水位体系域、海侵体系域、饥饿段及高水位体系域五部分。

(1) I型不整合面(SB_1)

受柳江上升运动的影响，浙江境内扬子海盆海水又全部退出上升成陆，与华夏陆块、江南古岛连成一体。经剥蚀后沉积了早石炭世晚期叶家塘组沉积。在建德石马头—常山球川，叶家塘组与珠藏坞组为平行不整合接触；在江山、兰溪、金华一带叶家塘组超覆于晚奥陶世长坞组或文昌组或志留纪之上，呈平行不整合接触。叶家塘组与下伏地层之间具间断面。

(2)低水位体系域(LST)

位于叶家塘组。受柳江上升运动影响，扬子海盆海水全部退出，在常山球川—建德石马头和江山—金华一带的低洼地区，大塘期中晚时形成湖沼相沉积环境，沉积了由砾岩、砂砾岩、砂岩、粉砂质泥岩、碳质泥岩、煤层组成多个沉积韵律，颜色一般为灰至灰黑色，含植物化石，厚度19～91 m。厚度由西南向东北变薄。在常山球川—建德石马头一带与下伏珠藏坞组为平行不整合接触；江山—金华一带叶家塘组上段超覆于奥陶系长坞组之上。岩性具水平层理、冲刷交错层理、透镜状层理，局部见有波痕。为石炭纪大规模海侵之前的低水位体系域沉积。

(3)海侵体系域(TST)

位于藕塘底组、老虎洞组、黄龙组。在老虎洞组之下，普遍发育有白色石英砾岩，成熟度高，磨圆度好，一般厚度0.3～0.5 m，在湖州黄龙洞厚度达7 m，并与老虎洞组呈渐变过渡，属海相滨岸砾石层，是晚石炭世大规模海侵之初的重要标志。也是藕塘底组的底部层位。

大塘期沉积后，海水从苏、皖地区广泛侵入浙西北，并与江西方向侵入的海水沟通，形成海峡。在威宁期初沉积时，临安马哨海水没有到达，江山—金华一带是东南蚀源区的边缘地带，沉积了由砂砾岩→砂岩夹白云岩透镜体→砂质白云岩→白云岩的连续沉积变化规律，横向上同是这种变化。威宁期早时沉积了由灰白色石英砂砾岩与紫红色、灰紫色砂岩、粉砂岩互层，夹白云岩透镜体(晚期夹灰岩透镜体)，砂岩中化石极少，具水平层理、波状层理、潮汐层理等，或沉积了由白云岩和白云质灰岩，底部含砾，也具有波状、透镜状、脉状层理和潮汐层理等。这些特征表明，海侵范围广阔、地势平缓，气候炎热，海水补给不足造成盐化，在海侵过程中的潮间—潮上带的沉积，近岸侧先沉积了粗碎屑岩，向海一侧沉积了白云岩或白云质灰岩，在江山—金华靠江-绍断裂带边，威宁期至马平期早期时沉积一直保持在潮间—潮上带的沉积环境，所以堆积了大套厚达300 m粗碎屑岩夹灰岩透镜体的藕塘底组。

威宁期中晚时，海侵续继扩大，淹没了江南孤岛和部分华夏陆块扬子海和华南海连成一片汪洋。但在江山至金华一带基本仍处在海盆边缘，陆源碎屑供给充分，继续沉积了潮间—潮上带环境的藕塘底组。在常山—杭州、昌化—长兴地区远离陆源区，主要为盆屑的碳酸盐岩沉积。下部为厚层至块状泥晶、粉晶生物灰岩组成，含䗴类化石以外，还有腕足类、珊瑚、藻类和有孔虫化石，大都磨损破碎，分异度和密度皆高，表明海水动荡，是潮下高能的生物滩沉积环境；上部为粉晶灰岩和生物屑灰岩组成，粒度细，生物以有孔虫、䗴类为主，局部见海百合茎，鹦鹉螺和小个体腕足类，属潮下浅水平台沉积。上述地层为海进体系域的沉积。

(4)饥饿段和高水位体系域(SS和HST)

位于船山组中下段(相当 *Schwagerina* cf. *tschernyschewi* 带之下层位)。船山组下段以深灰色厚层泥晶灰岩为主，夹粉晶灰岩，富含䗴类、有孔虫、珊瑚、腕足类等化石，可能属饥饿段；中部为灰色块状“船山球”粉晶灰岩，有砂屑和砾屑，缺乏纹层，生物以䗴类、藻类为主，属于潮下浅滩堆积，为海退的沉积环境(可能为高水位体系域)。

受黔桂上升运动的影响，长兴一带地壳上升，海水退出，缺失相当 *Schwagerina* cf. *tschernyschewi* 带灰岩的沉积，早二叠世梁山组超覆于船山组之上呈平行不整合接触；江山—杭州一带海水残留形成小海湾，致使石炭纪—二叠纪地层呈渐变过渡。

第四节　问题讨论

1. 浙东南区有无可能存在震旦纪—早古生代的变质岩

浙东南区的某些副变质岩，尚不能完全排除，其中的一小部分，可能为震旦纪—早古生代地层变质而成。包超民(1993)在察看江西戈阳周潭剖面时，萍乡-江山-绍兴断裂带东南侧，由近断裂到远断裂，依次出现片麻岩—变粒岩—结晶硅质岩—含碳质板岩并含海绵骨针(?)；依次呈过渡状态而显示动力变质特点，留下深刻印象。江西省有的研究者认为，石英岩或硅质岩是震旦纪地层，它们从江西延到了福建，并可能延到浙东南。这使我们认识到，浙东南区加里东运动如果强烈到盖层与基底难以分辨的程度，加上中生代地层的广泛掩盖，活化盖层(如果存在的话)的确认将是十分困难的。而这也是在今后工作中应予以注意的。

2. 将浙东南区鹤溪群改称芝溪头变质杂岩

芝溪头变质杂岩为晚古生代变质岩，不属于陈蔡群，为行文方便，不另立章节，放在此处讨论。它是浙江省区域地质调查大队《浙东南变质地层划分对比及构造演化》项目组(1994)依据省煤田地质二队朱德寿、胡耀华、石关根资料(浙江青田芝溪头的鹤溪群，浙江煤炭，1994年第3期)命名。

盛莘夫(1951)指出：“庆元、景宁片岩中夹有大理岩，按浙南与闽北大致相似，怀疑此大理岩系二叠纪灰岩变质。”此实乃鹤溪群的先声。

浙江区调队(1982—1983)在进行《浙江省区域地质志》及《1:50万浙江省变质图》等项工作中，依据景宁鹤溪、青田桥头、芝溪头等处资料建鹤溪群，命名地在景宁鹤溪包山，时代置于晚古生代。

经研究表明，命名地鹤溪群岩性相当复杂，夹于断裂带中，层序不清；混合岩化强烈，与陈蔡群相似；缺乏晚古生代地层的依据，因而，命名地点的鹤溪群不能成立。

但是，浙东南区晚古生代浅变质岩仍不断有报道。如江山二十八都大理岩、板岩等产硅灰石矿，并含有䗴类 *Verbeekina* sp. 及海百合茎等，时代可能为石炭—二叠纪；青田芝溪头变质石英砂岩、石墨石英片岩、大理岩等，在大理岩中采到古生物化石，经中国科学院南京地质古生物研究所鉴定为 fishbones(鱼骨化石)、*Bairdia*(介形类土菱介)等，时代为二叠纪；徐步台等(1989)在青田芝溪头、白沙及永嘉桥头采集变质岩，由3个样品获得 Rb-Sr 参考等时年龄为231±7 Ma。毗邻浙江的闽北福鼎南溪石炭系早已确认；类似的石炭—二叠纪构造窗在闽北发现十几个。如果它们不是外来地体，应该向浙江方向合理地延伸，因为它们不是边缘相。在庆元、文成、苍南、青田一带的某些浅变质岩，如千枚岩化砂岩、粉砂岩、碳质泥岩及大理岩，原岩结构、矿物成分和沉积构造保存都较完好，作为晚古生代沉积岩看待，是可以的。并以青田芝溪头西北0.5 km 处，瓯江北岸，金华—温州公路旁之剖面(浙江省煤田地质局，朱德寿等,1994)为参考剖面。

由于以上的原因，鹤溪群应予废除。依照中国地质科学研究院区调处《造山带地层清理基本要求》，将其称为“杂岩”，并作为大致与群相当的正式地层单位。依照“地理名称＋岩石名称＋杂岩”的命名原则，称之为“芝溪头变质杂岩”，成岩时代为晚古生代，主变质期可能为晚二叠世—三叠纪。

第五章
晚三叠世—白垩纪

浙江省晚三叠世—白垩纪地层分布广泛，隶属华南地层大区（Ⅵ），以江山-绍兴断裂为界，分属于扬子地层区（$Ⅵ_4$）江南地层分区（$Ⅵ_4^5$）（或称浙西北区）和东南地层区（$Ⅵ_5$）沿海地层分区（$Ⅵ_5^9$）（或称浙东南区）。出露面积约 55 489 km^2。为陆相火山岩和河湖相碎屑岩沉积。

晚三叠世地层分布于浙东南区，划分为乌灶组，岩性以湖沼相为主的煤系地层。厚度 300～600 m。早中侏罗世地层，在浙东南区，划分为枫坪组和毛弄组，以河湖相为主的煤系地层，偶夹中酸性火山碎屑岩，厚度 1200～2350 m；浙西北区，划分为马涧组、渔山尖组，合称同山群，为河湖相碎屑岩沉积，厚度 913～3500 m（图 5－1）。

晚侏罗世—早白垩世早期地层，为巨厚的火山沉积岩，厚度 3600～4500 m。浙西北区，划分为劳村组、黄尖组、寿昌组和横山组，合称为建德群；浙东南区，划分为大爽组、高坞组、西山头组、茶湾组、九里坪组和祝村组，合称为磨石山群。

早白垩世地层，主要分布于浙东南区，划分为馆头组、朝川组、方岩组、壳山组和小平田组，合称为永康群，为河湖相碎屑岩及火山碎屑岩沉积，厚度 2000～3000 m。

早白垩世晚期—晚白垩世地层，浙西北区，划分为中戴组、金华组和衢县组，合称衢江群，其上还划出桐乡组（钻孔资料），总的岩性为河湖相紫红色碎屑岩，偶夹火山碎屑岩，厚度 2300～5000 m；浙东南区，划分为塘上组、两头塘组和赤城山组，合称天台群，为火山碎屑沉积岩，厚度 800～2500 m。

第一节　岩石地层单位

乌灶组　*Tw*　（33－0075）

【创名及原始定义】　系李陶、金维楷（1932）所创，命名地点在浙江省义乌市乌灶。原始定义为：煤系本身为数层薄煤层所集成，时为页岩所间。本系厚度，当在百公尺内也，煤系中产植物化石数种，经鉴定有属于 *Dictyophyllum* 一种，及羊齿植物类数件，地质时代为侏罗纪。

【沿革】　陈其爽（1964）对义乌“乌灶煤系”植物群的研究，指出所产化石属 *Dictyophyllum－Clathropteris* 植物群，时代属晚三叠世至早侏罗世，称乌灶群。浙江区测队（1975）根据

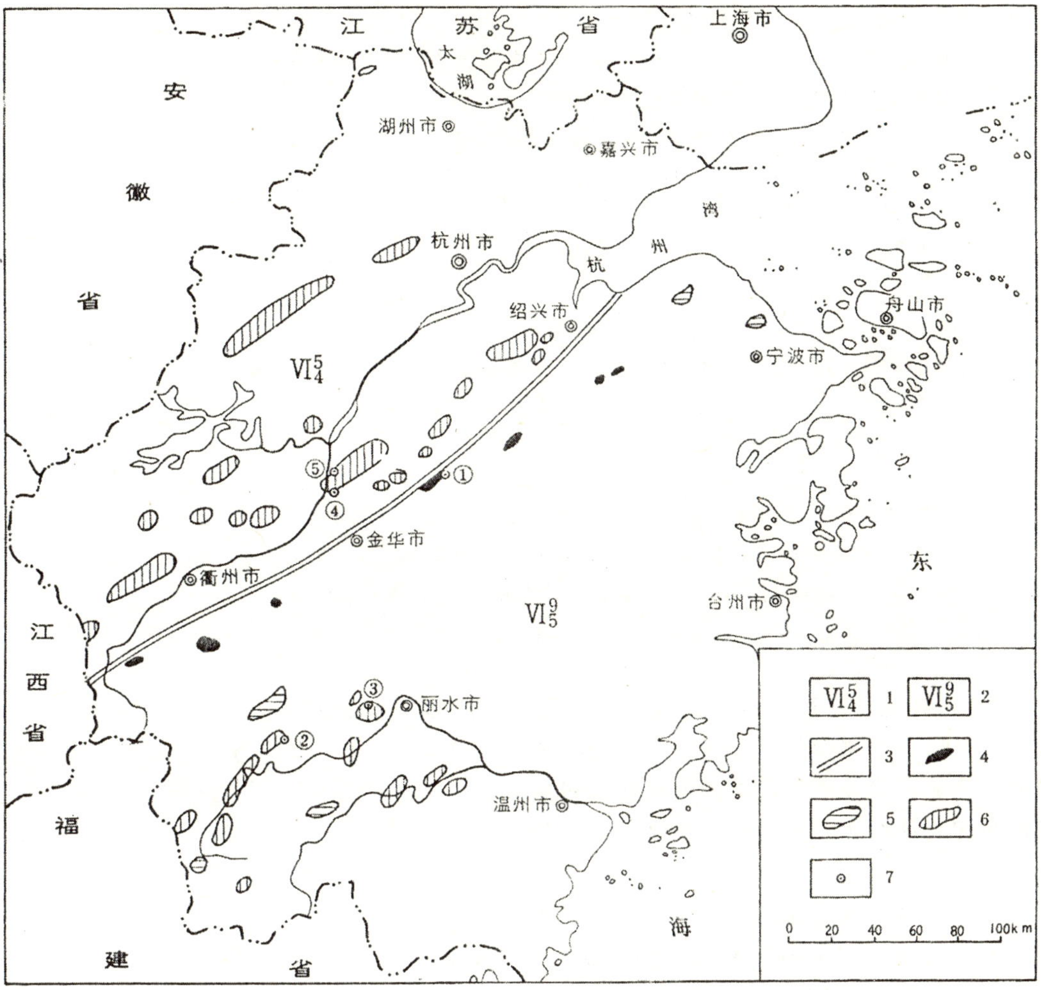

图 5-1 浙江省晚三叠世—早中侏罗世地层分布示意图

1. 江南地层分区(浙西北区)；2. 沿海地层分区(浙东南区)；3. 地层分区界线；4. 上三叠统露头区；5. 下侏罗统露头区；6. 中侏罗统露头区；7. 层型剖面地点：①义乌市乌灶乌灶组剖面；②松阳县枫枰枫坪组剖面；③松阳县毛弄煤矿毛弄组剖面；④兰溪市马涧马涧组剖面；⑤兰溪市渔山尖渔山尖组剖面

植物化石及小型真叶肢介等，证实属晚三叠世，将乌灶群称乌灶组。

【现在定义】 为含砾粗砂岩、砂岩、泥岩，夹不稳定的煤层、碳质页岩，底部常有不稳定砾岩，含植物及叶肢介化石。与下伏前震旦系陈蔡群，与上覆磨石山群均呈不整合接触。

【层型】 正层型为浙江省义乌市乌灶剖面(120°03′,29°23′)，浙江区测队二分队(1972)重测。

乌灶组 总厚度 295.60 m

10. 黄色块状含砾石英长石粗砂岩，夹厚层状石英砂砾岩及粉砂岩。(与大爽组断层接触) 15.50 m

9. 灰及灰黄色粉砂岩为主，夹薄层状灰色粉砂质泥岩，碳质页岩及煤线。含植物化石

Todites denticulata, *T.* cf. *williamsoni*, *Cycadocarpidium erdmanni*, *Clathropteris* cf. *platyphylla* 57.30 m

8. 黄棕色厚层至块状含砾石英长石粗砂岩，夹灰绿色中层状细砂岩，粉砂岩及灰黑色薄层粉砂质泥岩，砂岩中偶含菱铁矿结核 38.00 m
7. 灰绿色中薄层状粉砂质泥岩，含少量菱铁矿结核。含植物化石 *Neocalamites* sp. 38.40 m
6. 棕黄色厚层至块状含砾石英粗砂岩 37.20 m
5. 上部灰绿色中层状粉砂质泥岩；下部黑色薄层状泥岩，间夹紫色中层状粉砂岩，含菱铁矿结核 18.60 m
4. 中上部灰黑色粉砂质泥岩为主，夹少量薄层含煤线碳质页岩，含菱铁矿结核；下部含砾长石石英砂岩，含植物化石 *Pachypteris* sp. 39.50 m
3. 上部灰黑色碳质页岩，紫红色粉砂岩与灰黑色粉砂质泥岩呈互层，夹煤线；中部紫色粉细砂岩；下部灰黑色粉砂质泥岩，碳质页岩夹煤线及中薄层状细砂岩、粗砂岩和含砾粗砂岩，含菱铁矿结核。含植物化石 *Dictyophyllum* sp.，*Pterophyllum* sp. 34.50 m
2. 厚层块状含砾粗砂岩夹细砂岩，顶部夹碳质页岩 10.80 m
1. 石英长石粗砂岩，含砾粗砂岩与灰黑色粉砂质泥岩及碳质页岩呈互层，夹薄层硅质岩，含植物化石 *Neocalamites* cf. *carrerei*，*Ctenozamites* sp.；叶肢介 *Euestheria minuta*，*E. yipinglangensis*。（与陈蔡群断层接触，本组出露不全） 5.80 m

【地质特征及区域变化】 本组下部为长石粗砂岩、含砾粗砂岩与灰黑色粉砂质泥岩、碳质页岩互层，所夹薄层状硅质岩中产植物和叶肢介化石；中上部灰黑、灰绿色中层及薄层状粉砂质泥岩，灰黑色碳质页岩夹煤线，间夹棕黄色厚层块状含砾石英粗砂岩，含砾砂岩。在粉砂质泥岩中含少量菱铁矿结核，产植物化石；上部黄色块状含砾石英长石粗砂岩，夹厚层状石英砂砾岩及粉砂岩。

本组有植物化石 *Dictyophyllum exile*，*Cladophlebis yiwuensis*，*Pterophyllum ptilum*，*Cycadocarpidium erdmanni* 等。还见有 *Anthrophyopsis* 的碎片；叶肢介 *Euestheria minuta*，*E. yipinglangensis*。在衢县下呈钻孔中发现属海相双壳类 *Waagenoperna* sp. 等。根据上述生物群，该组地质时限为晚三叠世。

乌灶组向东北岩性变粗，泥岩夹层减少，向西南岩性变细，泥岩夹煤层明显增多。如：由乌灶向东北延伸至诸暨斯宅、上虞笕桥村、河头村等地，不整合于前震旦系变质岩之上或夹于断裂带中。与上覆磨石山群呈不整合接触。岩性为石英细砂岩、粉砂岩、泥岩夹砾岩透镜体等，产植物化石；由义乌市乌灶向西南经龙游县刀石岭、衢县下呈、江山市道塘山等地，不整合于二叠系或前震旦系变质岩之上，岩性由粗变细，粉砂质泥岩、碳质泥岩夹煤层明显增多，含砾砂岩相应减少，产植物化石。在下呈偶产海相双壳类。厚 300～360 m。

枫坪组 J*f* (33-0076)

【创名及原始定义】 系西安煤炭科学研究所浙南课题组(1970)创名①，命名地点在浙江省松阳县枫坪。原始定义为：出露于龙泉市花桥，松阳枫坪等地的含煤地层。多与时代不明的变质岩相邻分布，呈北东向。主要为河流、湖泊及沼泽相沉积，泥炭沼泽相发育不完全，厚度约 210～1270 m。时代定为早中侏罗世。

【沿革】 枫坪组自创名后沿用至今。

---

① 西安煤炭科学研究所浙南课题组，1970，龙泉、遂昌含煤带调查报告(油印稿)。

【现在定义】 枫坪组为河漫滩—后沼泽亚相含煤碎屑岩岩系。下部为石英砂岩、粉砂岩与泥岩、煤线互层；中部为块状粗粒石英砂岩与含砾粗粒石英砂岩夹细砂岩；上部为泥岩、粉砂岩夹泥岩。产植物及孢粉化石。与下伏前震旦系八都(岩)群、与上覆上侏罗统磨石山群均呈不整合接触。

【层型】 正层型为浙江省松阳县枫坪剖面(119°15′,28°20′)，浙江省区调队八分队(1988)重测。

枫坪组	总厚度 427.50 m
23. 灰黄色中粒岩屑石英砂岩(未见顶)	32.60 m
22. 灰色泥质粉砂岩，底部夹粉砂细砂岩	18.50 m
21. 灰白色中粒石英岩屑砂岩	32.20 m
20. 灰白色粗粒石英岩屑砂岩	32.40 m
19. 灰白色含砾粗粒岩屑石英砂岩	3.10 m
18. 灰白色粗—中粒石英砂岩，底部夹三层深灰色泥质粉砂岩	87.20 m
17. 灰白色蚀变中—细粒砂岩夹灰白色石英砂岩薄层	9.60 m
16. 灰白色粗粒石英砂岩	2.20 m
15. 深灰色细砂岩夹深灰色泥质粉砂岩薄层	2.90 m
14. 灰白色粗粒石英砂岩	89.50 m
13. 灰白色含砾中粗粒岩屑石英砂岩	7.40 m
12. 灰白色粗粒石英砂岩	23.20 m
11. 灰白色含砾粗粒石英砂岩	21.20 m
10. 灰色中粗粒石英砂岩	1.50 m
9. 灰黑色高碳质泥岩夹灰白色石英细砂岩。含孢粉 *Cyathidites* sp., *C. minor*, *Duplexisporites* sp., *Anulispora microanal*, *Classopollis* sp.	3.00 m
8. 灰白色粗粒石英砂岩	4.40 m
7. 深灰色中粒石英砂岩夹煤线	16.80 m
6. 灰白色粗粒石英砂岩夹黑色细粒岩屑砂岩	14.20 m
5. 煤层	0.40 m
4. 深灰色细砂粉砂岩	0.90 m
3. 深灰色碳质粉砂岩。含孢粉 *Cyathidites minor*, *Osmundacidites* sp., *Chasmatosporites* sp., *Cibotiumsporites* sp., *Concavisporites* sp., *Dictyophyllidites* sp., *Cycadopites* sp., *Classopollis* sp., *Quadraeculina* sp.	1.70m
2. 煤层	0.20 m
1. 深灰色泥质粉砂岩夹中—粗粒石英砂岩。含孢粉 *Klukisporites* sp., *Lycopodiumsporites* sp., *Osmundacidites* sp., *Ginkgocycadophytus* sp.	22.40 m

~~~~~~~~~~ 不 整 合 ~~~~~~~~~~

下伏地层：八都(岩)群 浅灰色混合岩化含石榴砂线黑云钾长片麻岩

【地质特征及区域变化】 本组底部为深灰色泥质粉砂岩夹中—粗粒石英砂岩，产孢粉化石；中下部为灰白色粗粒石英砂岩、含砾粗粒石英砂岩，间夹高碳质泥岩、黑色细粒岩屑砂岩、粉砂岩、石英砂岩，深灰色细砂粉砂岩中夹煤层或煤线，产孢粉化石；上部灰黄、灰白色中粒石英砂岩，夹灰白色含砾粗粒岩屑石英砂岩及深灰色泥质粉砂岩。

本组产植物及孢粉化石。植物化石主要有：*Marattiopsis asiatica*, *Dictyophyllum nath*-
~~~~~~~~~~

orsti, *Anomozamites* cf. *major*, *Otozamites yunheensis* 及层型剖面上所列孢粉化石等。

根据上述植物及孢粉化石，该组的地质时限为早侏罗世。

龙泉市花桥一带，上部岩性变粗，出现砾岩与页岩互层。龙泉市宫头一带，多处见到砾岩，砾石成分除变质岩外，尚有火山岩。煤系地层因受后期构造影响，局部地段有轻微变质现象，有的具轻微的角岩化，见于凤音山。云和县砻铺地区枫坪组岩性变粗，下部夹两层低碳质页岩，中部夹高碳质页岩及煤层。镇海九龙山—河头市一带的枫坪组最大厚度大于 797 m，由于受区域性热动力作用影响，有不同程度的变质。该带西段，为中细粒石英砂岩与千枚状泥岩、粉砂质泥岩互层，夹硅质泥岩；在镇海市河头市、黄狼山一带，出现红柱石板岩及片理化石英砂岩，于断裂中尚见有石墨片岩透镜体，这些变质岩具不同程度的混合岩化；在慈溪金夹岙、镇海解浦一带，进一步变为混合花岗质岩石。本组厚度 438.5～1310.0 m。

毛弄组　*Jml*　(33-0077)

【创名及原始定义】　由吴志俊、詹锡坤、朱福王(1962)创名①，命名地点在浙江省松阳县毛弄。原始定义为：毛弄段“大部均由晶屑凝灰岩组成”，毛弄含煤段，其下部“以粗砂岩、砂砾岩及角砾岩为主夹薄层页岩”，上部“由凝灰质砂岩、粉砂岩、砂质页岩及少量矽质岩、黑色页岩组成”，“毛弄矿区含煤或碳质页岩三层”。时代为晚侏罗世。

【沿革】　李春昱(1961)称砚岭组。浙江省第五地质大队区测连(1971)将伏于磨石山群之下的火山沉积岩煤系地层，包括原划的靖居口段、毛弄段、毛弄含煤段、安岭含煤段及金村段合并，改称为毛弄组，时代划归早中侏罗世。浙江省区域地层表编写组(1979)沿用《1：20万丽水幅区调报告》(1971)毛弄组的含义，将其时代改为中侏罗世。本书采用之。

【现在定义】　岩性为含煤火山沉积岩，可分为三部分：上部黄色含砾粗砂岩、粉砂岩、页岩及碳质页岩夹煤层；中部黄色细砂岩、含砾砂岩、粉砂岩、页岩夹煤层，之下有花岗质砂砾岩夹页岩、碳质页岩；下部灰绿色英安质玻屑晶屑凝灰岩为主，夹砂岩和煤层。未见底。与上覆磨石山群呈不整合接触。

【层型】　正层型为浙江省松阳县毛弄剖面(119°38′,28°23′)，浙江区测队二分队(1970)重测。

上覆地层：**大爽组**　流纹质玻屑凝灰岩

～～～～～～～～ 不 整 合 ～～～～～～～～

毛弄组　　总厚度 860.00 m

7. 灰色微层状页岩、粉砂岩，夹硅质岩　　60.00 m
6. 含砾粗砂岩与砂、页岩互层。含植物化石 *Cladophlebis* sp.　　40.00 m
5. 黄色含砾砂岩、粉砂岩、页岩及碳质页岩互层，夹煤三层，含双壳类 *Ferganoconcha* aff. *estheriaeformis*；植物化石 *Baiera furcata*　　80.00 m
4. 黄色含砾粗砂岩或砂砾岩为主，下部夹两层碳质页岩和凝灰岩　　120.00 m
3. 黄色细粒砂岩或含砾砂岩与粉砂岩、页岩互层，夹三层煤。含植物化石 *Coniopteris hymenophylloides*, *Phoenicopsis* sp., *P.* cf. *speciosa*, *Cladophlebis* cf. *raciborskii*, *Neocalamites carrerei* 等　　60.00 m
2. 厚层至块状砂砾岩为主夹薄层砂质页岩、薄层碳质页岩、凝灰岩、砂砾岩中含粗大的花岗岩砾石　　100.00 m

---

① 吴志俊、詹锡坤、朱福王，1962，浙江遂昌靖居煤矿普查报告(油印稿)。

1. 上部灰绿色英安质含角砾玻屑晶屑凝灰岩夹少量薄层含砾砂岩；下部英安质玻屑晶屑凝灰岩夹砂岩和煤层(未见底) 400.00 m

【地质特征及区域变化】 本组主要岩性为灰绿色英安质玻屑晶屑凝灰岩，夹砂岩、薄层含砾砂岩和煤层；中部为黄色细粒砂岩、含砾砂岩与粉砂岩、页岩互层，夹碳质页岩、凝灰岩和煤层，产植物化石；上部黄色含砾砂岩、粉砂岩、页岩及碳质页岩互层，夹煤层，顶部为灰色纸状页岩、粉砂岩及硅质岩。

本组主要产双壳类：*Ferganoconcha* aff. *estheriaeformis*；植物化石 *Coniopteris hymenophylloides*, *Phoenicopsis* sp., *P.* cf. *speciosa*, *Cladophlebis* cf. *raciborskii*, *Neocalamites carrerei* 等。根据上述生物群，该组的地质时限为中侏罗世。

本组在云和县杨家山一带，其下部的凝灰岩之下，还有厚度大于 150 m 的黄色含砾粗砂岩夹砾岩，夹少量紫红色粉砂岩、凝灰岩；中段含煤层，中、上段产植物化石。在云和县陈源头一带，本组厚度大于 2000 m，上部夹多层砾岩和砾岩透镜体；顶部夹数层玻屑凝灰岩和熔结凝灰岩；中部含煤层，大部为高碳质页岩夹煤线，厚度 0.1～1.8 m；中下部页岩中产植物化石。在龙泉市宝鉴、石层一带，本组厚度约 800 m，主要为一套粗碎屑沉积岩，偶夹灰白色流纹晶屑凝灰岩，产双壳类和植物化石。青田县陈村附近，本组为一套粗碎屑沉积岩，夹粉砂岩、泥岩和黑色碳质页岩，厚度大于 184.1 m，未见凝灰岩夹层，产植物化石。

同山群 *JT* (33－0080)

【创名及原始定义】 原称同山组，系浙江区测大队(1975)创名，命名地点在浙江省诸暨市同山。它代表浙西北地区中侏罗世一套陆相含煤地层。原同山组划分为 a、b、c、d 四个岩性段。

【沿革】 《浙江省区域地质志》(1989)将原同山组 a 段石英砾岩，划归上泥盆统；其余三段为砂岩、泥岩、含砾砂岩及砂砾岩，分别划归马涧组和渔山尖组。本书将马涧组和渔山尖组合并称同山群。

【现在定义】 下段岩性主要为黄绿色含砾砂岩、粉砂岩和粉砂质泥岩含煤线；上段为灰绿色、紫红色泥岩、砂岩及砂砾岩，按岩性组合划分为马涧组和渔山尖组，合并称同山群。底部不整合于古生代不同地层之上，与上覆劳村组呈不整合接触。

马涧组 *Jm* (33－0078)

【创名原始定义】 浙江区测队(1963)创建，命名地点在浙江省兰溪市马涧。原始定义：岩性为一套灰黄、黄绿色砾岩，含砾砂岩、砂岩及泥、页岩相间组成的韵律层。时代为早侏罗世。

【沿革】 马涧组自创名后沿用至今。

【现在定义】 为灰绿色砾岩、含砾砂岩、粉砂岩及粉砂质泥岩、泥质粉砂岩夹煤线，产双壳类、介形类、腹足类及植物化石。以灰白、灰黄色中层状含砾石英砂岩不整合于古生代不同地层之上，以黄绿、浅灰色粉砂质泥岩与上覆渔山尖组灰黄色厚层块状砾岩呈整合接触。

【层型】 正层型为浙江省兰溪市马涧剖面(119°37′,29°17′)，浙江区测队三分队(1965)测制。

上覆地层：**渔山尖组** 灰黄色厚层至块状砾岩

——————整 合——————

马涧组　　总厚度 345.00 m

8. 灰黄色砾岩，中至厚层细砂岩和黄绿、灰黑色粉砂质泥岩，上部普遍含碳质，夹碳质页岩和煤线。含双壳类 *Sphaerium* sp.　　55.20 m

7. 上部灰绿、灰黑色粉砂质泥岩与黄绿色细砂岩互层；下部灰黄色砾岩。含双壳类 *Pseudocardinia*? *sibirensis*；植物 *Coniopteris* sp.，*Anomozamites* sp.　　28.60 m

6. 灰黄色砾岩，局部为灰紫色含砾粗砂岩，顶部有厚 6 m 的灰黑色粉砂质泥岩，局部为碳质页岩。含植物化石碎片　　54.30 m

5. 灰黄色砾岩与灰白、灰紫色石英长石中细砂岩组成三个韵律层，含较多褐铁矿结核和硅化木　　108.70 m

4. 黄绿色薄至中层状泥质粉砂岩夹粉砂质泥岩，底部有厚 2 m 的灰白色含砾石英粗砂岩。中部含植物 *Clathropteris meniscioides*，*Coniopteris hymenophylloides*，*Sphenopteris* sp.，*Ginkgoites* sp.，*Swedenborgia* cf. *cryptomerioides*，*Ptilophyllum* sp. 等　　32.40 m

3. 灰黄色中层状石英粗砂岩、厚层至块状中至粗砂岩与灰黑色、黄绿色粉砂质泥岩、泥质粉砂岩组成两个韵律层。含双壳类 *Tutuella rotunda*，*T*. cf. *chachlovi*，*Pseudocardinia elongatiformis*，*P*. cf. *khadjakalanensis*，*Sphaerium*? *antiqum*；植物 *Pityophyllum* sp.，*Taeniopteris* sp.　　43.30 m

2. 黄绿色薄层状粉砂岩与灰黑色粉砂质泥岩互层夹碳质页岩。下部含植物 *Todites* cf. *denticulata*，*Otozamites* sp.，*Taeniopteris* sp.，*Clathropteris meniscioides*　　8.00 m

1. 灰白、灰黄色中层状含砾石英粗砂岩　　14.50 m

~~~~~~~~~~ 不 整 合 ~~~~~~~~~~

下伏地层：**藕塘底组**　紫红、灰紫色中至细砂岩

【地质特征及区域变化】　本组底部为灰白、灰黄色中层状含砾石英粗砂岩；下部为黄绿色薄层状粉砂岩与黑色粉砂质泥岩互层夹碳质页岩，产植物化石；中上部为灰黄、黄绿色石英粗砂岩、含砾粗砂岩，间夹黄绿色薄至中层状泥质粉砂岩及砂质泥岩，局部夹碳质页岩，产双壳类和植物化石。

本组生物群有：双壳类 *Tutuella rotunda*，*Pseudocardinia elongatiformis*，*Sphaerium*? *antiqum*，*Pseudocardinia*? *sibirensis* 等；植物化石 *Clathropteris meniscioides*，*Coniopteris hymenophylloides*，*Swedenborgia* cf. *cryptomerioides* 等。

在诸暨市同山、城山还产介形类 *Darwinula sarytimenensis*，*D*. *impudica*；轮藻 *Aclistochara yunanensis* 等。在江山市夏家窑剖面上产孢粉 *Concavisporites bohemiensis*，*Classopollis annulatus*，*Osmundacidites wellmanii* 等。根据上述生物群，该组的地质时限为中侏罗世。

马涧组岩性横向上略有变化，如诸暨市城山至戚家，其下部红色岩层增多。建德市上龙桥、枫树岗一带，中下部红色砂岩、砂砾岩增厚。在龙游县杜山坞至兰溪市马涧一带，本组下部有厚 0.2～0.8 m 不稳定的煤层。本组厚度沿走向变化大。诸暨同山最大厚度 498.3 m，向东北延至王家村附近为 30 m。

渔山尖组　Jy　(33－0079)

【创名及原始定义】　浙江区测队(1963)创名，命名地点在浙江省兰溪市渔山尖(吴山尖)。原始定义为：下部为黄绿、灰绿色泥质粉砂岩、粉砂岩、细砂岩夹含砾砂岩、砂砾岩及块状砾岩；上部为暗紫色含砾钙质粉砂岩夹细砂岩、砂砾岩及块状砾岩。时代为中侏罗世。

【沿革】　自创名后，一直沿用至今。

【现在定义】　岩性为灰绿、黄绿色砂岩、粉砂质泥岩夹灰绿、紫红色含砾砂岩、块状砾
~~~~~~~~~~

岩。含双壳类、腹足类、介形类及植物化石。以灰黄色厚层块状砾岩与下伏马涧组灰黄色中厚层状细砂岩、粉砂质泥岩呈整合接触，与上覆劳村组紫红色砾岩呈不整合接触。

【层型】 正层型为浙江省兰溪市渔山尖剖面(119°36′,29°21′)，浙江区测队一分队(1963)测制。

上覆地层：劳村组 紫红色凝灰质粉砂岩

～～～～～～ 不 整 合 ～～～～～～

渔山尖组	总厚度 3037.80 m
10. 暗紫色块状砾岩，砾石次棱角状，分选差，砾径 2～5 cm	152.90 m
9. 暗紫色块状含砾钙质粉砂岩	212.00 m
8. 暗紫色薄层状细砂岩，夹黄绿色泥岩，粉砂岩	158.30 m
7. 黄褐色块状砾岩、中粒砂岩与粉砂质泥岩交互组成韵律	76.70 m
6. 黄绿色块状砂砾岩、含砾粗砂岩，中部夹薄层粉砂质泥岩	241.60 m
5. 黄绿色、黄褐色块状含砾中粗粒砂岩，夹泥质粉砂岩	500.80 m
4. 黄绿、灰绿色含砾中粒砂岩与粉砂质泥岩或泥质粉砂岩互层。含植物化石 *Todites denticulata* , *Coniopteris hymenophylloides* 等	610.90 m
3. 上部黄绿色泥质粉砂岩夹细砂岩及含砾中粒砂岩；下部含砾粗砂岩、钙质粉砂岩与页岩互层	218.90 m
2. 上部黄绿色粉砂岩夹砂砾岩；下部砂砾岩夹粉砂岩。含植物化石 *Coniopteris hymenophylloides*	344.20 m
1. 上部黄褐、灰绿色泥质粉砂岩；下部粉砂岩、细砂岩及含砾砂岩组成韵律层；底部粉砂岩夹碳质页岩透镜体。含植物化石 *Baiera gracilis*；双壳类 *Pseudocardinia* sp.，*Tutuella* sp.(未见底)	521.50 m

【地质特征及区域变化】 本组下部为细砂岩、粉砂岩及碳质页岩透镜体，产植物及双壳类化石；中上部以粗砂岩、含砾粗砂岩为主，夹细砂岩及薄层粉砂质泥岩，产植物化石；上部以块状砾岩为主。

本组含：双壳类 *Cuneopsis yunnanensis*，*Lamprotula* cf. *cremeri*，*Psilunio gigantus*，*Pseudocardinia sibirensis*，*Tutuella rotunda*；腹足类 *Liratina subtilostriata*，*Amplovalvata deformis*，*Subtilistriata operculomphalus*，*Aphanotylus jurassicus*，*Galba* cf. *yunnanensis*，*G. tongshanensis*，*G. lufengensis*；介形类 *Darwinula sarytirmenensis*，*D. impudica*，*D. lufengensis*；叶肢介 *Nestoria longjiensis*，*N. tongshanesis*，*N. meichengensis*，*N. rhomlica*；植物化石 *Anomozamites* cf. *major*，*Cladophlebis williamsoni*，*Coniopteris hymenophylloides*，*Todites denticulata*。根据上述生物群，地质时限为中侏罗世，依层序宜置于中侏罗世中晚期。

本组厚度以渔山尖剖面为最大，厚逾 3000 m，向西南、向东北逐渐变薄，至诸暨同山为厚 1421.1 m，至王家村仅厚 568 m。

部分地区的马涧组和渔山尖组很难分开，如常山—诸暨一带的常山县赤山坞和鲁士、衢州宋家弄及杜泽等地。岩性可分为上、中、下三部分。上部灰黄色砾岩、含砾砂岩及紫红、黄绿色粉砂岩，厚 294 m；中部灰黄、黄绿色及灰白色砾岩、含砾长石砂岩，往上为黄色、紫红色粉砂岩，间夹紫红色细砂岩，厚 372 m；下部中厚层状乳白色石英砂岩及黄褐色粗砂岩与黄绿色、紫红色粉砂岩、砂质页岩互层，夹碳质页岩及煤线，厚 514 m。

淳安县临岐—临安一带的临岐附近为青灰、黄绿色砂岩，间夹砾岩及少量紫红色砂岩或砾石，厚度大于 2000 m；在淳安县白鹤岭附近有紫红色砾石、细砂粉砂岩厚 400 m；淳安县黄山东北至里潘家的红色碎屑岩岩厚 1000 m 以上，在临安县平越、化龙，上部以紫红色块状砾岩为主，夹薄层细砂岩和细砂粉砂岩，厚度大于 200 m；中部为青灰、黄绿色块状砾岩、中厚层状细砂岩、粉砂岩互层，夹碳质页岩和不稳定煤层，厚 739 m；下部深灰、紫红色块状砾岩，夹薄层细砂岩，厚 151 m。长兴县煤山附近据钻孔资料，下部以灰、青灰色砂质页岩为主，夹中粗粒石英长石砂岩、灰黑色细砂岩、黑色页岩及薄煤层；上部为一套紫红、紫灰色砂质页岩，夹灰白色、灰色及灰绿色细粒石英长石砂岩。厚度 342.9 m。

建德群　*JKJ*　(33－0092)

【创名及原始定义】　原称建德系，由刘季辰、赵亚曾(1927)创建。原始定义：建德至寿昌一带被掩于流纹岩高山之下的紫红色砂岩、页岩、凝灰质砾岩、凝灰岩及绿色砂岩、页岩互层组成的一套岩性组合，按这一层序，建德系之上是流纹岩层。

【沿革】　浙西地层队顾知微等(1959)将建德系划分为砚岭组、蔡郎岗组、寿昌组和紫红色砂质页岩层，前三组称建德亚群，原流纹岩层仍予保留，命名为“浙江流纹岩”。1963 年前后，对寿昌地区反复工作后发现，建德系之上所谓流纹岩层(浙江流纹岩)，是因构造变动所造成岩层重复，它实属建德系内的火山岩。邹鑫祜、陈其爽(1964)改砚岭组为风畈组，并将蔡郎岗组下部的火山岩命名为黄尖组，同时扩大原寿昌组含义，包括了原蔡郎岗组中部沉积岩、上部火山岩及狭义的寿昌组。现依据《1：20 万建德幅区域地质矿产调查报告》(1965)和《浙江省区域地质志》(1989)划分意见，将刘、赵二氏在建德—寿昌地区所记述的全部火山沉积岩层，统归建德群(表 5－1)(图 5－2)。

表 5－1　浙江省晚侏罗世地层划分沿革表

刘季辰 赵亚曾	浙江省 石油地质队	邹鑫祜 陈其爽	浙江省五 大队区测连	浙江省区域 地层表编写组		《浙江省区域地质志》		本　书	
1927	1959	1964	1971	1979		1989			
浙　西	永康地区	浙西北区	1:20 万丽水幅	浙西北区	浙东南区	浙西北区	浙东南区	浙西北区	浙东南区
K_2 建德系	J_3^3 永康组	K_1 永康组	K_1 馆头组	K_1 横山组	K_1 馆头组	J_3 建德群：黄山组	K_1 馆头组	K_1 横山组	K_1 馆头组、祝村组
	J_3^2 磨石山组	J_3 寿昌组 黄尖组 风畈组	J_3 磨石山组：J_3^5 J_3^4 J_3^3 J_3^2 J_3^1	J_3 寿昌组 黄尖组 劳村组	J_3 磨石山组：J_3m^e J_3m^d J_3m^c J_3m^b J_3m^a	寿昌组 黄尖组 劳村组	J_3 磨石山群：祝村组 九里坪组 茶湾组 西山头组 高坞组 大爽组	J_3 建德群：寿昌组 黄尖组 劳村组	J_3 磨石山群：九里坪组 茶湾组 西山头组 高坞组 大爽组
			J_2 毛弄组	J_2 渔山尖组	J_2 毛弄组	J_2 渔山尖组	J_2 毛弄组	J_2 渔山尖组	J_2 毛弄组

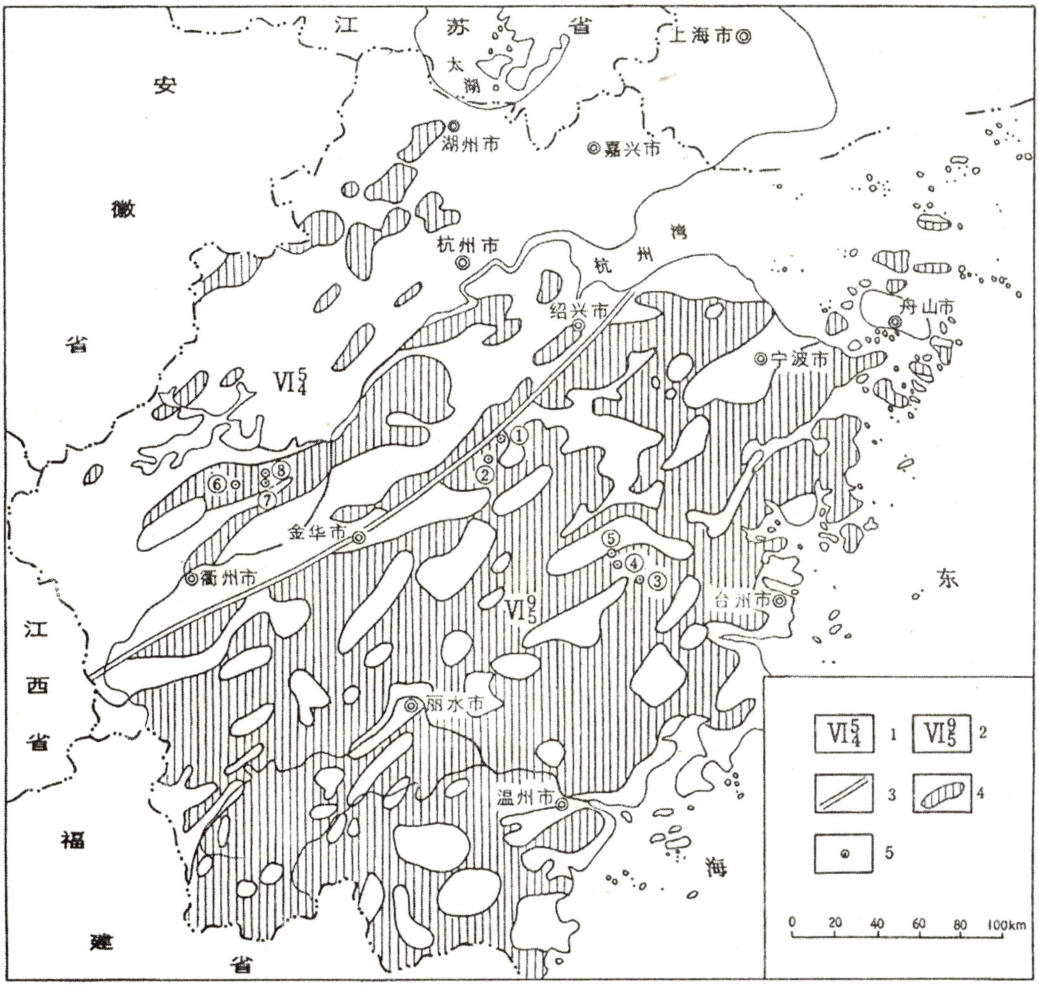

图 5-2 浙江省晚侏罗世地层分布示意图

1. 江南地层分区(浙西北区)；2. 沿海地层分区(浙东南区)；3. 地层分区界线；4. 上侏罗统露头区；5. 层型剖面地点：①东阳市罗山大爽组剖面；②诸暨市清秀田—嵊县雾露尖高坞组剖面；③天台县西山头西山头组剖面；④天台县九里坪茶湾组剖面；⑤天台县九里坪九里坪组剖面；⑥建德市劳村劳村组剖面；⑦建德市寿昌黄尖山黄尖组剖面；⑧建德市寿昌枣园—岩下寿昌组剖面

【现在定义】 岩性下部为栾色碎屑岩夹火山岩；中部为巨厚层中一酸性火山岩；上部为灰绿色、紫红色细碎屑为主夹少量火山岩。划分为劳村组、黄尖组、寿昌组和横山组。

劳村组 *Jl* (33-0088)

【创名及原始定义】 由浙江区测队(1965)创名，命名地点在浙江省建德市劳村。原始定义为：岩性主要为一套暗紫色泥质粉砂岩，夹不稳定的流纹质凝灰岩和少量砾岩、黄绿色砂岩、粉砂岩等。局部含钙质结核及透镜状灰岩，底部有不稳定的砾岩。时代为晚侏罗世。

【沿革】 顾知微等(1959)创建砚岭组。邹鑫祜、陈其爽(1964)改称风畈组。后经实地调查，并无风畈村名，浙江区测队(1965)命名为劳村组。沿用至今。

【现在定义】 岩性为暗紫色泥质粉砂岩、砂岩夹不稳定的流纹质凝灰岩、流纹岩和少量砾岩、黄绿色砂岩、粉砂岩。在区域分布常以紫红色砾岩不整合于晚侏罗世之前的不同地层之上；以暗紫色粉砂岩与上覆黄尖组火山岩呈整合接触。

【层型】 正层型为浙江省建德市劳村剖面(119°05′,29°18′)，由浙江区测队三分队(1963)测制。

上覆地层：**黄尖组** 灰紫色块状流纹斑岩

——————整 合——————

劳村组 总厚度 1235.80 m

12. 紫红色薄层状粉砂岩，下部夹流纹质玻屑凝灰岩 82.40 m
11. 紫红色薄层状含钙质粉砂岩夹灰绿色粉砂岩薄层，下部黄绿色流纹质玻屑凝灰岩向上逐渐过渡为沉凝灰岩 88.10 m
10. 灰绿、黄绿色薄层状含钙粉砂岩、粉砂质泥岩夹中厚层状凝灰质砂岩，底部流纹质玻屑凝灰岩 55.50 m
9. 紫红、灰绿色中至薄层状钙质粉砂岩，富含钙质结核夹紫红色粉砂岩及灰绿色泥灰岩透镜体，底部为灰白色流纹质玻屑凝灰岩 139.80 m
8. 顶部暗紫色粉砂质泥岩夹薄层粉砂岩，局部含钙质结核：上部紫红色中层状钙质粉砂岩、含钙质结核；下部紫红色粉砂质泥岩夹紫红色砾岩；底部夹厚约 25 m 黄绿色凝灰岩 228.10 m
7. 紫红色含钙粉砂岩，局部含钙质结核，夹薄层砂岩、浅蓝绿色砂质泥岩及少量凝灰质砂岩，底部夹 29 m 紫、灰绿色流纹质玻屑凝灰岩 288.30 m
6. 紫灰色砾岩间夹紫红色粉砂岩 51.30 m
5. 紫红、黄绿色薄层泥岩与粉砂岩互层，夹薄层纸状页岩，微层理发育。页岩中含介形类 *Rhinocypris* sp.；植物化石 *Cladophlebis* sp. 37.50 m
4. 紫红色薄层状粉砂质泥岩夹粉砂岩，顶部夹一层厚 2.7 m 的页岩；上部夹厚 9 m 的泥岩；底部为厚约 8 m 的黑色薄层状页岩。含植物化石 *Cladophlebis* sp 55.50 m
3. 灰绿色薄层状凝灰质粗砂岩与沉凝灰岩互层 38.70 m
2. 紫红色砂岩与砾岩间互成层 73.10 m
1. 紫红、灰绿色砾岩，砾石半滚圆状，砾径 5 cm 左右，分选性差 97.50 m

══════ 断 层 ══════

下伏地层：**休宁组** 灰绿色含砂质泥质页岩

【地质特征及区域变化】 本组在劳村剖面上，底部为紫红色及灰绿色砾岩、紫红色砂岩与砾岩间互成层，其上为紫红色薄层状粉砂质泥岩夹粉砂岩、紫红色钙质粉砂岩，局部含钙质结核；下部夹灰绿色薄层状凝灰质粗砂岩与沉凝灰岩及厚约 8 m 的黑色薄层纸状页岩，含植物化石；中上部紫红、黄绿及暗紫色钙质粉砂岩、粉砂质泥岩夹灰绿色泥灰岩透镜体及少量凝灰岩、凝灰质砂岩及灰白色流纹质玻屑凝灰岩。以紫红色薄层状粉砂岩与上覆黄尖组灰紫色流纹斑岩呈整合接触。

在劳村剖面以东至茶园村南，该组与下伏休宁组以及在建德市梅城、兰溪市西樟等地与下伏渔山尖组均呈不整合接触。

本组动物群主要有：腹足类 *Amplovalvata* aff. *suturalis*，*A. suturalia anjipingensis*；昆虫 *Mesopanorpa yaojiashanensis*，*Lycoriomima mictis*，*Linicorixa odota*，*Tinactum solusum*，*Vi*-

duata otiosa 等。

根据上述生物组合，该组的地质时限为晚侏罗世早期。

在寿昌—临浦一带，以建德梅城—寿峰山一线为界，以西以红色沉积岩为主夹火山岩，以东火山岩急剧增多，以火山岩为主夹沉积岩。淳安—临安一带，劳村组岩性仍以碎屑岩沉积为主夹火山岩。本组厚度 526.7～1318.3 m

黄尖组　*Jh*　(33-0089)

【创名及原始定义】　系邹鑫祜等(1964)创名①，创名地点在浙江省建德市寿昌镇南黄尖山。原始定义：岩性分为上、下两部：上部为流纹质凝灰熔岩、玻屑凝灰岩、凝灰角砾岩夹紫红色流纹岩，顶部为层凝灰岩夹紫红色粉砂岩；下部为紫色、灰色流纹岩、流纹斑岩，流动构造清晰。总厚约 700 m。时代为晚侏罗世。

【沿革】　浙西地层队、顾知微等(1959)创名蔡郎岗组，后将蔡郎岗组解体，其下部的火山岩重新命名为黄尖组，一直沿用至今。

【现在定义】　本组岩性为酸性熔岩或酸性火山碎屑岩夹中性熔岩，偶夹沉积岩薄层。以中性或酸性熔岩、火山碎屑岩与下伏劳村组，以酸性火山碎屑岩与上覆寿昌组沉积岩均为整合接触。

【层型】　正层型为浙江省建德市寿昌镇南黄尖山剖面(119°11′,29°20′)，由浙江省区测队三分队(1963)重测。

上覆地层：**寿昌组**　蓝灰色凝灰质砾岩夹凝灰质粗砂岩

——————— 整　合 ———————

黄尖组	总厚度 943.00 m
7. 灰绿色沉凝灰岩夹凝灰岩、角砾凝灰岩，上部夹凝灰质粉砂细砂岩及粗砂岩	65.50 m
6. 灰紫色块状流纹斑岩，局部流纹构造发育，有时含岩屑和角砾	120.00 m
5. 绿灰色珍珠岩	42.10 m
4. 灰色、暗灰色球泡流纹岩，球泡构造发育，下部为流纹斑岩，具清晰流纹构造	234.60 m
3. 灰白色、灰红色流纹斑岩，含少量岩屑和晶屑，岩石具清晰的流纹构造	248.50 m
2. 灰至灰红色流纹质晶屑凝灰岩，局部具假流纹构造	177.90 m
1. 灰至灰褐色块状流纹斑岩，上部为流纹质凝灰熔岩，顶部夹灰紫色薄层粉砂岩	54.40 m

——————— 整　合 ———————

下伏地层：**劳村组**　紫红色泥质粉砂岩夹细纱岩及砂砾岩

【地质特征及区域变化】　本组主要岩性为流纹(斑)岩夹绿灰色珍珠岩，下部有灰、灰红色流纹质晶屑凝灰岩，底部流纹斑岩、流纹质凝灰熔岩中夹灰紫色粉砂岩。

同位素年龄值：本组在莫干山地区划分为两个旋回，经 Rb-Sr 等值线法测定，下旋回年龄值为 145±15.05Ma；上旋回年龄值为 139.63±2.32Ma。据此，该组的地质时限为晚侏罗世。

黄尖组在不同的火山活动区或同一区的不同火山构造部位，岩性、厚度变化较大。寿昌—临浦一带，岩性以流纹斑岩为主，其次为酸性凝灰岩、熔结凝灰岩、沉凝灰岩及沉积岩；在浦江八角尖—寿峰山及建德大岩山一带，自下而上为中基性—中酸性—酸性火山岩的喷发韵

---

① 邹鑫祜、陈其奭，1964，浙江省中生界火山沉积岩系之研究(未刊)。

律；在诸暨、萧山、临浦等地，主要为中酸性—酸性火山碎屑岩，夹少量中性、酸性熔岩及砂岩、粉砂岩；在桐庐县庐横村埠及富阳市新登一带，为英安质晶屑熔结凝灰岩。厚度变化较大，在黄尖剖面，本组厚度 943 m，以北相距 10 km 的枣园剖面，厚度仅 175 m。总的趋势是自西南向东北方向变厚，如向东北延伸到绍兴江塘王家大山，该组厚度可达 1551 m。淳安—临安一带，黄尖组构成天目山的主体，岩性主要为酸性、中酸性火山碎屑岩夹流纹(斑)岩及少量沉积岩，中部还夹有辉石安山岩、英安岩及石英粗安斑岩，最大厚度大于 4389.5 m。由天目山向西南延伸，厚度明显变薄，如临安县上腰铺厚 1375 m，向西南逐渐减为 939 m，至淳安县甘坞盆地，黄尖组变为偏碱性流纹斑岩和集块角砾熔岩，夹少量中酸性火山碎屑岩，厚度为 765.6 m。

寿昌组　$J\hat{s}$　(33-0090)

【创名及原始定义】　系顾知微等(1962)创名，命名地点在浙江省建德市寿昌。原始定义：指“寿昌城南剖面发育于蔡郎岗组之上的一套以杂色砂、页岩，粘土夹凝灰质沉积为特征，仅顶部 50 米为红色砂页岩”的地层。

【沿革】　邹鑫祜、陈其爽(1964)肢解了蔡郎岗组，将该组的下部火山岩命名为黄尖组，蔡郎岗组沉积岩、上部火山岩及狭义寿昌组统划归寿昌组，时代为晚侏罗世。寿昌组自创名后长期沿用。本书扩大寿昌组的含义，将横山组下部酸性凝灰岩划入本组顶部。

【现在定义】　岩性为灰绿、黄绿、紫红等杂色砂、页岩，中部和顶部各有一层厚度不稳定的酸性火山岩，以灰色凝灰质砂岩、含砾砂岩与下伏黄尖组熔结凝灰岩、以流纹质晶屑玻屑凝灰岩、熔结凝灰岩与上覆横山组紫红色含砂粉砂岩均呈整合接触。

【层型】　正层型为浙江省建德市枣园—岩下剖面(119°14′,29°21′)，由浙江区测队一分队(1962)测制。

上覆地层：**横山组**　紫红色中层状含砂粉砂岩，顶部局部含钙质结核

——————— 整　合 ———————

寿昌组　　总厚度 1200.80 m

14. 绿色中层状流纹质凝灰岩　5.10 m
13. 紫红色中层状泥质粉砂岩夹透镜状及薄层状岩屑砂岩，下部含钙质结核　17.30 m
12. 黄绿色中厚层泥岩及灰黑色钙质泥岩互层，顶部夹泥质粉砂岩，中部夹含钙质细砂粉砂岩。泥岩中含介形类 *Cypridea* sp.，*Darwinula* sp.，*Mongolianella* sp.；叶肢介 *Orthestheria intermedia*　190.40 m
11. 黄绿色厚层状石英细砂岩夹细粒石英岩屑砂岩透镜体；下部黄绿色细砂粉砂岩；底部含钙质粉砂岩　107.20 m
10. 紫红色薄至中层状泥质粉砂岩、粉砂质泥岩，普遍含磨圆度好的小砾石，下部夹厚 10m 的灰绿色凝灰质粗砂岩　124.20 m
9. 上部黄褐色中层状泥质细砂岩；中下部黄绿色中层状含钙质泥岩；底部夹长石石英砂岩。含介形类 *Darwinula* sp.　38.60 m
8. 灰黑色中层状钙质泥岩，上部夹黄绿色泥岩，中部夹三层灰白色石英细砂岩，泥岩中常夹细砂质团块和条带。含介形类 *Mongolianella* sp.；叶肢介 *Yanjiestheris chekiangensis*；植物 *Pagiophyllum* sp.　54.90 m
7. 上部青灰色、黄绿色薄至中层状含钙质泥质粉砂岩；中部土黄色、黄绿色薄至中层状中细粒岩屑长石砂岩；下部黄绿色薄层状钙质页岩。含鱼类 *Mesoclupea showchangensis*；介形类 *Cypridea* sp.；叶肢介 *Orthestheria intermedia*；植物 *Otozamites* sp.　261.40 m

6. 黄褐色块状流纹质玻屑凝灰岩　55.00 m

5. 青灰色薄层状硅质泥质粉砂岩、粉砂质泥岩　3.40 m

4. 第四系浮土掩盖　118.80 m

3. 灰色厚至中厚层状粉砂岩与浅灰色细砂岩互层，近顶部夹含粉砂质页岩，近底部夹凝灰质细砂岩。含鱼类 *Ganaid* sp. indet. 叶肢介 *Yanjiestheria sinensis*；植物 *Klukia browniana*　118.60 m

2. 浅灰色细砂岩夹灰黑色钙质页岩。细砂岩中含 介形类 *Darwinula* sp.　56.60 m

1. 青灰绿色厚层状粉砂岩、凝灰质细砂岩夹岩屑砂岩，底部有一层厚 2.4 m 的沉凝灰岩　49.30 m

————— 整　合 —————

下伏地层：**黄尖组**　灰绿色块状英安质晶屑熔结凝灰岩

【地质特征及区域变化】　本组岩性分一、二、三、四段。一段底部为沉凝灰岩、青灰色粉砂岩、凝灰质细砂岩夹岩屑砂岩，其上为灰色中厚层状粉砂岩与浅灰色细砂岩互层，间夹黄绿色含钙质泥质粉砂岩、灰黑色钙质泥岩；二段黄褐色块状流纹质玻屑凝灰岩；三段为青灰、黄绿色含钙质泥质粉砂岩、灰黑色钙质泥岩夹灰白色石英细砂岩、紫红色泥质粉砂岩及薄层状岩屑砂岩；四段为绿色中层状流纹质凝灰岩。

本组一、三段内产：鱼类 *Mesoclupea showchangensis*，*Sinamia huananensis*，*Fuchunkiangia chesiensis*；腹足类 *Probaicalia gerassimovi*，*P. tricarinata*，*P. vitimensis*，*Viviparus shouchangensis*；双壳类 *Ferganoconcha shouchangensis*，*F. ovalis*，*F. liaosiensis*，*Mengyinaia* (*Solenaia*) *pujiangensis*，*M.* (*Margaritifera*) *huatungensis*；介形类 *Darwinula sarytirmenensis*，*Damonella extenda*；昆虫 *Ephemeropsis trisetalis*，*Clypostemma xyphiale*。

同位素年龄值，临安县平山寿昌组膨润土矿中分离的透长石，其$^{40}Ar/^{39}Ar$年龄值为135.5±0.4 Ma。

根据生物组合及同位素年龄值，寿昌组地质时限为晚侏罗世，依层序位置，可划归晚侏罗世晚期。

在寿昌—临浦一带，寿昌盆地寿昌组可分四个岩性段，一、三段为湖相沉积岩，二、四段为火山岩，但厚度不大，自寿昌盆地往东经兰溪市墩头、浦江县至诸暨市等地，寿昌组中的火山岩明显增厚，到浦江盆地北侧女儿坑、阳山等地，相当二段火山岩厚度达 467 m，至诸暨上箭路—白杨尖寿昌组总厚达 1071.6 m，其中二、四两段火山岩厚度已达 737.3 m。

淳安—临安一带寿昌组不发育，仅于淳安县甘坞和临安县平山及长兴县仙山等地有少量出露。在平山盆地为河湖相的火山-沉积岩，产植物、叶肢介、双壳类、鱼类和昆虫化石。据钻孔揭露，厚度为 893.9 m，并赋存有较大规模的钙、钠基膨润土矿。在长兴县泗安附近，仙山剖面岩性上部浅灰色泥岩、灰绿色粉砂质泥岩夹粉砂岩，产植物化石，厚 84 m；下部灰绿、紫红色厚层状含砾岩屑砂岩夹含砾岩屑晶屑凝灰岩，厚 285.6 m。淳安甘坞盆地，本组为杂色砂页岩，上部有少量凝灰岩、沉凝灰岩；下部夹铁质泥岩及泥灰岩。产植物和鱼类化石。厚 19 m。

横山组　K*h*　(33－0091)

【创名及原始定义】　系浙江区测队(1965)创名，命名地点在浙江省建德市横山。原始定义：岩性为一套紫红色富含钙质结核粉砂岩，间夹细砂岩，偶夹凝灰质砂岩、砾岩及黄绿色砂岩、粉砂岩。东南部地区下部夹有玄武玢岩，上部偶夹薄层凝灰岩。厚度 300～1400 m。时代定为早白垩世。

【沿革】 自创名之后，一直使用至今。本书将下部酸性凝灰岩划到寿昌组顶部。

【现在定义】 寿昌组之上的一套紫红色富含钙质结核粉砂岩夹细砂岩，偶夹凝灰质砂岩、砾岩及黄绿色细砂岩、粉砂岩，上部偶夹薄层凝灰岩。未见顶。以紫红色砂岩与下伏寿昌组酸性火山碎屑岩呈整合接触。未见上覆地层。

【层型】 正层型为浙江省建德市横山剖面(119°12′,29°23′)，由浙江省区测队一分队(1962)测制。

横山组	总厚度 214.10 m
21. 暗紫红色中层状含砾细砂粉砂岩夹黄绿色粉砂岩薄层(未见顶)	37.20 m
20. 灰绿色中层状凝灰质含砾细砂岩	1.20 m
19. 暗紫红色含细砂粉砂质泥岩	35.40 m
18. 紫红色中层状含砂粉砂质泥岩，含钙质结核，底部为一层暗紫红色含钙质结核粉砂质泥岩	13.80 m
17. 灰肉红色中层状粗粒长石质杂砂岩	5.40 m
16. 黄褐色中层状含砾中—细粒砂岩。含植物化石 *Frenelopsis* sp.	1.40 m
15. 暗紫红色中层状泥质粉砂岩夹透镜状长石质杂砂岩	16.20 m
14. 灰黄色中层状泥质粉砂岩。含植物化石 *Cladophlebis* sp.	6.30 m
13. 暗紫红色中层状含砂泥质粉砂岩	6.60 m
12. 灰黄色中层状泥质粉砂岩。含双壳类 *Nakamuranaia chingshanensis*	7.00 m
11. 暗紫红色薄—中层状含砂泥质粉砂岩夹杂砂岩	24.00 m
10. 黄绿、紫红色相间含砂泥质粉砂岩，底部有一层黄绿色凝灰质砂岩	2.90 m
9. 灰肉红色晶屑岩屑凝灰岩	2.20 m
8. 黄绿色薄层状细砂粉砂岩，下部有一层黄绿色中粒砂岩	2.90 m
7. 暗紫红色薄—中层状含钙质结核粉砂岩	24.70 m
6. 黄绿色薄层状泥质粉砂岩	0.30 m
5. 肉红色薄层状酸性凝灰岩	0.80 m
4. 黄褐色中层状含砂粉砂岩。含植物化石 *Frenelopsis parceramosa*	1.60 m
3. 暗紫红色中层状含砂粉砂岩	1.30 m
2. 灰紫红色厚层状粗粒杂砂岩	4.50 m
1. 紫红色中层状含砂粉砂岩，顶部局部含钙质结核	18.40 m

——————— 整 合 ———————

下伏地层：寿昌组 绿色中层状流纹质凝灰岩

【地质特征及区域变化】 本组下部为紫红色粉砂岩、粉砂质泥岩、粗粒杂砂岩、粗粒长石杂砂岩，偶夹肉红色薄层状酸性凝灰岩；上部暗紫红色含钙质结核细砂粉砂质泥岩及暗紫红色中层状含砾细砂粉砂岩，夹少量黄绿色薄层状泥质粉砂岩。

本组化石较为稀少，主要有：双壳类 *Nakamuranaia elongata*，*N. zhejiangensis*；腹足类 *Mesoneritina pustula*，*Viviparus hengshanensis*，*Lioplacodes stenotes*，*Probaicalia vitimenensis*，*P. tricarinata*；植物化石 *Coniopteris* sp.，*Otozamites linguifolius*。

根据上述生物化石组合，横山组地质时限为早白垩世早期。

上述剖面以紫红色粉砂质泥岩、泥质粉砂岩为主，夹砂岩组成，南侧相距仅 2 km 处，变为紫红色砾岩、砂砾岩与砖红色细砂岩，三者交互成层，偶夹沉凝灰岩。寿昌—临浦一带，横山组岩性粗细变化明显，如：常山县朱家一带，为紫红色砂岩，厚度大于1000 m；兰溪市墩头盆地，厚度超过1000 m，岩性为紫红色钙质粉砂岩，夹钙质细至中粒砂岩及凝灰质砂岩，下部夹凝灰质含砾砂岩；兰溪市梅大坂村以南，相当本组上部，有厚约14.3 m的砾岩；墩头盆地东端的上木坑、虞街附近，本组底部夹20～100 m的气孔状玄武玢岩。淳安—临安一带，横山组分布于新安江水库的西北侧，紫红色层岩性明显变粗。淳安甘坞剖面，厚度大于370.4 m，紫红色粗碎屑岩中，含有火山灰物质，夹钙质结核细砂粉砂岩。金峰农中剖面，厚度为196.3 m，蒋岭脚附近厚度为409.4 m。

磨石山群　JK*M*　(33-0087)

【创名及原始定义】　原称磨石山组，系浙江省石油地质队(1959)所创①，命名地点在浙江省永康、缙云两县交界处的磨石山。为一套岩性以酸性为主的陆相火山岩系。此后，该组泛指浙东南地区上侏罗统的火山岩沉积岩系，一般分为a、b、c、d四个岩性段。

【沿革】　浙江区测队(1962)称括苍山群。(浙江省五大队区测连(1971)和浙江区域地层表编写组(1979)沿用磨石山组并划分5个岩性段。汤文权(1983)创桥山组、西坑源组、余庄组和老竹组，陈其爽(1989)创白岩村组。浙江区调队(1989)在《浙江省区域地质志》中改称磨石山群，自下而上划分为大爽组、高坞组、西山头组、茶湾组、九里坪组和祝村组。本次清理沿用《浙江省区域地质志》的划分，仅将祝村组时代改为早白垩世早期。

【现在定义】　磨石山群由中酸性、酸性火山岩、火山碎屑岩夹沉积岩组成。自下而上划分为：大爽组、南坞组、西山头组、茶湾组、九里坪组和祝村组。下伏与中侏罗世或更老地层呈不整合接触，上覆与永康群或更新地层呈不整合接触。

大爽组　J*d*　(33-0081)

【创名及原始定义】　系浙江区调队(1989)创名。命名地点在浙江省东阳市大爽。原始定义：相当原磨石山组a段，岩性下部以沉积岩为主夹凝灰岩、沉凝灰岩、安山质火山碎屑岩，局部地区夹较多安山岩；上部为酸性火山岩夹沉积岩。时代为晚侏罗世。

【沿革】　自创名沿用至今。

【现在定义】　岩性以酸性火山碎屑岩为主，夹中、酸性熔岩和火山碎屑沉积岩。以砾岩或砂岩与下伏中侏罗世以下地层呈不整合接触；与上覆高坞组灰色块状流纹质玻屑晶屑熔结凝灰岩呈整合接触。

【层型】　正层型为浙江省东阳市罗山剖面(120°23′,29°27′)，由浙江区调队四分队(1982)测制。

上覆地层：**高坞组**　深灰色流纹质晶屑玻屑熔结凝灰岩

——————　整　合　——————

大爽组	总厚度 526.30 m
20. 深灰色流纹质含角砾晶屑玻屑弱熔结凝灰岩，底部灰色薄层沉凝灰岩	126.10 m
19. 浅灰色流纹质含角砾晶屑玻屑熔结凝灰岩，具假流纹构造，中下部浆屑组成弱熔结构造	29.60 m
18. 灰黄绿色流纹质玻屑弱熔结凝灰岩，浆屑定向排列，形成清晰的假流纹构造	27.30 m
17. 上部肉红色硅质沉凝灰岩；下部流纹质玻屑凝灰岩	5.50 m

① 浙江省石油地质队，1959，1959年石油地质工作总结报告(附1960年工作设计书)。

16. 紫红色厚层至块状凝灰岩夹两层沉凝灰岩 16.90 m

15. 浅灰绿色厚层至块状流纹质玻屑凝灰岩 11.20 m

14. 上部灰紫色凝灰质粉砂岩；中部沉角砾凝灰岩；下部深紫色含砾凝灰质细砂岩 4.70 m

13. 上部紫红色凝灰质粉砂岩；中部夹一层含火山泥球沉凝灰岩；下部浅灰色凝灰质岩屑细砂岩 3.00 m

12. 暗紫色蚀变英安玢岩夹紫红色轻蚀变凝灰质岩屑不等粒砂岩 14.10 m

11. 灰黄色流纹质含角砾玻屑凝灰岩，部分角砾呈浑圆状 17.20 m

10. 浅灰紫色英安玢岩，下部流纹构造清晰 49.40 m

9. 暗紫色中至细粒岩屑砂岩，中部夹薄层沉凝灰岩，局部含砾 40.60 m

8. 灰黄色中厚层状中细粒岩屑砂岩夹 3～4 层薄层状沉凝灰岩 13.30 m

7. 上部灰黄色凝灰质泥质含砾砂岩夹三层浅灰紫色凝灰质粉砂岩，下部暗紫色凝灰质岩屑砂岩 31.90 m

6. 上部砖红色凝灰质泥质砂岩；下部砖红色沉凝灰岩夹紫红色凝灰质粉砂岩 13.10 m

5. 浅灰色流纹质角砾岩屑玻屑凝灰岩，顶部夹 0.5 m 的浅灰绿色沉凝灰岩 15.30 m

4. 顶部砖红色薄层沉凝灰岩；上部砖红色中厚层状凝灰质粉砂岩、砂岩互层；中部砖红色厚层状凝灰质砂岩；下部紫红色厚层状不等粒砂岩及岩屑砂岩 71.10 m

3. 上部灰黄色不等粒石英长石砂岩；中部灰白色厚层状石英砂岩；下部灰黄色石英长石岩屑砂岩，夹薄层硅质岩 18.90 m

2. 砖红至深灰色沉凝灰岩夹粉砂岩 13.60 m

1. 灰绿色沉角砾凝灰岩，局部夹玻屑凝灰岩、沉凝灰岩、角砾成分复杂 3.50 m

～～～～～～ 不 整 合 ～～～～～～

下伏地层：**晋宁期** 混合斑状黑云二长花岗岩

【地质特征及区域变化】 本组底部为灰绿色沉角砾凝灰岩，局部夹玻屑凝灰岩、沉凝灰岩，其上为砖红、深灰、灰黄色沉凝灰岩、石英长石岩屑砂岩，夹浅灰色流纹质角砾岩屑玻屑凝灰岩；中上部灰黄色流纹质含角砾玻屑凝灰岩、玻屑凝灰岩，间夹少量灰紫色英安玢岩、紫红色凝灰质粉砂岩及沉凝灰岩。依层序该组地质时限定为晚侏罗世早期。

衢县—绍兴一带，以金华市箬阳、义乌市后宅厚度最大，厚约 2000 m，向西南和东北两端厚度变小，如：衢县抱珠龙仅厚 238 m；绍兴市土鹅山厚度 740 m；嵊县三界至四明山厚度大于 1000 m；余姚临山厚 500 m。中性熔岩在义乌市后宅和诸暨市斯宅比较发育，向西南和东北相变为中酸性和酸性火山岩。龙泉—新昌一带，下部沉积岩极不稳定，以中性火山岩居多，上部则以酸性火山岩为主。从区域上看西南部中性火山岩多于东北部。在新昌县赤土、龙泉市花桥附近，本组底部尚见有不稳定的红色砂砾岩。本组厚度在西南部的龙泉蛟垟附近，该组厚度 804 m，龙泉以北，厚度 1141.3～3746.2 m。

高坞组 *Jg* (33－0082)

【创名及原始定义】 浙江区调队(1989)创名，命名地点在浙江省诸暨市斯宅高坞。原始定义：相当原磨石山组 b 段，岩性由单一的中酸性、酸性熔结凝灰岩组成，石英、长石晶屑含量在 30%～50%，宏观特征貌似“花岗岩体”。与下伏大爽组、上覆西山头组均呈整合接触。时代为晚侏罗世。

【沿革】 自创名沿用至今。

【现在定义】 本组岩性是较为单一的酸、中酸性火山碎屑岩，晶屑含量多在 35%以上，偶夹沉积岩、玻屑凝灰岩等。与下伏大爽组灰紫色流纹岩、与上覆西山头组灰色凝灰质粉砂质泥岩均呈整合接触。

【层型】 正层型为浙江省诸暨市斯宅清秀田—嵊县雾露尖剖面(120°27′,29°35′),浙江区调队四分队(1983)测制。

上覆地层:**西山头组** 灰色薄至中层状凝灰质粉砂质泥岩

——————整 合——————

高坞组	总厚度 1242.20 m
7. 浅灰色流纹质晶屑玻屑熔结凝灰岩,玻屑大体呈定向排列	30.10 m
6. 深灰色英安质含角砾多屑熔结凝灰岩,底部有厚 50 cm 的浅灰色流纹质玻屑凝灰岩	264.10 m
5. 上部流纹英安质含角砾玻屑晶屑熔结凝灰岩;下部流纹英安质晶屑玻屑熔结凝灰岩,假流纹构造发育	126.10 m
4. 深灰色流纹质含角砾晶屑玻屑熔结凝灰岩	51.00 m
3. 上部深灰色英安流纹质含角砾多屑熔结凝灰岩;中下部深灰色英安流纹质含角砾晶屑玻屑熔结凝灰岩,假流纹构造清晰	370.10 m
2. 上部深灰色流纹质晶屑玻屑熔结凝灰岩,下部为深灰色流纹质含角砾多屑熔结凝灰岩,具假流纹构造	387.40 m
1. 深灰色英安质含角砾玻屑熔结凝灰岩	13.40 m

——————整 合——————

下伏地层:**大爽组** 深灰—灰紫色流纹岩

【地质特征及区域变化】 本组主要岩性深灰色块状流纹质晶屑玻屑熔结凝灰岩或玻屑晶屑熔结凝灰岩,局部含角砾、岩屑含量相对较高,为多屑熔结凝灰岩,石英、长石晶屑含量达 30%以上。

浙东南区高坞组的岩性特征基本一致,为流纹质晶屑熔结凝灰岩,局部地段岩性略偏中性。如丽水市魏村、衢县大山岗、金华市罗芳桥、镇海市大岭脚、义乌市双尖及东阳市李宅等地,熔结凝灰岩中玻屑、岩屑含量高,沉积夹层增多,个别夹层厚达 100 m,偶而也有流纹岩或安山岩夹层。乐清县大荆夹英安质晶屑熔结凝灰岩。在文成县枫树坪、青田县白水济夹有厚 4~50 m 的流纹岩。浙东南区厚度相对比较稳定,一般厚度在 800~1000 m,局部地段厚度较大。如温岭市理岙厚度 1480.5 m,奉化县大堰厚度达 3000 m 以上。

西山头组 *Jx* (33-0083)

【创名及原始定义】 浙江区调队(1989)创名,命名地点在浙江省天台县西山头。原始定义:相当原磨石山组 c 段下部 c^1。它覆于高坞组之上,伏于茶湾组之下,为一套岩性复杂的酸性火山碎屑岩夹沉积岩,局部夹少量中、酸性熔岩或火山碎屑岩。时代为晚侏罗世。

【沿革】 自创名沿用至今。

【现在定义】 岩性为酸性火山碎屑岩夹沉积岩、酸性—基性熔岩。以凝灰质砂岩、含砾砂岩或玻屑凝灰岩、沉凝灰岩与下伏高坞组流纹质晶屑熔结凝灰岩、与上覆茶湾组砂砾岩、砾岩或粉砂岩、沉凝灰岩均呈整合接触。

【层型】 正层型为浙江省天台县西山头村剖面(120°53′,29°03′),浙江区调队一分队(1976)测制。

上覆地层:**茶湾组** 暗紫色块状砾岩

——————整　合——————

西山头组	总厚度 756.00 m
21. 灰黑色块状玄武岩	12.20 m
20. 浅灰绿色薄层状流纹质含角砾玻屑凝灰岩	38.90 m
19. 灰紫色块状流纹质含角砾晶屑玻屑熔结凝灰岩	104.20 m
18. 灰紫色块状流纹质含角砾玻屑凝灰岩	5.70 m
17. 灰紫色至灰绿色块状流纹质晶屑玻屑凝灰岩	21.50 m
16. 浅灰绿色薄层状含火山泥球流纹质玻屑凝灰岩	14.40 m
15. 浅灰紫色流纹质含角砾玻屑凝灰岩	55.50 m
14. 灰紫色块状流纹质晶屑玻屑熔结凝灰岩	26.10 m
13. 浅灰绿色块状流纹质玻屑熔结凝灰岩	13.30 m
12. 灰绿色中厚至厚层状流纹质晶屑玻屑凝灰岩	19.90 m
11. 灰紫色块状流纹质晶屑玻屑熔结凝灰岩	165.20 m
10. 灰绿色厚层状沉凝灰岩	1.10 m
9. 灰褐色块状流纹质晶屑玻屑凝灰岩	15.60 m
8. 灰黑色块状英安质晶屑玻屑熔结凝灰岩	81.90 m
7. 灰紫色块状英安质晶屑玻屑熔结凝灰岩	22.80 m
6. 灰黄至灰绿色块状流纹质晶屑玻屑凝灰岩	82.20 m
5. 灰绿色中厚层状流纹质含角砾晶屑玻屑凝灰岩	23.20 m
4. 浅灰绿色厚层至块状流纹质晶屑玻屑熔结凝灰岩	36.60 m
3. 灰绿色，顶部为暗紫色沉凝灰岩	2.20 m
2. 灰绿色厚层状流纹质晶屑玻屑凝灰岩	1.70 m
1. 浅灰绿色流纹质玻屑凝灰岩	1.80 m

——————整　合——————

下伏地层：高坞组　灰紫色块状流纹质玻屑晶屑熔结凝灰岩

【地质特征及区域变化】　本组底部为浅灰绿色流纹质玻屑凝灰岩，其上是灰绿、暗紫色沉凝灰岩、晶屑玻屑凝灰岩、流纹质玻屑熔结凝灰岩，夹灰紫、灰黑色英安质晶屑玻屑熔结凝灰岩，再上为灰紫色流纹质含角砾晶屑玻屑熔结凝灰岩、玻屑凝灰岩，有时含火山泥球，顶部为灰黑色块状玄武岩。

龙泉—上虞一带，酸性、中酸性熔岩夹层较多，中性及基性熔岩少。流纹岩夹层在龙游县白杨坞、武义县乌门、金华市仁坑垄、双溪口、口溪坑厚度 200 m 以上，金华市皂里厚度 650 m；中酸性熔岩分布于金华市口溪坑与和村、缙云县水口及永康市杳岭等地，厚度 30～70 m，永康市杳岭厚度大于 400 m；沉积岩夹层一般 5～40 m，在武义县乌门、四明山等地超过 100 m，东阳市上陈、仙居县紫岭下夹泥灰岩和灰岩透镜体，嵊县双桥夹有碳质页岩和煤线。文成—奉化一带，西山头组以酸性火山碎屑岩占主导地位，沉积岩夹层所在部位也不相同，黄岩圣堂、乐清县小洪坑山沉积岩分布在下部，临海市清潭头多分布于中下部，青田县白水济，平阳县梅山顶、永嘉县表山等地多分布在上部，零星夹有中性、中基、基性熔岩等。本组厚度一般 700～1500 m，最薄仅 446 m，武义县乌门厚度达 3077 m。

矿产有：青田县塘后、小寺、温州市岭下、三门岔坑铅锌矿，临海市芳周亭的铜锌矿点。象山县黄岙、临海市西坑的磁铁矿点及青田县山口的叶蜡石矿等。

茶湾组　$J\hat{c}$　（33－0084）

【创名及原始定义】 浙江区调队(1989)创名，命名地点在浙江省天台县茶湾。原始定义：相当原磨石山组c段上部c^2。它覆于西山头组之上，伏于九里坪组之下，岩性由凝灰质砂砾岩、砂岩、粉砂质泥岩、沉凝灰岩，含角砾沉凝灰岩组成。时代为晚侏罗世。

【沿革】 自创名沿用至今。

【现在定义】 岩性为含凝灰质的沉积岩，夹流纹质玻屑凝灰岩及中性和酸性熔岩。在粉砂岩、硅质岩和黑色页岩中，含鱼类、昆虫、双壳类、腹足类、叶肢介、介形类、植物等化石。以凝灰质砾岩与下伏西山头组呈整合接触，以沉凝灰岩、凝灰岩与上覆九里坪组呈火山喷发不整合接触。

【层型】 正层型为浙江省天台县茶湾村剖面(120°52′,29°04′)，由浙江区调队一分队(1976)测制。

上覆地层：**九里坪组** 灰白色块状流纹质凝灰角砾岩

~~~~~~~~~~ 喷 发 不 整 合 ~~~~~~~~~~

茶湾组	总厚度 265.30 m
5. 灰黑色中厚至厚层状含角砾沉凝灰岩夹块状沉凝灰岩	205.80 m
4. 黄绿色细砂粉砂岩夹黑色泥岩，具交错层理	1.40 m
3. 绿色薄层状沉凝灰岩	7.70 m
2. 灰黑色薄层状泥岩，向上过渡为凝灰质细砂岩与粉砂岩互层。含植物化石 *Sphenopteris* sp.	1.80 m
1. 暗紫色块状砾岩，偶见花岗岩砾	48.60 m

———————— 整 合 ————————

下伏地层：**西山头组** 灰黑色块状玄武岩

【地质特征及区域变化】 本组底部为暗紫色块状砾岩，下部为灰黑色薄层状泥岩；中部为凝灰质细砂岩与粉砂岩互层；上部为绿色薄层状沉凝灰岩、灰黑色中厚—厚层状含角砾沉凝灰岩夹黄绿色细砂岩及黑色泥岩。

生物群有：鱼类 *Mesoclupea showchangensis*，*Fuchunkiangia chesiensis*，*Paraclupea chetungensis*，*Ikechaoamia meridionalis*；双壳类 *Ferganoconcha shouchangensis*，*F. ovalis*，*F. subcentralis*，*F. elongata*；腹足类 *Reesidella concentrica*；昆虫 *Coptoclava longipoda*，*Notocupes undatabdominus*；虾 *Cathaysergestes zhejiangensis*。地质时限为晚侏罗世。

茶湾组为火山洼地沉积，由于洼地的形成条件不同，洼地的形态复杂，当时火山活动处于相对平静状态，局部地方仍有微弱火山喷发。因此，茶湾组火山岩夹层在不同的火山洼地中，还存在一定差异。龙泉—上虞一带：分布零散，火山喷发物较少。如丽水市老竹、东阳市羊岩尖等火山洼地沉积了青灰色、灰绿色砂岩、粉砂岩及粉砂质泥岩等正常沉积岩。文成—奉化一带：火山洼地较多，且有微弱火山活动，因此岩性则有较大的变化。如：缙云县水口以沉积岩为主，夹少量中酸性、酸性火山碎屑岩、临海市小岭下部为粗细相间的凝灰质含量较高的粗碎屑岩；中上部夹有黑色泥岩和煤线，同时还夹有酸性火山碎屑岩。临海市五尖山—鹰窝尖茶湾组下部以凝灰质碎屑沉积岩为主夹少量酸性火山碎屑岩；上部以酸性火山碎屑岩为主夹含凝灰质碎屑沉积岩。永嘉县澄田茶湾组沉积岩中夹有安山岩、玄武玢岩等。象山县石浦在碎屑岩中夹有较多藻灰岩等。

茶湾组一般厚度300～700 m，在奉化县龙潭山仅厚177.3 m，镇海县沙湾最大厚度达
~~~~~~~~~~

1589 m。

九里坪组　Jj　(33-0085)

【创名及原始定义】　浙江区调队(1989)创名，命名地点在浙江省天台县九里坪。原始定义：相当原磨石山组d段，岩性主要为酸性熔岩、局部地区夹沉凝灰岩、沉积岩及酸性火山碎屑岩，偶夹中酸性及中性熔岩。时代为晚侏罗世。

【沿革】　自创名沿用至今。

【现在定义】　岩性以酸性熔岩为主，局部夹沉积岩和流纹质玻屑熔结凝灰岩、凝灰岩等。以流纹岩、流纹质凝灰角砾岩或集块岩与下伏茶湾组呈喷发不整合接触，与上覆祝村组呈整合接触或与馆头组底部砾岩呈不整合接触。

【层型】　正层型为浙江省天台县九里坪剖面(120°52′,29°04′)，浙江区调队一分队(1976)测制。

上覆地层：**馆头组**　灰绿色薄层状凝灰质砾岩

～～～～～～～～ 不 整 合 ～～～～～～～～

九里坪组	总厚度 178.30 m
2. 灰紫色块状流纹岩，局部含珠泡，顶部为块状石泡流纹岩	174.40 m
1. 灰白色块状流纹质凝灰角砾岩	3.90 m

～～～～～～～～ 喷 发 不 整 合 ～～～～～～～～

下伏地层：**茶湾组**　灰黑色中厚层状含角砾沉凝灰岩

【地质特征及区域变化】　本组以流纹岩为其特征，岩性相对比较稳定，局部地区也有变化。龙泉—上虞一带：出露较少，仅分布于衢县龙宫头、龙游县上圩头西北、永康市五指岩、诸暨市东部叶大山、上虞市外严等地，主要由酸性熔岩、凝灰熔岩等组成。

文成—奉化一带：本组相对较发育，各地的岩性略有变化。如：奉化县沈家岩厚达1475 m，其中厚1000 m为酸性熔岩，其它为酸性凝灰岩及沉凝灰岩夹层；在鄞县杨岙—太白山及岱山县东塞岛、多子山等地，除酸性熔岩外，夹有酸性火山碎屑岩、沉凝灰岩及少量沉积岩；镇海县陈山、鄞县鹿山、奉化县舍辋村酸性熔岩中含有松脂岩或珍珠岩、黑曜岩等。仙居县公孟岩、永嘉县大若坑等地，为中酸性、酸性强熔结凝灰岩夹酸性熔岩及集块角砾岩等。

九里坪组多数地区顶部出露不全，一般厚度200～400 m，上虞市外严最大厚度可达1657.5 m。

本组同位素年龄值Rb-Sr等时线法测定值为139.8±11 Ma，Rb-Sr法测定值为139.23 ±12.34 Ma，K-Ar法测定值为135.6 Ma。根据上述三个样的同位素年龄数据，本组的地质时限为晚侏罗世。

祝村组　$K\hat{z}$　(33-0086)

【创名及原始定义】　浙江区调队(1989)创名，命名地点在浙江省丽水市祝村。原始定义：相当原磨石山组e段，岩性主要由中酸性火山碎屑岩或中性熔岩，夹少量基性和中酸性熔岩、中性火山碎屑岩及沉积岩，顶部有时有酸性熔岩。时代为晚侏罗世。

【沿革】　自创名沿用至今，但时代由晚侏罗世改为早白垩世早期。

【现在定义】　岩性为中性—中酸性火山碎屑岩夹沉积岩，上部多为酸性熔岩。底部为火山集块角砾岩、紫红色泥质粉砂岩。与下伏九里坪组呈喷发不整合接触；与上覆塘上组底部红色含砾砂岩、砂砾岩或与馆头组凝灰质砾岩呈不整合接触。

【层型】 正层型为浙江省丽水市祝村剖面(120°00′,28°27′)，由浙江区调队二分队(1982)测制。

上覆地层：**塘上组** 紫红色块状砾岩

～～～～～～～～ 不 整 合 ～～～～～～～～

祝村组	总厚度约 1398.30 m
37. 灰色块状石英霏细斑岩，底部流纹构造清楚	300.90 m
36. 深灰色、风化后为棕黄色松脂岩，底部厚 0.5 m 流纹质含角砾玻屑凝灰岩	3.80 m
35. 浅灰色薄层状凝灰质硅质岩，单层厚 5～15 cm	5.20 m
34. 灰、灰绿色块状流纹质玻屑凝灰岩	10.20 m
33. 浅灰、灰紫色块状沉凝灰岩	4.20 m
32. 灰紫、灰色薄层状粉砂岩与泥岩互层	1.90 m
31. 灰色薄层状凝灰质细砂岩夹薄层状凝灰质粉砂岩	2.30 m
30. 灰色中厚层状沉凝灰岩，上部中厚层状凝灰质砂岩夹凝灰质粉砂岩，中部夹薄层状粉砂岩	3.70 m
29. 灰黄色厚层至块状流纹质玻屑凝灰岩，上部有时含角砾，顶部夹一层厚 30 cm 的灰紫色沉凝灰岩	9.20 m
28. 灰黄色厚层状沉凝灰岩，顶部层理清楚	3.60 m
27. 浅灰色薄层状凝灰质粉砂质泥岩与泥岩互层。含叶肢介 *Yajiestheria sinensis*，*Y. kyongsangensis*	2.60 m
26. 暗绿色中厚层状含钛磁铁矿长石不等粒砂岩，上部夹两层含砂钛磁铁矿(上矿层厚 8 cm，下矿层厚 3～5 cm)	2.00 m
25. 上部灰绿色中层状凝灰质长石不等粒砂岩；下部黄色薄层状流纹质玻屑凝灰岩	6.50 m
24. 灰绿、浅灰黄色块状流纹质玻屑凝灰岩	17.90 m
23. 深灰色块状杏仁状辉石安山岩，具杏仁状构造	6.60 m
22. 第四系掩盖	
21. 灰色厚—块状安山质晶屑玻屑熔结凝灰岩，中上部夹 0.7 m 玻屑凝灰岩，下部含角砾	23.90 m
20. 灰色中厚层状英安质含角砾玻屑熔结凝灰岩，有时见假流纹构造	62.60 m
19. 灰色块状英安质含角砾多屑熔结凝灰岩，中下部夹英安质角砾凝灰岩	118.40 m
18. 灰紫色块状英安质玻屑熔结凝灰岩，具假流纹构造	1.60 m
17. 灰色块状英安质含集块多屑熔结角砾凝灰岩	24.90 m
16. 浅灰色块状英安质含角砾晶屑玻屑熔结凝灰岩，具假流纹构造	50.40 m
15. 灰色厚层至块状英安质晶屑熔结凝灰岩，晶屑为长石，约占 50%	57.10 m
14. 灰色块状英安质晶屑熔结凝灰岩，含少量霏细岩岩屑	92.90 m
13. 灰色块状流纹质含集块岩屑熔结角砾凝灰岩	5.80 m
12. 灰色块状英安质晶屑凝灰熔岩，底部含角砾	79.60 m
11. 浅灰色块状英安质玻屑熔结凝灰岩，上部岩石有定向排列空洞，下部熔结条带发育	37.80 m
10. 灰紫色块状流纹质多屑熔结角砾凝灰岩，下部夹两层角砾集块岩	110.90 m
9. 灰色块状英安质角砾集块岩，中上部夹厚 3 m 的流纹岩	36.20 m
8. 灰紫色块状英安质玻屑熔结凝灰岩，具明显假流纹构造	24.10 m
7. 灰色块状流纹质角砾集块岩，集块略具定向排列	61.20 m
6. 浅灰色块状流纹质玻屑熔结凝灰岩，上部含较多岩屑和少量角砾	51.70 m
5. 紫灰色流纹质集块岩，集块呈定向排列	15.90 m

4. 灰紫色块状英安岩，含少量同岩角砾　108.20 m

3. 紫灰色块状流纹质集块熔岩，集块与胶结物同为流纹岩　12.60 m

2. 灰色块状英安质玻屑熔结凝灰岩，具清晰假流纹构造　13.30 m

1. 流纹质集块熔岩，底部为集块岩　28.60 m

~~~~~~~~~~~ 喷 发 不 整 合 ~~~~~~~~~~~

下伏地层：**九里坪组**　浅灰黄色流纹斑岩

【地质特征及区域变化】　本组下部为灰色英安质玻屑熔结凝灰岩、流纹质玻屑熔结凝灰岩与流纹质或英安质角砾集块岩互层，夹一层灰紫色块状英安岩；中上部以灰色英安质含角砾晶屑玻屑熔结凝灰岩为主，夹安山质晶屑玻屑熔结凝灰岩及一层杏仁状辉石安山岩；上部灰黄、灰绿色流纹质玻屑凝灰岩，夹中、薄层状沉凝灰岩、凝灰质粉砂岩、细砂岩及暗绿色含钛磁铁矿长石不等粒砂岩，在浅灰色粉砂质泥岩与泥岩互层中，产叶肢介 *Yanjiestheria sinensis*，*Y. kyongsangensis* 等。

龙泉—上虞一带，分布范围局限，在诸暨市以东及绍兴市以南的竹田头附近，下部以中性熔岩为主，夹凝灰质砂岩，厚 1046.5 m；上部为中酸性、酸性火山碎屑岩为主夹酸性熔岩、凝灰质粗碎屑沉积岩，厚 805.7 m。文成—奉化一带，局限于火山洼地内，分布于宁海县水车至白岩等地，上部为酸性火山碎屑岩夹紫红、黄绿色粉砂岩和沉凝灰岩；中部以红层为主，夹近厚 100 m 的中酸性火山碎屑岩及厚 14 m 的玄武岩；下部为中酸性火山碎屑岩，厚度 1398 m。在宁海县茶山一带，岩性以中酸性火山碎屑岩为主夹紫红、黄绿色粗碎屑沉积岩，底部与上部夹有墨绿色玄武岩、安山质角砾岩及英安玢岩。厚度 356～1500 m。

永康群　K*Y*　(33-0098)

【创名及原始定义】　源自浙江省石油地质队(1959)命名的永康组。原始定义：永康组分馆头层和朝川层两个地层单位。馆头层由栾色砂岩、泥岩，夹少量火山岩组成；朝川层由紫红色碎屑岩夹少量火山岩组成。与下伏磨石山组为不整合接触，与上覆方岩砾岩为整合接触。时代为晚侏罗世。其上为方岩砾岩和浙江流纹岩。

【沿革】　浙江区测队(1962)改称为馆头组和朝川组，其上覆地层依次为方岩组和壳山组。鞠天吟、陈其奭(1980)所称永康群，指馆头组、朝川组和方岩组，而不包括壳山组。本书将馆头组、朝川组、方岩组、壳山组及小平田组合并称永康群。

【现在定义】　指超覆不整合于磨石山群之上，不整合伏于天台群(衢江群)之下的大套河湖相碎屑岩夹火山碎屑岩、中酸性火山岩和火山碎屑岩。永康群划分为馆头组、朝川组、方岩组、壳山组和小平田组(图 5-3)。

馆头组　K*g*　(33-0093)

【创名及原始定义】　原称馆头层，浙江省石油地质队(1959)[①]　创名，命名地点在浙江省永康县馆头村。原始定义：指"一套以杂色湖相(?)堆积为主的地层"，"岩性可分为四部分：底砾岩；下部主要是细粒碎屑岩；中部主要是凝灰岩、凝灰质砂岩、凝灰质砾岩及少量火山熔岩；上部主要是砂岩和泥岩交互成层"。时代为晚侏罗世。

【沿革】　浙江区测队(1962)将馆头层改称为组，时代改为早白垩世。沿用至今。

【现在定义】　岩性为灰绿、黄绿、灰红等杂色砂、泥岩夹数层中、酸性火山岩。以紫红色砂砾岩、砾岩与下伏磨石山群或建德群呈超覆不整合接触；以灰绿、灰色砂岩、粉砂岩与

---

① 浙江省石油地质队，1959 年石油地质工作总结报告(附 1960 年工作设计书)。
~~~~~~~~~~~

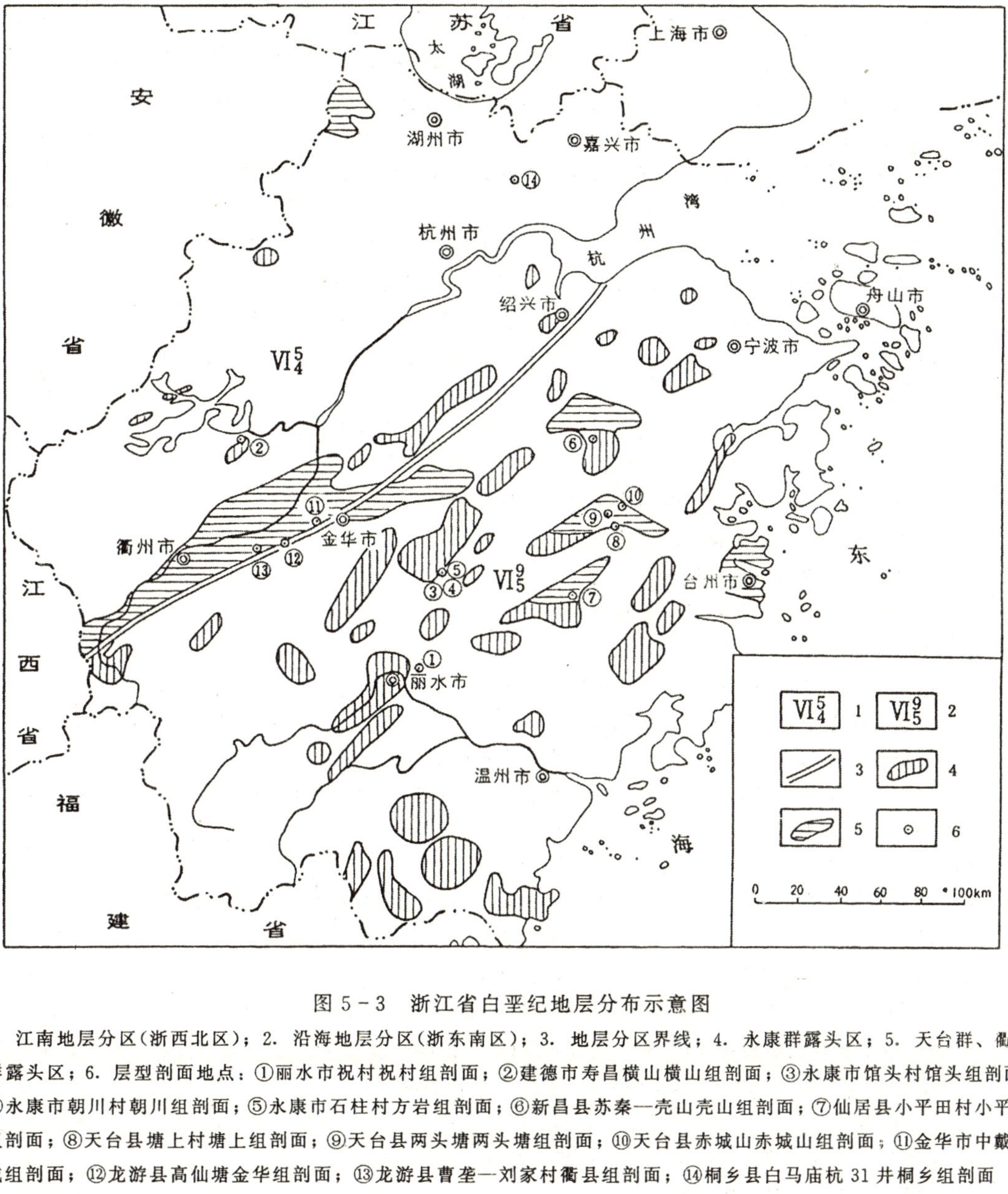

图 5－3 浙江省白垩纪地层分布示意图

1. 江南地层分区(浙西北区)；2. 沿海地层分区(浙东南区)；3. 地层分区界线；4. 永康群露头区；5. 天台群、衢江群露头区；6. 层型剖面地点：①丽水市祝村祝村组剖面；②建德市寿昌横山横山组剖面；③永康市馆头村馆头组剖面；④永康市朝川村朝川组剖面；⑤永康市石柱村方岩组剖面；⑥新昌县苏秦—壳山壳山组剖面；⑦仙居县小平田村小平田组剖面；⑧天台县塘上村塘上组剖面；⑨天台县两头塘两头塘组剖面；⑩天台县赤城山赤城山组剖面；⑪金华市中戴中戴组剖面；⑫龙游县高仙塘金华组剖面；⑬龙游县曹垄—刘家村衢县组剖面；⑭桐乡县白马庙杭 31 井桐乡组剖面

朝川组紫红色砂岩或含砾砂岩呈整合接触。

【层型】 正层型为浙江省永康县馆头村剖面(120°06′,28°48′)，浙江区测队二分队(1962)重测。

上覆地层：朝川组 紫红色中厚层状含砾凝灰质中粗粒长石岩屑砂岩

——————— 整 合 ———————

馆头组 总厚度 366.90 m

34. 浅灰绿色中厚层状细粒沉凝灰岩，顶部有含小砾的松散软泥 5.40 m

33. 黑色至暗紫绿色薄层厚板状页岩。底部含鱼类 *Yongkangichthys hsitanensis*，

Chetungichthys brevicephalus，*Paralycoptera wui* 4.10 m

32. 红—紫红色凝灰质含砾不等粒砂岩，中部含钙质结核 15.30 m
31. 黄绿色薄层状含砂粉砂质泥岩，中上部含较多钙质结核，底部夹生物碎屑灰岩透镜体。含腹足类 *Viviparus* sp.；双壳类 *Nakamuranaia*? sp.，*N. chingshanensis*，*Trigonioides* (*T.*) *kodairai* 21.80 m
30. 浅绿至淡紫色薄至厚层状凝灰质泥岩，下部夹流纹质晶屑玻屑凝灰岩。含植物碎片 11.30 m
29. 浅绿色流纹质晶屑玻屑凝灰岩 11.80 m
28. 紫红色中厚层状砂砾岩，上部夹硅质条带；中部夹不等粒砂质灰岩透镜体 9.30 m
27. 紫棕至紫红色杏仁状钠质玄武岩，顶、底部有波状侵蚀冲刷面 7.50 m
26. 灰绿至紫红色薄至中厚层状含粉砂钙质泥岩夹不等粒长石砂岩。含双壳类 *Plicatounio*? sp.，*P* (*P.*) *latiplicatus*，*P.* (*P*)*multiplicatus*，*Nakamuranaia chingshanensis*，*Sphaerium* ? sp. 18.10 m
25. 紫红至暗紫红色中厚层状凝灰质不等粒长石砂岩，中部夹两层凝灰岩 14.50 m
24. 暗紫至黄绿色薄层状粗粒岩屑砂岩 3.30 m
23. 暗紫至深绿色沉凝灰岩，中部夹凝灰质中细粒砂岩 7.70 m
22. 暗紫色厚层状英安质含角砾玻屑凝灰岩 5.40 m
21. 灰紫色块状安山质角砾凝灰岩 17.00 m
20. 暗紫色碳酸盐化不等粒凝灰质砂岩 12.20 m
19. 紫色含粉砂铁质泥岩 3.20 m
18. 暗紫色薄至中厚层状粗粒或不等粒岩屑砂岩，底部夹凝灰岩 13.70 m
17. 灰绿至暗紫色页岩，粉砂岩和细砂岩互层 13.50 m
16. 浅灰色薄板状页岩，下部夹粉砂岩条带，含鱼化石碎片 2.00 m
15. 灰褐色薄层状钙质泥岩，上部为中细粒长石岩屑砂岩，含介形类，植物碎片 5.00 m
14. 暗绿色薄状板页岩。含鱼类 *Paralycoptera* sp. 及介形类 3.60 m
13. 浅绿色块状流纹质含岩屑晶屑凝灰岩 1.40 m
12. 灰绿至灰黑色薄层状钙质泥岩夹中厚层细粒长石砂岩，底部有一薄层生物碎屑灰岩 23.30 m
11. 黄绿色薄层粉砂岩，底部为 0.3 m 厚黑色页岩，含介形类和植物化石 5.90 m
10. 淡绿色至黄绿色薄至中厚层状长石石英粉砂岩 2.20 m
9. 灰绿色薄层状钙质泥岩，底部有一层黑色钙质页岩，含叶肢介，介形类 14.40 m
8. 黄绿色薄板状至厚板状页岩，夹薄层含砾细砂岩。顶部产植物碎片，上部含双壳类 *Plicatounio*? sp.，*Nakamuranaia chingshanensis* 及介形类 27.90 m
7. 黄绿色薄至厚板状含粉砂质页岩，上部含钙质结核。中部产植物碎片和介形类 8.30 m
6. 灰黑色叶片状至薄板状钙质页岩，中部含植物碎片和介形类 6.10 m
5. 黄绿色中厚层状凝灰质泥岩 1.70 m
4. 灰绿至灰黑色薄板状页岩，下部为细粒长石砂岩。含双壳类 *Nakamuranaia chingshanensis* 21.70 m
3. 灰色厚层状中粒岩屑砂岩 6.90 m
2. 暗紫色中层状含钙质结核中粗粒岩屑砂岩 6.20 m
1. 暗紫至紫红色中厚层状砂砾岩，中部夹粉砂岩与中细砂岩，底部为砾岩 35.20 m

~~~~~~~~~~ 不 整 合 ~~~~~~~~~~

下伏地层：**九里坪组** 浅灰色块状流纹斑岩

【地质特征及区域变化】 本组底部为暗紫至紫红色中厚层砂砾岩和砾岩；下部为暗紫色中厚层含钙质结核中粗粒岩屑砂岩、灰绿、黄绿色细粒长石砂岩、粉砂质泥岩，间夹薄层黑色
~~~~~~~~~~

页岩、钙质泥岩。含鱼、双壳类及介形类化石；上部为暗紫色薄至中厚层粗粒不等粒岩屑砂岩，灰绿、灰色粉砂岩、细砂岩、凝灰质砂岩，夹浅绿色流纹质含岩屑晶屑凝灰岩、安山质角砾凝灰岩，在灰绿、暗绿色粉砂钙质泥岩和薄板状页岩中，产鱼、双壳类、介形类化石。

本组生物化石主要有：鱼类 *Paralycoptera wui*，*Yongkangichthys hsitanensis*，*Chetungichthys brevicephalus*；双壳类 *Trigonioides* (*T.*) *yongkangensis*，*Plicatounio* (*P.*)*multiplicatus*，*Nipponoaia zhejiangensis*；腹足类 *Brotiopsis* (*Brotiopsis*) *wakinoensis*，*B.* (*Songyangospria*) *multicostata*，*B.* (*S.*) *kobayashii*，*Galba yongkangensis*；介形类 *Cypridea linghaiensis*，*C. yangtuensis*，*C.* (*Morinia*) *monosulcata zhejiangensis*，*Eucypris houyelingensis*。根据上述生物组合，本组地质时限为早白垩世。

武义—诸暨一带，东北部新昌、武义、水口等盆地岩性类似于永康盆地，靠近丽水-余姚断裂的一些盆地，馆头组中火山岩夹层明显增多，如缙云县大园盆地，馆头组厚度为 453 m，而安山岩厚度已达到 363 m，另有少量中性及酸性的火山碎屑岩；丁家畈、宁波盆地、鄞县玄坛盆地，馆头组厚度 560.3 m，具紫红、灰绿色的沉积岩仅有 173.6 m，火山岩为 386.7 m，剖面下部为橄榄玄武岩，中、上部则主要是酸性火山碎屑岩。西南部的一些盆地，馆头组火山岩夹层迅速减少，或仅有凝灰质沉积岩。

综上所述，武义—诸暨一带馆头组岩性，以灰绿、黄绿色细碎屑沉积岩为主，夹红层及火山岩。而火山岩的发育程度在不同盆地则有一定差异，从区域上看，该区东北部的火山岩夹层多于西南部。厚度不稳定，一般厚度 300～600 m，遂昌县湖山盆地厚仅 41.4 m，宁波盆地厚度达 831.3 m。

文成—镇海一带，馆头组多数由火山构造盆地控制。与武义—诸暨一带相比，本区馆头组火山岩明显增多。一般厚度 130～600 m，最大厚度见于黄岩市宁溪盆地，厚达 2300 m。其东南端里岙附近厚度锐减为 28.6 m，东北三尖山剖面上，厚仅 109.3 m。

朝川组　Kĉ　(33－0094)

【创名及原始定义】　原称朝川层，浙江省石油地质队(1959)创名，命名地点在浙江省永康县朝川村。原始定义：指馆头组之上的“红色层”。下部为细粒碎屑岩、砂质泥岩为主夹凝灰质砂岩；上部为砾岩、粗砂岩、砂岩为主，部分为凝灰质砂岩夹细砂岩，常含钙质结核。时代定为晚侏罗世。

【沿革】　浙江区测队(1962)将朝川层改称为朝川组。时代改为早白垩世。沿用至今。

【现在定义】　岩性为红色中层—中厚层状砂岩、泥岩互层，夹含砾粗砂岩、砂砾岩和凝灰岩。以紫红色中薄层状砂岩、砂质泥岩或含砾砂岩与下伏馆头组灰色砂岩、粉砂岩，以紫红色中厚层状含砾砂岩、砂砾岩与上覆方岩组块状砾岩均呈整合接触。

【层型】　正层型为浙江省永康市朝川村剖面(120°07′,28°49′)，由浙江区测队二分队(1962)重测。

上覆地层：**方岩组**　灰紫色厚层至块状砂砾岩

——————— 整　合 ———————

朝川组	总厚度 670.20 m
29. 灰紫色中厚层状砂砾岩与钙质细砂粉砂岩互层	84.00 m
28. 浅灰绿色微带紫色中厚层状中粗粒砂岩，顶部为钙质砂岩，中上部含砾，下部夹粉砂岩	24.90 m

27. 灰紫色中厚层状粗粒长石砂岩 10.10 m

26. 浅灰色至黄绿色中厚层状中粗粒长石砂岩与细砂岩互层 49.20 m

25. 紫红色中厚层状含钙质细砂岩 4.70 m

24. 黄绿至浅绿色薄至中厚层状泥质长石粉砂岩，顶部细砂岩中含钙质结核，中部夹粗中粒长石砂岩 13.20 m

23. 浅紫灰色中厚层中粗粒长石砂岩 6.20 m

22. 浅灰紫色中厚层状含钙质泥质粉砂岩 13.40 m

21. 浅灰绿色厚层状含钙中粗粒砂岩 10.60 m

20. 紫至灰紫色薄至中厚层状钙质粉砂岩，中部夹中粗粒砂岩 24.90 m

19. 紫灰色中厚层状含钙质砂砾岩 17.00 m

18. 灰紫至紫红色薄至中厚层状钙质粉砂岩，含少量钙质结核，中上部夹粗中粒长石砂岩 48.90 m

17. 紫红色至暗紫色厚层钙质砂岩夹少量层状含钙质结核钙质粉砂岩 105.30 m

16. 浅灰略带黄色厚层状凝灰质砂砾岩 25.00 m

15. 紫红色中厚层状凝灰质粉砂质泥岩，顶部为砖红色钙质粉砂岩，中上部夹流纹质玻屑凝灰岩 15.40 m

14. 暗紫红色中厚层状沉凝灰岩，中部夹两层凝灰质含砾不等粒杂砂岩 14.40 m

13. 紫红色含钙质结核粉砂质泥岩夹沉凝灰岩或流纹质玻屑凝灰岩 32.80 m

12. 黄绿色碎裂状含粉砂泥灰岩，呈透镜状体 1.10 m

11. 紫色、黄绿色中厚层状沉凝灰岩夹流纹质晶屑玻屑凝灰岩 15.50 m

10. 砖红色至灰紫色碳酸盐化粉砂质泥岩，顶部夹凝灰质中粗粒砂岩，中部夹薄层状凝灰质粉砂岩 19.30 m

9. 紫红—黄绿色碳酸盐化含钙质结核粉砂质泥岩夹中厚层状沉凝灰岩或流纹质凝灰岩 22.30 m

8. 浅紫至黄绿色中厚层状含砂致密灰岩 1.00 m

7. 紫红色厚层状流纹质凝灰岩夹中厚层状沉凝灰岩、凝灰质砂岩或粉砂质泥岩 43.90 m

6. 暗紫红色厚层状凝灰质砂砾岩，底部砾石含量偏多 7.30 m

5. 紫红色沉凝灰岩夹砖红色凝灰质粉砂质泥岩，顶部为凝灰质长石杂砂岩 16.70 m

4. 浅紫至暗紫色厚层状重结晶流纹质晶屑玻屑凝灰岩 5.60 m

3. 砖红色粉砂质泥岩，顶部含钙质结核，中部夹钙质砾岩及生物碎屑硅质岩 6.50 m

2. 紫红至浅灰略带绿色厚层状流纹质晶屑玻屑凝灰岩 12.80 m

1. 紫红色中厚层状含砾凝灰质中粗粒长石岩屑砂岩，上部夹薄层砖红色泥岩，顶部为沉凝灰岩 18.20 m

——————整　合——————

下伏地层：**馆头组**　浅灰绿色中厚层状细粒沉凝灰岩

【地质特征及区域变化】　本组 底部为紫红色中厚层状含砾凝灰质中粗粒长石岩屑砂岩；下部为紫红色中厚层状凝灰质粉砂质泥岩、凝灰质砂岩、砂砾岩，间夹沉凝灰岩、流纹质玻屑凝灰岩、晶屑玻屑凝灰岩；上部为灰紫、紫红色中厚层状含钙中粗粒砂岩、钙质粉砂岩、细砂岩，常有钙质结核；顶部为灰紫色中厚层状砂砾岩与钙质细砂粉砂岩互层。

本组化石相对稀少，龙游县官潭头含：双壳类 *Trigonioides*（*Fujianotrigonioides*）*subscalaris*，*Plicatounio*（*P.*）cf. *naktongensis*，*Naka muranaia chingshanensis*。新昌山头含：腹足类 *Lioplacodes* aff. *cholnokyi*，*Campeloma jousseaume*，*Viviparus onogoensis*。上虞何岙含介形类 *Cypridea*（*Morinia*）*houyelingensis*，*C.*（*M.*）*heauensis*，*Cypridea*（*Cypridea.*）*shauxin-*

gensis, *C.* (*C.*) *ampullaceousa heauensis* 。

同位素年龄值经 Rb－Sr 等时线法测定为 118.6 Ma。

根据上述生物组合和同位素年龄值，朝川组地质时限为早白垩世。

武义—诸暨一带，红色碎屑沉积岩中火山岩夹层在不同盆地存在一定差异。如丽水市老竹盆地，下部有较多的玄武岩；松阳盆地夹粗面安山斑岩、杏仁状安山岩和玄武岩。向南到横山，夹碱流质角砾熔结凝灰岩。在松阳县古市一带还夹辉石安山玢岩(五木村东)；柳城(宣平)盆地，朝川组玄武岩或杏仁状安山玄武岩分布也甚广；在遂昌县湖山盆地，朝川组为紫红色粉砂岩、细砂岩，间夹紫灰色砾岩，含砾粗砂岩，有时尚夹有安山玢岩及角砾凝灰岩；另在龙游县西南部官潭头附近的北北东向断裂带内，有小块朝川组出露，岩性以暗紫、紫灰色粉砂岩为主，间夹少量砂砾岩及灰黄色粉砂岩，产腹足类、双壳类及介形类化石。

朝川组厚度变化范围在 500～832.9 m 之间，厚度最大者达 1353.9 m(金华县后岭山)。

文成—镇海一带，岩性与武义—诸暨一带类似，而火山岩在火山构造盆地中则更为发育。如泰顺县莒江—泗溪洼地，本组为红色粗碎屑沉积岩，间夹酸性和少量中酸性火山碎屑岩；而文成火山洼地内，中性火山岩则较发育，在该洼地的水银尖附近，有较厚的安山集块岩，周墩一带还见有厚度极不稳定的橄榄玄武玢岩和杏仁状玄武岩等基性火山岩；苍南县矾山洼地，朝川组红层中夹有较多的酸性火山岩；望州山破火山口内，朝川组安山岩、安山质集块岩、凝灰角砾岩、凝灰岩等中性火山岩占优势，紫红色沉积岩仅呈夹层出现。

本区朝川组厚度变化大是其主要特点，如平阳县山门火山洼地，本组厚达 880.6 m，但在横坑剖面上，厚仅 190.7 m，矾山洼地厚度最大，达 1083.1 m。

方岩组　K*f*　(33－0095)

【创名及原始定义】　原称方岩砾岩，由浙江省石油地质队(1959)创名，命名地点在浙江省永康市方岩。原始定义：指永康地区“一套山麓堆积相的砾岩层”。下部厚达 1860 公尺的紫红色砾岩层，砾石成分主要是火山岩，最大砾径达 100 cm。顶部为紫红色、鲜红色砂质泥岩，以夹灰红色和白色斑点的泥岩为主，和砾岩逐渐过渡，厚 200 m。时代为早白垩世。

【沿革】　李春昱(1961)曾以赤石组取代方岩砾岩，时代改为晚白垩世。浙江区测队(1962)改称方岩组，置时代为晚白垩世。《1：20 万诸暨幅区调报告》(1975)曾将方岩组与朝川组合并，称朝川组一段。此后，仍沿用方岩组。本书也沿用之。

【现在定义】　岩性为灰紫、紫红色厚层块状砂砾岩、砾岩，顶部有时有紫红色、灰色粉砂岩及粉砂质泥岩，产叶肢介、植物等化石。以灰紫色厚层状砂砾岩、砾岩与下伏朝川组中厚层含砾砂岩、砂砾岩呈整合接触；以灰紫色块状砾岩或灰色、紫红色砂岩、粉砂质泥岩与上覆壳山组流纹岩呈喷发不整合接触。

【层型】　正层型为浙江省永康市石柱村剖面(120°06′,28°49′)，浙江区测队二分队(1962)重测。

方岩组	总厚度 1734.90 m
11. 紫红至砖红色块状细—中砾岩。(未见顶)	305.00 m
10. 第四系浮土掩盖	71.80 m
9. 紫红色块状中粗砾岩	42.10 m
8. 紫红色块状巨砾岩(胶结物中含沸石)	75.20 m
7. 紫红色块状粗砾岩夹中细砾岩(胶结物中含方解石、沸石)	235.80 m

6. 紫红色块状巨砾岩夹中细砾岩(胶结物中含方解石、沸石) 133.40 m

5. 紫红色块状中细砾岩夹少量薄层细砾岩 447.40 m

4. 紫红色厚层至块状粗至巨砾岩夹少量砂砾岩、粗砂岩薄层 226.70 m

3. 紫红色块状中粗砾岩,中砾与粗砾相间大致呈层状排列 34.80 m

2. 浅灰黑至紫红色厚层状砾岩夹复矿粗砂岩,中部夹一层凝灰质中粗粒砂岩 158.60 m

1. 灰紫色中厚至厚层状砂砾岩 4.10 m

——————— 整 合 ———————

下伏地层:**朝川组** 灰紫色中厚至厚层状砂砾岩与钙质细砂粉砂岩互层

【地质特征及区域变化】 本组底部为灰紫色中厚层至厚层状砂砾岩,其上为紫红色厚层至块状砾岩、巨砾岩,夹细砾岩,下部夹灰黑色至紫红色厚层状砾岩及一层凝灰质中粗粒砂岩,再上为紫红色块状中粗砾岩。

本组化石极为稀少,新昌县壳山含 叶肢介 *Neodiestheria curta*, *N. urbana*, *N. jinkengensis*, *Yanjiestheria* sp., *Orthestheria* sp.;遂昌县高坪含叶肢介 *Yanjiestheria sinensis*;新昌县壳山含植物化石 *Pseudofrenelopsis* cf. *parceramosa*, *Pagiophyllum* sp.。

根据上述生物组合,方岩组地质时限为早白垩世。

岩性较为稳定,也有一些变化,主要表现有时砂岩夹层加多,有的盆地尚夹有层数不定的火山岩。如东阳市后岭山以东,方岩组砂岩夹层较多,遂昌市高坪等地,方岩组砾岩之上尚有数十米厚的灰色粉砂质泥岩,产叶肢介化石。新昌县镜岭至壳山一带的方岩组,夹有两层较稳定的酸性角砾凝灰岩。砾岩之上也有紫红、灰色粉砂岩,产叶肢介、植物等化石。

本组厚度变化较大,最大厚度达 1734.9 m,一般不超过 1000 m。如东阳市后岭山剖面,厚度为 513.6 m,峡口盆地为 884 m,遂昌县高坪石姆岩大于 529.6 m,新昌县苏秦—壳山剖面为 362.5 m。武义县泽村为 582.5 m,而绍兴市马鞍山仅 125 m。

壳山组 K*k* (33-0096)

【创名及原始定义】 原称浙汉流纹岩,由浙江省石油地质队(1959)创名,命名地点在浙江省新昌县壳山。原始定义:"嵊县(新昌)壳山紫红色砂砾岩、凝灰岩组成孤山顶有厚达 60 m 的流纹岩,下部砂砾岩东倾,倾角 8°左右,上部流纹岩流纹方向混乱,岩层分布近似水平。"当时沿用"浙江流纹岩",时代归于晚白垩世。

【沿革】 浙江区测队(1962)将新昌壳山的"浙江流纹岩"改称壳山组。此后,壳山组被一部分地质工作者采用。1973 年《1:20 万杭州幅区域地质调查报告》、1975 年《1:20 万诸暨幅区域地质调查报告》都将其作为一个地层单位而归并于朝川组二段。本书恢复使用壳山组。

【现在定义】 岩性为酸性熔岩或酸性火山碎屑岩。与下伏方岩组呈喷发不整合接触,未见顶。

【层型】 正层型为浙江省新昌县壳山剖面(120°53′,29°29′),浙江区测队一分队(1961)重测。

壳山组 总厚度 100.00 m

1. 淡肉红色流纹斑岩,斑晶为钠长石,黑云母,流动构造清楚(未见顶) 100.00 m

~~~~~~~~~~ 喷 发 不 整 合 ~~~~~~~~~~

下伏地层:**方岩组** 紫红色含钙质小结核页岩
~~~~~~~~~~

【地质特征及区域变化】 分布于绍兴市马鞍山、新昌县壳山、乌龟山及遂昌县高坪笔架山的壳山组，岩性单一为流纹（斑）岩。东阳歌山尖、缙云县双溪口等地方岩组之上为酸性火山碎屑岩。壳山组流纹岩一般位于山之顶端，其厚度分别是：新昌县壳山大于 100 m，绍兴市马鞍山为 51.9 m，缙云县双溪口大于 81 m，遂昌县高坪笔架山厚度达 238.7 m。

小平田组 K*x* （33－0097）

【创名及原始定义】 浙江区调队(1995)创名，命名地点浙江省仙居县东南约 5k m 的白岩—小平田一线。原始定义：岩性为中酸性、酸性火山碎屑岩为主夹中性及酸性熔岩、紫红色砂岩、砂砾岩地层。与下伏朝川组呈整合接触，与上覆塘上组底砾岩或紫红色砂岩为不整合接触。

【沿革】 创名前称朝川组上段(或火山岩段)，《1∶20 万仙居幅区调报告》(1978) 将仙居城东南的一套火山岩误划为西山头组，浙江省第五地质大队(1991)区域地质调查时，确认属于“火山岩型朝川组”。1992 年，浙江区调队地层清理组在野外反复查证，并实测了剖面，厘定了该套火山岩层的上下层序和接触关系，限定剖面 1—14 层属永康群中上部的火山岩，据此命名为小田平组。

【现在定义】 同原始定义。

【层型】 正层型为浙江省仙居县白岩村剖面(120°47′,28°48′)，浙江区调队二分队(1992)测制(图 5－4)。

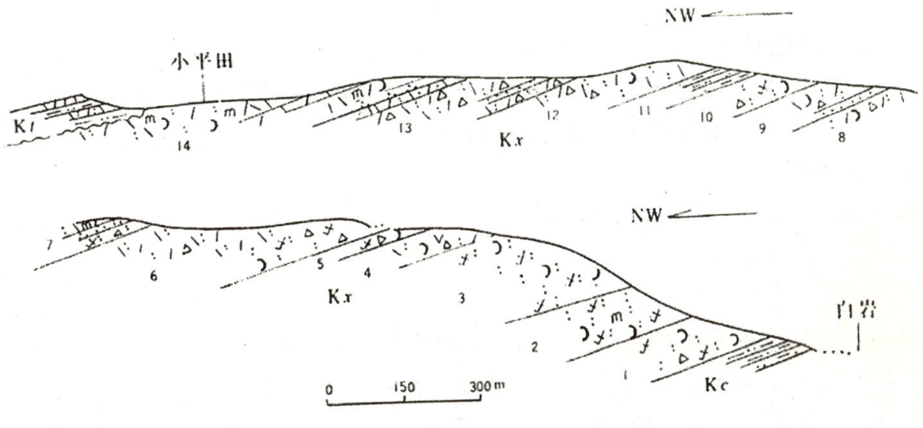

图 5－4 浙江仙居白岩—小平田小平田组剖面

上覆地层：**塘上组** 紫红色砂岩、粉砂岩

～～～～～～～～～不 整 合～～～～～～～～～

小平田组 总厚度 1112.00 m

14. 灰紫色块状流纹质玻屑熔结凝灰岩，中下部夹球泡流纹岩，底部为厚 3.8 m 的灰褐色珍珠岩 115.90 m

13. 紫灰色块状凝灰角砾岩夹厚约 5 m 的紫灰色凝灰质砂岩，顶部有 2.1 m 的紫红色中厚层状沉凝灰岩及粉砂岩 84.50 m

12. 灰绿色中厚层—块状流纹质含角砾玻屑凝灰岩 90.30 m

11. 紫红色薄层状含钙质粉砂质泥岩，夹泥质粉砂岩、砂砾岩透镜体以及厚 3 m 的玻屑

凝灰岩 23.10 m

10. 上、下部为暗紫、紫红色厚层块状英安质含角砾玻屑凝灰岩；中部为流纹质玻屑熔结凝灰岩夹凝灰质砂砾岩和不等粒岩屑砂岩 61.50 m

9. 上部浅紫灰色中厚层状流纹质含角砾玻屑凝灰岩夹凝灰质砂岩；中部灰绿色块状凝灰角砾岩；下部紫红色薄至中厚层状安山质凝灰质砂岩，夹灰绿色沉凝灰岩 67.50 m

8. 灰绿色块状流纹质含角砾玻屑凝灰岩 30.00 m

7. 上部紫灰色块状流纹质玻屑强熔结凝灰岩，夹厚约 6.5 m 紫或灰色珍珠岩；下部灰色块状英安质角砾凝灰岩 55.60 m

6. 灰绿，浅灰色块状流纹质角砾凝灰岩及含角砾玻屑凝灰岩 157.60 m

5. 顶部黄绿色长石砂岩及青灰色沉凝灰岩；上部灰绿色块状安山质含角砾晶屑玻屑凝灰岩；下部灰褐、紫灰色块状英安质含角砾玻屑凝灰岩及晶屑玻屑凝灰岩 20.00 m

4. 上部紫灰色块状流纹质晶屑玻屑凝灰岩；下部灰绿、浅灰红色块状流纹质含角砾玻屑凝灰岩 55.10 m

3. 浅紫灰色块状英安质玻屑熔结凝灰岩 167.10 m

2. 紫灰色块状玻屑弱熔结凝灰岩，向上过渡为英安质玻屑凝灰岩 94.50 m

1. 紫灰色块状英安质含角砾玻屑凝灰岩 89.30 m

~~~~~~~~~~ 喷发不整合 ~~~~~~~~~~

下伏地层：朝川组　紫红色块状含钙质结核粉砂质泥岩

【地质特征及区域变化】　本组底部为紫灰色块状英安质含角砾玻屑凝灰岩，向上为浅紫灰色英安质玻屑熔结凝灰岩、英安质角砾玻屑凝灰岩与流纹质晶屑玻屑凝灰岩、含角砾玻屑凝灰岩互层，夹黄绿色长石砂岩、青灰色沉凝灰岩及灰绿色安山质含角砾晶屑玻屑凝灰岩；再上为浅紫灰色流纹质含角砾玻屑凝灰岩，夹多层紫红色钙质粉砂质泥岩、凝灰质砂砾岩及不等粒岩屑砂岩和厚 6.5 m 的珍珠岩，接近顶部夹有球泡流纹岩和灰褐色珍珠岩，顶部为灰紫色流纹质玻屑熔结凝灰岩。

根据 Rb－Sr 等值线法测定年龄值为 108±2Ma，小平田组地质时限为早白垩世，依层序关系，将其置于早白垩世中晚期。

小平田组主要分布于文成—镇海一带的文成、山门、矾山及天台九里坪等地。近几年来，1：5 万区调填图，相继发现了多处“火山岩型朝川组”，亦宜改称小平田组。小平田组位于永康群的中上部，从层序关系看，与新昌盆地夹火山岩的方岩组及上覆壳山组相当。

小平田组层型剖面厚度达 1112.0 m，文成县孔龙厚度为 371.3 m，周墩厚度大于 459.9 m，平阳县双尖山厚度为 746.5 m。

天台群　*KT*　(33－0102)

【创名及原始定义】　原称天台层，由陆逊、杨柳舒、陈陟阳(1959)命名①。命名地点天台县城南。原含义：为“紫色及酱色凝灰岩、熔岩夹绿色凝灰岩。”置于杂色层和方岩砾岩之间。时代定为晚侏罗世。

【沿革】　邹鑫祜、陈其奭(1964)改称天台组，时代为早白垩世，并指出天台组是不整合于磨石山组之上，伏于方岩组之下的火山岩和红色沉积岩，说明天台组与天台层含义不同。浙江区调队(1978)在天台盆地红层中发现恐龙蛋化石，又在天台县城南的塘上和天台县赖家测制了剖面，将塘上一带不整合覆于磨石山组之上的酸性火山碎屑岩夹红层的地层命名为塘上

① 陆逊、杨柳舒、陈涉阳，1959，浙江东南沿海地区 1：20 万路线地质报告（未刊）。
~~~~~~~~~~

组，其上的红色砂岩、砂砾岩命名为赖家组，将两个组的时代归于晚白垩世，将其置于方岩组之上。陈丕基、沈炎彬（1979）在文成县孔龙剖面采到据认为是晚白垩世的叶肢介化石，建议将邹鑫祜、陈其爽(1964)命名的天台组改称天台群，以代表浙江晚白垩世的地层，但孔龙剖面，无论从岩性、生物化石组合以及地层层位，都与天台盆地塘上组和赖家组难以对比。翁世劼等(1987)沿用天台群代表永康群之上层位，并称之为上旋回的塘上组、赖家组，明确天台群的真正含义。马武平(1990)根据丽水盆地塘上组与下伏方岩组、朝川组呈角度不整合接触的新资料及丁保良等(1989)在天台塘上组下部采获早白垩世晚期的孢粉化石，以及李坤英等(1989)测出同位素年龄 110Ma，将这两个关系密切的组引用天台群概括之。时代定为早白垩世晚期至晚白垩世(表 5－2)。本次清理将赖家组解体，创名两头塘组和赤城山组，并与塘上组合并称天台群。

表 5－2　浙江省白垩纪地层划分沿革表

刘季辰 赵亚曾	陆逊 杨柳舒	浙江省区调大队	浙江省石油地质队	李龙通 甄金生	陈其爽	《浙江省区域地质志》		本书	
1927	1959	1978	1979	1981	1981	1989			
金衢盆地	天台城南	1:20万仙居幅	金衢盆地	金衢盆地	金衢盆地	浙西北区	浙东南区	浙西北区	浙东南区
E 衢江红砂岩	K_1 方岩组	K_2 赖家组：b组 a组	K_2 衢江群：五段 四段 三段	K_2 衢县组 兰溪组	K_2 衢江群：衢县组 金华组	K_2 金华组：三段 二段	K_2 赖家组：二段 一段	K_2 衢江群：衢县组 金华组	K_2 天台群：赤城山组 两头塘组
	J_3^{3-2} 天台层	塘上组	二段 一段	K_1 方岩组	中戴组	一段	塘上组	中戴组	塘上组
	J_3^{3-1} 杂色层	K_1 方岩组	P_z-J_3m			K_1 方岩组	K_1 方岩组	K_1 永康群	K_1 永康群

【现在定义】　天台群下部以酸性凝灰岩为主夹红层；中部为紫红色粉砂岩、粉砂质泥岩夹凝灰岩；下部为紫红色砂砾岩夹泥质粉砂岩组成。自下而上划分为塘上组、两大塘组、赤城山组。与下伏永康群呈不整合接触，未见上覆地层。

塘上组　Kt　(33－0099)

【创名及原始定义】　浙江区调队(1978)创名，命名地点在浙江省天台县西南侧塘上村。原始定义　："为紫灰色、黄绿带褐色块状流纹质含砾玻屑凝灰岩、玻屑熔结凝灰岩、流纹岩夹沉凝灰岩、紫红色凝灰质粉砂岩和砂砾岩"，时代为晚白垩世。

【沿革】　丁保良等(1989)曾将塘上组置于方岩组之下，与朝川组进行对比。马武平(1990)认为塘上组虽属早白垩世晚期，但从区域资料和层序位置看，无疑是不整合于永康群之上的地层单位。本书采用塘上组。

【现在定义】　岩性以酸性火山碎屑岩为主，夹酸性、中性熔岩及紫红色砂岩、粉砂岩、砂砾岩。以紫红色砂岩、砂砾岩、砾岩与下伏永康群或磨石山群西山头组呈不整合接触，以酸性火山碎屑岩与上覆两头塘组紫红色砂岩呈整合接触。

【层型】　正层型为浙江省天台县塘上村剖面(121°00′,29°07′)，由浙江区调队一分队

(1977)测制。

上覆地层：**两头塘组**　紫红色薄至中厚层状钙质粉砂岩

——————整　合——————

塘上组　总厚度 1129.90 m

17. 浅紫红色块状流纹质晶屑玻屑熔结凝灰岩	103.20 m
16. 紫红色块状砾岩夹砖红色泥质粉砂岩透镜体	12.10 m
15. 灰色块状流纹质含角砾玻屑凝灰岩	14.00 m
14. 浅灰至紫红色块状流纹质玻屑熔结凝灰岩	50.20 m
13. 灰白色沸石化流纹质含角砾玻屑凝灰岩	83.60 m
12. 暗灰紫色块状英安玢岩	178.90 m
11. 暗灰紫色块状安山质角砾(集块)熔岩	72.40 m
10. 暗紫色厚层至块状流纹质晶屑玻屑凝灰岩，局部含角砾	31.50 m
9. 砖红色厚层状粉砂岩夹两层暗紫红色块状流纹质玻屑凝灰岩、粉砂岩	33.30 m
8. 灰紫色块状流纹质玻屑凝灰岩	91.20 m
7. 紫红色块状凝灰质砾岩，砾石次棱角状，砾径 0.5～2 cm	5.60 m
6. 灰白色块状流纹质含角砾玻屑凝灰岩	181.30 m
5. 灰紫至紫红色块状流纹质含角砾玻屑熔结凝灰岩，假流纹构造发育	56.40 m
4. 暗紫色块状含砾沉凝灰岩	70.70 m
3. 灰黄色块状含角砾沉凝灰岩	47.90 m
2. 浅灰绿色厚层状沉角砾凝灰岩，中上部夹青灰色凝灰质粉砂岩	47.60 m
1. 灰紫至紫红色块状沉凝灰角砾岩夹紫红色至黄色凝灰质岩屑长石粉砂细砂岩。含植物化石 *Pseudofrenelopsis parceramosa*，*Pagiophyllum* sp.	50.00 m

～～～～～～不整合～～～～～～

下伏地层：**西山头组**　浅灰绿色方沸石化(?)含角砾沉凝灰岩

【地质特征及区域变化】　本组底部为灰紫、紫红色块状沉凝灰角砾岩，夹紫红至黄色凝灰质岩屑长石粉砂细砂岩，其上有暗紫、灰黄色含砾沉凝灰岩、沉角砾凝灰岩、流纹质玻屑凝灰岩、流纹质含角砾玻屑熔结凝灰岩，夹紫红色凝灰质砾岩、粉砂岩；再上为暗灰紫色安山质角砾(集块)熔岩，英安玢岩及灰白色沸石化流纹质含角砾玻屑凝灰岩；顶部为浅紫红色块状流纹质晶屑玻屑熔结凝灰岩。

本组化石稀少。含：植物化石 *Pseudofrenelopsis parceramosa*，*P. papillosa*，*Pagiophyllum* sp.；孢子花粉以 *Classopollis* 含量最多，伴有少量或个别 *Exesipollenites*，*Sphaeripollenites* 等及 *Schizaeoisporites*，*Cicatricosisporites* 等孢子。

同位素年龄值，采用 K－Ar 法测定年龄值为 110.9Ma。

根据上述植物及孢粉组合和同位素年龄值，本组地质时限为早白垩世晚期。

本组岩性在不同盆地有一定变化。如缙云县舒洪—马鞍山一带，本组则为流纹岩夹凝灰岩、珍珠岩和松脂岩的组合面貌，底部偶夹紫红色砂砾岩，沸石化现象较为普遍；在缙云县壶镇盆地，本组主要为流纹质含砾玻屑凝灰岩夹红层，中上部夹三层不稳定的流纹岩，底部见巨砾岩；仙居盆地塘上组也以酸性火山碎屑岩为主，沉积夹层较少；丽水盆地塘上组，下部为红色粗碎屑沉积岩，上部为酸性角砾凝灰岩。在小雄盆地，塘上组仍以酸性火山碎屑岩为主，底部有凝灰质砾岩与砂砾岩。中上部有较为松软的块状凝灰岩夹成层良好的沉凝灰岩，产翼龙化石(临海上盘)。

塘上组厚度一般在100～300m之间，最大达2359.3 m，最小为68.8 m。

两头塘组　*Kl*　(33-0100)

【创名及原始定义】　浙江区调队(1995)命名，创名地点在浙江省天台县两头塘。原始定义：本组相当原赖家组a段，岩性为紫红色砂岩、粉砂岩夹砂砾岩和砾岩，上部夹多层流纹质玻屑凝灰岩。产恐龙蛋化石。中部夹一层玄武岩，与下伏塘上组酸性凝灰岩呈整合接触，与上覆赤城山组厚层状砂砾岩、砾岩呈整合接触。时代属晚白垩世。

【沿革】　浙江区调队(1978)在《1:20万仙居幅区域地质调查报告》中划分出赖家组，并分为a、b岩性段。1995年，该队将a、b两岩性段分别命名为两头塘组和赤城山组。

【现在定义】　同原始定义。

【层型】　正层型为浙江省天台县两头塘村剖面(上部与清溪赤城山剖面相接)(121°01′，29°09′)，由浙江区调队二分队(1993)测制(图5-5)。

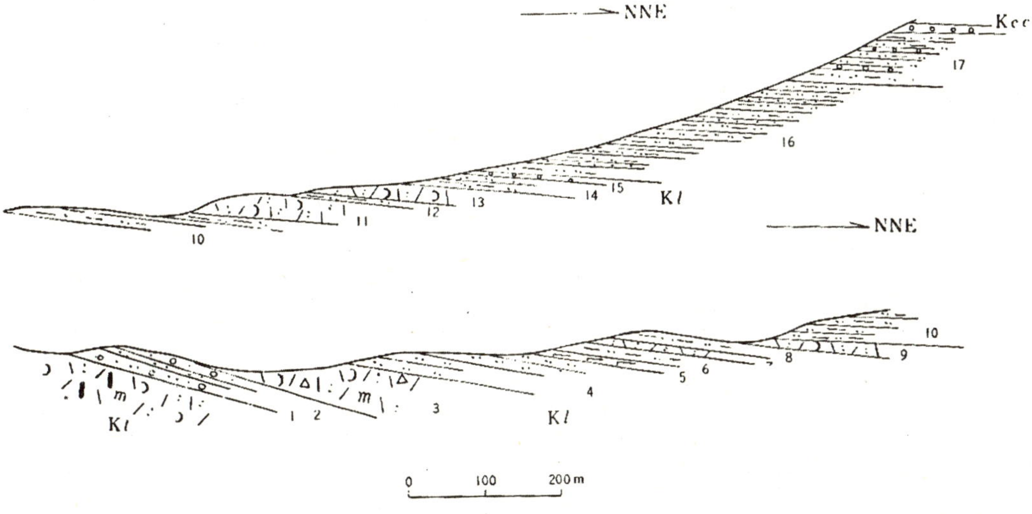

图5-5　浙江天台两头塘组剖面

上覆地层：**赤城山组**　紫红色中厚层状砾岩

——————　整　合　——————

两头塘组	总厚度 691.10 m
17. 紫红色厚层状泥质粉砂岩夹砾岩	67.90 m
16. 紫红色薄至中厚层状泥质粉砂岩夹钙质胶结中细粒砂岩和砾岩透镜体。底部产恐龙蛋 *Paraspheroolithus* cf. *irenensis*	152.20 m
15. 紫红色厚层状砾岩	3.90 m
14. 紫红色粉砂岩、粉砂质泥岩，下部夹厚约1 m的流纹质玻屑凝灰岩及砂砾岩	20.00 m
13. 浅灰色块状流纹质玻屑凝灰岩，下部夹数米厚紫红色粉砂岩	37.80 m
12. 紫红色粉砂质泥岩	11.40 m
11. 浅灰、浅紫灰色块状流纹质玻屑凝灰岩	29.50 m
10. 紫红色中薄层状粉砂质泥岩夹泥质粉砂岩，局部含钙质结核，中部夹1 m厚的流纹	

质玻屑凝灰岩	77.30 m
9. 浅紫灰色厚层块状流纹质玻屑凝灰岩	20.80 m
8. 紫红色粉砂质泥岩，上部夹薄层粉砂岩及厚 1 m 的深灰色安山岩	47.10 m
7. 浅灰稍带紫色薄层状沉凝灰岩及中厚层状流纹质玻屑凝灰岩	3.90 m
6. 紫红色粉砂质泥岩，上部为紫红色粉砂岩	28.10 m
5. 深灰色玄武岩，单层厚 20～25 cm，有气孔	2.80 m
4. 紫红色粉砂岩，下部夹紫红色砂岩、砂砾岩，中上部夹含砾砂岩	80.30 m
3. 浅灰、浅紫灰色块状流纹质角砾玻屑熔结凝灰岩，具假流纹构造	87.20 m
2. 紫红色砂砾岩夹紫红色粉砂岩	11.10 m
1. 紫红色粉砂岩、砂砾岩，中上部常见白色斑点	9.80 m

——————— 整　合 ———————

下伏地层：**塘上组**　浅紫灰色块状流纹质晶屑玻屑熔结凝灰岩

【地质特征及区域变化】　本组底部为紫红色粉砂岩、砂砾岩，向上紫红色粉砂岩夹砂岩、砂砾岩，与流纹质角砾玻屑熔结凝灰岩、玻屑凝灰岩互层，夹 2.8 m 的气孔状玄武岩，再上紫红色粉砂岩、粉砂质泥岩增多，流纹质玻屑凝灰岩夹层渐少，产恐龙蛋化石，顶部紫红色厚层状泥质粉砂岩夹砾岩。恐龙蛋 *Paraspherooiithus* cf. *irenensis*；恐龙骨片及椎体 *Ornithischia*，*Sauropoda*，*Ankylosawidae*。

根据上述恐龙蛋和恐龙骨片化石，本组地质时限为晚白垩世。

本组火山岩夹层数不定，天台盆地火山岩夹层较多，仙居、壶镇、舒洪、丽水等盆地则较少。两头塘组厚度变化较大，天台盆地最厚大于 691.1 m，壶镇盆地仅大于 175 m。

赤城山组　Kĉĉ　(33－0101)

【创名及原始定义】　浙江区调队(1995)创名，命名地点在浙江省天台县赤城山。原始定义：本组相当原赖家组 b 段，岩性为紫红色厚层块状砂砾岩、砾岩，间夹紫红色中厚至厚层状含砾粉砂岩、粉砂质泥岩，夹一层流纹质含角砾玻屑凝灰岩。与下伏两头塘组紫红色中厚层状砂岩、砂砾岩呈整合接触，未见上覆地层。时代为晚白垩世。

【沿革】　浙江区调大队(1978)称赖家组，并分为 a、b 岩性段。浙江区调队(1995)称原赖家组的 b 段为赤城山组，本书沿用之。

【现在定义】　同原始定义。

【层型】　该组正层型为浙江省天台县赤城山剖面(121°02′,29°11′)，由浙江区调队一分队(1977)测制(图 5－6)。

赤城山组	总厚度 660.10 m
7. 紫红色中厚层状砾岩夹钙质粉砂岩或含砾粉砂岩(未见顶)	160.00 m
6. 灰紫红色厚层至块状流纹质含角砾凝灰岩	29.90 m
5. 紫红色中厚层状钙质粉砂岩与砾岩互层	49.60 m
4. 紫红色中厚层状细砂粉砂岩夹中厚层状砾岩	118.00 m
3. 紫红色厚层状钙质胶结砾岩夹 3 层薄层细砂粉砂岩	52.60 m
2. 紫红色中厚层状泥质粉砂岩，局部含钙质结核	13.50 m
1. 紫红色中厚层状砾岩夹薄层细砂粉砂岩	236.50 m

——————— 整　合 ———————

下伏地层：**两头塘组**　紫红色厚层状泥质粉砂岩夹砾岩

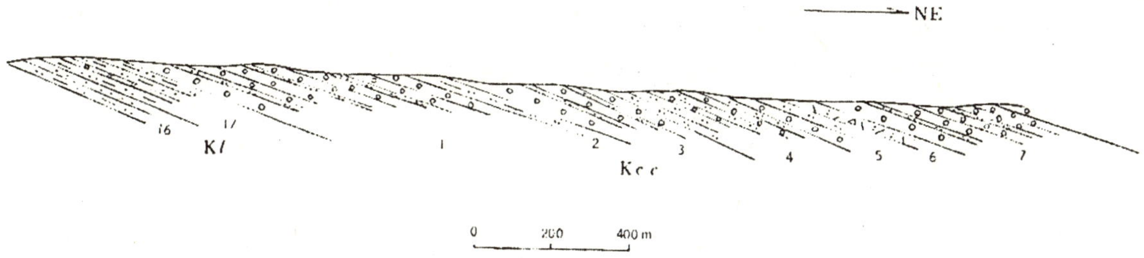

图 5-6　浙江天台清溪赤城山组剖面

【地质特征及区域变化】　本组底部为紫红色中厚层状砾岩，与下伏两头塘组紫红色泥质粉砂岩夹砾岩的岩层呈整合接触，其上以紫红色厚层状钙质胶结砾岩为主，夹紫红色中厚层细砂粉砂岩和泥质粉砂岩，上部夹厚度为 29.9 m 的流纹质含角砾凝灰岩，未见顶界。产恐龙蛋化石。本组地质时限为晚白垩世。

本组在天台、仙居、缙云舒洪等盆地都有分布，由于砾岩与砂岩差异风化明显，常形成有大小溶洞的丹霞地貌，与两头塘组出露区的平缓低矮山区，成为鲜明的对照。

天台县田垟金剖面，厚度大于 557.1 m，仙居县杨府一带，厚约 300 m 以上。

衢江群　*KQ*　(33-0106)

【创名及原始定义】　原称衢江红砂岩，由刘季辰、赵亚曾(1927)创名，当时指分布于浙西金衢盆地。原始定义：指“本层分布之区形成一狭长之盆地，东起兰溪市西止衢县航埠，南北流纹岩高山对峙，而衢江蜿蜒其中。本系之底部为厚基底砾岩层，下与流纹岩及古生代地层成不整合之接触，所含石砾皆为邻近之较古岩层内之岩石所成，故其种类亦因地而异。基底砾岩之上概为紫色软砂岩。时代定为早第三纪。”

【沿革】　浙江省石油地质队(1960)将其靠下部的颜色较暗的地层划出，称“金兰组”，时代为晚白垩世；上部称衢江红砂岩，时代为早第三纪。邹鑫祜、陈其奭(1964)建议将金兰组改称金华组。浙江区测队(1966)将金衢盆地红层划分为五个岩性段，下部一至二段引用方岩组，时代为晚白垩世；上部三至五段称“衢江砂岩”，在其内采获植物化石 *Frenelopsis* 一属，称衢江群，时代为晚白垩世—第三纪。浙江省石油地质大队(1979)① 在金衢盆地进一步工作后，将整套红层重新划分为五个岩性段，同时指出过去所划“方岩组”、“衢江砂岩”两套地层具横向变化关系，故废弃已用的组名而统称衢江群，时代为晚白垩世。李龙通、甄金生(1981)将衢江群一、二段称方岩组，时代为早白垩世，三、四段称兰溪组，时代为晚白垩世；五段命名为衢县组，时代为晚白垩世。陈其奭(1981)② 将该群一、二段命名为中戴组，三段引用金华组，四、五段划归衢县组，时代为晚白垩世。徐克定(1989)将一、二段引用方岩组，时代为中白垩世，三段划为兰溪组，四、五段为衢县组，时代为晚白垩世。浙江区调队(1989)将一、二段称方岩组，时代为早白垩世；三、四、五段属金华组，时代为晚白垩世。本书引用陈其奭的划分，衢江群划分为中戴组、金华组、衢县组。

① 浙江省石油地质大队，1979，浙江省金衢盆地石油地质普查总结报告(未刊)。
② 陈其奭，1981，浙江省侏罗—白垩纪生物地层研究之进展(未刊)。

【现在定义】 指位于永康群之上的一套河湖相红色碎屑沉积地层。由中戴组、金华组和衢县组组成，合称衢江群。下伏与永康群之下不同层位呈不整合接触，其上未见顶。

中戴组 K$\hat{z}$d (33-0103)

【创名及原始定义】 陈其奭(1981) 创名。命名地点在浙江省金华市中戴。原始定义：指浙江省石油地质大队(1979)对金衢盆地红层所划出的一、二两个岩性段。一段为"紫红色砾岩夹砂岩、泥质粉砂岩，并夹凝灰岩和玄武岩"；二段为"棕褐色泥质粉砂岩夹砂岩、含砾砂岩"。时代归于晚白垩世。

【沿革】 李龙通、甄金生(1981)称方岩组，徐克定(1989)、浙江区调队(1989)也称方岩组，前者将其定为中白垩世，后者定为早白垩世。本书引用中戴组。

【现在定义】 岩性为紫红色厚层块状砾岩、砂砾岩、细砂岩、粉砂岩夹粉砂质泥岩。下部偶夹中酸性及酸性凝灰岩、中性或基性熔岩。以紫红色细砂粉砂岩、粉砂岩与上覆金华组灰紫色薄层状粉砂质泥岩呈整合接触，以砾岩与下伏磨石山群之不同层位呈不整合接触。

【层型】 正层型为浙江省金华市中戴剖面(119°20′,29°01′)，浙江省石油地质大队(1979)测制，《浙江白垩系地质旅行指南》(1985)介绍。

上覆地层：**金华组** 咖啡色粉砂质泥岩

——————— 整 合 ———————

中戴组

总厚度 247.60 m

8. 紫红色含钙质粉砂质泥岩夹少量薄层含钙粉砂岩，偶夹厚 1 m 钙质结核层，含粉砂岩具斜层理及波痕 43.10 m

7. 紫红色含粉砂质泥岩夹少量中至薄层粉砂岩，普遍含钙质。含恐龙 *Chilantaisaurus zhejiangensis* 4.20 m

6. 褐灰、浅紫灰色中粒砂岩与紫红色钙质泥岩夹薄层粉砂岩互层，中砂岩具斜层理，钙质泥岩含粉砂和钙结核 8.00 m

5. 紫红色砂质泥岩夹中至薄层粉砂岩，偶夹棕褐色含砾中至粗砂岩透镜体，顶部含钙质结核 18.00 m

4. 棕褐色含砾中至细砂岩与紫红色含钙粉砂岩，粉砂质泥岩互层，上部夹厚 1 m 含钙质结核泥岩 19.70 m

3. 砖红色含砾中至薄层粉砂岩夹多层浅紫灰色含砾中砂岩或砂砾岩透镜体，顶部夹粉砂质泥岩 47.00 m

2. 浅紫灰色砾岩与砖红色含砾粉砂岩互层，砾岩呈透镜体，含砾粉砂岩含钙质，具绿色斑点，分选差，单层厚度 0.1～3 m 28.00 m

1. 紫红色、浅紫灰色砾岩夹少量浅绿色砂砾岩与紫红色粉砂岩透镜体，砾岩成分主要为凝灰岩及少量浅绿色粉砂岩等 79.60 m

~~~~~~~~~~ 不 整 合 ~~~~~~~~~~

下伏地层：**磨石山群** 浅紫色酸性晶屑岩屑凝灰岩

【地质特征及区域变化】 本组底部为紫红色砾岩、砂砾岩，夹少量紫红色粉砂岩透镜体，其上为紫灰色砾岩与砖红色含砾粉砂岩互层，再其上为褐灰、浅紫色中粒砂岩，中至薄层状粉砂岩，偶夹棕褐色含砾中至粗砂岩透镜体，砂岩具斜层理，顶部紫红色含钙质粉砂质泥岩夹少量薄层含钙粉砂岩，偶夹钙质结核层。

本组化石稀少有：恐龙 *Chilantaisaurus zhejiangensis*；衢县烂柯山洞产双壳类 *Trigo-*
~~~~~~~~~~

nioides(*Pseudohyria*?)sp. indet.；义乌市苦山产植物 *Pseudofrenelopsis* cf. *papillosa*。

同位素年龄值，在龙游县上圩头中戴组下部的玄武岩中，经K－Ar法测定，年龄值为105 Ma。根据上述生物化石和同位素年龄值，中戴组地质时限为早白垩世晚期。

金衢盆地向东延至义乌、东阳一带，本组主要为一套紫红色砂砾岩层，在个别地段，如东阳市孔子山夹一、二层浅紫红色含砾沉凝灰岩，义乌市三角店一带夹厚约5 m的安山玄武岩。在嵊县盆地，嵊县—长乐一带，下部为砂砾岩、含砾砂岩，在前王村附近，尚见有厚约8 m的玄武岩夹层。浦江盆地为一套砂砾岩、砾岩，超覆不整合覆于寿昌组之上，岩性可分为三部分：下部紫红色砾岩、砂砾岩夹少量紫红色砂岩、粉砂岩；中部以紫红色粉砂岩、粉砂质泥岩为主，有时夹薄层砂砾岩、砾岩；上部紫红色厚层至块状砾岩、砂砾岩居多，夹薄层状紫红色砂岩、粉砂岩。也可与中戴组对比。长兴—嘉兴一带中戴组出露零星，见于昌化和泗安盆地内。其岩性主要为紫红色砂岩、砾岩及砂砾岩。临安昌化白牛桥一带出露的砂砾岩，厚度大于197.8 m。泗安盆地该组在盆地东侧空山—赵村一带，局部夹砖红色钙质砂岩。在安吉县障吴村以北地区，下部为暗紫、紫红色厚层块状砾岩夹含砾砂岩透镜体，上部为暗紫、灰白色砂砾岩、中粒砂岩、细砂岩、泥质粉砂岩互层。金衢、嵊县盆地见夹少量中、基性熔岩；上部多为紫红色砂岩、粉砂岩夹粉砂质泥岩。金衢盆地中戴组受下章断层控制，断层南部下段厚度为500～700 m；断层北侧只有89～300 m。中戴组上段，在龙游县以西厚度为600～800 m，位于盆地中部的兰溪—龙游一带，厚度为340～460 m。

金华组　K*j*　(33－0104)

【创名及原始定义】　邹鑫祜、陈其奭(1964)创名[①] 顾知微(1980)介绍。命名地点在浙江省金华市。原始定义："是一套以粉砂岩和泥质粉砂岩为主的夹细砂岩薄层的地层，一般富含钙质及石膏。"时代归于晚白垩世。

【沿革】　浙江省石油地质队(1960)[②] 称"金兰组"是由金华、兰溪两地名联合而成，不符合命名原则，邹鑫祜、陈其奭(1964)采用金华组。顾知微(1980)采用的金华组名称：专指第三层，岩性为"咖啡色粉砂质泥岩，泥质粉砂岩夹薄层粉砂岩，并夹灰绿、灰黑色泥岩、白云质泥岩等。"时代为晚白垩世。浙江区调队(1989)将金衢盆地的三、四、五段合称金华组，扩大了原金华组含义，时代为晚白垩世。本书采纳的金华组相当浙江省石油地质大队(1979)金衢盆地划分的第三段。

【现在定义】　岩性为浅灰紫色薄层粉砂质泥岩、泥质粉砂岩、粉砂岩夹细砂岩及灰绿、浅灰、灰黑色泥岩。以浅灰紫色薄层粉砂质泥岩与下伏中戴组、以紫红色薄层状粉砂岩夹粉细砂岩与上覆衢县组均呈整合接触。

【层型】　选层型为浙江省龙游县高仙塘剖面(119°14′,29°01′)，浙江区调队五分队(1993)测制。

上覆地层：**衢县组**　浅灰紫色中厚层状含砾岩屑长石中粗粒砂岩

——————— 整　合 ———————

金华组　　总厚度 263.40 m

9. 上部砖红色厚层块状岩屑长石细砂岩，顶部浅绿色中薄层状 钙质粉砂岩；下部砖红色块状岩屑长石细砂岩夹微层状粉砂岩或泥质粉砂岩　　39.70 m

---

① 邹鑫祜、陈其奭，1964，浙江省中生界火山沉积岩系之研究(未刊)。
② 浙江省石油地质队，1960，浙江省金衢盆地1960年石油地质工作总结(未刊)。

8. 上部紫红色中厚层状粉砂质泥岩、中层状长石岩屑细砂岩；下部浅紫红色中厚层状含砾岩屑长石中粗粒砂岩，含少量泥砾 31.10 m

7. 暗紫红色块状岩屑长石细砂岩夹微层状粉砂岩、泥质粉砂岩，上部细砂岩局部过渡为粉砂岩，虫孔构造发育 21.00 m

6. 紫红色厚层状细砂岩夹中薄层状粉砂岩与粉砂质泥岩 18.10 m

5. 上部灰紫色中厚层状粉砂岩与粉砂质泥岩互层；下部灰紫色中层状岩屑长石细砂岩与粉砂岩组成，细砂岩常呈透镜状 4.40 m

4. 灰紫色厚层块状粉砂质泥岩夹中薄层状粉砂岩，中部方解石、石膏细脉顺层发育，少数斜穿层理 21.50 m

3. 暗紫色中层状长石岩屑细砂岩，粉砂岩与中厚层状粉砂质泥岩组成韵律层 14.40 m

2. 灰紫色厚层块状含粉砂质泥岩、粉砂质泥岩夹薄层粉砂岩，上部含方解石及石膏细脉 34.40 m

1. 上部紫红色块状细砂岩，局部夹中砂岩透镜体；中下部紫红色厚层块状粉砂岩与粉砂质泥岩，钙质结核顺层分布 58.80 m

——————整　合——————

下伏地层：**中戴组**　灰紫色中厚层状含砾岩屑长石中粗粒砂岩，岩屑长石细砂岩

【地质特征及区域变化】　本组下部为紫红色砂岩与粉砂质泥岩，其上为紫红色细砂岩、粉砂质泥岩夹薄层粉砂岩，局部夹中砂岩透镜体，在粉砂质泥岩中含方解石及石膏细脉，再上为灰紫、暗紫色中层状长石岩屑细砂岩、粉砂岩与粉砂质泥岩组成韵律层，或细砂岩与粉砂岩、粉砂质泥岩间互，夹紫红色含砾岩屑长石中粗粒砂岩、细砂岩。

本组含双壳类 *Sphaerium shantungense*；介形类 *Cristocypridea triangulata*，*Cypridea* (*Pseudocypridina*) *aversa*；叶肢介 *Zhestheria tenuis*，*Tenuestheria tenuis*；昆虫 *Siculicorixa extria*；植物化石 *Pseudofrenelopsis* cf. *tholistoma*。据生物组合，本组地质时限为晚白垩世。

金华组在金衢盆地北部夹有暗色泥岩、粉砂质泥岩，偶有泥灰岩、白云岩及白云质泥岩，并含有沥青质，厚度800～2125.5 m。浦江、嵊县盆地的金华组未分出，由于大部分岩性为紫红色厚层块状砾岩、砂砾岩夹砂岩，层位相当中戴组。其上的红色细砂岩、粉砂岩及粉砂质泥岩，产介形类、轮藻及恐龙蛋等化石，层位相当金华组。长兴泗安零星出露的红色砂岩与砂砾岩置于中戴组，金华组在该区是否存在，尚需进一步工作。

衢县组　K*q*　(33－0105)

【创名及原始定义】　李龙通、甄金生(1981)创名①，命名地点在浙江省衢县。原始定义：指浙江石油地质大队(1979)对金衢盆地红层所划的第五段，岩性以棕红色厚层至块状粉、细砂岩为主夹多量块状砾岩和中粗砂岩，或组成不等厚互层，在金衢盆地北缘夹砾岩较多，向上以砖红色块状砾岩为主。时代定为晚白垩世。

【沿革】　陈其爽(1981)、徐克定(1989)所称衢县组，皆指原衢江群四、五两段，时代归于晚白垩世。本书的衢县组相当浙江省石油地质大队(1979)的四段和五段。

【现在定义】　指原衢江群第四、五段岩性，为棕褐、棕红色中厚层、厚层至块状砂岩、粉砂岩、含砾砂岩、砂砾岩及砾岩。以棕红色中厚层、厚层状砂岩、粉砂岩与下伏金华组呈整合渐变关系，其上未见顶。

【层型】　选层型为浙江省龙游县小南海曹垅—刘家村剖面(119°14′,29°05′)，由浙江区调

① 李龙通、甄金生，1981，浙江省侏罗—白垩纪介形类化石组合(内刊)。

队五分队(1993)测制。

衢县组 总厚度 1798.70 m

20. 紫红色厚层块状泥岩夹中—薄层状粉砂岩，泥岩中见方解石细脉 7.00 m

19. 上部砖红色厚层块状细砂岩、细粉砂岩，局部夹紫红色薄层状粉砂岩或泥岩，水平层理发育；下部灰白色含砾粗砂岩，中粗粒砂岩夹紫红色薄层状细粉砂岩 38.50 m

18. 灰白色厚层块状粗砂岩，向上过渡为细中粒砂岩、细砂岩和粉砂岩，下部砂岩中常见紫红色泥岩砾和团块，水平层理发育 57.60 m

17. 上部砖红色中—薄层状粉砂岩与泥岩互层，之下为灰黄色细中粒砂岩、细砂岩，含紫红色泥岩砾；中部砖红、紫红色中层状粉砂岩与细砂粉砂岩、泥岩互层，其底有1.1 m的含砾粗砂岩；下部紫红色、砖红色中—厚层状细砂岩、粉砂岩，粉砂质泥岩。水平层理发育 31.50 m

16. 砖红色厚层—块状细砂岩、细粉砂岩，上部夹紫红色薄层状粉砂质泥岩，水平层理及小型砂纹交错层理发育 168.80 m

15. 上部砖红色中—厚层状细砂岩、细粉砂岩夹紫红色薄层状泥岩，水平层理发育；中下部砖红色厚层—块状细砂岩和细粉砂岩 319.70 m

14. 灰白色含砾粗砂岩、砖红色细中粒砂岩、细砂岩及细粉砂岩组成一个韵律层，夹少量紫红色薄层状粉砂质泥岩，砂岩中见大型板状交错层理 26.70 m

13. 上部砖红色细砂岩、细粉砂岩夹紫红色粉砂质泥岩，水平层理发育；下部砖红色厚层—块状中—细粒砂岩，局部见中粗粒砂岩透镜体 55.50 m

12. 砖红色中—厚层状细砂岩与细粉砂岩互层，上部夹少量紫红色薄层状粉砂质泥岩，含泥质条带和团块，下部为块状中粗粒砂岩 56.10 m

11. 砖红色厚层—块状细砂岩及细砂粉砂岩，具水平层理 233.70 m

10. 灰黄色砂砾岩、含砾粗砂岩、砖红色中细粒砂岩、细砂岩、粉砂岩与粉砂质泥岩或泥岩组成2个韵律层，具大型板状交错层理及水平层理 31.30 m

9. 砖红色厚层—块状中粒砂岩、细砂岩及细粉砂岩，底部灰白色含砾粗砂岩中夹透镜状粗砂岩，顶部见紫红色粉砂质泥岩 40.90 m

8. 灰黄色块状含砾粗砂岩、砖红色细中粒砂岩、细砂岩、细粉砂岩及泥岩组成韵律层，下部大型板状交错层理发育，顶部具水平层理 94.20 m

7. 由灰黄色含砾粗砂岩、粗砂岩、砖红色中粒砂岩、细砂岩、粉细砂岩、紫红色薄层状粉砂质泥岩组成2个厚度不等的韵律层，水平层理发育，局部具小型交错层理 85.20 m

6. 砖红色块状细砂岩、细粉砂岩夹少量紫红色薄层状粉砂质泥岩，底部为灰白色粗砂岩，具大型板状交错层理 64.20 m

5. 灰白、砖红色含砾粗砂岩、细砂岩、细粉砂岩及紫红色薄层状泥岩组成多个韵律层，粗砂岩中具大型板状交错层理 82.60 m

4. 砖红色厚层—块状细中粒砂岩，夹紫红色薄层状泥岩；底部有薄层含砾粗砂岩，具大型板状交错层理 76.60 m

3. 灰白色、砖红色含砾粗砂岩、细中粒砂岩、细砂岩、细粉砂岩和粉砂质泥岩组成多个韵律层，在含砾粗砂岩中，具槽状、板状交错层理，粉砂质泥岩中，具水平层理 102.40 m

2. 灰白、砖红色含砾粗砂岩、细砂岩、细粉砂岩及紫红色薄层状泥岩组成多个韵律层，在砂岩中具紫红色泥岩砾及不规则的大型交错层理 73.20 m

1. 上部砖红色细砂岩、细粉砂岩，夹紫红色泥岩；中部紫红色细砂岩、细砂粉砂岩夹中粗粒砂岩；下部灰白色含砾粗砂岩，砖红色细砂岩，细粉砂岩及紫红色中—薄层状泥岩，局部具小型交错层理(未见底) 53.00 m

【地质特征及区域变化】 本组下部以砖红色细砂岩、细砂粉砂岩夹紫红色泥岩及灰白色含砾粗砂岩，局部具小型交错层理，向上为灰白、砖红色含砾粗砂岩、细中粒砂岩、细砂岩、细粉砂岩和粉砂质泥岩组成韵律层，具大型板状交错层理，再向上为砖红色中—厚层状细砂岩、细砂粉砂岩、细砂粉砂岩夹薄层状泥岩，或砖红色粉砂岩与泥岩互层，间夹灰白色厚层状粗砂岩、细中粒砂岩；最上部为紫红色厚层状泥岩夹中—薄层状粉砂岩，泥岩中见方解石细脉。以浅灰紫色含砾岩屑长石中粗粒砂岩与下伏金华组砖红色岩屑长石细砂岩及浅绿色钙质粉砂岩呈整合接触。

本组化石稀少，含：介形类 *Cypridea cavernosa*, *Tangxiella tangxiensis*, *Candoniella candida* 及恐龙蛋。根据上述介形类和恐龙蛋化石，衢县组地质时限为晚白垩世。

在金衢盆地东部和西部岩性较粗，以棕红、浅棕红色厚层至块状粉砂岩、细砂岩为主夹灰白色厚层状砂岩、含砾砂岩和砂砾岩透镜体。东阳盆地东部的李宅，则变为巨厚的砖红色块状砂砾岩。本组厚度一般在 1000 m 以上，兰溪市沈店—垫塘边剖面厚度大于 2361.2 m，龙游县横山—夏峰为 1562.7 m。

桐乡组　K*t*　(33－0074)

【创名及原始定义】 浙江省石油勘探处(1988)创名①，命名地点浙江省桐乡县白马庙双桥。原始定义：岩性为浅粉红色厚层至块状钙质不等粒砂岩、粉细砂岩夹薄层泥岩，其下为浅棕色粉细砂岩和灰紫、棕褐色砂质泥岩，底部有砾岩。厚 300～800 m。时代为晚白垩世。由于该组仅见于嘉兴地区的钻孔中，与下伏衢县组推测为整合接触。

【现在定义】 同原始定义。

【层型】 正层型为浙江省桐乡县白马庙双桥杭 31 井剖面(120°27′,30°40′)。浙江省石油勘探处(1988)资料。

上覆地层：**新第三系**　上部和中部为青灰色泥岩、细砂岩夹砂砾岩，下部为灰色砂砾岩

～～～～～～～～～～ 不 整 合 ～～～～～～～～～～

桐乡组	总厚度 757.0 m
13. 棕红、紫红色泥质粉砂岩和粉砂岩	70.0 m
12. 浅棕、灰紫、灰色泥质粉砂岩、粉—细砂岩互层，夹薄层粉砂质泥岩。产介形类、轮藻和孢粉化石	113.0 m
11. 浅棕色粉—细砂岩为主夹少量棕色粉砂质泥岩。产轮藻、孢粉化石	95.5 m
10. 灰色砂砾岩、砾岩夹粉—细砂岩	16.5 m
9. 浅棕、棕灰色粉—细砂岩为主夹少量粉砂质泥岩和泥质粉砂岩。产轮藻、孢粉化石	99.5 m
8. 浅棕、灰紫色粉—细砂岩与泥质粉砂岩、粉砂质泥岩互层。产介形类、轮藻和孢粉化石	53.5 m
7. 灰紫色砂砾岩夹灰紫色粉—细砂岩。产介形类化石	16.0 m
6. 棕色粉—细砂岩为主，夹灰紫色泥质粉砂岩、粉砂质泥岩。产介形类、轮藻化石	96.0 m
5. 灰紫色砂砾岩夹少量灰紫色粉砂岩和含砾粗砂岩	24.5 m
4. 灰棕色粉—细砂岩、细中砂岩夹灰紫色粉砂质泥岩、泥岩	28.8 m
3. 灰紫色砂砾岩夹浅棕色粉—细砂岩及灰紫色泥岩	27.7 m
2. 浅棕、灰紫色粉—细砂岩、中—粗砂岩、粉砂质泥岩、泥岩呈不等厚互层。产介形类	

① 浙江省石油勘探处，1988，浙江省白垩系及其油气地质条件(内刊)。

化石 50.5 m

1. 紫灰色砂砾岩夹少量中—粗砂岩、泥质砂岩 65.5 m

———————— 整 合 ————————

下伏地层：**衢县组** 浅棕、棕红色粉砂岩、粉砂质泥岩与中—粗砂岩互层。含轮藻 *Obtusochara luodianensis*，*O. propria*，*Mesochara jiananensis*，*Grambastichara yuntaishanensis*

【地质特征及区域变化】 桐乡组岩性：下部为灰紫、浅棕色泥岩、粉、细砂岩，含砾砂岩，砂砾岩，细砾岩。厚 287.4～450.5 m；中部为浅棕色、灰紫色泥质粉砂岩，细砂岩、含砾砂岩、砂砾岩夹泥岩或粉砂质泥岩，厚 178～235.5 m；上部以浅棕、粉红色泥质粉砂岩，粉—细砂岩为主夹灰紫色泥岩及粉砂质泥岩，底部为含砾砂岩或砂砾岩。厚度 100 m 左右。

本组仅见于桐乡凹陷的斜桥向斜（杭 33 井）、洲泉向斜(杭 34 井)、濮院向斜(杭 38 井)。

第二节　生物地层及年代地层概况

一、生物群特征

①*Dictyophyllum - Clathropteris* 植物群

该植物群分布于乌灶组中，其主要组成分子有植物化石 *Dictyophyllum exile*，*Cladophlebis haiburnensis*，*Pterophyllum aequale*，*P. ptilum*，*Cycadocarpidium erdmanni*，*Clathropteris* cf. *meniscioides*，*C. platyphylla*，*Anthrophyopsis* sp. 等。它们是国内外晚三叠世地层中特有的重要分子和标准化石。另有叶肢介 *Euestheria minuta*，*E. yipinglangensis* 等，是德国三叠纪和我国晚三叠世地层中的重要化石。双壳类 *Waagenoperna* sp. 的存在进一步证实乌灶组的时代为晚三叠世。

②*Marattiopsis - Otozamites* 植物群

主要组成分有植物化石 *Marattiopsis asiatica*，*Dictyophyllum nathorsti*，*Thaumatopteris brauniana*，*Anomozamites* cf. *major*，*Nilssonia orientalis*，*Otozamites yunheensis* 等。这一组合的分子多见于晚三叠世至早侏罗世地层，但与晚三叠世乌灶组中的植物群有一定差异，也不同于中侏罗世的植物群。其它孢粉化石有 *Cyathidites* sp.，*C. minor*，*Duplexisporites* sp.，*Anulispora microannulata*，*Classopollis* sp.，*Osmundacidites* sp.，*Chasmatosporites* sp.，*Cibotiumsporites* sp.，*Concavisporites* sp.，*Dictyophyllidites* sp.，*Cycadopites* sp.，*Quadraeculina* sp.，*Klukisporites* sp.，*Lycopadiumsporites* sp.，*Ginkgocycadophytus* sp. 等。本植物群分布于浙东南地区的枫坪组中，时代属早侏罗世。

③*Coniopteris - Phoenicopsis* 组/*Ferganococha - Lamprotula - Cuneopsis* 组合

主要组成分有植物化石 *Coniopteris* cf. *hymenophylloides*，*C. tatungensis*，*Ptilophyllum pecten*，*Cladophlebis williamsoni*，*Cladophlebis* cf. *raciborskii*，*Coniopteris hymenophylloides*. *Anomozamites* cf. *major*，*Todites dentidulata*，*Phoenicopsis* cf. *speciosa* 等；双壳类 *Ferganococha* aff. *estheriaeformis*，*Cunepsis yunanensis*，*Lamprotula* cf. *cremeri*，*Psilunio gigantus*，*Pscudocardinia sibirensis*，*Tutuella rotunda*。其它：腹足类 *Galba* cf. *yunnanensis*，*Liratina subtilostriata*，*Amplovaluata deformis*，*Subtilistriata operculomphalus*；叶肢介 *Nestoria longjiensis*，介形类 *Darwinula sarytirmenensis*，*D. impudica*；孢粉 *Concavissimisporites bohemiensis*，*Classopollis annulatus*, *Osmundacidites wellmanii* 等。它们在我国中侏罗世陆相地层中广泛分布，本省主要分布于浙东南地区的毛弄组中或浙西北地区的马涧组和渔山尖组中。时代为中侏罗世。

④建德生物群

由鱼类、双壳类、腹足类、昆虫、叶肢介、介形类和植物化石组成。

鱼类 *Mesoclupea showchangensis*, *Sinamia huananensis*, *Fuchunkiangia chesiensis*, *Paraclupea chetungensis*, *Ikechaoamia meridionalis*；双壳类 *Ferganoconcha shouchangensis*, *F. subcentralis*, *Mengyinaia* (*Solenaia*) *pujiangensis*, *Nakamuranaia elongata*；腹足类 *Amplovaluata* aff. *suturalis*, *Probaicalia gerassimovi*, *Viviparus shouchangensis*, *V. hengshanensis*, *Mesoneritina pustula*, *Reesidella concentrica*；昆虫 *Mesopanorpa yaojiashanensis*, *Lycoriomima mictis*, *Linicorixa odota*, *Tinactum solusum*, *Viduata otiosa*, *Coptoclava longipoda*, *Notocupes undatabdominus* 等。其他：叶肢介 *Yanjiestheris chekiangensis*, *Y. sinensis*, *Orthestheria intermedia*；介形类 *Darwinula sarytirmenensis*, *Damonella extenda*；植物 *Coniopteris* sp., *Otozamites linguifolius*, *Frenelopsis parceramosa*。上述生物群主要分布于浙西北区建德群的劳村组、寿昌组中和浙东南区磨石山群的茶湾组中。根据鱼类和昆虫结合同位素年龄值(表 5-3)，其时代主要为晚侏罗世。

⑤永康生物群

由鱼类、双壳类、腹足类、叶肢介及介形类等组成。鱼类 *Yongkangichthys hsitanensis*, *Chetungichthys brevicephalus*, *Paralycoptera wui*；双壳类 *Trigonioides* (*T.*) *yongkangensis*, *Plicatounio* (*P.*) *multiplicatus*, *Nipponoaia zhejiangensis*; *Nakamuranaia chingshanensis*；腹足类 *Brotiopsis* (*Brotiopsis*) *wakinoensis*, *Galba yongkangensis*; *Lioplacodes* aff. *cholnokyi*, *Campeloma jousseaume*, *Viviparus onogoensis*；叶肢介 *Neodiestheria curta*, *Yanjiestheria sinensis*, *Yanjiestheria kyongsangensis*, *Orthestheria* sp.；介形类 *Cypridea* (*Morinia*) *heauensis*, *Cypridea* (*C.*) *shauxingensis*, *Cypridea linghaiensis*, *Eucypris houyuelingensis*；植物 *Pseudofrenelopsis* cf. *parceramosa*, *Pagiophyllum* sp.。上述生物群主要分布于浙东南区的馆头组、朝川组中，少量分布于方岩组中。鱼类经张弥曼、周家健(1977)和魏丰(1976)研究，其时代属于早白垩世。双壳类据马其鸿(1980)研究认为属于早白垩世。因此，永康生物群结合同位素年龄值(表 5-3)，其时代为早白垩世。

⑥衢江生物群

由恐龙、翼龙、恐龙蛋及介形类、双壳类和植物等组成。

恐龙 *Chilantaisaurus zhejiangensis*(产于金华中戴中戴组中)；翼龙 Pteranodontidae 科(产于临海上盘塘上组中)；恐龙蛋 *Paraspheroolithus* cf. *irenensis*；恐龙骨片及椎体 *Ornithischia*, *Saropoda*, *Ankylosawidae*；介形类 *Cypridea cavernosa*, *C.* (*Pseudocypridina*) *aversa*, *Tangxiella tanxiensis*, *Candoniella candida*, *Cristocypridea triangulata*；双壳类 *Sphaerium shantungense*, *S. xuanchangense*, *Trigonioididae* (*Pseudohyria*?) sp. indet.；植物 *Pseudofrenelopsis parceramosa*, *P. papillosa*, *P.* cf. *thalistoma*, *Pagiophyllum* sp.；昆虫 *Siculicorixa extria*；上述生物群，恐龙产于中戴组中，翼龙产于塘上组中，恐龙蛋和骨片产于衢县组、两头塘组和赤诚山组，双壳类、介形类和叶肢介产于金华组。根据恐龙和植物化石，其时代属于早白垩世晚期，翼龙(穆治国等，1992)研究时代为晚白垩世早、中期，其它化石多属于晚白垩世。所以衢江生物群时代为早白垩世晚期至晚白垩世。

⑦*Cristocypridea* - *Candona* - *Eucypris* - *Cyprois* 组合

表 5-3 浙江晚侏罗世—白垩纪地层同位素年龄值统计表

地层名称	测试方法	年龄值(Ma)	参考文献	地层名称	测试方法	年龄值(Ma)	参考文献	地层名称	测试方法	年龄值(Ma)	参考文献
中戴组	K-Ar	105		九里坪组	K-Ar	105.5	③	大爽组	K-Ar	109.04	⑤
两头塘组	K-Ar	103.2		九里坪组	Rb-Sr	139.23		寿昌组	K-Ar	94	
	稀释法	±1.6				±12.34		寿昌组	K-Ar	88	
两头塘组	K-Ar	105.9		九里坪组	K-Ar	125		寿昌组	Rb-Sr	118±4	
	稀释法	±1.9		九里坪组	Rb-Sr	139.8		寿昌组	Rb-Sr	121.7	
塘上组	K-Ar	110.9			等时线	±11			等时线	±2.7	
	稀释法	±2.3		茶湾组		107.0	①	寿昌组	$^{39}Ar/^{40}Ar$	117.4	
塘上组	K-Ar	81.5		西山头组	K-Ar	96.0			等时线	±1.2	
	等时线			西山头组	K-Ar	121.7		寿昌组		131.0	
塘上组	K-Ar	81.4	①		稀释法	±3		寿昌组	$^{40}Ar/^{36}Ar$	135.1	⑥
塘上组	K-Ar	77.8	①	西山头组	$^{39}Ar/^{40}Ar$	122.8			$^{39}Ar/^{36}Ar$		
塘上组	K-Ar	107.0	①		等时线	±2		寿昌组	$^{40}Ar/^{39}Ar$	135.5	⑥
小平田组	Rb-Sr	108	②	西山头组	$^{40}K/^{40}Ar$	121.5				±0.4	
	等时线				等时线	±2.4		黄尖组	K-Ar	102	
壳山组	K-Ar	128.7	③	西山头组	K-Ar	117.24	⑤	黄尖组	K-Ar	78	
朝川组		103		西山头组	K-Ar	115.8	⑤	黄尖组	K-Ar	102	
朝川组	K-Ar	98.88		西山头组	K-Ar	136.5	③	黄尖组	K-Ar	124±4	
朝川组	K-Ar	111.0		西山头组	K-Ar	101	③	黄尖组	K-Ar	127.4	
朝川组	Rb-Sr	118.6	④	西山头组	Rb-Sr	132.1			稀释法	±3	
馆头组	K-Ar	108.3			等时线			黄尖组	K-Ar	127.6	
	稀释法	±1.2		西山头组	Rb-Sr	135.44			稀释法	±1.4	
馆头组	K-Ar	93.8				±8		黄尖组	Rb-Sr	127.4	
	稀释法	±1.1		高坞组	Rb-Sr	133			等时线	±4	
馆头组	K-Ar	105.7		高坞组	K-Ar	108		黄尖组	Rb-Sr	139.63	⑦
	稀释法	±1.3		高坞组	K-Ar	98			等时线	±2.32	
馆头组	K-Ar	99.4		高坞组	K-Ar	121.4		黄尖组	Rb-Sr	145.26	⑦
	稀释法	±1.1			稀释法	±1.6			等时线	±15.05	
馆头组	$^{41}Ar/^{36}Ar$	110.0		高坞组	Rb-Sr	122		劳村组	Rb-Sr	133	
	$^{40}K/^{36}Ar$	±3.3			等时线	±3		劳村组	K-Ar	124±6	
	等时线			高坞组	K-Ar	98.6	③	劳村组	K-Ar	90	
馆头组	Rb-Sr	110.3		高坞组	K-Ar	94.8	③	劳村组	K-Ar	100	
	等时线	±10		高坞组	K-Ar	117.72	⑤	劳村组	K-Ar	102	
馆头组	稀释法	102.9		高坞组	K-Ar	135.26	⑤	劳村组	K-Ar	128.8	
		±3.1		高坞组	K-Ar	108.5			稀释法	±3	
祝村组	K-Ar	105	⑤	大爽组	K-Ar	107.22	⑤	劳村组	Rb-Sr	129.2	
九里坪组	K-Ar	135.6	③	大爽组	K-Ar	110.2	⑤		等时线	±3	

①浙江区调队，1983，浙江省同位素年龄值一览表。

②浙江区调队，1993，岩石地层清理组归档资料。

③姚洪烈，1979，《浙江区测》，第2期。

④徐步台、蒋叙良等，1988，《地质研究》，第1期。

⑤浙江省区域地质志编写组，1989，《浙江省区域地质志》归档资料。

⑥徐步台、黄建国，1994，浙江不同属性膨润土的同位素组成特征及其形成条件(油印稿)。

⑦胡伟康，1989，莫干山地区火山岩地球化学初探，《浙江地质科技情报》，第1期。

该组合主要分布于桐乡一带的桐乡组中，所代表的层位相当于湖北、湖南、广东等地的晚白垩世Campanian期。

综上所述，杭嘉湖地区的桐乡组，其时代为晚白垩世晚期。

二、同位素年龄值特征及界线年龄确定

浙江中生代晚期陆相地层，由老至新的多数层位，都夹有层数不定、厚度不一的火山岩，这为火山岩同位素年代学的研究，提供了十分有利的条件。自70年代后期，部分科研和生产单位，陆续对这套火山沉积地层进行同位素年龄值的测定和研究工作，经过20余年的资料积累，已有了较多的同位素年龄数据，有些单位的科研人员，对测试成果进行火山地层年代的探讨，但由于接触的地层资料以及对同位素年龄值分析方法的不同，因而对某些层位的地质年代，提出了各自不同的看法。

论证岩石地层年代，也是这次地层清理的一项重要内容，除清理了古生物资料外，还对积累的同位素年龄资料进行了清理，并按组列表，据不完全统计，5个群22个组中，有16个组共统计出75个年龄值(表5-3)。总的来看，表5-3中的年龄值有以下几个特征：

在同一层位的不同地点，采用相同或不同的测试方法，所得年龄值并不完全一致，有的相差较大。如寿昌组所统计的8个年龄数据，样品分别采自建德市寿昌杭岭后、密山庙、石粉厂后铁路边(原划于横山组)及临安县平山4处，采用K-Ar、Rb-Sr等时线和$^{40}Ar/^{39}Ar$等不同测试方法，所得年龄值最小为88 Ma，最大值为135.5±0.4 Ma。

在不同的层位(有的间隔较大)，采用相同或不同的测试方法，测出的年龄值有时却很近似，或出现新层位年龄值大于老层位的矛盾现象。如大爽组用K-Ar法测出的三个年龄数据分别为107.22、109.04和110.2 Ma，三者数据非常接近，九里坪组采用K-Ar和Rb-Sr等时线法测出的年龄值，有三个数值大于135Ma，一个为125Ma，最小值为105.5Ma。很明显，九里坪组的同位素年龄值一般高于大爽组的年龄值。

由不同单位在同一层位采用相同或不同方法测出的年龄值，有的也相差较大。如西山头组统计出10个年龄数据，有4个测试单位，采用K-Ar、Rb-Sr和K-Ar稀释Rb-Sr等时线法，测出的最小数据为94.8Ma(K-Ar法)，最大数据为135.26Ma(K-Ar法)。

上述年龄值特征表明，75个年龄值并不都反映它们所在层位的地质年代。陈晋镳(1992)认为，同位素测年的“所有数据，原则上说均是某种地质作用的结果(如不新鲜样品所得年龄是地表风化作用的反映)，问题的核心是所得数据具有哪种地质意义。”贺同兴、金巍(1988)也曾指出：“地质时代与同位素年代是两个有联系又有区别的概念。地质时代是指地质作用发生、发展、演化的年代，而同位素年代是根据同位素衰变原理，借助某种方法测定的年龄值。由于测年方法受诸多条件的限制和干扰，往往不能正确地标定地质年代”，“所以进行地质年代学研究，……不能单以同位素年龄值，而要以地质体特征为基础，综合考虑层序组合、生物群组合特征和原岩建造、构造环境等因素，参考同位素年龄资料”来确定地质时代。以上论述虽然都是针对前寒武纪变质岩讲的，但对慎用中生代火山岩同位素年龄值方面，也有重要的借鉴作用。

对中生代火山岩地层，首先要理顺其地层层序，在此基础上，将不同层位所赋存生物化石中延续时间短，而又分布广的属种挑选出来，结合这一生物群的时代意义，再对已分组统计出大小不一的年龄数据进行筛选与合理取舍，使其与地质事实相协调，与古生物群时代相吻合，这样判定的地质时代，也许会更客观、更接近实际一些。

1. 衢江群、天台群同位素年龄界线的确定

上述两个群在区域上成对应关系，与下伏永康群呈不整合接触关系，两群下部的中戴组与塘上组，都赋存有早白垩世晚期的生物化石，两组的火山岩中已统计出6个同位素年龄值，结合地质背景和生物化石的时代意见，宜选用105 Ma、107 Ma和110 Ma的年龄值，因此，衢江群、天台群应以105～110 Ma作为底界年龄。金华组、两头塘组，赋存的生物化石多数属晚白垩世早期，因此，它们之间宜用95 Ma年龄值为上白垩统与下白垩统的划界时标。

衢江群之上的桐乡组，与上覆第三系之间有沉积间断，桐乡组顶部有缺失，而桐乡组所产化石属晚白垩世晚期，因此二者之间采用70 Ma年龄值。

2. 永康群底界年龄值的确定

永康群赋存有早白垩世中期至晚期的生物化石，5个组中共统计出13个年龄值，其中壳山组年龄值为128.7M a，似乎偏高，馆头组年龄值为110.3 Ma，又有些偏低，朝川组测出的有118.6±4.2 Ma，看来与地质事实较为协调，与古生物的时代意见也相吻合，依此推断永康群底界年龄值不低于125 Ma。

3. 建德群与磨石山群年龄界线的确定

建德群与磨石山群都不整合覆于中侏罗统之上，伏于永康群之下，根据建德生物群表明劳村组—寿昌组属晚侏罗世，横山组属早白垩世早期。两群中共统计出54个年龄数据，多数年龄值小于推断的永康群底界年龄值，显然难以利用。以往于振华(1987)曾报道临安县平山寿昌组上部有131 Ma的年龄值。徐步台、黄建国(1994)报道：“为了更确切厘定该地层的形成时代，张自超等直接从膨润土中选出火山高温成因的透长石单矿物样品，获得$^{40}Ar/^{39}Ar$法年龄值为135.5±0.4 Ma和$^{40}Ar/^{36}Ar-^{39}Ar/^{36}Ar$等时年龄为135.1±10 Ma，两者年龄相当一致，可代表透长石的结晶年龄。由此表明，含矿地层很可能大致形成于135 Ma左右”。此外，从浙东南区九里坪组有139.23±12.34 Ma和139.8±11 Ma两个数据来看，依据王鸿祯等(1990)编译的《国际地层时代对比表》中所推荐的侏罗、白垩系界线时标，将135(140) Ma置于寿昌组与横山组或九里坪组与祝村组之间是合适的。黄尖组下部测有145Ma的年龄值，据此，推断建德群、磨石山群的底界年龄值为155 Ma。

第三节　问题讨论

(1) 乌灶组分布局限，主要在江-绍断裂带东南侧零星出露；靠近断裂带的西北侧，见于江山市道塘山地区，以往有人称之为道塘山组，衢县下呈一带出露的这套煤系地层，由于偶夹有海相地层，又命名为茶园里组。本书认为，乌灶组是以陆相碎屑沉积岩为主的一套地层，虽偶有少量海相沉积夹层，由于出露面积很小，很难从岩性上作进一步划分，因此，所称的茶园里组、道塘山组应视为乌灶组的同物异名而停止使用。

(2) 马涧组、渔山尖组合并后称同山群，分布于浙西北区，在江山、常山至兰溪、诸暨北东向条带上，新近有人从生物地层学方面对常山县赤山坞的该套地层，命名为赤山坞组，以植物化石资料讨论了它的时代，认为“它代表浙西早侏罗世中、晚期沉积。”将赤山坞组置于马涧组之下，对此，略加讨论。

兰溪市马涧组与常山县赤山坞的含煤地层，总的岩性组合特点一致，都与下伏古生代地层呈不整合接触，按岩石地层划分原则，都应属同山群，有待划分的下部层位，无疑应属马涧组，如果这套地层从生物化石上确能证明自西南往东北有“时迁”现象，这只能说明马涧组是一个“穿时体”，而不能以“赤山坞组”取代马涧组用上下叠置的方法进行处理。

关于江山、常山地区侏罗纪含煤地层时代，据常山县鲁士附近所产双壳类为*Cuneopsis* cf. *sichuanensis*，*C. johanboehmi*，江山夏家窑孢粉化石，包括常山赤山坞在内，都有可能属中侏罗世，当前暂置于中侏罗世早期为宜。

（3）建德群、磨石山群时代问题，这个问题争论已久，随着资料的积累和认识的不断提高，这个问题可以获得解决，当前看来，建德群、磨石山群的大部分组，应归于晚侏罗世。这不但一部分地质历程短的腹足类、昆虫和鱼类说明劳村组—寿昌组应属晚侏罗世，而且采用135(140)Ma 年龄值将其置于寿昌组与横山组或九里坪组与祝村组之间，作为侏罗、白垩系的划界时标，与地质事实、古生物群时代也是协调、吻合的。

（4）天台群与永康群的关系问题

这个问题在有关章节已作过论述，现再作重点讨论。天台盆地的火山沉积地层，在60年代至70年代初期，按照永康盆地的地层模式划出天台组(朝川组)和方岩组。自从在天台盆地的清溪和赖家剖面上发现恐龙碎骨和晚白垩世的恐龙蛋之后，《1：20万仙居幅区域地质调查报告》(1978)首先将天台盆地地层分别命名为塘上组和赖家组，时代统定为晚白垩世，并将其置于方岩组之上。塘上组是一套以火山岩占优势的地层单位，沉积夹层少，当时仅采到植物化石，加上塘上组的下伏地层为磨石山组c段，因此，塘上组创建初期，就有人对其层位和时代持不同的看法。后来。汪迎平等(1986)① 在塘上剖面上采到早白垩世晚期的孢粉化石，还由于当时在区域上未见与下伏永康群方岩组或朝川组的直接关系，与其上的赖家组是否整合接触的问题，也提出了质疑，又因“塘上组火山岩……与浙东南沿海一带朝川组上段岩性相似”，于是塘上组与朝川组就划上了等号。马武平等(1990)首次在丽水盆地发现塘上组与下伏方岩组的不整合接触后，接着，浙江省第五地质大队区调分队(1991)在1：5万朱溪、汛桥幅区域地质调查进行联测时，又发现仙居盆地塘上组不整合覆于“火山型朝川组”(现命名为小平田组)之上。1992年以来浙江区调队岩石地层清理组的地质人员，又反复在该地区进行野外查证，进一步肯定了朱溪、汛桥幅的区调成果，同时还补测了小平田组与塘上组的连续剖面，事实充分说明，天台群与永康群之间被丽水运动界面把两者分开，呈明显的上、下叠置关系。

① 汪迎平、蓝善先、丁保良，1986，关于浙江省塘上组的层位及时代归属(摘要)。《江苏省古生物学会论文汇编》(内部交流)。

第六章
新生代

本章包含第三纪和第四纪，第三纪分老第三纪长河组，岩性为陆相湖盆碎屑岩沉积，局部夹玄武岩，新第三纪嵊县组，岩性为火山喷溢相夹沉积岩。第四纪分为山地丘陵区和滨海平原区。山地丘陵区划分为：汤溪组、之江组、莲花组、鄞江桥组，以河流相堆积为主，局部湖沼相沉积，岩性为粘土、亚粘土、砂砾石沉积；滨海平原区划分为：嘉兴组、前港组、东浦组、宁波组、镇海组，岩性为河湖相、海相等粘土、亚粘土、淤泥、砂砾石沉积。还涉及洞穴堆积和新石器时代文化遗址(图 6－1)。

第一节　岩石地层单位

长河组　Eĉ　(33－0107)

【创名及原始定义】　原称长河群，浙江省石油地质大队(1978)创建①，命名地点在浙江省慈溪县长河。原始定义：本组主要分布于慈溪北部和杭州湾水域，另分布于平湖、嘉兴市油车港、湖州市南浔。深埋于第四系之下。岩性自上至下可分四段：长四段为砖红色块状含钙质泥岩夹砂岩；长三段为浅灰、灰色姜结状泥岩、砂岩或火山岩；长二段为灰绿—灰黑色钙质泥岩夹钙质粉砂岩、泥灰岩；长一段为棕红色含砾砂质泥岩、泥质粉砂岩。以砖红色块状含钙质泥岩之顶面与上覆第四系、以棕红色含砾砂质泥岩之底面与下伏中生界砖红色细砂岩均为不整合接触。时代为古新世—渐新世。

【沿革】　浙江省区域地层表编写组(1979)和《浙江省区域地质志》(1989)沿用“长河群”。本次对比研究改称长河组。

【现在定义】　同原始定义。

【层型】　正层型剖面由慈溪县崇寿长 4 孔和仓田四塘长 1－1 孔组成(121°17′,30°17′)，据浙江省石油地质大队(1978)钻孔资料。

长河组　　　　总厚度 987.20 m

① 浙江省石油地质大队，1978，浙江省长河凹陷(陆地部分)石油地质评价报告(未刊)。

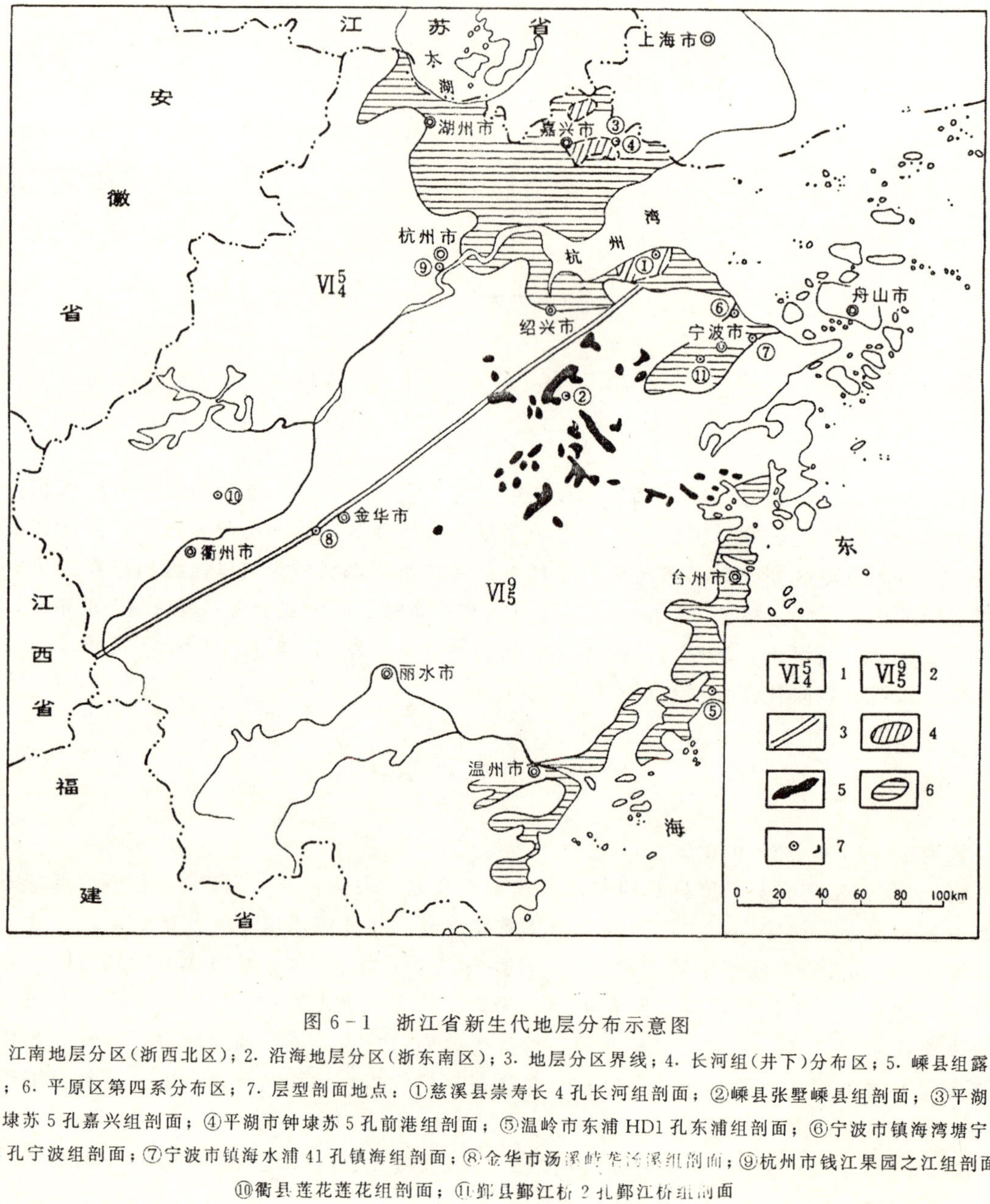

图 6-1　浙江省新生代地层分布示意图

1. 江南地层分区(浙西北区)；2. 沿海地层分区(浙东南区)；3. 地层分区界线；4. 长河组(井下)分布区；5. 嵊县组露头区；6. 平原区第四系分布区；7. 层型剖面地点：①慈溪县崇寿长4孔长河组剖面；②嵊县张墅嵊县组剖面；③平湖市钟埭苏5孔嘉兴组剖面；④平湖市钟埭苏5孔前港组剖面；⑤温岭市东浦HD1孔东浦组剖面；⑥宁波市镇海湾塘宁供88孔宁波组剖面；⑦宁波市镇海水浦41孔镇海组剖面；⑧金华市汤溪岭下汤溪组剖面；⑨杭州市钱江果园之江组剖面；⑩衢县莲花莲花组剖面；⑪鄞县鄞江桥2孔鄞江桥组剖面

四段(长4孔)　　厚度 289.70 m

25. 以砖红色含粉砂钙质泥岩为主，偶夹含砾泥质砂岩，厚层状，普遍含有粗砂和细砾，零星见纤维石膏团块和绿色钙质斑块(未见顶)　　244.00 m

24. 砖红色含砂钙质泥岩与浅灰色钙质泥岩互层，局部出现泥灰岩，底部为泥质含砾砂岩。产化石：介形虫 *Ilyocypris* sp.；腹足类 *Mirolaminatus obliquus* 等；轮藻 *Charites sadleri*，*Sphaerochara parvula*；孢粉 *Ulmipollenites krempii*，*Quercoidites henrici*，*Inaperturopollenites* sp. 等　　45.70 m

—————— 整 合 ——————

三段(长 1－1 孔) 厚度 320.60 m

23. 灰色粉砂质泥岩与紫红色粉砂质泥岩互层，层理不明显，具姜状结核，普遍含有岩屑砂粒，上部含有纤维石膏团块 39.40 m

22. 灰色姜结状泥岩及泥质不等粒砂岩，厚层状，泥质胶结疏松 43.70 m

21. 灰黑色、紫红色姜结状泥岩，夹有数层泥质含砾粗粒砂岩 40.40 m

20. 墨绿色灰质、凝灰质砂砾岩及泥岩，本层岩性厚度均有变化，根据钻孔揭露长河凹陷东部为杏仁状橄榄玄武岩，中部为火山碎屑岩，西部为沉积岩 16.80 m

19. 深灰色姜结状泥岩为主，夹少量紫红色泥岩、灰色细砂岩及紫红色、灰色凝灰质砂岩、凝灰质泥岩 90.20 m

18. 以灰色泥岩为主，局部夹紫红色粉砂质泥岩和泥质粉砂岩薄层 34.40 m

17. 灰至灰黄色含砾粗砂岩，夹深灰色泥岩，砾石次棱角—次圆状，泥质胶结，较疏松 18.50 m

16. 深灰色泥岩为主，夹灰绿色及灰白色泥质粉砂岩，厚层状。本段含孢粉 *Taxodiaceaepollenites hiatus*，*Psophosphaera minor*，*Caryapollenites* sp.，*Quercoidites microhenrici* 等 37.20 m

—————— 整 合 ——————

二段 厚度 376.90 m

15. 灰绿色，局部灰黑色钙质泥岩，底部夹灰绿色凝灰质砂砾岩，泥岩微层理发育 46.50 m

14. 深灰与灰绿色钙质泥岩互层，灰绿色泥岩微细层理发育，并夹有薄层粉细砂岩和泥灰岩 56.50 m

13. 深灰色泥岩，微细层理发育，局部见黄铁矿晶粒团块 15.80 m

12. 深灰与灰绿色钙质泥岩互层，微细层理发育，局部夹灰白色粉砂岩 32.30 m

11. 深灰色，偶夹紫红色钙质泥岩，夹灰白色粉砂岩，局部微细层理发育，含钙质结核 45.10 m

10. 深灰至灰绿色钙质泥岩，夹少量钙质粉砂岩，底部夹紫红色泥岩，局部微细层理发育，含钙质结核 55.60 m

9. 深灰至灰色泥岩为主，中夹灰绿色泥岩，局部微细层理发育，含钙质和黄铁矿结核 38.20 m

8. 棕红色含砂泥岩夹灰色泥质粉砂岩及少量杂砂岩，局部显姜结状，含钙质结核和灰绿色斑块 32.80 m

7. 灰至灰黄色中粒杂砂岩及含砾粗砂岩夹砂砾岩，砾石成分有酸性火山岩、侵入岩、硅质岩、石英岩及变质岩等，本层区域上分布较稳定，但厚度有变化，长 1－1 孔揭露不全接杭 13 孔 15.70 m

6. 黄绿色、灰绿色，局部紫红色泥岩，微细层理发育，含钙质结核 7.80 m

5. 浅灰至灰黑色块状粉砂质泥岩，呈姜结状。本段含：介形虫 *Sinocypris funingensis*，*Eucypris stagnalis* 等；叶肢介 *Paraleptestheria* sp.，*Curvestheria changheensis*；腹足类 *Mirolaminatus obliquus*，*M. lamelloides*；轮藻 *Grovesichara changzhouensis*，*Sphaerochara parvula*，*Gobichara deserta*；孢粉 *Ulmipollenites minor*，*Pinuspollenites* sp.，*Deltoidospora* sp. 30.60 m

—————— 整 合 ——————

一段 厚度 325.60 m

4. 棕红色粉砂质泥岩及泥质粉砂岩，含钙质结核和细砾，局部由粉砂条带组成微细层理 76.00 m

3. 棕红色泥质粉砂岩及粉细砂岩和含砾砂岩，局部夹薄层泥岩，含小砾和钙质结核 117.50 m

2. 棕红色粉砂质泥岩为主，局部夹浅棕色细砂岩及砂砾岩，偶夹泥灰岩 109.50 m

1. 棕红色厚层砂砾岩，砾石成分有燧石、石英岩、硅质岩、流纹岩、花岗斑岩等，砾径

0.5～10 cm，向下增大，泥质胶结，疏松。含轮藻 *Obtusochara lanpingensis*，*Latochara yizhengica*，*L. curtula*，*Gobichara albites*，*Stephanochara fortis*，*Rhabdochara kisgyonensis*；介形虫 *Eucypris stagnalis*，*Candoniella cambibo* 等；孢粉 *Inaperturopollenites* sp.，*Araucariacites* sp.，*Podocarpiolites* sp.，*Ulmipollenites minor*，*Ulmipollenites tricostatus*，*Pterisisporites* sp.，*Deltoidospora* sp.，*Toroisporis* sp. 等　22.60 m

～～～～～～ 不 整 合 ～～～～～～

下伏地层：**金华组**　砖红色块状细砂岩夹含砾粗砂岩等

【地质特征及区域变化】　本组一段底部为棕红色厚层砂砾岩，其上为棕红色粉砂质泥岩、泥质粉砂岩，局部夹薄层泥岩、含小砾和钙质结核、偶夹泥灰岩；二段底部浅灰至灰黑色块状粉砂质泥岩、其上为棕红色中粒砂岩及含砾粗砂岩，再上为深灰色钙质泥岩夹钙质粉砂岩、粉砂岩、泥岩，含钙质结核、姜结，顶部钙质结核夹凝灰质砂砾岩和泥灰岩。三段底部深灰色泥岩、含砾粗砂岩、其上灰质、凝灰质砂砾岩及杏仁状橄榄玄武岩，再上紫红色、灰黑色姜结状泥岩和泥质不等粒砂岩及粉砂质泥岩与紫红色粉砂泥岩互层；四段砖红色含砂钙质泥岩与浅灰色钙质泥岩互层。

本组古生物特点是一、二、四段均产介形虫、轮藻、叶肢介、腹足类。轮藻 *Grovesichara changzhouensis*，*Sphaerochara parvula*，*Charites sadleri*，*Gobichara deserta*，*Stephanochara kiangsuensis* 等；介形虫 *Eucypris* sp.，*Sinocypris funingensis*，*Ilyocypris subhanjiangensis*，*Metacypris changzhouensis* 等；叶肢介 *Paraleptestheria* sp.，*Curvestheria changheensis*；腹足类 *Mirolaminatus obliquus*，*M. lanelloides* 等；孢粉 *Ulmipollenites minor*，*Pinuspollenites* sp.，*Deltoidospora* sp.，*Pterisiporites* sp. 等。

根据上述生物组合，该组的地质时限为晚古新世至渐新世。

本组主要分布于杭州湾及其南岸长河盆地，另外在杭嘉湖地区的平湖市、嘉兴市油车港、湖州市南浔等地也有分布，面积为 3270 km^2，深埋于第四系之下。在平湖、油车港、南浔等地缺失三—四段地层。

、长一段：厚度，自西南向东北有增厚的趋势，靠近盆边，岩性相对变粗，砂岩、粉砂岩增多。与下伏白垩系为不整合接触，其面上有 0.5 m 左右之风化壳。长二段：该段厚度变化较大，但颇有规律，自西北向东南逐渐增厚，由 303.5～528.6 m，向东南临近江山-绍兴断裂厚度越大。与下伏长一段为连续沉积，一般以暗色层消失，出现较单纯的棕红色地层为两者之界线。长三段：本段厚度变化较大，多数为 240～340 m，最薄 157 m，最厚 392.7 m。局部见灰红色放射鲕粒灰岩、碳酸盐岩。本段与下伏长二段以砂岩为界，或以含钙泥岩为界。长四段：与长三段为连续沉积，以砂岩或砂砾岩作该段之底界。最大残留厚度为 400.5 m。长河组所含微量元素情况、古生物群的特征及岩石地层的特征，表明长河组沉积时，以陆相沉积为主，局部层段遭受海水侵入的海陆交互相沉积环境。

嵊县组　Nŝ　(33-0108)

【创名及原始定义】　孟宪民(1930)在“浙江绍兴、诸暨、萧山、嵊县等处地质及璜山附近铅锌矿床之成因”一文中，首次提出“嵊县玄武岩”。“嵊县玄武岩即为不整合覆于流纹岩凝灰岩之上，大都分布于嵊县、新昌间之平原，成近代升高之平顶山阜。全体岩石极盐基性，而盐基矿物大都成斑晶或隐晶嵌入玻璃状结构之岩基中。岩石状况与南京雨花台层之上玄武岩相类似，为上第三系所产出之岩石”。

【沿革】　浙江省石油地质队(1959)误认“嵊县玄武岩”无沉积层夹层，创建“桑州组”。

汤文权、黄正维(1965)将“桑州组”限于宁海县大岗头剖面下部沉积层，其上部玄武岩与沉积层互层者称“嵊县组”。70年代初，浙江省第四、第五地质大队等在浙东南新生代地层褐煤勘探、1：20万区域地质调查、浙江省区域地层表编写组(1979)等文献都沿用嵊县组，但将下部沉积层(桑州组)包容其内。中国科学院南京地质古生物研究所(1982)根据余姚市青蜓岗和宁海县下南山的古生物化石的差别，分别建立青蜓岗组和下南山组。《浙江省区域地质志》(1989)创建铜岭祝组、道士桥组并将两者合称嵊县群。本次对比研究将玄武岩夹沉积层的一套地层统称嵊县组。

【现在定义】 为一套大陆火山喷溢相玄武岩夹泥岩、粉砂岩、砂砾岩、硅藻土、褐煤等河湖相沉积组成的多旋回地层体。火山喷溢一般2～3次，多达5～6次，最少仅一次。以玄武岩之顶面与上覆第四系砂砾石、以玄武岩或泥岩、粉砂岩之底面与下伏中生代地层均为不整合接触。

【层型】 选层型为嵊县张墅剖面(120°48′,29°37′)，据浙江区调队(1992)草测。

嵊县组	总厚度 172.30 m
8. 深黑色致密块状玄武玢岩，具少量气孔	8.50 m
7. 灰黑色玄武岩，具气孔状构造，气孔中有沸石充填物	9.30 m
6. 褐黄色玄武质含集块角砾熔岩，角砾集块呈次棱角状、次圆形状	24.60 m
5. 深灰色、灰白色粉砂质泥岩，粉砂岩	6.50 m
4. 深灰色、灰黑色玄武岩，气孔状和致密块状多次互层，单层厚50～70 cm不等	60.50 m
3. 上部深灰色层状粉砂质泥岩，泥质胶结；中部灰色白色硅藻土，水平层理清晰；下部深灰色砂质泥岩含碳质及星散状黄铁矿。含植物 *Celastrus* sp.，*Cinnamomum* sp.，*Gleditesia* sp.，*Lequidumbar mioformasana*，*Nyssa* sp.，*Quercus* sp.，*Ulmus* sp.	21.60 m
2. 灰黑色致密块状橄榄玄武岩	31.50 m
1. 灰白色深灰色粉砂质泥岩，泥质粉砂岩	9.80 m

~~~~~~~~~ 不 整 合 ~~~~~~~~~

下伏地层：**天台群** 紫红色砂质泥岩

【地质特征及区域变化】 本组在嵊县张墅剖面上，底部为灰白色深灰色粉砂质泥岩、泥质粉砂岩、其上为三层玄武岩夹一层硅藻土层及一层深灰色泥岩、紫红色粉砂岩。底部以灰白色深灰色粉砂质泥岩、泥质粉砂岩底面与下伏天台群紫红色砂质泥岩呈不整合接触。

古生物群特点在第二沉积层中产：植物化石 *Carpinus oblongibrateata*，*Carya miocathayensis*，*Cinnamomum* sp.，*Fothergilla viburnifolia*，*Zelkova ungeri*，*Nyssa* sp.，*Nuxus* sp.，*Pseudolarix japonica*，*Myrica yuyaoensis*，*Castanea ungeri*，*Trapa* sp.，*Buxus* sp.，*Ficus* sp.等；硅藻 *Melosira granulata*，*M. undulata*，*Epithemia argus*，*Cymbella ventricasa*，*Eunotia frickei*，*Navicula nummularia*，*Stephanodiscus carconensis* 等；孢粉 *Quercus*，*Castanea*，*Tsuga*，*Larix*，*Keteleeria*，*Nyssa*，*Juglans*，*Carya*，*Alnus*，*Betula*，*Carpinus*，*Trapa*，*Ilex*，*Zelkova*，Gramineae，*Polypodium* 等。还有鲤形目(*Cyprinforms*)及鹿亚科的骨骼。

根据上述古生物群，该组的地质时限为中新世。

本组分布于浙江东南区的诸暨、义乌、东阳、嵊县、新昌、天台、宁海、临海、余姚等地，出露面积约550 km^2。

依据地层序列，可分为五个玄武岩层和五个沉积层，第二沉积层（含褐煤、硅藻土层）为
~~~~~~~~~

区域对比标志层。区域展布各地不一，一般具 2～3 次火山喷溢、少者仅一次火山喷溢，新昌县回山地区发育最佳，具 5 次火山喷溢。本组在新昌县回山、嵊县张墅、宁海县桑州等地为第一沉积层与下伏中生代地层不整合接触。在宁海下南山以第一玄武岩层与下伏中生代地层不整合接触。新昌县下青坛、天台县紫宁、余姚市青蜓岗、余家以第二沉积层与下伏中生界不整合接触。本组厚度受火山喷溢次数喷发强度及古地形制约，最厚可达 300 m，最薄仅 5.5 m。一般 100 m 左右。

浙江嵊县组玄武岩发育于浙东南隆起区上，受基底 NNE、EW 及 NW 向断裂控制。新生代中国东部地壳上隆，导致地壳变薄而出现引张。新第三纪，这一引张体制继续发育，致使上述断裂不断下切至上地幔，其深部活动导致幔源型火山熔岩喷溢。至上新世中晚期，浙江地壳再度抬升，河流下切，沉积层遭受侵蚀，形成目前熔岩的空间分布与现代河谷多不重叠，却出现“地形倒置”现象，原来的熔岩多已成为现代河谷两侧或谷间的桌状山。

本组矿产主要赋存于第二沉积层：有硅藻土、褐煤、泥炭、褐铁矿、玄武岩风化形成的钴土矿及宝石。

汤溪组　*Qt*　(33－0114)

【创名及原始定义】　浙江区测队(1966)创名，创名地点在浙江省金华县汤溪峙垄。原始定义：以冲积、洪积为主，局部地段见湖沼相沉积。岩性：下部为棕黄、灰褐色砾石层；上部为棕黄、桔红色粉砂、粘土，具粗大而稀疏的垂直网纹。上以桔红色粘土与上覆之江组含粘性土砾石层整合接触，下以砾石层与下伏衢江群紫红色泥岩不整合接触。

【沿革】　该组自创名后，浙江省区域地层表编写组(1979)、《浙江省区域地质志》(1989)、《1：50 万第四纪地质图说明书》(1979)等文献沿用至今。汤文权、黄正维(1965)创建的灯龙桥组一直作为汤溪组同物异名。本书沿用汤溪组。

【现在定义】　同原始定义。

【层型】　正层型为金华县汤溪峙垄剖面(119°23′,29°04′)，浙江区测队(1964)测定。

上覆地层：**之江组**　棕黄色砾石层

———————— 整　合 ————————

汤溪组	总厚度 10.80 m
4. 粗砂夹细砾透镜体，斜层理发育	1.40 m
3. 桔红色粘土、含粉砂，有铁质团块或条带	4.00 m
2. 棕黄色砂层	1.40 m
1. 灰褐色砾石层，砾石风化强烈，胶结较坚实	4.00 m

~~~~~~~~~~ 不 整 合 ~~~~~~~~~~

下伏地层：**衢江群**　紫红色砂质泥岩

【地质特征及区域变化】　本组其底部为灰褐色砾石层，其上为棕黄色砂层和桔红色粘土，再上为粗砂层夹细砾透镜体。

在局部地区本组下部产孢粉：*Pinus*，Gramineae，Compositae，Rosaceae。

根据上述孢粉，本组的地质时限为早更新世。

本组出露局限，主要分布于金衢盆地。为冲积相沉积，厚 2～6 m，桐庐县徐家以冲积为主，次为混合类型，厚 7.5 m。安吉、临安县以河流相或洪积相沉积为主，偶见湖沼相。天目山剥夷面阶地剖面上，其岩性为灰色具纹理式层次的湖沼相粘土和黄色河流相砾石层。本组
~~~~~~~~~~

常与之江组共同组成二至三级基座阶地。

之江组 Qž (33-0115)

【创名及原始定义】 朱庭祜、盛莘夫(1948)在《钱塘江下游地质研究》一文首称“之江层”，命名地点在浙江省杭州市六和塔附近。原始定义：“在之江大学前面之钱塘江，适为江流弯曲如‘之’字之‘之江’，而之江大学校址，建筑在一级阶地形之上，此项阶地，近山部分为千里岗砂岩，稍远为紫色凝灰岩之上，每为红土或砂砾石，之江层即指此红土及砂砾石，砾石多千里岗砂岩，时代第三纪末至第四纪初”。

【沿革】 中国古脊椎动物与古人类研究所(1959)在编撰《中国第四纪地层表》时，将“之江层”改称“之江组”。嗣后，1：20万区域地质调查和浙江省区域地层表编写组(1979)、蔡祖仁等(1990)《浙江省1：50万第四纪地质图说明书》等文献均沿用。《浙江省区域地质志》(1989)以杭州钱江果园之江组剖面为代表，其上称钱江组，其下沿用汤溪组，并将大岩头组、钱江组、汤溪组合并称“之江群”。本书恢复之江组(表6-1)。

表6-1 浙江省第四纪地层划分沿革表

<table>
<tr><td colspan="11">山地丘陵区</td></tr>
<tr><td colspan="2">朱庭祜等</td><td colspan="2">全国地层委员会</td><td colspan="2">浙江区测队</td><td colspan="3">《浙江省区域地质志》</td><td colspan="2">本书</td></tr>
<tr><td colspan="2">1948</td><td colspan="2">1963</td><td colspan="2">1966</td><td colspan="3">1989</td><td colspan="2"></td></tr>
<tr><td colspan="2"></td><td colspan="2">闽浙区</td><td colspan="2">1:20万金华幅</td><td colspan="3">山地丘陵</td><td colspan="2">山地丘陵</td></tr>
<tr><td colspan="2" rowspan="3"></td><td rowspan="3"></td><td rowspan="3">红土与碎石</td><td>Q_4</td><td>全新统</td><td>Q_4</td><td colspan="2">鄞江桥组</td><td>Q_h</td><td>鄞江桥组</td></tr>
<tr><td rowspan="2">Q_3</td><td rowspan="2">莲花组</td><td rowspan="3">Q_3</td><td colspan="2">山门街组</td><td rowspan="2">Q_p^3</td><td rowspan="2">莲花组</td></tr>
<tr><td colspan="2" rowspan="2">杨梅岭组</td></tr>
<tr><td rowspan="5">$N_2^2-Q_1$</td><td rowspan="5">之江层</td><td rowspan="5">Q_1</td><td rowspan="5">之江组</td><td rowspan="2">Q_2</td><td rowspan="2">之江组</td><td rowspan="3">Q_p^2</td><td rowspan="3">之江组</td></tr>
<tr><td>Q_2</td><td rowspan="4">之江群</td><td>大岩头组</td></tr>
<tr><td rowspan="3">Q_1</td><td rowspan="3">汤溪组</td><td rowspan="3">Q_1</td><td></td></tr>
<tr><td>钱江组</td><td rowspan="2">Q_p^1</td><td rowspan="2">汤溪组</td></tr>
<tr><td>汤溪组</td></tr>
<tr><td>S</td><td>千里岗砂岩</td><td>N</td><td>嵊县玄武岩</td><td>K_2</td><td>衢江群</td><td>N</td><td colspan="2">道士桥组</td><td>K_2</td><td>衢江群</td></tr>
</table>

<table>
<tr><td colspan="12">滨海平原区</td></tr>
<tr><td colspan="3">浙江省区域地层表编写组</td><td colspan="2">浙江省水文工程地质大队</td><td colspan="2">《浙江省区域地质志》</td><td colspan="3">蔡祖仁等</td><td colspan="2">本书</td></tr>
<tr><td colspan="3">1979</td><td colspan="2">1986</td><td colspan="2">1989</td><td colspan="3">1990</td><td colspan="2"></td></tr>
<tr><td colspan="3">滨海平原</td><td colspan="2">滨海平原</td><td colspan="2">滨海平原</td><td colspan="3">杭宁温地区</td><td colspan="2">滨海平原</td></tr>
<tr><td rowspan="4">Q_4</td><td rowspan="4">滨海组</td><td>上段</td><td rowspan="4">Q_4</td><td>上组</td><td rowspan="4">Q_4</td><td>大古塘组</td><td rowspan="4">Q_4</td><td rowspan="4">滨海组</td><td>上段</td><td rowspan="4">Q_h</td><td rowspan="4">镇海组</td></tr>
<tr><td rowspan="2">中段</td><td rowspan="2">中组</td><td>仲家埃组</td><td rowspan="2">中段</td></tr>
<tr><td>皇天畈组</td></tr>
<tr><td>下段</td><td>下组</td><td>河姆渡组</td><td>下段</td></tr>
<tr><td rowspan="4">Q_3</td><td colspan="2">宁波组</td><td rowspan="2">Q_3^2</td><td rowspan="2">上组</td><td rowspan="2">Q_3^2</td><td>宁波组</td><td rowspan="2">Q_3^2</td><td colspan="2" rowspan="2">嘉善组</td><td rowspan="3">Q_p^3</td><td rowspan="2">宁波组</td></tr>
<tr><td rowspan="3">东浦组</td><td rowspan="2">上段</td><td rowspan="3">东浦组</td></tr>
<tr><td>Q_3^1</td><td>下组</td><td rowspan="2">Q_3^1</td><td>Q_3^1</td><td colspan="2">全塘组</td><td>东浦组</td></tr>
<tr><td>下段</td><td rowspan="2">Q_2</td><td>上组</td><td rowspan="2">Q_2</td><td colspan="2" rowspan="2">之江组</td><td rowspan="2">Q_p^2</td><td rowspan="2">前港组</td></tr>
<tr><td rowspan="4">Q_{1-2}</td><td colspan="2" rowspan="4">嘉兴组</td><td>下组</td><td>Q_2</td><td>前港组</td></tr>
<tr><td rowspan="3">Q_1</td><td>上组</td><td rowspan="3">Q_1</td><td>西塘组</td><td rowspan="3"></td><td colspan="2" rowspan="3"></td><td rowspan="3">Q_p^1</td><td rowspan="3">嘉兴组</td></tr>
<tr><td>中组</td><td rowspan="2">钟埭组</td></tr>
<tr><td>下组</td></tr>
<tr><td>E</td><td colspan="2">长河组</td><td>E</td><td>长河组</td><td>N</td><td>道士桥组</td><td></td><td colspan="2"></td><td>E</td><td>长河组</td></tr>
</table>

【现在定义】 本组为冲积、洪积、坡积及其混合类型。岩性：下部为棕红色砂砾石夹粘土，上部为棕红色粘土、亚粘土。全组蠕虫状网纹发育，且近顶往往具似垂直或近水平状网纹，且密集。砾石风化深，表面铁质网纹发育，侵蚀后呈蜂窝状，并常含铁锰结核及铁盘。以网纹红土与上覆莲花组砂砾石层，以棕黄色含网纹砂砾石与下伏汤溪组桔红色粉砂、粘土均为整合接触，也可超覆于老地层之上。

【层型】 新层型为杭州钱江果园剖面(120°06′,30°11′)，浙江省水文地质工程地质大队(1992)测制。

之江组 总厚度 6.30 m

4. 棕红、褐黄色亚粘土，含砾亚粘土，结构紧密，发育灰白色蠕虫状网纹构造，砾石呈次棱角状，半风化，见少量铁锰质结核(未见顶) 1.50 m

3. 棕黄、棕红色砾石混亚粘土，结构紧密，砾石呈次棱角状，略显定向排列，已风化 1.80 m

2. 棕红、棕黄色含砾亚粘土，结构紧密，发育灰白色网纹构造，见铁锰质浸染，或含铁锰质结核，该层底部见厚约 20cm 之红色粘土，与下伏砾石层具有明显分界线 1.50 m

1. 浅黄、棕黄色碎砾石，结构紧密，大小混杂，分选差，呈次棱角—次圆状，略显定向排列，半风化，成分为砂岩等 1.50 m

~~~~~~~~~~ 不 整 合 ~~~~~~~~~~

下伏地层：**衢江群** 紫红色砂岩

【地质特征及区域变化】 该组底部为浅黄、棕黄色碎砾石，其上为棕红、棕黄色含砾亚粘土，再上为棕黄、棕红色砾石混亚粘土，顶部为棕红、褐黄色亚粘土。全部蠕虫状网纹构造发育，砾石表面也印有网纹痕迹。本组下部产孢粉 *Pinus*，*Quercus*，Polypodiaceae，Cupressaceae，Gramineae，*Salix*，*Juglans*，*Ilex*，*Acer*，*Ulmus*，*Carpinus*，*Fagus*，Taxodiaceae 等。古地磁年龄值为 0.75 Ma。

根据上述孢粉组合和古地磁年龄值，该组的地质时限为中更新世。

之江组分布较广，出露零星，分布于丘陵边缘，山间谷地及大江沿岸。岩性、岩相、厚度变化较大，一般属山溪性河流冲积类型，在山前和沟口为坡洪积或洪积类型，且以洪积扇或洪积阶地地貌形态出现，与汤溪组常组成相对高 15～30 m 的二至三级基座阶地。舟山等海岛地区网纹红土表面有大量黑褐色铁锰薄膜。本组厚 1～20 m。另外，在平原地区近山前，岩性灰绿，灰黄，棕黄色粘土夹碎砾石，具灰白色、白色网纹构造。厚 1～12 m。

莲花组 *Ql* (33-0116)

【创名及原始定义】 浙江区测队(1966)创名，命名地点在浙江省衢县莲花村。原始定义指：下部棕色、灰黄色砾石或砂砾石层、偶夹泥炭；上部为黄色亚粘土，偶见古土壤层和文化层，发育有棱柱状构造。具二元结构，胶结较紧。河流相沉积为主，次为洪积相。

【沿革】 自创名后，浙江省区域地层表编写组(1979)等文献使用。《浙江省区域地质志》(1989)，以平阳县山门街、宁海县杨梅岭剖面为代表，分别建立山门街组和杨梅岭组。本次清理恢复莲花组。山门街组及杨梅岭组均属同物异名，停止使用。

【现在定义】 本组以冲积为主，次为洪积、冲洪积。岩性为浅黄、棕黄色亚砂土、亚粘土和砾石层，有些地区具两个二元结构。以浅黄、棕黄色亚粘土与上覆鄞江桥组松散砂砾石层，以砂砾石或铁锰质结核或铁盘与下伏之江组网纹红土层呈整合或超覆接触。

【层型】 正层型为衢县莲花村剖面(119°00′,29°05′)，据浙江区测队(1964)测制。

莲花组 总厚度 4.00 m

2. 黄色含砾砂质粘土，呈棱柱状结构，含铁锰胶膜，底部有时有铁锰结核 1.00 m

1. 棕黄色砾石层，结构松散，磨圆度良好 3.00 m

~~~~~~~~~~ 不 整 合 ~~~~~~~~~~

下伏地层：**衢江群** 紫红色泥质粉砂岩

【地质特征及区域变化】 该组在衢县莲花乡大岩头剖面上，底部为棕黄色砾石层，其上为黄色含砾砂质粘土，呈棱柱状结构，偶见古土壤层(或文化层)。本组产孢粉 *Salix*，*Quercus*，*Ficus*，*Magnolia*，Lauraceae，Rosaceae，Leguminosae，Polypodiaceae，*Polypodium*，*Adiantum*，*Pteris*，*Tsuga*，*Carpinus*，*Castanopsis*，*Lithacarpus*，*Euphorbia*，*Artemisia*，*Lygodium*，*Osmunda*，*Gleichenia*，*Angiopteris* 等。根据孢粉组合，本组地质时限属晚更新世。

莲花组分布于河谷两岸和山前及山麓地带。以河流沉积为主，部分为冲洪积和坡洪积，常组成一级阶地和高河漫滩阶地，分布零星，出露面积较小，岩性、岩相变化较大。奉化至宁海一带，下部粘性土砾石层，具风化圈；上部棕黄色亚粘土夹砾石透镜体。桐庐县七里垅一带的钱塘江谷地等，下部砾石层夹铁锰盘。局部地段如东阳市城头桥具多个二元结构。另外，在温州地区本组层间常具波状侵蚀面，局部地段在侵蚀面之间有湖沼沉积——泥炭。厚度一般 5～13 m，在黄岩地区最厚为 30 m，长兴一带最薄时仅 0.5 m。

鄞江桥组 Qy (33-0117)

【创名及原始定义】 浙江区调队(1989)创名，命名地点在浙江省鄞县鄞江桥。原始定义：以河流沉积为主，平行不整合或超覆在山门街组之上，组成数级堆积阶地。岩性以砂、砾石和砂砾石为主，以含粉性土少，结构松散为特征，局部地区沉积粗细相间，组成四个韵律，同期沉积物自上游至下游其圆度、粒径、成分之变化都较明显。除河流相沉积外，尚有洪积、湖沼相沉积和风积等。

【沿革】 浙江区调队(1989)创名之前均称全新统。本书沿用鄞江桥组。

【现在定义】 以河流沉积为主，组成河漫滩或高河漫阶地。岩性以砂、砂砾石为主，以含粘土少，结构松散为特征。局部地区沉积物粗细相同，组成四个韵律，或含泥炭。下以松散砂砾石与下伏莲花组棕红色亚粘土整合或超覆接触。

【层型】 正层型为鄞县鄞江桥 2 号孔剖面(121°21′,29°46′)，浙江区调队(1989)测制。

鄞江桥组	总厚度 9.80 m
4. 灰黄色砂层，松散状，自上而下由中细砂递变为粗砂夹砾石	3.30 m
3. 灰黄色砂砾石层，松散状，自上而下含砾由 40%增至 55%，砾径自 1 cm 增至 5 cm	2.80 m
2. 灰黄色砾石，以粗砂为主，松散状，上部夹灰褐色亚粘土透镜层	1.60 m
1. 上部灰黄色砂砾石层夹大量植物残骸的浅灰色粘土质轻亚粘土；下部砾石含量 75% 左右，砾径多数大于 5 cm	2.10m

———— 整 合 ————

下伏地层：**莲花组** 棕黄色含砾石粘性土层

【地质特征及区域变化】 本组在鄞县鄞江桥鄞 2 号钻孔剖面上，底部为灰黄色砂砾石层夹亚粘土，其上为灰黄色砂层，松散状，粒度由粗变细。

本组主要分布于钱塘江、金华江、浦阳江等中上游开阔谷地及其大支流沿岸。为冲积、洪积、残洪积及湖沼沉积类型，普遍具二元结构，常组成河漫滩和高河漫滩阶地。岩性：下部灰黄、浅灰、棕黄砂、砂砾石；上部灰黄色、黄色砂、亚砂土或粘土。局部地段夹砂砾透镜体，在河漫滩低洼地段常形成沼泽沉积，如嵊县长桥泥炭厚达 1 m 左右，宁海县后溪为几厘米。沉积粒度在河流中上游多为砾石、砾径较大，往下游砾径变小，砂和粘土含量增多。厚一般 5～9 m，杭州市和舟山市一些地段厚可达 17～20 m，江山市一带仅 2.5 m。

根据浙江省水文工程地质大队(1992)测得 $\delta^{14}C$ 年龄值为 8447±149 a，浙江区调队

(1989)测得$\delta^{14}C$年龄值为7900±150 a。其地质时限为全新世。

嘉兴组　*Qj*　(33-0109)

【创名及原始定义】　浙江省区域地层表编写组(1979)创名，命名地点在浙江省平湖市钟埭。原始定义：本组为河湖相、河口三角洲相沉积。岩性由灰、灰蓝、黄褐色等杂色粘土、亚粘土及灰黄色砂、砂砾石组成，有二至三个沉积旋回，每个旋回一般上细下粗，底部有些地段为杂色粘土夹砂砾石。厚度变化受基底地形起伏控制，大致从西南向东北增厚。

【沿革】　创名时地质时限为早—中更新世，蔡祖仁、叶国梁(1979)改称为嘉兴群，浙江省水文工程地质大队(1984、1986)称上组、中组、下组；《浙江省区域地质志》(1989)将嘉兴组下更新统部位创名为钟埭组和西塘组。本书沿用嘉兴组，岩石地层和年代地层相一致。

【现在定义】　为一套陆相沉积，深埋于平原下150 m左右，岩性变化较大，以砂砾石夹粘土，含砾粘土和砂砾石为主，夹亚粘土、亚砂土。上细下粗组成数个韵律层，上以灰绿、棕黄色粘土层与上覆前港组砂、砂砾石整合接触；下以棕黄色亚粘土或含砾粘土与下伏长河组或天台群均呈不整合接触。

【层型】　正层型为平湖市钟埭镇东苏5号孔剖面(120°59′,30°46′)，浙江省水文工程地质大队(1974)测制。

上覆地层：**前港组**　灰色中细砂夹薄层亚粘土

——————整　合——————

嘉兴组　　总厚度130.60 m

13. 灰绿色、褐黄色亚粘土，下部粉粒含量高。含孢粉 *Picea*, Gramineae, *Artemisia*　5.70 m
12. 灰色粉砂粘结成块，夹0.5 cm厚亚粘土薄层　1.70 m
11. 浅紫、灰黄色中细砂，松散，分选较好，自上至下变粗，含个别小砾　6.30 m
10. 灰黄、黄绿色亚粘土，硬，可塑，常见灰绿色斑块，上部粘性好，下部粉土多，粉土呈不规则层状。含孢粉 *Quercus*, *Pinus*, *Ulmus*, *Baceltis*　4.80 m
9. 黄色中细砂，上细下粗，分选较好　4.10 m
8. 黄色，棕黄色亚粘土，硬，密实，少见灰绿色斑点。含孢粉 Cupressaceae, Gramineae, Chenopodiaceae　6.70 m
7. 砂砾石，由厚0.8 m含砂砾石粘土，厚5 m黄色中粗砂，5.1 m灰绿色细砂夹少量粉砂和粘性土及厚3.1 m棕黄色砂砾石层组成　14.00 m
6. 棕色、黄色粘性土夹砂砾石，成分杂，分选差，砾径4～5 cm，次棱角状，少数次圆状。含孢粉 *Quercus*, *Carpinus*, *Liquidambar*, *Salix*　33.10 m
5. 棕黄色砂砾石夹粘性土，上部以风化状砂为主，含少量砾石，较松散；下部以粘性土夹砂砾石为主，微胶结，砾石有些风化。含孢粉 *Quercus*, *Pinus*, *Liquidambar*, Gramineae　19.70 m
4. 灰白色亚粘土，密实，成块，硬塑状。含孢粉 *Quercus*, *Salix*, Gramineae, Saxifragaceae　1.40 m
3. 白色、棕黄色砂砾石夹粘性土砾石，都呈风化状，次棱角状，少数次圆状。含孢粉 *Quercus*, *Pinus*, *Ulmus*, Taxodiaceae　1.40 m
2. 棕黄色亚粘土夹砾石，密实，半胶结，硬，砾石次棱角状，底部为灰绿色粘土。含孢粉 Gramineae, *Quercus*, *Pinus*　10.90 m
1. 黄、灰黄色亚粘土夹碎砾石，半胶结，砾石呈棱角状，少数次棱角状。含孢粉 *Quercus*, *Ulmus*, Taxodiaceae, Gramineae　20.80 m

～～～～～～～～ 不 整 合 ～～～～～～～～

下伏地层：**长河组** 紫红色中细砂岩

【地质特征及区域变化】 本组下段底部为棕黄、灰黄色亚粘土夹碎砾石或砾石，其上为白色、棕黄色砂砾石夹粘性土，再上为灰白色亚粘土；上段下部为黄、浅紫色中细粒夹灰黄、黄绿色亚粘土，其上为灰色、灰绿色粉砂、亚粘土。本组产孢粉 *Pinus*，Gramineae，*Artemisia*，*Quercus*，*Pinus*，*Ulmus*，*Baltis*，Cupressaceae，Chenopodiaceae，*Salix*，*Liquidambar*，Taxodiaceae，Saxifragaceae 等。根据浙江省水文工程地质大队(1986)测定古地磁年龄值为 0.3Ma。根据孢粉和古地磁年龄值，本组地质时限属上新世—早更新世。

本组仅分布于杭嘉湖平原东北部，为一套陆相沉积，厚度变化受基底地形起伏控制，大致从南西向北东增厚。平湖市全塘、湖州市南浔一带缺失本组中、下段地层。

前港组 Q*q* (33-0110)

【创名及原始定义】 由浙江区调队(1989)创名，指原嘉兴组上部中更新统层位。命名地点在浙江省平湖市钟埭。原始定义：以滨海沉积为主，局部为河流沉积或海陆相互层、韵律性明显。岩性以粉砂质亚粘土、粘土为主，间夹粉土质亚砂土，粗细相间组成 2～3 个韵律；颜色棕黄、褐黄色与灰色或灰绿色与灰黄色相间；岩性硬、软相间，以干硬为主，内含钙质结核。

【沿革】 本书沿用的前港组还包括了原东浦组下部属中更新统的层位。

【现在定义】 为一套陆相沉积，含四、五两个硬土层。岩性棕黄、灰绿、褐黄色亚粘土，粘土和浅灰、浅紫色砂、砂砾石或含粘性土砂砾石。近山前具网纹构造。全组下粗上细组成两个旋回。以第四硬土层之顶与上覆东浦组亚砂土或砂砾石、以砂砾石层之底与下伏嘉兴组硬塑粘土均呈整合接触。

【层型】 正层型为平湖市钟埭镇东苏 5 号孔剖面(120°59′，30°46′)，据浙江省水文工程地质大队(1974)钻孔资料。

上覆地层：**东浦组** 棕黄色砾石层

———————— 整 合 ————————

前港组 总厚度 50.10 m

5. 棕黄色亚粘土，性干硬，上部灰兰色斑块构造发育。含孢粉 *Pinus*，*Abies*，*Quercus*，Gramineae；有孔虫 *Ammonia beccarii* var.，*Elphidium simplex*，*Elphidiella kiangsuensis* 11.70 m
4. 灰色粉砂质亚砂土 2.70 m
3. 黄绿、棕黄、青灰色粘土，含钙质结核，性干硬，见灰绿色斑状构造。含孢粉 *Quercus acutissima*，*Q. glauca*，*Ulmus* sp.，*Pinus* sp. 15.90 m
2. 深灰色粉土质亚粘土与粉细砂互层，含有机质高。含孢粉 Gramineae 12.30 m
1. 灰色中细砂与亚粘土不等厚互层，含砾，底部紫灰绿色 7.50 m

———————— 整 合 ————————

下伏地层：**嘉兴组** 杂色粉土质亚粘土间夹薄层粉砂

【地质特征及区域变化】 本组底部为灰色中细砂与深灰色亚粘土互层，其上为棕黄、青灰色粘土，再上为灰色粉砂质亚粘土、亚粘土。本组产：孢粉 *Pinus*，*Abies*，*Quercus*，*Ulmus*，

Gramineae；有孔虫 *Ammonia beccerii* var.，*Elphidimn simplex*，*Elphidiella kiangsuensis*。浙江省水文工程地质大队(1986)测定古地磁年龄值为 0.75 Ma。根据孢粉和古地磁年龄值，其地质时限为中更新世。

本组在杭嘉湖平原发育最佳，厚 62.0～76.9 m；宁奉平原厚 11.0～34.2 m；温黄平原厚约 42.0 m 左右；平阳一带厚约 32.6 m 左右。杭州—绍兴平原缺失。宁奉、温黄平原缺失下段或部分缺失，温瑞平原近海边深部为灰色亚粘土，近山前具细脉或网纹构造。

东浦组　Q*d*　(33－0111)

【创名及原始定义】　浙江省区域地层表编写组(1979)创名，命名地点在浙江省温岭市东浦。原始定义：岩性、岩相较为复杂，一般可分两个沉积旋回，每个旋回均为上细下粗。上旋回上部主要为浅海、河口及湖沼相沉积；下部为冲积相。下旋回上部为河湖相；下部为河床相堆积。本组向平原外部厚度增大，层次增多趋势，且各层岩性变化也较大。

【沿革】　浙江省区域地层表编写组(1979)、《浙江省区域地质志》(1989)等文献沿用。蔡祖仁等(1990)称全塘组，浙江省水文工程地质大队（1984、1986）称下组。本书沿用东浦组，但仅指原东浦组上段（上更新统）层位。

【现在定义】　为一套海相至河湖相沉积。下部灰色砂、砂砾石，局部地区底部灰褐色亚砂土、粘土。上部灰绿、黄褐色亚粘土、亚砂土，含铁锰结核及有机质。上以灰绿色硬塑亚粘土与上覆宁波组灰色砂，砂砾石、下以灰色砂砾石与下伏前港组褐黄色硬塑粘性土均呈整合接触。

【层型】　正层型为温岭市东浦 HD1 孔剖面(121°29′,28°21′)，据浙江省水文工程地质大队测定。

上覆地层：**宁波组**　浅灰色亚粘土，可塑，水平层理发育，局部含粉砂团块及多量云母碎片

——————　整　合　——————

东浦组　　　　总厚度 60.20 m

11. 灰色粘土，顶部为浅灰绿色，硬塑状，粘塑性好，块状，局部夹灰和灰白色的斑点，含云母片，植物残体多呈条带状展布，局部富集呈泥炭。含孢粉 *Pinus*，*Quercus*　12.50 m
10. 青灰色粉砂，稍湿，密实，间夹亚砂土和亚粘土，单层厚分别厚 3～5 cm 和 2～4 cm（亚粘土和亚砂土)，含少量植物残体　2.80 m
9. 灰色粘土，层理清晰，含黑色植物残体，顶部含灰褐色的泥质团块。含孢粉 *Quercus glauca*，*Q. acutissima*，Gramineae　0.70 m
8. 灰色亚砂土，可塑，具水平层理，黑色植物残体零星分布，底部有一层厚 1.2 cm 的腐植层　7.90 m
7. 青灰色亚粘土与粉砂互层，水平层理发育，局部见斜交层理，单层厚 1∶1，夹二层中细砂，厚分别 2 m 和 0.5 m，顶部 1 m 富含植物残体　20.90 m
6. 灰褐色中砂，稍湿，松散，磨圆度较好，见贝壳碎片和泥质团块，底部含砾(0.4 m)　3.30 m
5. 灰绿色细砂，稍湿，分选好　1.30 m
4. 灰褐色粉砂，中密，含云母片，底部为亚砂土　1.60 m
3. 灰褐色亚粘土，顶底为砖灰色，块状，含铁锰结核和植物残体　2.10 m
2. 灰—灰褐色中砂，湿，松散，底部含砾　0.60 m
1. 棕黄色砾石，砾径一般 1～3 cm，少数 3～5 cm，个别可达 8 cm，磨圆度好，底部夹二层亚粘土薄层。含孢粉 *Pinus*，*Betula*，*Ulmus*，Cruciferae，Gramineae；有孔虫 *Am-*

monia beccerii var., *Protelphidium granosum* 6.50 m

—————— 整 合 ——————

下伏地层：前港组 深灰色亚粘土，硬塑，近水平微层理发育，偶见灰绿色斑点，顶部18 cm为棕黄色

【地质特征及区域变化】 本组底部为棕黄色砾石，其上为粗至细两个沉积韵律层，再上为粘土夹粉砂、亚粘土。上部、中部产孢粉、下部产孢粉、有孔虫。孢粉 *Pinus* sp.，*Quercus* sp.，*Q. glauca*，*Q. acutissima*，*Ulmus* sp.，*Betula* sp.，Gramiueae，Cruciferae。有孔虫 *Ammonia beccerii* var.，*Protelphidium granosum*。浙江省水文工程地质大队(1986)古地磁年龄值为 0.2 Ma。根据孢粉和古地磁年龄值，其地质时限为晚更新世。

本组在杭嘉湖、宁奉、温黄、温瑞平原较为发育，在萧山—绍兴平原局部地区本组缺失。本组厚度：杭嘉湖平原为 23.0～34.1 m；萧绍平原为 13.5～24.6 m；宁奉平原为 7.3～25.0 m；温黄平原为 60.0 m 左右；平阳敖江一带为 28.2 m 左右。

宁波组 Q*n* (33－0112)

【创名及原始定义】 浙江省区域地层表编写组(1979)创名，命名地点在浙江省镇海县湾塘。原始定义为：一套河湖相沉积，局部为河口相沉积。岩性一般可分上下两部分：上部为黄绿、黄褐色亚粘土或粘土，结构紧密、微层理发育，含铁质结核和胶膜；下部为黄褐、棕黄色及灰色亚砂土，局部为粉细砂。

【沿革】 浙江省区域地层表编写组(1979)、《浙江省 1∶50 万第四纪地质图说明书》(1979)、《浙江省区域地质志》(1989)等文献沿用，蔡祖仁等(1990)称嘉善组，浙江省水文工程地质大队(1984、1986)称上组。本书仍沿用宁波组，但它包括了原东浦组顶部层位。

【现在定义】 以海相沉积为主，次为河流相和河湖相沉积。岩性灰绿、棕黄、灰色亚粘土、亚砂土、粘土和褐黄、灰绿色粉细砂、砂砾石。一般上下细，中部粗。上以棕黄色硬塑粘土与上覆镇海组灰黑色亚粘土、下以灰绿色亚砂土与下伏东浦组灰绿、黄褐色硬塑亚粘土或粘土均呈整合接触。

【层型】 正层型为宁波市镇海湾塘宁供 88 孔剖面(121°39′,29°59′)，浙江省水文工程地质大队(1974)钻孔资料。

上覆地层：镇海组 灰色粉土质亚砂土，含淤泥质，稍硬而湿，具不明显微层理，底部含贝壳碎屑

—————— 整 合 ——————

宁波组 总厚度 44.20 m

5. 黄褐色粉土质亚粘土，上部带灰绿色斑点，较硬稍湿，粘性好；下部为粉土质亚砂土粘性较差，含有铁锰质斑点及结核，具微层理。含孢粉 Cupressaceae，Gramineae，*Quercus*，*Pinus* 11.70 m
4. 灰色粉土质亚砂土，稍硬而湿，微层理发育。含孢粉 *Quercus glauca*，*Q. acutissima*，*Cupressima* sp.，*Ulmus* sp.；有孔虫 *Ammonia beccerii* var.，*Nonion glabrum* 8.50 m
3. 灰带褐色粉土质亚粘土与亚砂土互层，稍硬较湿，具磷片状结构，底部含有少量树木碎片。含孢粉 *Quercus acutissima*，*Quercus dentata*，*Ulmus* sp.，*Pinus* sp. 12.70 m
2. 灰色粉土质亚砂土，湿软，有微层理，含孢粉组合同上一层 5.60 m
1. 灰褐色中细砂含粘性土夹一层砂砾石层，较松散，水味咸。含孢粉 *Quercus glauca*，*Q. acutissima*，*Castanopsis*，*Polypodiaceae*；有孔虫 *Ammonia beccerii* var.，*Protelphidi-*

um granosum 5.70 m

——————— 整　合 ———————

下伏地层：东浦组　浅灰褐色粉土质亚砂土，稍硬较湿，夹一层粉细砂，具微层理，不含孢粉化石

【地质特征及区域变化】 本组底部为灰褐色中细砂含粘性土夹一层砂砾石层，其上为灰色粉土质亚砂土与亚砂土互层。产孢粉，中下部产有孔虫。有孔虫 *Ammonia beccerii* var.，*Nonion glabrum*，*Protelphidium granosum*；孢粉 Cupressaceae，Gramineae，*Quercus glauca*，*Q. acutissima*，*Q. dentata*，*Pinus* sp.，*Ulmus* sp. 等。浙江省水文工程地质大队(1986)测定古地磁年龄值为大于 0.1 Ma。根据孢粉组合，该组的地质时限为晚更新世。

该组由于后期受侵蚀切割、顶板常呈波状起伏，在钱塘江南岸、近海岸地带常缺失。本组厚度约 5.0～55.0 m 左右。

镇海组　Qẑh　(33-0113)

【创名及原始定义】 浙江省区域地质调查大队(1995)将原滨海组改称镇海组，命名地点位于镇海清水浦。原始定义：以海相、滨海相、海湾相和泻湖相、三角洲、湖沼相沉积为特征。下段灰黑色亚砂土、砂砾石、具鳞片构造；中段深灰色淤泥质亚粘土和灰黑色亚粘土，底部常见泥炭；上段灰黄、黄褐色亚粘土和深灰色淤泥质亚砂土，底部常见泥炭。以灰黑色亚砂土、砂砾石与下伏宁波组灰褐色硬塑亚粘土呈整合接触。

【沿革】 浙江省区域地层表编写组(1979)创名滨海组。《1：50 万第四纪地质图说明书》(1979)等文献沿用。本次对比研究，改称镇海组。

【现在定义】 同原始定义。

【层型】 正层型为宁波市镇海清水浦埠 41 号孔剖面(121°40′,29°55′)，王桂珍等(1981)钻孔测制。

镇海组　总厚度 40.00 m

7. 灰黄至黄褐色亚粘土，可塑，含铁锰质结核。含孢粉 *Pinus*，Polypodiaceae，*Adiantum*，*Pteridium*；有孔虫 *Ammonia beccarii* var.，*Cribrononion*，*Elphidiella kiangsuensis*；介形虫 *Sinocytheridea latiorata*，*Loxoconcha ocellata* 3.00 m

6. 深灰色淤泥质亚砂土，微层理清晰 12.80 m

5. 深灰色淤泥质亚粘土，粉细砂，略具鳞片状构造，微层理清晰。含孢粉 *Quercus acutissima*，*Q. glauca*，*Castanea* sp.，*Artemisia* sp.；有孔虫 *Ammonia beccarii* var. 等；介形虫 *Sinocytheridea latiorata*，*Neomonoceratina dengtaiensis* 6.10 m

4. 灰黑色亚砂土，松散，夹亚粘土薄层。含孢粉 *Quercus glauca*，*Q. acutissima*，Polypodiaceae；有孔虫 *Ammomia beccarii* var.，*Elphidium advemum*；介形虫 *Biopocythere eupletella*，*stigmatocythere* sp. 1.10 m

3. 灰黑色亚砂土，微层理清晰，局部含双壳类 *Nassarius* sp. 2.30 m

2. 深灰色亚粘土，鳞片状构造发育，富含植物残屑，局部富含泥炭，有少量贝壳碎片。含孢粉 Gramineae，*Quercus acutanopsis*，*Pteridium* sp.；有孔虫 *Ammonia beccarii* var.，*Quiqueloculina leavigava* 等；介形虫 *Albileberis sinensis*，*Sinocythere reticulata* 8.80 m

1. 灰黑色亚粘土，云母片含量高，微层理发育。含孢粉 *Quercus aliena*，*Q. glauca*，*Pinus*，*Celtis*，Polypodiaceae；介形虫 *Neomonoceratina dengtaiensis*，*Sinocytheridea latiovta* 等；有孔虫 *Ammonia beccarii* var.，*Elphidium magellanicum* 等 5.90 m

——————— 整　合 ———————

下伏地层：**宁波组**　灰褐色亚粘土，含泥砾、贝壳及植物残屑。灰黑色亚粘土，其上为灰黑色亚砂

【地质特征及区域变化】 本组底部为灰黑色亚粘土，其上为灰黑色亚砂土，再上为深灰色淤泥质亚粘土，顶部为灰黄、黄褐色亚粘土。产孢粉、介形虫、有孔虫。孢粉 *Pinus*，Polypodiaceae，*Adiantium* sp.，*Pteridium* sp.，Gramineae，*Quercus aliena*，*Q. glauca*，*Celtis* 等。有孔虫 *Ammonia beccerii* var.，*Elphidium magellanicum*，*E. advenum*，*Quinqueloculina leovigava* 等。介形虫 *Neomonoceratina dongtaiensis*，*Sinocytheridea latiorata*，*Albieleberis sinensis*，*Sinocythere reticulata*，*Loxoconcha ocellata* 等。浙江省水文工程地质大队(1986)测定古地磁年龄值为 0.01 Ma。根据孢粉和古地磁年龄值，其地质时限为全新世。

杭嘉湖平原为淤泥质亚粘土与亚粘土互层，杭州至绍兴平原下部为亚粘土、亚砂土、粉细砂，中部为淤泥质亚粘土、粘土，上部为亚粘土、粘土、粉细砂；宁波平原下部为淤泥质亚粘土、亚砂土和亚粘土、粉细砂，中部以淤泥质亚粘土为主，夹亚砂土、泥炭或有机质亚粘土；温瑞平原下部为淤泥夹粉砂，中部为细砂混淤泥，上部为淤泥质粘土、淤泥夹粉细砂。本组厚约 24.1～65.2 m 左右。

第四系矿产有泥炭、浅层天然气、铁砂、独居石、锆石、铸型砂矿等(资料来自蔡祖仁、叶国梁《浙江省 1∶50 万第四纪地质图说明书》)。

第二节　生物地层及年代地层概况

(一)生物群特征

(1)老第三系生物群

主要组成分子有轮藻、介形虫、孢粉、腹足类及叶肢介等。

轮藻 *Obtusochara lanpingensis*，*Latochara yizhengica*，*Latochara curtula*，*Gobichara albites*，*Gobichara deserta*；*Grovesichara changzhouensis*，*Sphaerochara parvula*，*Stephanochara fortis*，*Rhabdochara kisgyonensis*，*Charites sadleri*，主要产于长河组一、二段中，少数产于四段中。其中 *Grovesichara changzhouensis*，*Sphaerochara parvula*，*Latochara curtula* 等主要出现于古新世至始新世早期。仅 *Charites sadleri* 出现于江苏始新世晚期至渐新世。介形虫 *Eucypris stagnalis*，*Candoniella cambibo*，*Sinocypris funingensis*，主要产于长河组一、二段中，在江苏主要出现在始新世早期。孢粉 *Ulmipollenites minor*，*U. tricostatus*，*U. krempii*，*Deltoidospora* sp.，*Curvestheria changheensis*，*Pinuspollenites* sp.，*Taxodiaceaepollenites hiatus*，*Psophosphaera minor*，*Carypollenites* sp.，*Quercoidites microhenrici*，*Inaperturopollenites* sp.，*Araucariacites* sp.。长河组中的孢粉大体可分三个组合：以裸子植物花粉 *Araucariacites* 的含量很高为特征，产于长河组一段、时代为古新世—渐新世；以被子植物花粉 *Ulmipollenites minor*，含量较高为特征，主要分布于长河组二段，时代为始新世中晚期；以裸子植物花粉 *Taxodiaceaepollenites hiatus*，*Inaperturopollenites* 及被子植物花粉 *Quercoidites microhenrici* 含量高为特征，主要分布于长河组三、四段中，时代为始新世中晚期—渐新世。其他有腹足类 *Mirolamienatus obliquus*，*Mirolaminatus lanelloides*，产于长河组二、四段时代为老第三纪；叶肢介 *Paraleptestheria* sp.，*Curvestheria changheensis* 产于长河组二段，在江苏出现于阜宁群四段

至戴南组中。时代为始新世。综上所述，老第三系生物群时代主要为古新世至始新世，也可能部分延至渐新世。

(2) 新第三系生物群

主要组成分子有植物、孢粉、硅藻及鲤形目、鹿科的骨骼及同位素年龄值等。

植物 *Carpinus oblongibrateata*, *Fothergilla viburnifolia*, *Liquidambar mioformasana*, *Pseudolarix japonica*, *Cinnamomum lanceolatum*, *Lindera protopraecox*, *Machilus ugoana*, *Firmiana* sp., *Crataegus ninghaiensis*, *Albizzia* sp., *Cercis miochinensis*, *Dalbergia* sp., *Gleditesia* sp., *Buxus protojaponiea*, *Salix miosinica*, *Carpinus oblon gibracteta*, *Keteleeria latisamara*, *Glyptostrobus* sp., *Torreya* sp., *Carya microthayensis*, 等。分布于宁海下南山和桑州、铜岭祝、嵊县浦桥、余姚青蜓岗和余家等地。其中 *Fothergilla*、*Liquidambar*、*Cinnamomum*、*Albizzia*、*Dalbergia*, *Carya* 等，产于山东、福建、云南和吉林的中新世。

孢粉有被子植物花粉 *Quercus*, *Carya*, *Celtis*, *Ulmus*, *Castanea*, *Liquidambar*, *Juglans*, *Carpinus*, *Salix*, *Rhus*, Leguminosae, *Zelkova*, *Melia*, *Euphorbia*, *Platycarya*, *Fagus*, Rosaceae, Oleaceae, *Paulownia*, 等；裸子植物花粉 *Pimus*, *Keteleeria*, *Tsuga*, Cupressaceae, Taxodiaceae, *Pseudolarix* 等；蕨类植物孢子 *Gleichenia*, *Cyathea*, Pteridaceae, *Doltoidospora*, *Lygodium*, Polypodiaceae, *Ophioglossum*, *Selaginella*, *Osmunda*, *Trisporites* 等。其中以被子植物花粉为主，占总数 46.2%～87%；裸子植物花粉占总数 13%～27%；蕨类植物孢子很少或经常没有出现。上述孢粉组合与山东中新世的孢粉组合特征相类似。

硅藻类化石 *Melosira*, *Epithemia*, *Cymbella*, *Eunotia*, *Stephanodiscus* 组合特征，在山东及日本、美国等地普遍发育于中新世。

同位素年龄值，据《浙江省区域地质志》(1989)所述“从目前所获的同位素年龄值来看，仅嵊县回山剖面底层为 1300 多万年，其它均在 5.9 Ma 至 9.5 Ma。”

综述，植物、孢粉和硅藻生物群及同位素年龄值，其时代应为新第三纪中新世。

第三节　岩溶洞穴

主要分布于浙西北建德市上新桥，寺勘头，桑园至杭州市转塘一线，及衢县上方等地，主要见于石炭系、二叠系石灰岩中：桐庐县瑶琳洞（瑶琳仙境）、建德市灵栖洞、兰溪市涌雪洞、杭州市灵山洞、金华市双龙洞等都是闻名的旅游胜地。洞穴堆积物为亚粘土、粘土、石灰华、砂砾石及灰岩角砾等，含丰富的动物化石。现将各时期的洞穴堆积分述如下：

(1)更新世早期仅发现于常山三里亭附近灰岩溶洞中。堆积物为淡黄色、棕黄色砂土，胶结大小不等的角砾状灰岩块，产化石：常山陆龟 *Testndo changshanensis*。

(2)更新世中期洞穴有建德市骆洞、江山市龙嘴洞、余杭市荆山岭洞等。洞内堆积物为鲜红、棕红、黄色砂层、粘土、粉砂亚粘土和粘性土夹较少灰岩块。

洞内产：狭义大熊猫(*Ailuropoda*)-剑齿象(*Stegoden*)动物群，伴有 *Rhinoceros sinensis*, *Megatapinus* sp., *Bubalus* sp., *Rusa* sp., *Rodentia* sp., *Macacus* sp. 等。

(3)更新世晚期洞穴，有建德市乌龟洞、桑园洞、临安县华严寺洞、桐庐县高山龙洞等。洞内堆积物为棕黄、红棕、黄色粘土、砂质粘土、粘土夹灰岩小砾等。

洞内产：广义大熊猫(*Ailuropoda*)-剑齿象(*Stegoden*)动物群，伴生有 *Rhinoceros sinensis*, *Cervus* sp., *Sus scrafa*, *Ovis* sp., *Hystrix subscristata*, *Rattus rattus*, *Ursus thibetanus*,

Bandicata indica 等。

(4)全新世洞穴有建德市三号葱洞、乌龟洞、金华市双龙洞的上部。洞内堆积为灰黄、褐红色砂质亚粘土、粘土、含砾砂质粘土等。洞内产 *Cervus* sp.，*Homo sapiens*。

第四节 问题讨论

嵊县组的时代，省内还有部分地质工作者认为嵊县组属晚第三纪—更新世早期，持有这一观点者的依据是，嵊县组沉积层成岩不好，岩石结构松散。岩石结构松散不是第四纪地层所独有，大家公认的老第三纪长河组某些层段也存在岩石结构松散或半成岩状。既然老第三纪的岩石可存在结构松散的情况，新第三纪嵊县组出现岩石结构松散就不足为奇。

孢粉化石在地层中保存状态也可区分地质时代，老地层中它处于压偏状态，而第四纪地层中它是立体状态保存。嵊县组所获得孢粉化石都处于压偏状态，这从另一侧面说明嵊县组时代应属新第三纪。

滨海平原全新世是两次海侵与三次海侵之争，持前一观点认为全新统以一组三段为宜；持后一观点者，主张全新统分为四个组。本书赞同前一意见，全新统为一组三段。

第七章
其他多重地层划分

第一节　构造运动及构造层划分

构造层划分，是以现代地层学不整合界线地层理论为基础。它是顶底特定的明显区域不整合限定的岩石体，顶底不整合面的建立和辨认是划分构造层单位的主要标准。通常以造山作用的结尾作为构造层的界线，并以终结的造山运动的名称来命名。

浙江省除太古代地层尚未发现外，自早元古代至第四纪地层发育齐全，浙江地壳运动经历地槽—地台—陆缘活动三大发展阶段和龙川、神功、广西、印支、燕山、喜马拉雅六个构造运动旋回。结合浙江具体情况，浙江构造运动划分为：龙川运动、神功运动、落可岽上升、晋宁运动、桐湾上升、广西运动、柳江上升、黔桂上升、印支运动、兰江运动、闽浙运动、丽水运动、燕山运动、喜马拉雅运动(表 7－1)；构造层划分为：龙川构造层、神功构造层、晋宁构造层、广西构造层(第一——第二亚构造层)、印支构造层(第一——第三亚构造层)、燕山构造层(第一——第四亚构造层)、喜马拉雅构造层(第一——第三亚构造层)。

一、构造运动

龙川运动(吕梁、中岳运动)

【创名与沿革】　龙川运动，李希勣、吴懋德(1974)创名，指云南东川地区河口组与因民组之间的不整合。

本省胡雄健等(1991)依据八都(岩)群的特征，认为非常类似于华南已确认的早元古代地层，并根据同位素年龄值为 1878±27 Ma，这与全球花岗岩侵入事件(1800～1900 Ma) 相吻合。为表述这一构造热事件，称之为闽浙运动。因闽浙运动，与李四光(1933)创立的中生代闽浙运动极易混淆。本书引用龙川运动。

【地质特征】　浙江最古老的地层实体，为早元古代的八都(岩)群，它是在太古宙原始陆壳的基础上出现的广海型地槽沉积，早元古代的龙川运动(1800±100 Ma)的构造热事件，致使八都岩群发生高绿片岩相的区域变质、混合岩化作用和花岗岩浆侵入，同时形成了近东西向的平卧褶皱。由于浙东南变质岩出露零星，变质程度深，变形强烈，许多重要的现象很难

表7-1　浙江省构造运动及构造层一览表

地质时代	代号	同位素年龄(Ma)	构造运动	构造层	亚构造层	构造期及其主要特征
新生代	Qh		喜马拉雅运动	喜马拉雅构造层		喜马拉雅造山期
	Qp				第三亚构造层	上部冲积、洪积和海陆交互碎屑岩
	N				第二亚构造层	下部湖相碎屑岩夹基性火山岩，超基性火山熔岩夹河流相碎屑岩。NW向与NNE向断陷盆地
	E	70			第一亚构造层	
			燕山运动			
中生代	K_2	110		燕山构造层	第四亚构造层	燕山造山期
			丽水运动			
	K_1	125			第三亚构造层	上部河湖相杂色碎屑岩和红色碎屑岩夹火山碎屑岩，盆地走向：NNE向或近EW向
			闽浙运动			
	J_3	155			第二亚构造层	中部巨厚中酸性—酸性火山岩、火山碎屑岩夹碎屑岩。走向20°—30°宽缓型短轴褶皱构造
			兰江运动			
	J_2				第一亚构造层	下部河湖相含煤碎屑岩
	J_1					
	T_3	195				
			印支运动			
	T_2			印支构造层	第三亚构造层	印支造山期
	T_1					顶部浅海台地碳酸盐岩岩系
晚古生代	P_2					上部浅海台地碳酸盐岩、含煤碎屑岩
	P_1					
			黔桂上升			
	C_2				第二亚构造层	中部浅海台地碎屑岩和碳酸盐岩岩系
			柳江上升			
	C_1				第一亚构造层	下部滨海单陆碎屑岩系
	D_3	400				以NE向45°左右紧密线型褶皱构造为主
			广西运动			
早古生代	S_3			广西构造层	第二亚构造层	广西造山期
	S_2					上部陆架—三角洲含硅、钙质碎屑岩、碎屑岩岩系
	S_1					
	O_3					中部海湾—台地含碳硅质岩、碳酸盐岩岩系
	O_2					
	O_1					下部陆架—台地类复理石、冰成岩、镁质碳酸盐岩岩系
	$\in_3$					以NE向50°左右宽缓箱状或梳状褶皱构造
	$\in_2$					
	$\in_1$					
			桐湾上升			
晚元古代	Z_2				第一亚构造层	
	Z_1	800				
			晋宁运动			
	Pt_3	950 1000	落可岽上升	晋宁构造层		晋宁造山期 低绿片岩相变质复理石和基性—酸性火山岩和火山碎屑岩系。以NE向55°宽缓褶皱构造为主
			神功运动			
中元古代	Pt_2	1400 1600 1800		神功构造层		神功造山期 浙西北区低绿片岩相片理化基性—酸性火山碎屑岩为主夹碎屑岩岩系 浙东南区高绿片岩和角闪岩相片麻岩岩系 以NEE向65°线型紧密褶皱构造为主
			龙川运动			
早元古代	Pt_1	2400 2500		龙川构造层		龙川造山期 高绿片岩相花岗质岩石为主变质岩岩系 以近东西向平卧褶皱构造为主
太古宙	Ar					情况不明

恢复。又因八都(岩)群未见顶，其上部地层缺少同位素年龄值。本次清理依据侵入于八都(岩)群中片麻岩状花岗岩的同位素年龄值 1878±27 Ma(据胡雄健等,1991),并与全球岩浆侵入事件相对比，将浙江的龙川运动时间推测为 1800 Ma 左右，这样，大致与云南的龙川运动(1800 Ma 左右)和华北的吕梁-中岳运动(1900～1800 Ma)相一致。

神功运动

【创名与沿革】 马瑞士、张健康(1977)①、浙江区域地质测量队(1974)在龙门山东端富阳县神功村发现元古宙骆家门组与双溪坞群之不整合接触，马瑞士、张健康等将这个不整合面所代表的构造运动，命名为神功运动。后为《浙江省区域地质志》(1989)和其它文献引用。本书沿用。

【地质特征】 神功运动发生在中元古代与晚元古代之间，中元古代双溪坞群属岛弧型细碧岩-角斑岩-安山岩-流纹岩建造，普遍受低绿片岩相变质作用，并伴有同期的辉绿岩、石英闪长岩侵入，构造线方向呈 NEE 向约 65°为主的线型紧密褶皱。晚元古代河上镇群为海相磨拉石-复理石建造和陆相火山岩建造，构造线方向呈 NE 向 55°宽缓褶皱构造为主。河上镇群底部砾岩的砾石成分除火山岩外，尚具大量花岗岩类和石英闪长岩等，显然这些砾石来自下伏的双溪坞群和神功期的侵入岩，底部砾岩角度不整合于双溪坞群之上。另外，在双溪坞背斜，骆家门组以 60°左右倾角向 NW 方向倾斜，其下的双溪坞群片理和层理的倾角均向 SE 倾斜，在背斜轴部双溪坞群呈倒转，骆家门组在背斜两翼相对平缓(图 7-1)。

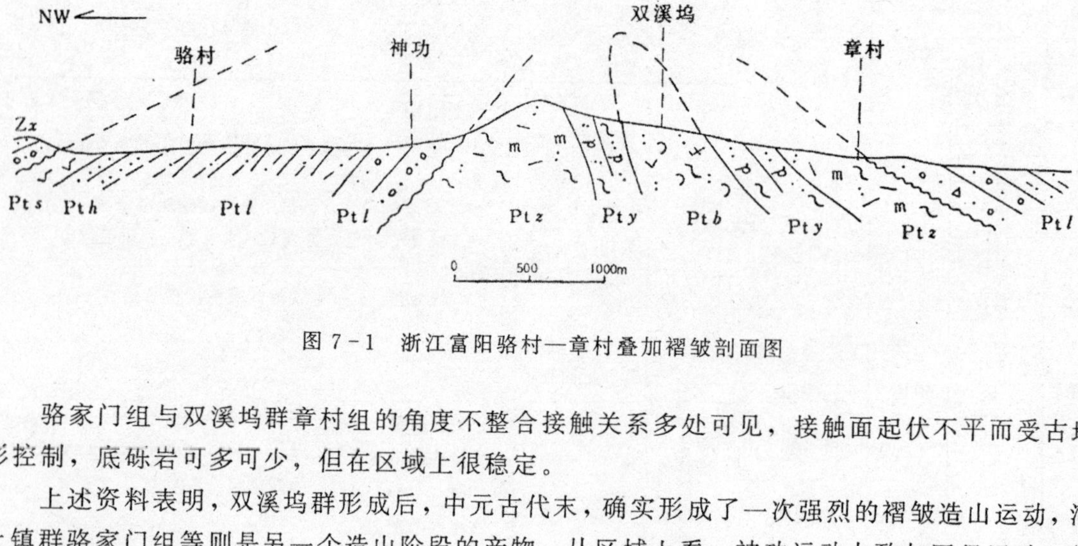

图 7-1 浙江富阳骆村—章村叠加褶皱剖面图

骆家门组与双溪坞群章村组的角度不整合接触关系多处可见，接触面起伏不平而受古地形控制，底砾岩可多可少，但在区域上很稳定。

上述资料表明，双溪坞群形成后，中元古代末，确实形成了一次强烈的褶皱造山运动，河上镇群骆家门组等则是另一个造山阶段的产物。从区域上看，神功运动大致与四堡运动、梵净运动等对比。

落可岽上升

【创名与沿革】 南京大学地质系区域构造组(1976)在赣西北修水流域创名落可岽运动。浙江骆家门组与虹赤村组之间有过抬升、冲刷和再沉积，《浙江省区域地质志》1989，引用落可岽运动。本书改称落可岽上升。

【地质特征】 落可岽上升表现为骆家门组与虹赤村组之间的平行不整合。浙西北区骆家

① 见《浙江省区域地质志》(1989)第二章构造旋回及构造层的划分(介绍)。

门组上段为复理石沉积，上覆虹赤村组以岩屑砂岩和长石岩屑砂岩为主，两者均以青灰色为主，虹赤村组沉积时水体明显变浅，从骆家门组的大陆斜坡一次深海相变为虹赤村组的浅海—滨海相，二组间的接触面有冲刷痕迹，并有泥砾和复成分小砾石，说明骆家门组沉积后，有过抬升、冲刷和再沉积的阶段。

皖南、江西和浙江各有不同的表现。《安徽省区域地质志》(1986)中，铺岭组和邓家组(相当于上墅组和虹赤村组)与下伏上溪群之间的“皖南运动一幕”对比于江西的落可岽运动。但据徐备、郭令智、施央申(1992)研究，他们在羊栈岭—观音堂新修的公路上，测制了连续、完整的剖面，邓家组与下伏羊栈岭组复理石之间，不但没有产状差别和构造变形的差异，而且岩性是连续过渡的。从上向下，自邓家组到羊栈岭组，石英砂岩层由厚变薄，粒度变细；所夹板岩从少到多，以致渐变为浅海复理石。

依据浙西北区的地质特点，并充分考虑到江西和安徽两省的变化，将落可岽运动改为落可岽上升，代表了浙西北区神功造山运动之后，晋宁造山运动之前的一次较弱的地壳上升，而不作为一次重要的造山运动。

晋宁运动

【创名与沿革】 P. Misch 创名，指震旦纪的一次褶皱运动。这是根据云南中部晋宁、玉溪等地震旦系澄江砂岩和下伏的昆阳群之间的显著角度不整合而确定的，这个运动使昆阳群形成剧烈的褶皱，澄江砂岩是造山后的磨拉石建造。刘鸿允等(1963)认为这一不整合既普遍又显著，晋宁运动这一名称可以在中国南方普遍使用。这一运动在浙、赣、皖表现为震旦世休宁组(浙江原称志棠组)与下伏地层呈大规模的超覆不整合接触，所以晋宁运动一名在浙江普遍使用。

【地质特征】 晋宁运动代表了前震旦纪末的一次强烈的造山运动。反映了广泛的区域不整合面、浅变质、古地磁变化和磨拉石沉积。如江山—临浦一带震旦纪休宁组普遍与下伏青白口纪上墅组的不同层位呈不整合接触，在建德—富阳一带休宁组普遍与虹赤村组或骆家门组呈不整合接触；受构造运动影响岩性有区域性的低绿片岩相的变质作用，岩石都有不同程度的浅变质，形成板岩、千枚岩；在休宁组底部发育造山期后磨拉石沉积，如常山大桥、江山石龙岗、衢县大川等地，休宁组底部出现有 300～500 m 紫红色岩屑砂岩夹砾岩。休宁组古磁纬度 12.39°，前震旦纪骆家门组古磁纬度 −3.4°，两者证实晋宁运动的构造界面。由于晋宁运动的影响，在浙江境内形成了北东方向以宽缓褶皱为特征的大型隆起和拗陷，这一构造格局对于以后的沉积起着重要的控制作用。

桐湾上升

【创名与沿革】 原称桐湾运动，为刘国昌(1945)创名，“桐”应为“铜”，原指湘西怀化铜湾、银藏湾“早寒武世五里牌组和南沱冰碛层间的不整合”。钱祥麟(1964)认为湘西一般为连续沉积；湖南地质研究所(1976)认为命名地的层位归属有误。从湖南全省看，寒武系与震旦系为连续沉积而呈整合接触，因此，他们建议废弃桐湾运动一词。浙江根据局部地区震旦系与寒武系之间存在平行不整合，所以桐湾运动为浙江地质工作者所引用。本书将桐湾运动改称为桐湾上升。

【地质特征】 浙江寒武系与震旦系多为整合接触，局部地区，如江山、常山、余杭泰山和超山早寒武世荷塘组平行不整合于晚震旦世灯影组、板桥山组或皮园村组之上；生物群面貌发生根本的变化，晚震旦世生物群主要由微古植物和叠层石组成，寒武纪除发育漂浮的球接子类和古盘类三叶虫外，底部还含有大量原始的带壳动物。另外，有人认为早寒武世荷塘组中所含的Cr、Ni、Co、V等多金属元素，反映了当时拉张背景，有拉张深度很大而具裂谷性质，使地壳深部物质被带出而在海盆中沉积下来。

广西运动(加里东运动)

【创名与沿革】 丁文江(1929)创名，原指华南地区志留纪末和泥盆纪初的地壳运动，以广西莲花山组和下伏下古生界的不整合命名。张文佑等(1941)研究了广西运动的现象，早泥盆世莲花山组与前泥盆系的角度不整合，见于贵县、武宣、蒙山、桂平、容县、修仁等地。尹赞勋等(1978)认为，莲花山组以及大致同时的磨砾相地层，直接盖在龙山群所包括的许多地层单位之上，各地下盘最新地层的时代差别很大，上盘最老地层呈穿时现象。广西运动，浙江以往称加里东运动，各种文献长期沿用。本书引用广西运动。

【地质特征】 广西运动是一次较强烈的构造运动，在浙西北地区和浙东南地区都受到不同程度的影响。

浙西北地区，广西运动发生在志留纪与泥盆纪之间。表现为下古生界与泥盆系之间区域不整合，晚泥盆世西湖组普遍不整合于中志留世唐家坞组之上，缺失了晚志留世和早中泥盆世地层；绍兴漓渚、兰溪柱杆山晚泥盆世西湖组超覆于晚奥陶世长坞组之上；在昌化马啃缺失西湖组的沉积。褶皱轴线方向大约在50°～55°之间。生物群面貌也发生根大变化，早古生代以三叶虫和笔石等为主体，而晚泥盆世则以植物群为特征。

浙东南地区，广西运动表现较强烈、以构造热变质事件为特征，如龙泉一带韧性—脆性挤压、剪切十分普遍，如加里东期侵入岩体，岩性呈变质石英闪长岩、变质斜长花岗岩、变质花岗闪长岩等。

广西运动形成的褶皱自成特色。它占据广阔的地域，而不是一条单一的长条形的褶皱带，也不象是几条平行的褶皱带。从大地构造分析，前泥盆纪的广西运动生成的褶皱，具被动大陆边缘前陆褶皱带性质，总体呈箱状或梳状的线状褶皱，反映距当时的碰撞带还有相当距离。而浙北和苏南，距离可能更远，因而表现就不明显。

晚古生代，浙江在广西运动之后，持续着稳定陆壳基础上的陆表海沉积，并无剧烈的造山事件出现。

柳江上升

【创名与沿革】 原称柳江运动，朱森(1932)创名，指广西早石炭世下燕子组(Tournaisian)和上泥盆统之间的不整合。张文佑(1941)认为存在微角度不整合；赵金科(1947)认为属振荡运动性质；徐怀大等(1959)认为桂东存在类似的超覆，桂西和桂中当属整合。本省珠藏坞组与叶家塘组存在明显平行不整合接触，《浙江省区域地质志》1989，引用柳江运动，并改称柳江上升，为本书沿用。

【地质特征】 浙江是指五通群珠藏坞组与上覆叶家塘组之间的平行不整合。由于柳江上升后岩关期晚时海水渐退上升成陆，大塘期—威宁期海水范围不断扩大，反映在常山县菱湖珠藏坞组之顶部存在明显的侵蚀面，叶家塘组底砾岩平行不整合其上；在建德市新安江水库东北威宁期藕塘底组超覆于珠藏坞组之上。由于珠藏坞组的时代是晚泥盆世—早石炭世，因此，浙江的柳江上升发生在早石炭世的珠藏坞组和叶家塘组之间。

黔桂上升

【创名与沿革】 原称黔桂运动，赵金科等(1959)创名，指桂北早二叠世栖霞组和晚石炭世马平群之间的平行不整合，属振荡运动。中国科学院黔南地层队(1959)又确认这一平行不整合关系。广西区测队(1980)认为广西大部分地区下二叠统与上石炭统为整合关系，但局部地段为平行不整合接触。在浙江长兴地区上石炭统与下二叠统之间为平行不整合，黔桂上升为《浙江省区域地质志》1989和本书引用。

【地质特征】 浙江黔桂上升发生在晚石炭世 *Sphaeroschwagerina* 带和早二叠世含 *Schwagerina tschernyschewi* 带灰岩之间，为局部的抬升运动。

在江山、建德、桐庐一带，在上石炭统顶部有30 m左右含燧石结核和条带灰岩，含 *Schwagerina tschernyschewi* 时代属早二叠世，与上石炭统为整合接触。但在长兴一带缺失相当 *Schwagerina tschernyschewi* 带灰岩层位，为平行不整合接触。

说明长兴一带由于黔桂上升抬起，而江山一带连续沉积，因此，在浙江黔桂上升仅发生在长兴一带的石炭纪与二叠纪之间。

印支运动

【创名与沿革】 法国地质学者J Fromoget(1934)在印支半岛命名，黄汲清(1945)将中国境内发生于三叠纪的地壳运动统称为印支运动。中国东部三叠纪地壳运动明显。其中，丁文江(1929)命名的“东京运动”，李毓尧、李捷、朱森(1935)命名的南象运动、金子运动和艮口运动，黄汲清、徐克勤(1937)命名的安源运动，李四光(1939)命名的淮阳运动，以及张文佑先后命名的“桂西运动”、“龙华运动”，原意均与印支运动大致相当。

浙江印支运动自晋宁运动以来最为强烈的一次构造运动，因此这一运动名称长期被引用。本书沿用。

【地质特征】 印支运动发生在中三叠世与晚三叠世之间的强烈构造运动，这一造山运动使中三叠世与晚三叠世由海变陆。晚三叠世乌灶组及其以上地层与前中三叠世地层呈区域的不整合接触。在浙东南地区，乌灶组不整合于前震旦纪八都岩群和陈蔡群之上；浙西北区，长兴煤山一带晚二叠世与早中三叠世为连续沉积，中侏罗世马涧组不整合于中三叠世周冲村组之上；常山桐山马涧组不整合于早震旦世休宁组之上；临安、建德、常山、兰溪、诸暨、绍兴等地马涧组不整合于古生界的不同层位。这一运动使中三叠世及其之下地层发生了剧烈的褶皱和构造变形，以紧密线型的褶皱构造为主要特征，局部地段地层出现直立和倒转，褶皱轴向一般在40°～50°之间。

兰江运动

【创名与沿革】 浙江省区域地质调查大队(1994)岩石地层清理时所创，指建德群、磨石山群与下伏中侏罗世地层的不整合，命名地点在兰江之畔的兰溪西樟(图7－2)。兰溪—梅城的兰江流域较为典型，晚侏罗世劳村组与中侏罗世渔山尖组角度不整合关系清晰，接触面不平整状。《浙江省区域地质志》1989，称燕山运动Ⅱ幕。本次地层对比研究创名兰江运动。

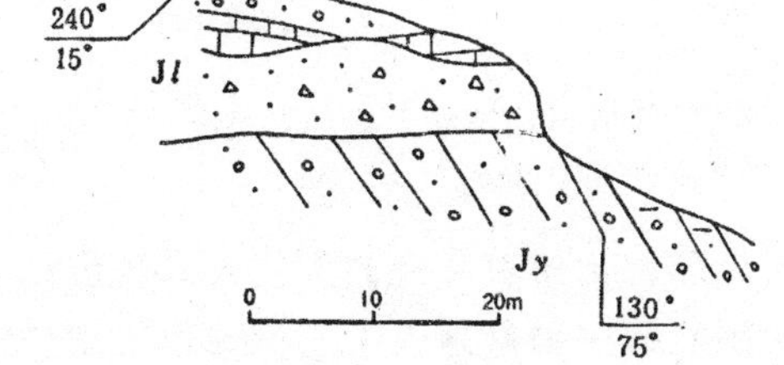

图7－2 浙江兰溪西樟劳村组(J*l*)与渔山尖组(J*y*)不整合剖面素描图

【地质特征】 兰江运动发生于中侏罗世与晚侏罗世之间。在浙西北中侏罗世马涧组与渔山尖组为整合接触，晚侏罗世建德群劳村组不整合于渔山尖组或其之下的古生代、震旦纪或前震旦纪不同层位之上；在浙东南区晚侏罗世大爽组不整合于中侏罗世毛弄组或其之下的晚三叠世乌灶组或前震旦纪八都岩群及陈蔡群之上。

闽浙运动

【创名与沿革】 闽浙运动是李四光（1939）创立，时间为中生代末。认为此运动形成了中国东南各省的花岗岩及碱性侵入体，代表了一个岩浆活动期。顾知微（1989）重新厘定其含义，“闽浙运动在闽浙两省可由福建石帽山群与浙江馆头组下的微角度不整合为代表”。《浙江省区域地质志》1989，称燕山运动Ⅲ幕，发生于晚侏罗世与早白垩世之间。本书引用闽浙运动。

【地质特征】 浙江闽浙运动发生在早白垩世内（即磨石山群或建德群与永康群之间）。在诸暨一带永康群馆头组不整合于建德群寿昌组之上；在天台九里坪馆头组不整合于九里坪组之上；在丽水老竹、黄岩宁溪馆头组不整合于茶湾组之上；在永康馆头、武义少妃等地馆头组不整合于西山头组之上。

由于晚侏罗世强烈的岩浆活动、火山喷发及断块活动，形成一系列的NNE向地堑式或簸箕式的断陷盆地，沉积了早白垩世永康群的地层。

丽水运动

【创名与沿革】 马武平（1992）所创，标准地点在丽水市南明山和大岩背。指天台群塘上组与下伏永康群朝川组、方岩组和磨石山群祝村组的角度不整合。

【地质特征】 在丽水地区，由丽水A盆地和丽水B盆地两盆地叠加形成天台群与永康群之间的角度不整合。丽水A盆地由天台群组成，盆地由南向北方向倾斜的单斜簸箕状盆地，盆地走向近于EW向约70°～80°；丽水B盆地由永康群组成，盆地为SE向NW倾斜的单斜盆地，盆地走向为NE向约30°。两盆地叠加处，天台群塘上组底部砾岩角度不整合于永康群朝川组、方岩组和磨石山群祝村组之上（见图7-3、7-4）。

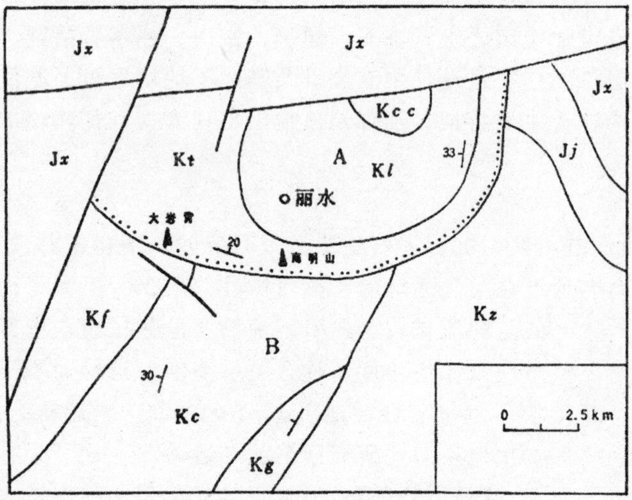

图7-3 浙江丽水盆地地质简图

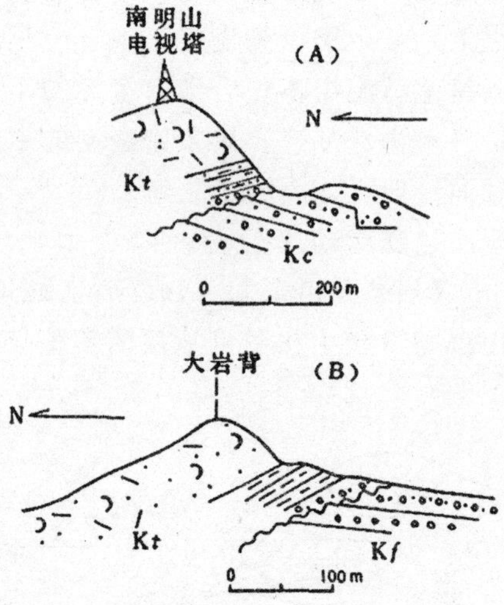

图7-4 浙江丽水盆地塘上组（Kt）与永康群（KY）不整合剖面图

在仙居地区，由仙居盆地和上张盆地叠加形成天台群与永康群之间角度不整合接触。仙居盆地由天台群组成，盆地为由南向北、北北东方向倾斜的单斜盆地；上张盆地由永康群组成，为由SE向NW方向倾斜的单斜盆地，盆地走向NE30°。在仙居盆地与上张盆地叠加处，天台群塘上组底部砾岩不整合于永康群小平田组不同层位的熔结凝灰岩或安山岩之上，形成构造线方向不一致的角度不整合接触。

上述类似情况也在金衢盆地出现。金衢盆地由衢江群组成，盆地走向70°左右；永康盆地由永康群组成，盆地走向35°左右。在义乌佛堂之南青口，金衢盆地与永康盆地叠加处，衢江群中戴组砂砾岩与下伏永康群朝川组呈角度不整合接触。类似情况也出现在新昌盆地和浦江盆地等。据毛建仁(1991)在《中国东南大陆火山带的特殊性》一文中认为，距今110～106 Ma左右，中国东部大陆白垩系内部，确实存在一个明显的间断。

上述说明，衢江群或天台群形成的盆地与永康群形成的盆地，二者之间有一次明显的丽水运动。

燕山运动

【创名与沿革】 翁文灏(1927)以燕山为标准地区创名，原义代表侏罗纪末期、白垩纪初期产生的不整合、火成岩活动和成矿作用。李四光(1939)将燕山运动分为六个幕，它从中三叠世末一直延续到白垩纪末。《浙江省区域地质志》1989，称燕山运动Ⅴ幕。本书引用燕山运动。

【地质特征】 燕山运动发生在晚白垩世与早第三纪之间。在印支运动以后，浙江处于陆缘活动阶段，大规模的岩浆喷出和侵入活动、断陷盆地的形成、以及各时代地层之间普遍出现的平行不整合或不整合成为燕山旋回的最大特色，以燕山运动告以结束。之后形成了新的古地理的格局，在挤压和拉张的背景下，受NNE和NW向断裂控制的垂直升降运动，形成了隆起区和拗陷区，在拗陷区古新世—渐新世初沉积了湖相的长河组不整合于晚白垩世红砂岩之上(在杭州湾两岸的钻孔中得到证实)。

喜马拉雅运动

【创名与沿革】 黄汲清(1945)首先使用。这一运动在亚洲大陆广泛发育，因首先在喜马拉雅山区确定，故名。这一运动使中生代的特提斯海变成巨大山脉，更新统的湖泊和河流堆积隆起高达2000m余。《浙江省区域地质志》1989，将喜马拉雅运动分为两幕：Ⅰ幕发生在渐新世与中新世之间；Ⅱ幕发生在晚第三纪末和第四纪早期的运动。本书将喜马拉雅运动分为两幕：Ⅰ幕发生在上新世与早更新世之间；Ⅱ幕发生在晚更新世与全新世之间。

【地质特征】 喜马拉雅运动Ⅰ幕发生在上新世与早更新世之间。它是以差异性升降运动为主，受NNE向和NW向断裂控制的大面积缓慢的垂直升降运动，形成隆起区和拗陷区，构成了陆地和海洋，为现代地貌特征奠定了基础(也就是说：现在的地理面貌的陆地和海洋及浙江始祖赖以生存和发展的钱塘江形成，就是在晚白垩世燕山运动之后，喜马拉雅运动之初开始的)。在隆起区的浙西北山区和浙东南山区不断抬升遭受剥蚀，缺失老第三纪长河组沉积；在拗陷区形成了盆地(如长河盆地、平湖盆地和东海的拗陷盆地)沉积了古新世—始新世的老第三纪长河组，在渐新世—中新世以基性火山活动为特色，出现了嵊县组河流相沉积和间歇性基性、超基性岩的火山喷发—溢流堆积，在隆起区的拉张地区有基性和超基性岩的侵入和岩筒(似金伯利岩)火山颈、岩墙的形成，这在龙游虎头山、中埠等地岩筒侵入晚白垩世衢江群得到证实。这个差异升降运动到喜马拉雅运动Ⅰ幕末才告结束。

喜马拉雅运动Ⅱ幕发生在晚更新世与全新世之间。喜马拉雅运动Ⅱ幕开始后，升降运动相对平静，浙西北山区和浙东南山区还以剥蚀为主，低陷地带有冲积、洪积和残坡积的堆积，在杭州湾和东南沿海平原区处于滨海环境，出现海陆相间的碎屑沉积，厚度可达数百米。喜马拉雅运动Ⅱ幕之后，全新世全省缓慢抬升，陆地全部处于剥蚀状态，海岸线逐渐向海域推进。

二、构造层划分

龙川构造层

位于龙川运动面之下，顶底界面接触关系不清，呈 NE 向带状，分布于龙泉一带及遂昌、龙游和诸暨等地。由八都岩群的堑头岩组、张岩岩组、泗源岩组、大岩山岩组构成，为一套角闪岩相变质作用和强烈花岗质混合岩化的区域变质岩系，岩性由变粒岩、云母片岩、长石石英岩和浅粒岩组成。原岩为长石石英砂岩、砂泥质岩、泥质岩及火山岩，厚度大于 1600 m。反映较稳定环境下的陆内或陆缘盆地浅海—滨海相沉积环境，形成巨厚的高铝富碳砂泥质岩沉积，并伴有轻微的火山活动。是浙东南区最古老的地层，时代可能为 2400～1800 Ma，主变质期在 1800 Ma。

神功构造层

浙西北区神功构造层，位于神功运动面之下，顶界与河上镇群呈角度不整合接触，底界关系不清，分布于富阳、萧山和绍兴等地，金华和浙赣皖交界的开化等地也有零星出露。由双溪坞群的平水组、北坞组、岩山组、章村组构成。主要为一套片理化基性—酸性火山岩、火山碎屑岩为主夹砂泥质岩组成，为盆地—陆相火山碎屑流相堆积，厚度约 4500 m。是扬子板块东南缘岛弧系的组成部分。是迄今为止浙西北区所发现的最古老地层，成岩时代可能为 1200～1000 Ma，变质时代约为 1200 Ma。

浙东南区神功构造层，主要分布诸暨陈蔡、龙游溪口、嵊县章村、龙泉和岱山衢山岛等地。由陈蔡群的捣臼湾组、下河图组、下吴宅组、徐岸组构成。为角闪岩相变质的基性火山岩-沉积岩系，岩性由角闪岩、浅粒岩、片麻岩、石英岩、大理岩、片岩组成。原岩为拉斑玄武岩、泥灰岩、硅碳质泥岩、砂岩、泥质岩组成，厚度大于 2000 m。反映为深海—滨海相沉积环境。具洋岛—大洋岛弧的古地理特征。与八都岩群组成了浙东南区的基底。

在浙西北区的神功构造层受片理化和绿片岩相区域动力变质作用的影响，浙东南区的神功构造层受强烈的区域变质作用。两者特征明显。

晋宁构造层

位于神功运动面与晋宁运动面之间，顶界与震旦纪休宁组、底界与双溪坞群均呈角度不整合接触。呈 NE 向条带状分布于常山—绍兴一带和浙赣皖交界处的苏庄—顺溪一带。由河上镇群的骆家门组、虹赤村组和上墅组构成。岩性底部为砾岩、砂岩夹酸性火山碎屑岩；下部为砂岩、粉砂岩、泥岩、硅质泥岩组成复理石韵律层；中部为含砾长石岩屑砂岩；上部为基性—酸性火山岩和火山碎屑岩组成，厚度 3500 m 左右。可能为河流相—滨海相—陆架相—滨海相—河流相—陆相火山喷发相，构成了一个完整的造山阶段。地层经历了微弱的区域动力变质作用，岩石普遍片理化。

广西构造层

位于晋宁运动面与广西运动面之间，顶界与晚泥盆世五通群呈平行不整合接触，底界与河上镇群角度不整合接触。由震旦纪—志留纪地层组成。按建造特征和接触关系，划分为两个亚构造层。

第一亚构造层

位于晋宁运动面与桐湾上升之间，顶界与寒武纪荷塘组或超山组呈整合或平行不整合接触，底界与河上镇群呈角度不整合接触。呈 NE 向分布于浙西北区。由震旦纪休宁组、南沱组、陡山沱组和灯影组（蓝田组、皮园村组、板桥山组）构成，岩性：底部为岩屑砂岩、含砾岩屑砂岩夹砂砾岩；下部岩屑砂岩、凝灰质砂岩、粉砂岩和沉凝灰岩组成韵律层；中部为含砾砂岩、含砾泥岩夹含锰白云岩；上部为硅质泥岩、白云岩（砂质白云岩、白云质砂岩）及硅质岩组成，厚度500～3300 m。为河流相—滨海相—浅海陆架相—冰前陆架—滨海相—浅海陆架—台地边缘浅滩相（沙坝相）和海湾相（泻湖相）沉积，组成由海进—海退的过程。

第二亚构造层

位于桐湾上升面与广西运动面之间，顶界与晚泥盆世五通群平行不整合接触，底界与震旦纪灯影组或板桥山组或皮园村组呈整合或平行不整合接触，呈NE向广泛分布于浙西北区。由寒武纪、奥陶纪、志留纪地层组成。底部由硅质泥岩和石煤层；下部为泥质灰岩、灰岩；中部为泥岩及复理石、类复理石韵律层；上部为粉砂质泥岩、石英长石砂岩、长石岩屑砂岩组成，厚度3400～10000 m。为海湾相—浅海陆架—盆地相—陆架相—三角洲相沉积环境。组成由海进—海退的沉积旋回。在晚震旦世晚期海盆基础上，寒武纪始海盆不断扩大，反映江山—绍兴一带寒武纪荷塘组与震旦纪灯影组呈平行不整合接触。

印支构造层

主要分布于浙西北区，零星见于浙东南区。

浙西北区印支构造层位于广西运动面与印支运动面之间，顶界与乌灶组之上各层位呈不整合接触、底界与中志留世唐家坞组呈平行不整合接触。由晚泥盆世—早中三叠世地层组成。常组成褶皱向斜的槽部。按建造特征和接触关系划分为三个亚构造层。

第一亚构造层

位于广西运动面与柳江上升面之间，顶界与早石炭世叶家塘组或中石炭世藕塘底组、底界与中志留世唐家坞组至晚奥陶世长坞组，均呈平行不整合接触。由西湖组和珠藏坞组构成。岩性：下部为石英砂岩、含砾石英砂岩夹泥质粉砂岩；上部为砂砾岩、砂岩、泥岩互层组成。厚度200～450 m。在杭州—常山一线以北西湖组与下伏唐家坞组呈平行不整合接触；兰溪柱杆山西湖组平行不整合于晚奥陶世长坞组之上；在江山、常山、衢州一带唐家坞组和西湖组全部缺失，反映广西运动后，浙西北区隆起成陆，晚志留世至早中泥盆世地层没有沉积，到晚泥盆世才接受沉积。

第二亚构造层

位于柳江上升面与黔桂上升面之间，顶界晚石炭世船山组与早二叠世梁山组、底界早石炭世晚期叶家塘组与早石炭世早期珠藏坞组，均呈平行不整合接触。由早石炭世叶家塘组、藕塘底组、老虎洞组、黄龙组、船山组构成，岩性下部为砂岩、粉砂岩、泥岩和煤层；中部由白云岩；上部为灰岩组成，厚100～550 m。为滨海沼泽相—浅海陆架相沉积，在常山—建德石马头叶家塘组与珠藏坞组为平行不整合接触。在建德以东藕塘底组或老虎洞组与珠藏坞组为平行不整合接触。

第三亚构造层

位于黔桂上升面与印支运动面之间，顶界周冲村组与乌灶组之上不同层位呈角度不整合接触、底界梁山组与船山组呈整合或平行不整合接触。主要分布于浙西北区。由梁山组、栖霞组、孤峰组、龙潭组、长兴组（大隆组）和青龙组、周冲村组构成。岩性由灰岩、硅质岩和煤系等组成，厚度1000～1700 m。为滨海相—浅海陆架相—海湾相—三角洲平原相沉积。在江山一带梁山组与下伏船山组呈整合接触；在长兴一带梁山组与下伏船山组之间，缺失相当含 *Schwagerina tschernyschewi* 带的灰岩，为平行不整合接触。

浙东南区，印支构造层仅发育第二和第三两个亚层，零星见于青田县芝溪头、江山二十八都及闽北的福鼎县南溪。以断块形式分布于前震旦系八都(岩)群或陈蔡群之上，暂称芝溪头变质杂岩，岩性由变质石英砂岩、石墨石英片岩、大理岩等，含有fishbones(鱼骨)和*Bairdia*(土菱介)，时代为二叠纪；江山二十八都由大理岩、板岩组成，含海百茎等，时代可能为石炭—二叠纪。为海湾—滨海沼泽相的含碳碎屑岩、含镁碳酸盐岩沉积。在浙江是迄今为止的前震旦纪八都(岩)群、陈蔡群之上的最老的古生代地层（原称龙泉群被后来工作所证实属前震旦纪地层，已被废弃）。

燕山构造层

位于印支运动面与燕山运动面之间，由晚三叠世—白垩纪地层组成。印支运动之后，浙江地壳发展到陆缘活动阶段。燕山运动在这个阶段以多次剧烈的断块活动以及大规模的多旋回岩浆喷发活动为特色，造就了多层次、多类型的构造盆地，断裂活动和火山喷发堆积形成了高低悬殊的山岳和峡谷，出现不同类型的陆相小盆地，这些盆地的发育展布与区域性NE向、NNE向、近EW向断裂密切相关。按岩性特征、构造线方向和接触关系划分为四个亚构造层。

第一亚构造层

位于印支运动面与兰江运动面之间，顶界渔山尖组或毛弄组与建德群劳村组或磨石山群大爽组呈角度不整合接触。底界在浙西北地区马涧组与早中三叠世之前各地层呈不整合接触，在浙东南地区乌灶组与八都岩群或陈蔡群呈不整合接触。由晚三叠世乌灶组、早侏罗世枫坪组和中侏罗世马涧组、渔山尖组和毛弄组构成，呈NE向展布于浙西北区（马涧组、渔山尖组）和浙东南区（乌灶组、枫坪组、毛弄组）。为河流—湖沼相沉积，局部有微弱火山喷发堆积，岩性由砾岩、砂岩、泥岩夹碳质泥岩及煤层，局部夹凝灰岩（毛弄组）。除马涧组与渔山尖组具叠合关系外，其它各组之间关系不明，最大厚度约3000 m。乌灶组、枫坪组分别不整合于前震旦纪变质岩之上，马涧组不整合于中三叠世或更老的地层之上。

第二亚构造层

位于兰江运动面与闽浙运动面之间，由晚侏罗世—早白垩世初期建德群和磨石山群构成，广泛分布于浙西北区（建德群）和浙东南区（磨石山群），为中酸性—酸性岩浆火山喷发堆积和河湖相沉积，岩性由中酸性—酸性（局部为中基性）火山岩和火山碎屑岩及砂岩、粉砂岩、泥岩组成，厚度200～6000 m。建德群劳村组不整合于中侏罗世渔山尖组或更老地层之上；磨石山群大爽组不整合于中侏罗世毛弄组或乌灶组、枫坪组和前震旦纪变质岩系。

第三亚构造层

位于闽浙运动面与丽水运动面之间，顶界与衢江群或天台群、底界与磨石山群均呈角度不整合接触。由早白垩世馆头组、朝川组、方岩组、壳山组和小平田组构成，呈NNE向展布于浙东南区，零星分布浙西北区。为簸箕式断拗盆地和火山洼地河湖相沉积为主，并有微弱间歇性火山喷发堆积，局部有相当规模酸性和中酸性火山喷发堆积。岩性由砾岩、砂岩、泥岩及中酸性—酸性（局部为中基性）火山岩、火山碎屑岩组成，厚度1800～2500 m。

第四亚构造层

位于丽水运动面与燕山运动面之间，由早白垩世中戴组、塘上组，晚白垩世金华组、衢县组和两头塘组、赤城山组及桐乡组构成，呈近EW向展布于浙西北和浙东南区。为河湖相沉积和微弱间歇性火山喷发堆积，局部有相当规模的火山喷发堆积，岩性由紫红色砾岩、砂岩、粉砂岩、泥岩为主及中酸—酸性火山碎屑岩组成，估计厚度1500～4000 m。中戴组（浙西北区）不整合于建德群或更老地层之上；塘上组（浙东南区）不整合于小平田组或磨石山群之上。

喜马拉雅构造层

位于燕山运动面和喜马拉雅运动面之间。由第三纪、第四纪更新世地层组成。燕山运动之后，浙江地壳全面抬升，造成白垩纪断陷盆地消亡，结束了自晚三叠世以来陆相湖盆沉积的历史，浙江大部分地区处于上隆剥蚀阶段。喜马拉雅运动形成了NE和NW张扭性和拉张断裂控制，在杭嘉湖地区、杭州湾地区及东海水域形成拗陷；在广大地区上隆剥蚀形成NE走向的山麓和NE及NW向的谷地，发育为江河大川。本省进入以滨海沉积为主，兼以冲积、洪积为主的陆相沉积，并有基性岩浆的火山岩侵出和喷溢。根据岩性特征和接触关系划分为三个亚构造层。

第一亚构造层

由早第三纪（古新世—渐新世初期）长河组构成，分布于杭嘉湖、杭州湾及东海地区，掩埋于第四纪地层之下及东海水域之下。据杭州湾南岸长河地区钻孔资料，为湖相沉积，局部有基性岩浆火山喷溢，岩性为泥岩、粉砂质泥岩、粉砂岩为主夹少量砂岩、砾岩及橄榄玄武岩等，最大厚度1300 m，本组不整合于晚白垩世红砂岩层之上。

第二亚构造层

由晚第三纪（中新世—上新世）嵊县组构成，主要分布于嵊县、新昌、宁海等地，为陆相基性岩浆火山喷溢为主夹河湖相碎屑岩沉积，岩性由碱性橄榄玄武岩为主夹少量粉砂质泥岩、砂砾岩、硅藻土及褐煤，一般厚度100 m左右。

第三亚构造层

由第四纪更新世地层组成，主要分布于杭嘉湖、宁绍平原及沿海一带的滨海平原区，为冲积相和海陆交互相沉积，岩性由灰绿色、灰黄色粘土、亚粘土、淤泥质亚砂土、淤泥质亚粘土组成；厚度35～300 m；分布于山麓、丘陵的江河大川地区为冲积、洪积、坡积、残积相沉积，岩性为棕红色具网纹粘土、粘土、亚粘土及砂砾层等，厚度3～30 m。

第二节　地球物理、地球化学地层划分

岩石、地层的物质性，决定了它们相应的地球物理、地球化学特征。八十年代我省开展了大规模的区域地层、岩石地球物理、地球化学参数研究工作，为地球物理、地球化学地层划分奠定了基础。本次地层对比研究，地球物理、地球化学地层划分，是以我省的岩石地层单位为对象，以地球物理、地球化学资料为基础，以数理统计分析为手段进行的，其成果不仅可进一步丰富我省地层研究的成果，也为应用地球物理、地球化学方法进行区域性地层划分、对比积累了经验。

一、地球物理、地球化学参数的选择

以本次地层对比研究的岩石地层单位为基础，选取61岩石地层单位：浙西北区有前震旦纪双溪坞群—三叠世周冲村组岩石地层单位44个；浙东南区有前震旦纪捣臼湾组—徐岸组，晚三叠世乌灶组，早中侏罗世枫坪组、毛弄组，晚侏罗世磨石山群各组，白垩纪永康群、天台群及晚第三纪嵊县组岩石地层单位17个。从“浙江省岩石地球物理、地球化学参数数据库”中，截取589个岩石样品。选择了密度$\rho(g/cm^3)$、电阻率$p(\Omega\cdot m)$、极化率$\eta(\%)$、磁化率$k(\times10^{-6}SI)$和剩余磁化强度$Jr(\times10^{-3}A/m)$五个特征物理参数和SiO_2、Al_2O_3、Fe_2O_3、MgO、CaO、K_2O、Na_2O、Ti、Mn、Ni、Cr、Co、V、Li、Sr、Ba、La、Nb、Zr、P、Mo、Cu、Pb、

Zn、Be、Au、Ag、Hg、F、B、Y、U 等 32 个元素和化合物的含量测试数据(含量单位:氧化物为%、Au 为 10^{-9}其余均为 10^{-6})作为基本参数。

二、数据处理结果的显示

对地球物理、地球化学基本参数进行数据处理,在获得的资料中,可较直观地发现,分割点在构造运动界面及不同时代地层界面上,大都有清晰的显示。也就是说,地壳的升降运动、地层的物质组成在时空上无不与其地球物理、地球化学存在着密切的对应关系。从选取的 61 个岩石地层中,对 5 个物性参数和 32 个化学元素平均值进行了有序分割和 Q 型聚类分析。

1. 分割点的地质意义

(1)分割点在构造运动界面上的显示

对 5 个物性参数平均值为变量进行的有序分割,分割至 40 次时,61 个地层单位分别在 1、6、8、10、11、12、16、19、20、21、22、23、24、26、27、28、33、35、37、38、39、40、41、42、43、44、45、46、47、48、50、51、53、54、55、56、57、58 和 59 处产生分割点,其最小变差为 0.2522(图 7-5)。

对 32 个化学元素平均值进行的有序分割,分割至 40 次时,61 个地层单位分别在 1、3、9、10、11、12、15、17、20、21、22、23、24、26、27、28、29、30、31、33、35、37、38、39、40、42、45、46、47、48、49、50、51、55、56、57、58、59 和 60 处产生分割点,其最小变差为 3.9714,(当用 41 个变量进行有序分割时的最小变差为 6.0318,分割点近似)(图 7-6)。

从上述分割点中不难看出,每当一次较大的构造运动时,由于地壳运动的上升或下降,都能引起物性和化性的较大差异,如燕山运动(1)、印支运动(17)、黔桂上升(24)、柳江上升(29)、广西运动(31)、桐湾上升(46)、晋宁运动(50)、神功运动(53)等均出现了物性和化性的分割点,而在闽浙运动(8)、兰江运动(14)、落河岽运动(52)前后也均出现了物性或化性的分割点。

(2)分割点在岩石地层界面上的显示

从有序分割图中可以看出:物性差异主要取决于岩石的矿物结构,如第 1 号和第 2 号样品之间,虽然密度仅相差 0.1,但电阻率则相差 120 多倍(122488/939)、极化率则相差 3.05 倍(6.01/1.97)、磁化率相差 89 倍(18757/211)、剩磁值则相差 318 倍(9244/ 29),这些绝然的物性差异则必然会产生物性分割点;而第 8 号和第 9 号样品、第 25 号和第 26 号样品、第 32 号和第 33 号样品之间,由于其物性参数值相差均小于 25%,所以就不会产生分割点。而化性差异主要取决于岩石的矿物成分,如第 17 号和第 18 号样品之间,几乎所有的化性参数相差 5~8 倍,这些差异也必然会产生分割点,而第 25 号和第 26 号、第 41 号和第 42 号等样品之间,由于所含矿物成分相差不大,一般比值均在 0.8~1.2 之间,这些含量相近的矿物成分就不会产生分割点,也就是说,当相邻地层出现矿物结构差异相差较大时则出现物性分割点;当相邻地层出现矿物成分含量差异较大时,则出现化性分割点;如相邻地层同时出现矿物结构和矿物成分较大差异,就同时出现物性和化性的分割点。

在中生代地层中,物性和化性分割点不仅可出现在火山岩和沉积岩的交接部位(如第 10 号和第 11 号样品之间),也可以出现在不同岩性的火山碎屑岩之间(如第 13 号和第 14 号样品之间),还可出现在不同的火山旋回之间(如第 12 号和第 13 号样品之间)。

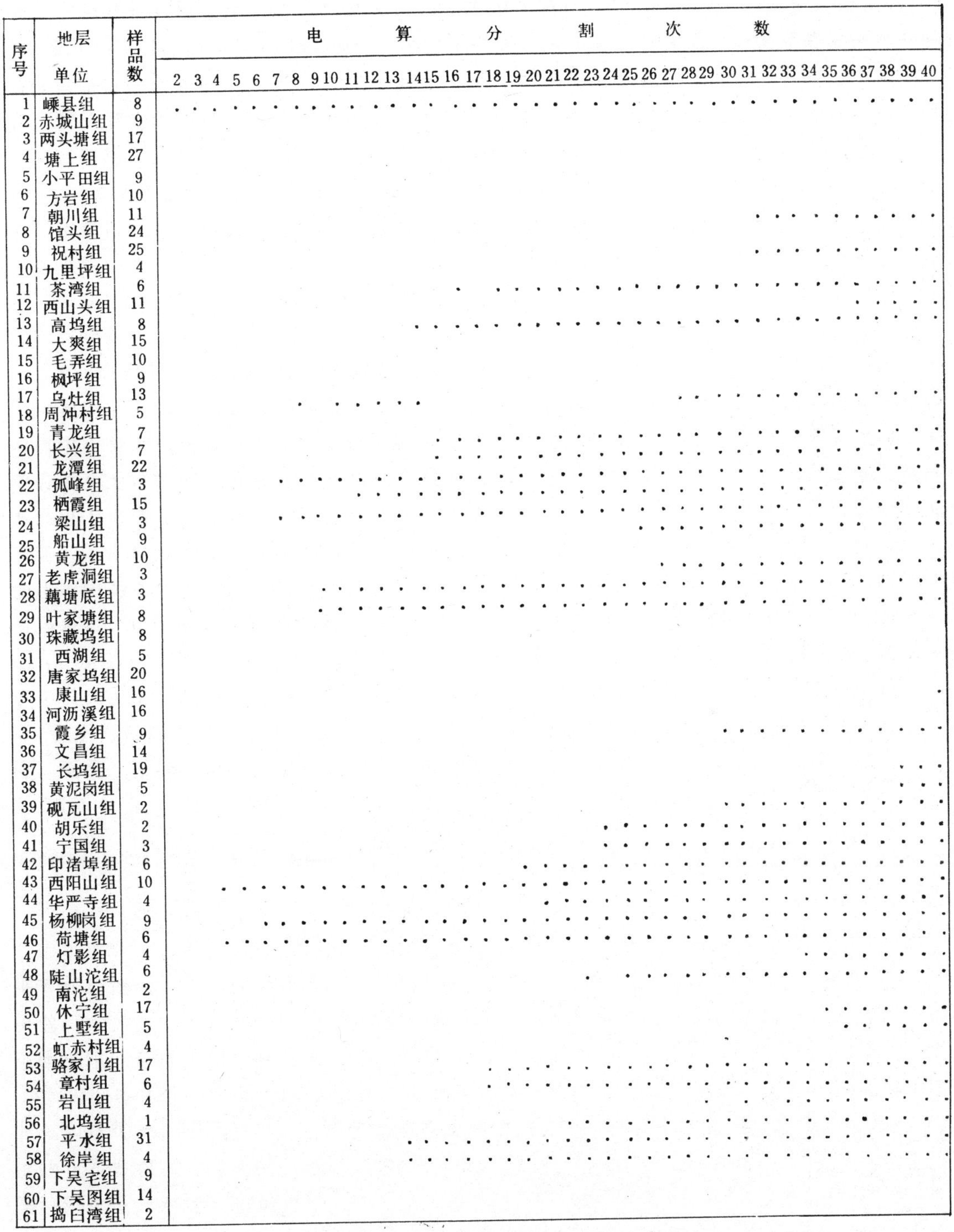

图 7-5 岩石地层单位(物性)有序分割图

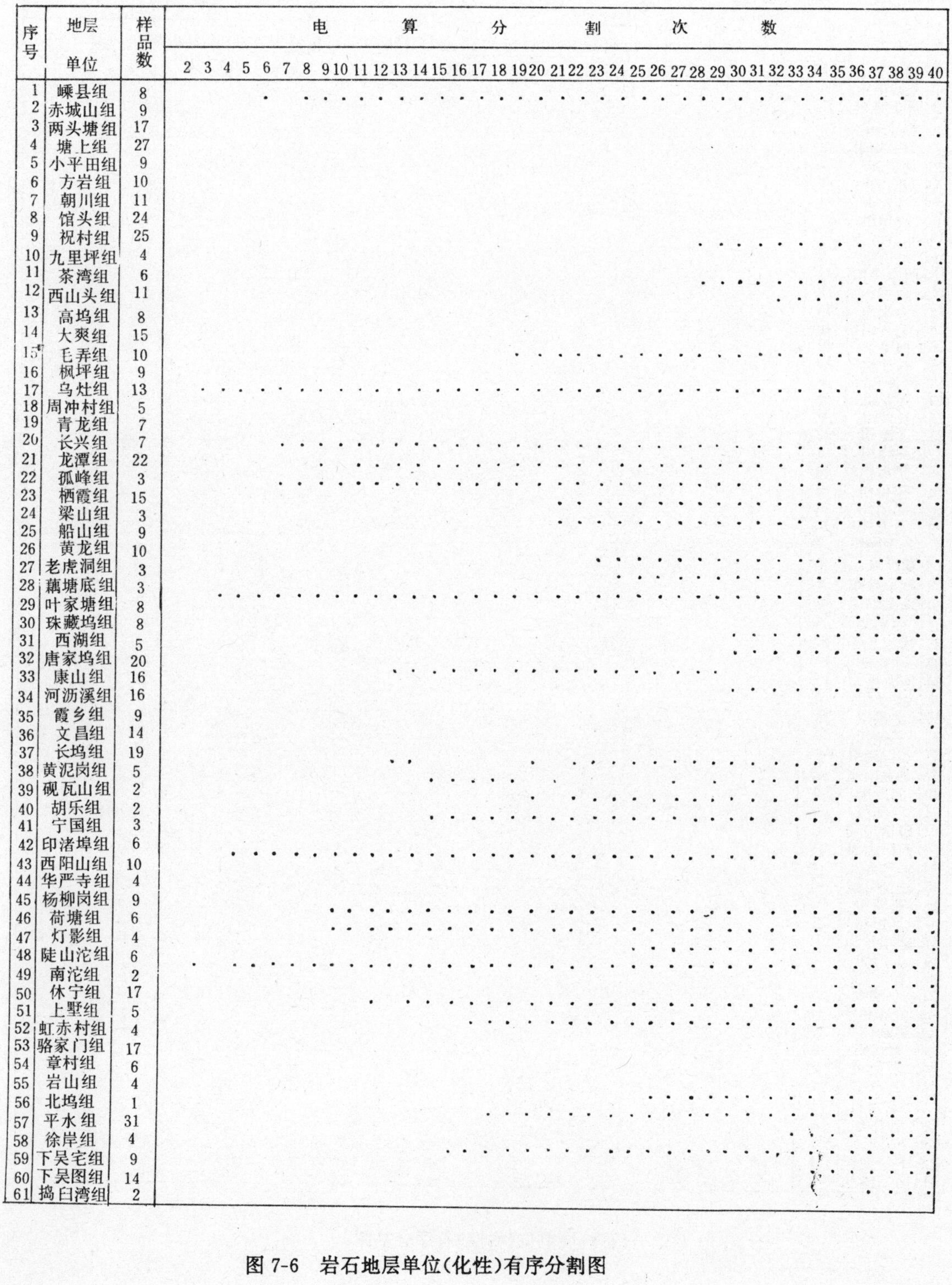

图 7-6 岩石地层单位(化性)有序分割图

在古生代地层中，由于不同的沉积环境和不同的古地理条件，物性和化性分割点在陆相和海相(如第17号和第18号样品之间)、浅海和滨海(如第19号和第20号样品之间)等不同的条件下均出现了分割点，因沉积环境不同，元素的富集和元素的组合也不同，这些差异的相邻地层，则必定出现物性和化性的分割点。

在元古代地层中，由于变质条件不同，原岩的不同也同样产生了不同的元素组合和物性差异，在这些相邻的地层所产生的差异，也一定出现物性和化性的分割点。

2. 聚类分析成果的地质意义

(1)物性参数的Q型聚类分析

以5个物性参数的61个地层组的平均值进行Q型聚类分析，结果表明：

总体上分类按岩石的颗粒度粗细程度、密度大小及成岩物质来源的不同进行划分，如白垩系的火山岩、沉积岩基本上属同一大类；侏罗系的火山岩也基本上划归同一大类；

在相邻地层组中，被物性参数紧密聚类在一起的有8和9(馆头组和祝村组)、25和26(船山组和黄龙组)、32和33(唐家坞组和康山组)、36和37(文昌组和长坞组)四组，这反映出这些相邻地层组间在物性特征上具有相同的共性。

(2)化性元素的Q型聚类分析

以32个岩石化学元素的61个地层组的平均值进行Q型聚类分析时，结果表明：

总体上看，用岩石化学元素含量来进行地层划分时，较明显地反映出不同时期所特有的成矿成分，当距离系数取0.16～0.26时，则明显的可将样品分成5类。例如：第三系由于其独特的条件而单独成一类①；白垩—侏罗系中生代火山岩基本上划归一类②；元古代的变质岩基本上划归一类④；而陆相沉积地层⑤和海相沉积地层③也分别归入不同的类别，基本上反映了不同的岩性的不同元素组合(图7-7)。

在相邻地层组中，被化性元素含量参数紧密聚合在一起的有19和20(青龙组和长兴组)、25和26(船山组和黄龙组)、34和35(河沥溪组和霞乡组)、36和37(文昌组和长坞组)、41和42(宁国组和印渚埠组)、60和61(下吴图组和捣臼湾组)，这反映出这几组相邻地层体间在矿物成分含量和化学元素组合上具有相同的共性。

三、物化性分层及描述

地壳物质的分布，无论在水平方向或垂直方向都是以不均匀为特征的，因此，造成地壳的地球物理、地球化学在时间上、空间上分布也是不均匀的，它常受地表物质来源、物理化学环境及地壳运动的影响和制约。也就是说，不同的岩石地层与其相应的地球物理、地球化学是统一于同一时空中的。

物化性分层，自然是以岩石地层的物理、化学背景为基础的。《浙江区域地层岩石地球物理、地球化学参数研究》(1990)① 表明，每个构造旋回由于其构造运动的强度及方式不同，影响时间的持续性和范围不同，其所形成的各构造层在物化性上都有其特殊性。一般都有参数不同的代表性物化背景与其对应。晋宁—前晋宁期是以前震旦系变质岩的高密度、高电阻率为背景，以铁族元素组合为特征的；广西旋回是以陆相—海陆交互相砂岩及富含有机质浅海相灰岩的高极化率、低磁为背景的；印支旋回是以三叠系—石炭系海相碳酸盐岩的高电阻、高密度为背景，以CaO、MgO、Sr组合为特征的；闽浙旋回是以晚侏罗世陆相火山岩中强磁为

① 吴坤泉、俞国华等，1990，浙江区域地层岩石地球物理、地球化学参数研究报告(打印稿)。

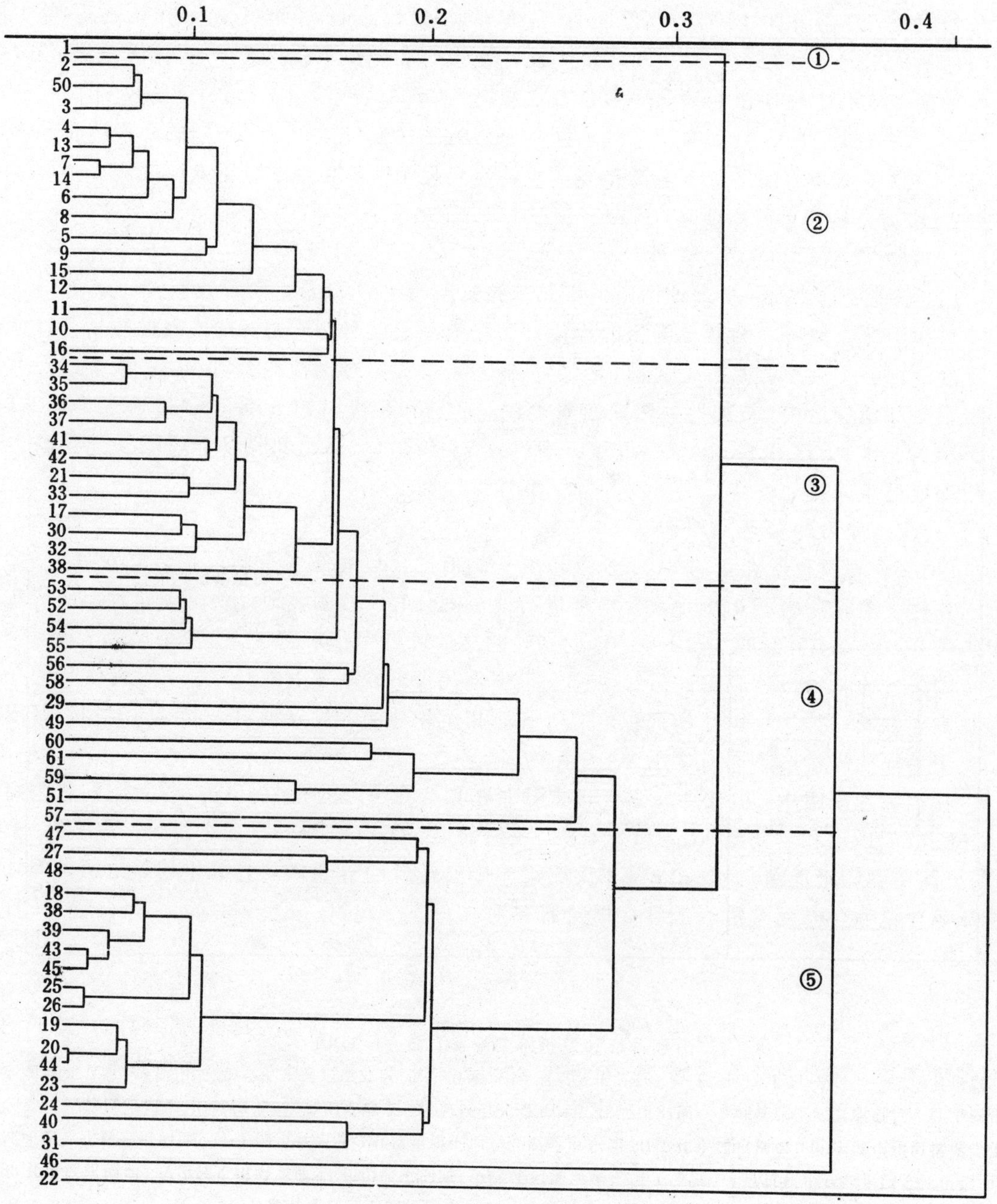

图 7-7 地层单位 Q 型聚类分析距离系数图

背景，以 SiO_2、Ga、Y、La、Ce、Zr 组合为特征的；而燕山旋回则是以白垩系陆相红层的低密度、低电性为背景的。

区域地球物理工作曾获得了这样的成果，即认为燕山运动和广西运动是形成我省物性背景极大差异的优势物性界面。这两个优势界面把上地壳分为三个物性层：上物性层为晚燕山旋回构造层，它是一个低密度、弱磁性及高导电性层；中物性层包括早燕山旋回、印支旋回和广西旋回三个构造层，这是一个低导电、中等密度及中磁性层；下物性层则为前震旦系变质岩的高密度、高电阻为特征。

本次地层对比研究利用地球物理、地球化学多参数为变量所进行的有序分割，旨在使信息更加综合化、使分层更趋有序化和合理化。以分割点的连续性为尺度，可建立物化性层和亚物化层，物化性层可以反映同一时间、同一物质来源的一致性，大致相当界或系；亚物化层则反映在相同的特征参数下，生成环境的差异，一般可用物化性的组合特征来划分，大致相当系或统。从61个岩石地层单位的地球物理、地球化学参数的有序分割，划出7个物化性层和10个亚物化层(表7-2)。

1. 第Ⅰ物化性层

由单一的第1号样品组成，独立成一界面，它的电阻率、极化率、磁化率、剩磁值分别比下一层大31.0、2.8、8.4、24.3倍，以Al_2O_3-V-Li-Sr-Zr-P-Cu-U等元素组合为主，以(SiO_2)-(Ti)-(Nb)-(Zr)-(Pb)-(Hg)等元素组合为次，在岩性上为玄武岩类，同时又是燕山运动分界线，上下岩性绝然不同，其上为一套深灰黑色橄榄玄武岩夹砾石、粘土等，其下则为一套复陆屑夹火山岩沉积建造，本层相当于嵊县组。

2. 第Ⅱ物化性层

由第2号至第17号样品组成，它的电阻率明显比上下层位小31和21倍，极化率要比上下层位小2.8和2.0倍，磁化率比上层小8.4倍而比下层大46.6倍，剩磁值则比上层小24.3倍比下层大666.6倍；在化性参数的Q型聚类分析中可以看到这些样品基本上是组合在一起成一个类别的，其距离系数仅为0.159，在岩性上，这一组合中的岩性基本上相同或接近，这些特征可以反映出这些地层体在当时的沉积环境是相仿的，而物质来源也是大体相同的，这恰恰反映了我省自印支运动以后，燕山运动之前的这段大套的以陆相火山碎屑岩沉积为特点的地层。而这一物化性层又可分成二个亚物化层：

第一亚物化层和第二亚物化层：分别由2—9号样品和10—17号品样组成，从物性和化性的分割图中也可看出，在第9和第10之间明显存在一个分割点，上下两部分间，则密度上小(2.52)下大(2.57)、电阻率上小(1788)下大(6101)，磁化率上大(2291)下小(2186)，剩磁值上大(480.9)下小(278.9)，上部是以U-Fe_2O_3-Ti元素组合和Nb-Zr-Pb元素组合为主，以SiO_2-Al_2O_3-Mn-Li元素组合和Mn-SiO_2-F元素组合为次；而下部则是以(Fe_2O_3)-(Co)-(MgO)-(P)-(V)-(CaO)-(Zn)-SiO_2-(Ti)-(Sr)-(Mn)-(Ni)元素组合为主，以Y-U-Be-Nb-K_2O-Pb元素组合为次。这两个亚物化性界面相当白垩系、侏罗系和上三叠统的组合体，它们均是以陆相沉积为主的地层，岩性主要以中酸性火山碎屑岩为主，夹一些沉积岩或煤系地层的结合体，而这两个亚物化层交界处又是间断运动的界线，当发生构造运动时，随之火山活动较频繁，但是，由于生成条件和沉积环境基本上是相同的，所以物质来源也大体相同，从而形成了巨厚的陆相火山碎屑岩系。

3. 第Ⅲ物化性层

由第18号至第28号样品组成，其密度比上下层位略高，其电阻率为上下层位的21.2和2.1倍，极化率分别比上下层位大2.0和1.2倍，磁化率明显比上下层位小46.6和2.9倍，剩磁值则明显低于上下层位(分别比上下层位小666.7和5.3倍)，从V/Ni比值(2.7～3.5)来看，这一部分样品以海相沉积为主，其岩性有滨海含煤碎屑沉积、滨海沼泽相含煤复陆碎屑岩、碳酸盐岩系及海陆交替相含煤碎屑岩岩系的沉积，根据其不同的沉积环境可分为三个亚物化层：

表 7-2　物(化)性分层与岩石地层及构造运动对比表

序号	地层单位	地质时代	物(化)性分层		元素组合特征	构造运动
			物(化)性层	亚层		
1	嵊县组	N	Ⅰ		Al_2O_3-V-Li-Sr-Zr-P-Cu-U	
2	赤城山组	K	Ⅱ	Ⅱ$_1$	U-Fe_2O_3-Ti	燕山运动
3	两头塘组					
4	塘上组					
5	小平田组				Nb-Zr-Pb	丽水运动
6	方岩组					
7	朝川组					
8	馆头组					
9	祝村组					
10	九里坪组	J		Ⅱ$_2$	(Fe_2O_3)-(Co)-(MgO)-(P)-(V)-(CaO)-(Zn)-SiO_2-(Ti)-(Sr)-(Mn)-(Ni)	闽浙运动
11	茶湾组					
12	西山头组					
13	高坞组					
14	大爽组					
15	毛弄组					兰江运动
16	枫坪组					
17	乌灶组	T			V-Li-P	
18	周冲村组		Ⅲ	Ⅲ$_1$		印支运动
19	青龙组					
20	长兴组	P			Mn-SiO_2-Al_2O_3	
21	龙潭组			Ⅲ$_2$		
22	孤峰组					
23	栖霞组					
24	梁山组					
25	船山组	C		Ⅲ$_3$	Ti-Li-La-Zr-Y-Nb-B-Ba-V-Cr-Al_2O_3-K_2O-CaO-SiO_2-Na_2O-Ni	黔桂上升
26	黄龙组					
27	老虎洞组					
28	藕塘底组					
29	叶家塘组		Ⅳ	Ⅳ$_1$		
30	珠藏坞组	D			(Fe_2O_3)-SiO_2-(La)-(V)-(Cr)-(Li)-(Al_2O_3)-(Pb)-(K_2O)-(Ti)-(F)-(Sr)-(Nb)-(Y)-(Ba)	柳江上升
31	西湖组					
32	唐家坞组	S			(Al_2O_3)-(V)-SiO_2-(Zn)-(Ti)-(K_2O)-(Cr)-(Ni)-(Nb)-(Fe_2O_3)-(Cu)-(F)-(La)-(B)-Ba-MgO-(Y)-(Co)-(Li)	广西运动
33	康山组					
34	河沥溪组					
35	霞乡组					
36	文昌组	O		Ⅳ$_2$	Al_2O_3-Fe_2O_3-Cr-K_2O-B-Ni-Zn-V-La-Y-Ti-F-MgO-Nb-Be-Li-Co-(CaO)-(Sr)	
37	长坞组					
38	黄泥岗组					
39	砚瓦山组					
40	胡乐组					
41	宁国组					
42	印渚埠组					
43	西阳山组	∈		Ⅳ$_3$	Al_2O_3-K_2O-Ba-B-Pb-Hg-Ti-Mo-Fe_2O_3-Li-Nb-Zr-Cu	
44	华严寺组					
45	杨柳岗组					
46	荷塘组					
47	灯影组	Z	Ⅴ		Y-SiO_2-(CaO)-Al_2O_3-Zr-La-(MgO)-Nb-K_2O-Ba-Be	桐湾上升
48	陡山沱组					
49	南沱组					
50	休宁组					
51	上墅组	Pt	Ⅵ		(Li)-(Co)-(Ni)-(V)-(MgO)-(Fe_2O_3)-SiO_2-(Mn)-(Cr)-(Cu)-Nb	晋宁运动
52	虹赤村组					落可岽上升
53	骆家门组					
54	章村组		Ⅶ	Ⅶ$_1$	(CaO)-(Ni)-(Cr)-(Co)-(Sr)-SiO_2-La	神功运动
55	岩山组					
56	北坞组					
57	平水组					
58	徐岸组			Ⅶ$_2$	(Ba)-(Y)-(K_2O)-(SiO_2)-Zr-CaO-(La)-(U)-(Nb)-MgO	
59	下吴宅组					
60	下吴图组					
61	捣臼湾组					

第一亚物化层：由第 18—20 号样品组成，为一套台地碳酸盐沉积，以电阻率最高、剩磁值最低为特征，以 V-Li-P 元素组合为主，以 Mn-SiO_2-Al_2O_3 元素组合为次，由于与上层的样品分别为陆相和海相沉积，所以出现的分割次数极为频繁，同时，无论在物性上还是在化性上均出现为一个特变点，这三个样品的岩性大体相似，在野外也不易区别，为一套白云

岩与灰岩的互层或钙质泥岩、薄层灰岩、沥青质灰岩。

第二亚物化层：由第21—24号样品组成，以极化率、磁化率、剩磁值最大和密度最小为特征，以Mn－SiO_2－Al_2O_3元素组合为主，以Nb－Zr－Pb元素组合为次，由于岩性体现为浅海或海陆交互相沉积，物（化）性分割点出现频繁，表明岩石的矿物结构和矿物成分变化较大，同时反映出当时的沉积环境变化也较大。这与海陆交互相沉积的特点相符，岩性可以为砂岩、粉砂岩、页岩、硅质岩或含燧石结核灰岩和夹灰岩燧石层。

第三亚物化层：由第25—28号样品组成，以密度最高和电阻率、极化率最低为特征，以Ti－Li－La－Zr－Y－Nb－B－Ba－V－Cr－Al_2O_3－K_2O－CaO－SiO_2－Na_2O－Ni元素组合为主，以Zn－Fe_2O_3－Mn－Co－Cu－P－Ni元素组合为次。岩性为一套碳酸盐岩和含煤碎屑沉积，前二个样品虽然为不同时代的岩石地层（船山组和黄龙组）但其距离系数仅为0.0608（化性）和0.0316（物性），而这二组岩性同属抗磁性地层，与上下层位截然不同，这反映出这二组岩性在当时的沉积环境是相同的，物质来源也基本是一致的，以至反映在岩性上也均为灰岩。

4. 第Ⅳ物化性层

由第29—46号样品组成，它的密度比上下层位略低，电阻率、极化率与上下层位成递减趋势（83703—40134—35416、4.31—3.45—3.42），磁化率、剩磁值与上下层位成递增趋势（48.02—141.55—279.76、0.57—3.00—9.44），总体上反映了桐湾上升至柳江上升间的一套滨海—浅海相的沉积环境特点，根据其各个变量的变化，又可分为三个亚物化层：

第一亚物化层：由第29—35号样品组成，以密度（2.60）和电阻率（3777）最低为特征，以（Fe_2O_3）－SiO_2－（La）－（V）－（Cr）－（Li）－（Al_2O_3）－（Pb）－（K_2O）－（Ti）－（F）－（Sr）－（Nb）－（Y）－（Ba）和（Al_2O_3）－（V）－SiO_2－（Zn）－（Ti）－（K_2O）－（Cr）－（Ni）－（Nb）－（Fe_2O_3）－（Cu）－（F）－（La）－（B）－（Ba）－MgO－（Y）－（Co）－（Li）等元素组合为主，以（Cu）－（Zn）－（MgO）－（Ba）－（Ni）－（Be）和P－CaO－Y－Pb－Be－U等元素组合为次。在这其间主要出现的是化性分割点，表明其中样品的矿物成分有较大的差异，前三个样品以砂岩、泥岩、粉砂岩沉积为主，后四个样品则以粉细砂岩、粉砂质泥岩、页岩为主。

第二亚物化层：由第36—42号样品组成，以磁化率（172.4）、剩磁值（4.00）为最高和极化率（2.14）最低为特征，以Al_2O_3－Fe_2O_3－Cr－K_2O－B－Ni－Zn－V－La－Y－Ti－F－MgO－Nb－Be－Li－Co－（CaO）－（Sr）元素组合为主，以Na_2O－Zr－P－Ba－Mn元素组合为次。前二个样品（第36和37号样品）物（化）性特征相似，距离系数较小（物化性Q型分析中距离系数分别为0.0182和0.0907），表示这二者生成条件和沉积环境相似，物质来源基本一致，在其中从来没有出现分割点，完全可以将其归并为一层，而在岩性上也是表示为砂岩与泥岩组成的韵律层，不易区分，而后面的样品中则分割点出现频繁，所以岩性变化也较大，有砂岩、泥岩、细砂岩、钙质泥岩、硅质页岩等。

第三亚物化层：由第43—46号样品组成，以密度（2.76）、电阻率（130199）、极化率（5.20）最高和磁化率（46.5）、剩磁值（1.29）最低为物性特征，以Al_2O_3－K_2O－Ba－B－Pb－Hg－Ti－Mo－Fe_2O_3－Li－Nb－Zr－Cu元素组合为主次，以U－P－MgO－Y－V－Cr－La元素组合为次，这一层样品中每个样品间都存在物（化）性分割点，前二者（第43和44号）在化性上无分割点，但与其它层位均有物（化）性分割点，表示这二者在矿物成分和元素组合上有一定的相似性，在岩性上均以灰岩、泥质灰岩为主。

5. 第Ⅴ物化性层

由第47—50号样品组成，其密度、磁化率、剩磁值与上下层位呈递增趋势（2.64—2.69—

2.75、141.55—279.76—590.38、3.00—9.44—30.53)而电阻率、极化率与上下层成递减趋势(40134—35416—16378、3.45—3.42—3.32)，以 Y - SiO_2 -(CaO)- Al_2O_3 - Zr - La -(MgO)-Nb - K_2O - Ba - Be 元素组合为主，以 Mo - Hg - Ag - Ba - U 元素组合为次，本层主要反映了浅海陆架含镁碳酸盐沉积的特征，其中第 49 号样品(南沱组)与上层灯影组化性分割点较明显，因为灯影组反映的是浅海陆架含镁碳酸盐岩的沉积特点，而南沱组反映的是陆架冰水沉积的冰碛岩为特点，两者组合元素有较大差异，因此，在化性分割点上必然得到反映。

6. 第Ⅵ物化性层

由第 51—53 号样品组成，该层的密度为最大(2.75)电阻率和极化率均比上下层位小(分别小 2.2 和 1.7 倍)，磁化率、剩磁值与上下层位呈递增趋势(279.76—590.38—5224.38、9.44—30.53—91.86)，以(Li)-(Co)-(Ni)-(V)-(MgO)-(Fe_2O_3)-SiO_2 -(Mn)-(Cr)-(Cu)-Nb 元素组合为主，以 P - F - Zn - Ti - Mn 元素组合为次，反映了神功运动至晋宁运动之间的沉积特点，它的物性参数内部变化大，岩性为一套区域性的浅变质岩，岩性以海相中基性夹酸性熔岩及其火山碎屑岩组成，可属细碧岩—角斑岩建造和安山岩—流纹岩建造。

7. 第Ⅶ物化性层

由第 54—61 号样品组成，电阻率、极化率、磁化率、剩磁值均比上层大 (分别大 1.6、1.1、8.8、3.0 倍)，实际上本层样品反映了两种不同的岩性，也就是说是显示了两种不同的沉积环境，本层样品物化性特征反映了前 4 号样品为海相的夹火山岩的复理石建造或杂砂岩岩系，具弱变质作用，岩石普遍片理化，后 4 号样品为一套滨海—浅海相沉积，具中深度变质作用。

第一亚物化层：由第 54—57 号样品组成，其密度(2.68)、极化率(3.39)、磁化率(3591)较小，而电阻率(32437)、剩磁值(120.22)较大，以(CaO)-(Ni)-(Cr)-(Co)-(Sr)- SiO2 - La 元素组合为主，以(MgO)-(Fe_2O_3)-(V)- B - SiO_2 - Be 元素组合为次，岩性为片理化中酸性熔结凝灰岩，凝灰质砂岩、凝灰质泥岩。

第二亚物化层：由第 58—61 号样品组成，其密度(2.80)、极化率(3.91)、磁化率(6855)较大，而电阻率(21635)、剩磁值(63.5)较小，以(Ba)-(Y)-(K_2O)-(SiO_2)- Zr - CaO -(La)-(U)-(Nb)-(MgO)元素组合为主，以 V - Na_2O - Mn—Co—Fe_2O_3—Al_2O_3—Cr—Zn 元素组合为次。岩性为混合岩化辉石斜长片麻岩夹变粒岩、大理岩、石英片岩、黑云斜长变粒岩等，反映了具较深变质作用的变质岩系。

实际上前 4 号样品和后 4 号样品分别为扬子地层区和华南地层区的两套不同地层，因此，沉积环境不同，物质来源也不同，必然会产生物(化)性的分割点。

综上所述，不同的构造运动必然会造成不同的矿物成分和矿物结构，而岩石地层是由岩性决定的，但是岩性又是由矿物成分和矿物结构所决定，也就是说，不同的矿物成分和矿物结构一定会由物(化)性特征来决定，因此，不同的构造运动必然会带来不同的物(化)性特征，而不同的物(化)性特征也一定能反过来证明不同的构造运动和岩石地层。

依据物(化)性特征参数进行有序分割得出的物化性层与构造运动相同，因此，界面是可靠的。

对地质体进行的物(化)性有序分割更证实了物性分层是依据岩石的矿物结构，而化性分层是依据岩石的矿物成分，因此，在中生代火山岩中和元古代变质岩地质中分割相对较粗；而在古生代沉积岩地层中分割相对较细。

从物(化)性有序最优分割中可看出：第 25 和 26 号(船山组和黄龙组)，第 36 和第 37 号(文昌组和长坞组)这两组地层是永远紧密结合在一起，这从物(化)性的 Q 型聚类分析也可得出相同结论，这也说明，这两组地层在矿物结构和矿物成分上存在较大的相同性，且这两组地层在沉积环境上，岩性上也十分相似，因此，从物(化)性角度出发，完全有理由把这两组地质体合并。

当然，利用地球物理和地球化学的特征参数来完全解决基础地质中的地层划分问题，还是有不尽完美之处，还有待实践不断充实发展，但是，地球物理和地球化学的特征参数是微观的特征，它可以解决地质中不易区分的地质体间的界线和内部的不同矿物成分的组合，物(化)性的分层和地层体划分之间大体上还是可以相互印证的，随着科学的发展和不断的完善，各个地质体的地球物理和地球化学的特征参数的利用一定会越来越多的说明问题，这就是从定性到定量的过程。

第八章 结语

《全国地层多重划分对比研究浙江省岩石地层》项目组自1992年5月—1995年5月，以《全国地层多重划分对比研究项目总体设计》为指导，浙江省地质矿产厅下达《项目设计书》为准，按全国地层清理项目办公室、东南区地层清理研究领导小组办公室的具体要求和浙江省地质矿产厅具体领导下开展工作，工作中及时向省内外兄弟单位互通情报交换意见，同时向正在开展1∶5万区调工作者及时提供清理方案供其参考和引用，以求相互促进，尽量使清理成果为生产、科研、教育所应用的目的。

三年来，在浙江省地质矿产厅和浙江省区域地质调查大队的领导下、省内外兄弟单位的支持和项目组全体成员的共同努力，通过搜集资料、野外核查和补做、室内整理、填制卡片，完成了《全国地层多重划分对比研究浙江省岩石地层报告》，并通过浙江省区域地质调查大队初审和浙江省地质矿产厅评审验收。按评审指出的意见和问题作了认真修改和补充。

最后按《地层清理套书编著者细则》和《关于我国三十个省（直辖市、自治区）地层多重划分对比研究报告出版体例及编排格式的要求》完成出版稿编写。

一、主要成果

1. 建立浙江省岩石地层序列

依据岩石地层单位划分原则，经地层清理后，本省自早元古代—第四纪划分岩石地层单位109个(其中群级11个，组级98个)，与《浙江省区域地质志》(1989)相比较：新建岩石地层单位3个；改称岩石地层单位2个；启用岩石地层单位22个；引用外省岩石地层单位12个，不采用地层单位28个。

2. 建立浙江省地层数据库

对采用的岩石地层单位分别填写五种岩石地层单位登记卡（岩石地层单位卡、地层划分沿革卡、岩石地层单位延伸及变化情况表、地层剖面卡、参考文献卡）98套，计组级地层剖面489个；对不采用地层名称分别填写地层名称卡，计有127个。并对所填的岩石地层登记卡片录入计算机。首次建立浙江省早元古代—第四纪岩石地层数据库。为实现我国地层学信息管理、检查、咨询、监控等现代化管理提供基础资料。

3. 编制《全国地层多重划分对比研究浙江省岩石地层》专著

本书运用多重地层划分理论，以岩石地层为重点，按《全国地层多重划分对比研究》要求，对选用的岩石地层单位进行分别论述：创名人、时间、地点、原始定义、沿革、现在定义、层型类型、地质特征、区域变化、生物群特征及其时代归属。

本书对本省构造运动和构造层的划分，对构造运动分别论述：创名与沿革、在浙江的地质特征（运动时间、层位、接触关系）和构造运动的影响程度；对构造层分别论述：构造层、构造运动界线、岩石地层层位、岩性特征、厚度、接触关系。

本书以岩石地层为基础，选取61个岩石地层，589个岩石样品的5个地球物理参数值和32个地球化学参数值，进行有序分割和Q型聚类分析，划分出7个物化性层和10个亚物化性层。

本书是目前省内一份承前启后的岩石地层专著，体现了浙江省岩石地层的整体研究水平的提高。为广大地质工作者进行地层工作提供实用性的基础资料。

二、主要进展

1. 前震旦纪地层划分

(1)浙东南区变质岩系，原称陈蔡群(AnZ)、龙泉群(Z—Pz_1)、鹤溪群(Pz_2)。根据胡雄健等(1991)、孔祥生等(1989)，分别在龙泉地区创八都群，自下而上建立汤源组、堑头组、张岩组、泗源组、大岩山组和龙泉群；在诸暨市陈蔡一带，对陈蔡群层序进行重新厘定，建立捣臼湾组、下河图组、下吴宅组、徐岸组。

本书对龙泉地区，除龙泉群和汤源组外，其他采用胡雄健等的划分方案，并冠以“(岩)”群、“(岩)”组；对诸暨地区，完全采用孔祥生等的划分方案。并通过对变质岩系的岩石组合特征、原岩组合类型、变质变形特征及同位素年代学方面资料分析，将八都（岩）群置于早元古代，陈蔡群置于中元古代；取消龙泉群；鹤溪群暂由“芝溪头变质杂岩”替代，时代为石炭—二叠纪。

(2)浙西北区变质岩系，原称双溪坞群。浙江区调队(1990)在《1∶5万场口镇幅、河上镇幅区域地质调查报告》重新厘定地层层序，《1∶5万平水镇幅、丰惠幅区域地质调查报告》将绍兴市平水一带双溪坞群改称平水群。并认为双溪坞群与平水群为同期异相，时代置于前震旦纪。

本书根据火山岩岩性组合和演化系列，将平水群改称平水组，并置于双溪坞群的北坞组之下，时代全为中元古代。

2. 震旦纪地层

(1)在常山县大桥、江山市石龙岗、衢县大川、萧山市凤凰坞等地。在休宁组与上墅组之间发现与上、下层位有明显区别的一套河流相的紫红色岩屑砂岩夹砾岩，厚100～500 m。为晋宁运动之后的一套磨拉石建造，本书暂时将其置于休宁组底部，是值得注意的一个地层体。

(2)晚震旦世，随着地壳的抬升，古地理环境和沉积相发生很大变化因地而异，因此在层序划分和对比方面有较多的分歧。本书根据岩石组合特征，将晚震旦世地层划分为五个岩石地层单位：在常山—萧山临浦一带划分为陡山沱组、灯影组；在余杭泰山—开化一带划分为陡山沱组、板桥山组、皮园村组；在浙、皖边境一带划分为蓝田组、皮园村组。它们是由于所处古地理的差异而形成的同期异相沉积之产物。并明确皮园村组起始于常山—富阳环溪一线，该组岩性稳定，厚度逐渐由东南向西北方向增大；板桥山组厚度变化最大，由东北向西南（即由余杭泰山—开化）尖灭的沙坝体，向西北急速尖灭相变为皮园村组和蓝田组，向东南急速尖灭，相变为灯影组，它们为早寒武世荷塘组所覆盖。

3. 寒武纪地层

(1)荷塘组，蒋传仁等(1987)在桐庐县东溪、富阳市上万和江山市五家岭的荷塘组底部磷矿层段首次发现小壳化石 *Anabarites-Protohertzina* 带，相当梅树村阶Ⅰ带小壳动物群，《1∶5万江山、湖南幅区域地质调查报告》① (1991)在江山市碓边荷塘组底部磷矿层发现Ⅰ带小壳动物化石外，并在石煤层的灰岩透镜体中，发现小壳化石 *Siphogonuchites-Lopochites* 带，相当梅树村阶Ⅱ带。明确了浙江省梅树村阶的存在。

(2)西阳山组，穆恩之等(1984)对江山碓边寒武系与奥陶系界线层型作了详细研究，将含 *Hystrollenus* 和 *Staurograptus dichotomus* 带的泥灰岩、灰岩层位划归早奥陶世印渚埠组，本书按岩石地层划分原则，将其划入西阳山组，故西阳山组为跨纪地层，时代为寒武纪—奥陶纪。

4. 奥陶纪地层

(1)胡乐组，本书将所含 *Amplexograptus confertus* 和 *Pterograptus elegans* 带相当宁国阶 N_8—N_9 带，岩性为粉砂质碳质硅质页岩夹碳质泥质硅质岩，盛莘夫(1951)称为牛上组。划归胡乐组，因此，胡乐组为跨世的岩石地层单位。

(2)长坞组，原以开化马金-桐乡乌镇断裂为界，以南称长坞组，以北称于潜组，认为前者以介壳相、类复理石韵律层和风暴岩为主，后者以笔石相、复理石韵律层和深水（海沟）浊积岩为主，作为长坞组与于潜组的划分依据。经查证：在江山—绍兴一带以泥质岩夹粉砂岩为主；桐庐—开化一带以类复理石韵律层为主；临安—昌化一带以复理石韵律层为主（浊积岩），它们之间是逐渐过渡关系，主要反映由东南向西北海水逐渐加深，风浪作用逐渐减弱，由风暴岩逐渐向浊积岩过渡，岩性基本组合特征还是较类似，故采用长坞组取代于潜组。

(3)早中奥陶世碳酸盐岩，鞠天吟(1979)、罗璋(1983)先后对杭州-嘉兴地层小区的碳酸盐岩作过研究，分别建荆山群或留下组、荆山组、闲林埠组、牯牛潭组。本次对比研究认为这套碳酸盐岩特征较类似宁镇地区碳酸盐岩，故采用仑山组、红花园组和牯牛潭组取代。

5. 志留纪地层

唐家坞组时代归属中志留世。浙江地质界历来沿袭唐家坞组与茅山组对比，但因缺乏生物依据，长期以来对唐家坞组（茅山组）时代归属一直有争议。本省先后在萧山市西山和富阳市新店唐家坞组中发现丰富微古植物：*Dactylofus*(*Moyeria*) *cabottii*，*Striphomorpha ovata*，*Leiofusa filifera*，*L. parvitatis*，*Eupiollilofusa striotifera* 等，在北美、欧洲产于 Llandovery 期到 Wenlock，也可下延至晚奥陶世，如浙江江山，晚奥陶世长坞组也有发现。另外，*Leiofusa aspilis*，*Deunffia brevispinosa*，*Micrhystridium* sp. 等见于英国、北美等地的 Wenlock 期。根据上述微古植物，本次对比研究将唐家坞组时代置于中志留世。

6. 泥盆纪—石炭纪地层

(1) 五通群(西湖组、珠藏坞组)

以往浙北一带五通石英岩划分为五通组、金陵组与高骊山组，而浙西一带与五通石英岩相当的西湖石英岩划分为西湖组、珠藏坞组。五通石英岩对比二者岩性一致、层位相当。原长兴一带的"金陵组"、高骊山组是根据腕足类 *Ptychomalotoechia xuanchengensis*，*Pt. kinlingensis* 等从五通石英岩上部划分出来的，其层位相当浙西珠藏坞组，而在浙江"金陵组"岩性

---

① 浙江省区域地质调查大队，1991，1∶5万江山、湖南幅区域地质调查报告。

并非是灰岩，也无其它宏观标志。按岩石地层划分原则，不宜引用金陵组和高骊山组。所以将浙西北区（包括长兴地区）统称五通群，下部称西湖组，上部称珠藏坞组。

(2) 恢复藕塘底组

藕塘底组由中石炭世老虎洞组、黄龙组和部分船山组碳酸盐岩相变为碎屑岩或碎屑岩夹灰岩，也包括原叶家塘组上段地层。《浙江省区域地质志》(1989)按年代地层划分将其并入黄龙组、部分划于叶家塘组上部。通过区域查证，藕塘底组除分布于江山外，主要分布于兰溪柱杆山、马涧，金华双龙洞、唐家、衢县大洲、龙游等地。藕塘底组层位变化趋势由西北向东南逐渐升高，由老虎洞组—黄龙组—部分船山组逐渐相变而成，为穿时岩石地层单位。它反映了晚石炭世时海水由西北向东南逐渐变浅，也反映了石炭纪华夏古陆的存在。

7. 二叠纪地层

(1)恢复梁山组

浙江梁山组为泥岩、粉砂岩互层夹灰岩透镜体及薄层硅质岩。《浙江省区域地质志》(1989)按年代地层并入栖霞组，根据岩石地层划分原则予以恢复。梁山组与下伏地层在江山一带为连续过渡；在长兴一带超伏于船山组不同部位呈平行不整合接触。

(2)将丁家山组改称孤峰组

丁家山组与孤峰组岩性相似、层位相当，浙北习惯称孤峰组，浙西习惯称丁家山组。《浙江省区域地质志》(1989)按年代地层丁家山组包括了龙潭组下段。本次地层对比研究恢复孤峰组含义，并将丁家山组改称为孤峰组。

(3)恢复龙潭组

龙潭组与礼贤煤系岩性相似、层位相当，浙北习惯称龙潭组，浙西习惯称礼贤煤系。《浙江省区域地质志》(1989)浙西根据䗴类 *Polydiexodina* 和 浙北 *Neomisellina* 化石，将龙潭组下段并入孤峰组改称狭义龙潭组，将礼贤煤系下段并入丁家山组改称雾林山组。本书恢复龙潭组含义，并将礼贤煤系改称龙潭组。时代为早二叠世—晚二叠世。

8. 早中三叠世地层

长兴一带基本采用安徽和江苏划分方案，本次地层对比研究将青龙群殷坑组、和龙山组合并改称青龙组，时代为早三叠世；将青龙群南陵湖组改称周冲村组，时代为早中三叠世。

9. 白垩纪地层

(1)创建小平田组

创建前称朝川组上段，浙江省第五地质大队(1991)在《1∶5万朱溪镇幅区域地质调查报告》也发现了属于"火山岩型的朝川组"，项目组在野外反复查证，实测剖面，厘定该套火山岩层的上下层序和接触关系，据此命名为小平田组。小平田组岩性为中酸性、酸性火山碎屑岩为主夹中性、酸性熔岩及少量紫红色砂岩、砂砾岩，呈火山喷发不整合超覆于馆头组或朝川组之上。时代为早白垩世。本组在浙东南区常形成风景地貌。

(2)引用壳山组

新昌盆地方岩组顶部有一层流纹斑岩，厚约100 m。浙江石油地质队(1959)曾命名为"壳山流纹岩系"，本书引用。时代为早白垩世。

(3)创建两头塘组、赤城山组

原称赖家组a段和b段。a段以紫红色泥质粉砂岩为主夹凝灰岩组成，建组称两头塘组；b段主要由砂砾岩为主夹粉砂岩组成，建组称赤城山组，两组时代为晚白垩世。两头塘组、赤城山组两者有类似朝川组和方岩组岩性组合，故过去有人误认，现在还有人误认为朝川组和方岩组。两头塘组、赤城山组以产恐龙蛋和龙骨为特色，往往呈东西向构造线方向展布，与朝川组、方岩组 NNE 向构造线方向展布具明显区别。

(4)恢复衢江群

衢江群原称衢江红砂岩，《浙江省区域地质志》(1989)称金华组，分为三段，经近年来研究划分为中戴组、金华组、衢县组，合并称衢江群，时代为早白垩世晚期—晚白垩世。经 1：5 万孝顺幅、衢县幅区域地质调查，证实衢江群各组之间具明显穿时关系。本群从所含化石、构造线方向、岩性组合特征都类似天台群，与永康群绝然不同。

(5)引用桐乡组

由浙江省石油勘探处(原称石油地质队)1988 年创名。根据杭嘉湖平原钻孔资料，发现浅粉红色厚层至块状不等粒砂岩、粉细砂岩夹泥岩，含介形类，时代为晚白垩世。层位暂置于衢江群之上。

10. 第三纪地层

嵊县组是多期间歇性基性火山岩喷溢堆积与河湖相碎屑岩沉积，厚度一般 100m 左右。基性火山岩其成因受近 EW 向和 NW 向断裂控制，在拉张作用力下地壳深部幔源型熔岩喷溢形成。喷溢次数一般 2～3 次，多者可达 5 次。《浙江省区域地质志》(1989)将其划分为铜岭祝组和道士桥组，合称嵊县群。但并未提出划分依据。本书根据岩性组合特征，将嵊县群改称嵊县组。并取消铜岭祝组和道士桥组。

三、主要问题

1. 关于汤源组问题

胡雄健等(1991)创八都群，自下而上建汤源组、堑头组、张岩组、泗源组和大岩山组。关于汤源组为一套混杂岩，钟志华(1991)认为汤源组与龙泉群成分完全一致；并认为汤源组与龙泉群的斜长角闪岩，常量元素、形成环境、Sm－Nd 等时线年龄和 Nd 同位素比值一致而不存在重大差异，相反它们具有极为相似的地球化学组分。本次对比研究认为，汤源组应属较晚期韧—脆性变形准原地混杂岩，其原岩为拉斑玄武岩系的大洋地壳的石英片岩，与陈蔡群捣臼湾组初期环境一致，故汤源组未被采用，是否妥当，在今后工作予以注意。

2. 浙东南区变质岩系（八都(岩)群和陈蔡群）的最老盖层问题

这个问题对研究构造运动和浙江地质发展史具有重要意义。《浙江省区域地质志》(1989)划出“龙泉群”时代置于震旦纪—早古生代、“鹤溪群”时代置于晚古生代。“龙泉群”层型剖面被后来的工作所证实为前震旦纪地层。但晚古生代浅变质岩多处都有发现，如：朱德寿等(1994)在《浙江青田芝溪头的鹤溪群》一文认为，青田县芝溪头浅变质岩岩性为变质砂岩、石墨石英片岩、大理岩等，在大理岩中采到古生物化石，经中国科学院南京地质古生物所鉴定为 fishbones(鱼骨化石)、*Bairdia*(介形类土菱介)时代为二叠纪；江山市二十八都大理岩、板岩等产硅灰石矿，并含有海百合茎等，时代可能为石炭—二叠纪；毗邻闽北福鼎县南溪与之相当地层其时代为石炭—二叠纪。从而浙东南区变质岩系之上最早盖层为石炭—二叠纪地层已得到证实。根据浙西北区晚石炭世藕塘底组碎屑岩地层出现说明晚古生代浙西北区与浙东南区地壳已连成一体，大部地区成为隆起的陆蚀区——华夏古陆。局部有滨海和海湾相的沉积。在浙东南区是否有早古生代地层存在目前还没有依据。

3. 祝村组层位问题

祝村组层位问题，还有不同认识，有的认为它是磨石山群的最高层位，但也有认为不存在祝村组，所谓祝村组是西山头组和九里坪组的集合体。其关键在于对其底部流纹岩的认识不一，有的认为是层位，有的认为是次火山岩，虽经考察仍没有统一意见，但值得注意的是上覆永康群一般不整合于九里坪组或茶湾组之上，还没有发现不整合于祝村组之上。所以在今后工作中还应注意祝村组存在状况。

4. 关于壳山组问题

壳山组命名在新昌盆地，该盆地由永康群形成向斜，壳山组流纹岩出露于槽部，当时根据方岩组砂砾岩与泥质粉砂岩产状东倾，倾角 8°，而上覆流纹斑岩方向混乱，岩层分布近似水平，实际其下方岩组中还夹有二层火山岩，其中底部一层在向斜西翼为凝灰岩，而东翼为流纹岩，明显夹于砂砾岩之中，由于地层平缓、流纹岩节理发育，风化脱落形成屏风状，该地也由此而称屏风岩村。朝川组与方岩组两者为渐变过渡，前者以细碎屑岩为主，后者以粗碎屑岩为主，它们之间划界也互为消长，某些生物群也有连续性特点，在壳山组流纹岩之下泥质粉砂岩中含有朝川组之叶肢介，也曾将它划为朝川组。壳山组流纹岩向南沿伸至乌龟山则相变为凝灰岩，仍出露于泥质粉砂岩之上，所以壳山组流纹岩并非侵入接触。至于流纹岩的多变性是任何地质工作者都懂得的普通知识，所以壳山组是否是方岩组的夹层，还是小平田组的一部分，还待以后工作中研究解决。

5. 塘上组与小平田组的问题

塘上组与小平田组都为一套中酸性—酸性火山岩及火山碎屑岩，小平田组已查明火山喷发不整合于朝川组和馆头组之上，在矾山盆地、文成盆地、宁溪盆地、仙居盆地和天台盆地都已得到证实，当然也可超覆于磨石山群之上；塘上组在天台县塘上组层型剖面超覆不整合于西山头组之上。所以有人认为小平田组与塘上组是同一层位。今后还应注意小平田组与塘上组层位关系。

6. 桐乡组问题

桐乡组从生物群组合为晚白垩世，仅在杭嘉湖钻孔中见到，岩性为厚层—块状不等粒砂岩、粉细砂岩夹泥岩，厚 300～800 m，未见全貌。其所含生物群与衢江群也有类似之处，目前将桐乡组置于衢江群之上，是缺乏充分的依据，所以桐乡组是衢江群的一部分，还是上下关系，还需商榷。

参 考 文 献

安徽省地质矿产局区域地质调查队，1985，安徽地层志。合肥：安徽科学技术出版社。

北京地质学院区域地质教研室，1963，中国区域地质。北京：中国工业出版社。

包超民，1994，浙江省中生代盆地成因类型划分及形成机制分析。浙江地质，(1)。

包超民，1994，浙西前震旦纪双层基底及其构造演化。安徽地质，4(1—2)。

曹正尧，1989，浙江下白垩统几种裸子植物化石及其表皮构造研究。古生物学报，28(4)。

陈丕基、沈炎彬，1979，中国中、新生代叶肢介动物群及其在华南红层的分布。北京：科学出版社。

陈丕基、沈炎彬，1982，苏浙皖中生代后期叶肢介化石。中国科学院南京地质古生物研究所集刊，北京：科学出版社。

陈宏明、张瑛、李跃西、汤再如，1987，下扬子盆地石炭纪沉积相。中国地质科学院南京地质矿产研究所所刊，8(2)。

池际尚，1988，中国东部新生代玄武岩及上地幔研究。武汉：中国地质大学出版社。

陈其爽、马武平等，1978，浙江乌灶组含煤地层的时代问题。地层学杂志，2(1)。

陈其爽，1983，关于“道塘山组”的时代问题。地层学杂志，7(3)。

陈其爽，1983，对浙江寿昌组横山组馆头组关系的探讨。石油与天然气地质，4(1)。

陈其爽、徐孝坤，1984，浙江衢县上三叠统煤系地层及其海相夹层的发现。地层学杂志，8(1)。

陈其爽，1986，浙江义乌晚三叠世乌灶组之植物化石。浙江地质，2(2)。

陈其爽，1987，钱塘地区早石炭世地层和植物群。中国地质科学院南京地质矿产研究所所刊，8(2)。

陈其爽，1989*a*，浙江侏罗-白垩纪生物地层。中国南方白垩系会议论文选集，南京：南京大学出版社。

陈其爽，1989*b*，浙江方岩组之研究。中国区域地质，(1)。

陈其爽，1991，试论浙江早、中侏罗世的生物地层、时迁及地体。浙江地质，7(2)。

陈其爽、叶小丹，1990，论浙江象山“石浦灰岩”的时代和岩相沉积环境。浙江地质，6(2)。

陈旭，1981，浙江临安余杭下奥陶统岩相生相变化的新观察。地震地质，(2)。

丁保良、兰善先、汪迎平，1989，浙闽赣地区非海相侏罗—白垩纪火山沉积地层及生物群。南京：江苏科学技术出版社。

丁连生、安太庠，1985，杭州余杭荆山岭奥陶纪牙形石及其地层意义。地质研究论文集，北京大学出版社。

丁文江，1919，芜湖以下长江流域地质(英文)。上海黄浦浚港局研究报告，第1号。

地质部地质辞典办公室，1983，地质辞典(一)普通地质构造地质分册。北京：地质出版社。

董枝明，1979，华南白垩系的恐龙化石。南雄“华南白垩纪—早第三纪红层现场会议”，北京：科学出版社。

方晓思、何圣策，1988，浙西唐家坞组的微古植物及时代。地质论评，34(4)。

傅肃雷，1988，浙江江山大隆组古生物群特征及二叠系与三叠系界线。地层学杂志，12(2)。

葛梅钰等，1963，浙江下古生代地层。全国地层学术报告汇编(浙西地层现场会议)，北京：科学出版社。

顾道源、侯建国、黄建祥、朱洪源等，1987，论中国白垩系底界的同位素年龄划分方案。地质论评，33(3)。

顾知微，1980，浙江侏罗系和白垩系的研究，浙皖中生代火山沉积岩地层的划分及对比。北京：科学出版社。

顾知微，1989，论闽浙运动和闽浙两省侏罗系与白垩系的分界。中国南方白垩系会议论文选集，南京：南京大学出版社。

顾知微、赵宗溥等，1962，中国中生代陆相地层，全国地层会议报告汇编。北京：科学出版社。

贵州省地质矿产局，1987，贵州省区域地质志。北京：地质出版社。

(美)赫德伯格 H. D. 主编，国际地层指南，1976，张守信译，1979。北京：科学出版社。

郝杰、杨美芳，1993，东南地区磨拉石地层及其大地构造意义。东南大陆岩石圈结构与地质演化论文集，北京：冶金工业出版社。

何圣策、欧阳舒，1993，浙西富阳西湖组泥盆石炭系过渡层孢子组合。古生物学报，32(1)。

贺同兴、金巍，1988，浙江陈蔡群特征及地质意义。江西地质，2(2)。

湖北省地质矿产局，湖北省区域地质志。北京：地质出版社。

胡华光、胡世玲、王松山、朱铭，1982，根据同位素年龄讨论侏罗—白垩纪火山岩系地层的时代。地质学报，(4)。

黄宝玉、陈宝华，1980，浙江皖南晚三叠世和中侏罗世非海相瓣鳃类化石浙皖中生代火山沉积岩地层的划分及对比。北京：科学出版社。

蒋声治、程先跃、葛彦，1963，对浙西中石炭纪地层分层的初步意见。浙西地层现场会议学术报告汇编，北京：科学出版社。

金玉玕，1961，下扬子区金陵组腕足类化石的新资料。古生物学报，9(3)。
鞠天吟，1979，对苏杭地区早古生代地层的认识(苏杭扬子—江南型沉积过渡区的特征)。地层学杂志，3(4)。
孔祥生、包超民、顾明光，1994，诸暨陈蔡地区陈蔡群主要地质特征及构造演化探讨。浙江地质，(1)。
孔祥生、李志飞、冯长根、顾明光、马剑萍，1995，浙江陈蔡群地区前寒武纪地质，第7号，北京：地质出版社。
兰玉琦等，1988，浙闽变质地质及构造演化。江西地质，2(2)。
兰玉琦等，1992，论浙北双溪坞群火山岩系的年代及形成环境。浙江地质，8(5)。
李春昱，1961，浙闽中生代火山沉积岩系的研究。地质学报，41(3—4)。
李捷、李毓尧，1930，中国扬子江下游地层比较图。前中央研究院十九年度总报。
李继亮，1992，中国东南海陆岩石圈结构与演化研究，北京：科学出版社。
李坤英、沈家林、王小平，1989，浙闽赣中生代陆相火山岩同位素年代学研究报告。南京地质矿产研究所所刊。
李龙通，1989，浙江白垩纪中晚期地层之研究。中国南方白垩系会议论文选集，南京：南京大学出版社。
李毓尧、李捷、朱森，1935，宁镇山脉地质。前中央研究院地质研究所集刊，第11号。
李毓尧，1937，皖南地史及造山运动。前中央研究院地质研究所丛刊，第6号。
李四光、赵亚曾，1924，峡东地质及长江之历史。中国地质学会志，3(3—4)。
李四光、朱森，1930，栖霞灰岩层及其关系地层。中国地质学会志，第九卷。
李四光、朱森，1932，龙潭地质指南。前中央研究院地质研究所出版。
李陶、金维楷，1932，浙江省杭江铁路沿线之地质矿产。浙江省矿产调查报告，第2号。
李蔚秾，1965，节头虫(*Arthricocephalus*)在浙西的发现。地质论评，23(6)。
李星学，1962，中国晚古生代陆相地层。全国地层会议学术报告汇编，北京：科学出版社。
李星学、何炎、何德长、徐福祥，1963，浙江西部上古生代及下中生代地层。浙江地层现场会议学术报告汇编，北京：科学出版社。
李钟模、江宗龙，1986，试论我国东部早第三纪沉积盆地的海水通道。中国古生物学会第十三、十四届学术年会论文，合肥：安徽科学技术出版社。
梁文平，1990，浙江省二叠系冷坞组及其腕足动物群。北京：地质地版社。
刘宝珺，1980，沉积岩石学。北京：地质出版社。
刘国昌、马子骥、韩金桂、孙万铨，1948，浙江江山礼贤煤田地质述要。地质论评，13(326)。
刘鸿允、沙庆安，1963，浙江常山城郊西尖山及龙游志棠地区震旦系地层。全国地层会议学术报告汇编，北京：科学出版社。
刘季辰、赵亚曾，1927，浙江西部之地质。前中央地质调查所地质汇报，第九号。
林启彬，1980，浙皖中生代昆虫化石浙皖中生代火山沉积岩地层的划分及对比。北京：科学出版社。
林晓东，1989，浙江白垩纪轮藻化石。浙江地质，5(1)。
林晓东，1990，浙江白垩纪—早第三纪轮藻组合序列。浙江地质，6(1)。
卢衍豪，1959，中国南方奥陶纪地层分类和对比。北京：地质出版社。
卢衍豪等，1983，江山常山地区寒武—奥陶系界线剖面，地质旅行指南。中国科学院南京地质古生物研究所。
卢衍豪、林焕令，1989，浙江西部寒武纪三叶虫动物群。中国古生物志，总号第178册，新乙种第25号，北京：科学出版社。
卢衍豪、穆恩之等，1955，浙西古生代地层新见。地质知识，2。
卢衍豪、张日东、葛梅钰，1963，浙江西部下古生代地层。全国地层会议学术报告汇编，浙西地层现场会议，北京：科学出版社。
马长信等，1992，赣东北前震旦纪地质。北京：地质出版社。
马其鸿，1980，浙江皖南上侏罗统和白垩系瓣鳃类化石浙皖中生代火山沉积岩地层的划分及对比。北京：科学出版社。
马武平，1990，对上盘翼龙化石赋存层位和隶属时代的探讨。中国区域地质，(1)。
马武平，1994，论浙江中生代晚期地层划分。地层学杂志，18(2)。
马杏垣等，1987，中国前寒武纪构造格架及研究方法。北京：地质出版社。
麦尔库洛夫，1959，杭州附近古砾石层(之江层)地质问题及其和中国南部一些地区古砾石层的对比。中国第四纪研究，2(1)。
孟祥化，1979，沉积建造及其共生矿床分析。北京：地质出版社。

孟宪民，1930，浙江绍兴、诸暨、萧山、嵊县等地地质及璜山附近锌铅矿床之成因。前国立中央研究院地质研究所集刊，第十号。
穆恩之，1963，中国的志留系。全国地层会议学术汇编，北京：科学出版社。
穆治国、蔡正全，1992，浙江翼龙化石层的K-Ar年龄及地质意义。北京大学学报，28(2)。
聂大正、余兴邦，1964，浙江江山地区早三叠世地层的发现。华东地质，1期。
潘江，1956，宁镇山脉古生代地层的新认识。地质学报，36(1)。
钱家驹，1987，浙江西部晚奥陶世五峰期沉积及奥陶系—志留系的分界。地质学报，(2)。
钱荣相、高然良，1985，浙西渔山尖组与下伏马涧组角度不整合的发现及铜山构造。浙江煤田地质，(2)。
钱义元、李积金等，1964，安徽南部震旦系及下古生界新认识。中国科学院南京地质古生物研究所集刊，地质文集，1，北京：科学出版社。
全国地层委员会，1963，中国的新生界。全国地层会议学术报告汇编，北京：科学出版社。
任纪舜，1989，中国东部及邻区大地构造演化的新见解。中国区域地质，31。
盛金章，1955，长兴灰岩中的䗴科化石。古生物学报，3(4)。
盛金章，1962，中国的二叠纪。全国地层会议学术报告汇编，北京：科学出版社。
盛金章等，1982，中国二叠纪对比表及说明书。中国各纪地层对比表及说明书，北京：科学出版社。
盛金章、张遴信，1958，浙江长兴灰岩中的䗴科化石。古生物学报，6(2)。
盛莘夫，1934，浙江下奥陶纪之三叶虫化石。中国古生物志乙种，3号1册。
盛莘夫，1951，浙江省之地层。浙江地质2号，浙江地质调查所。
施少峰、蒋传仁，1983，浙江省西部震旦纪冰成岩研究。中国晚前寒武纪冰成岩论文集，第1号。
水涛、徐步台等，1988，中国闽浙变质基底地质。北京：科学出版社。
施实，1979，浙江中生代酸性火山岩同位素地质年龄研究。地球化学，(1)。
舒文博，1930，浙江西部地质矿产。前国立中央研究院地质研究所集刊，第十号。
孙大中，1994，华南变质基底构造与岩石圈。安徽地质，4(1—2)。
孙岳，1965，浙东永康盆地早白垩世地层。地质论评，23(2)。
汤家富，1988，华南前寒武纪地台构造演化与成矿作用。江西地质，2(2)。
汤家富，1994，华南变质基底的组成边界与构造演化。安徽地质，4(1—2)。
汤文权，1983，浙江中生代火山岩的化学成分与演化规律的研究。中国区域地质，6。
汤文权、黄正维，1965，浙江新构造运动与第四纪沉积。地质学报，54(4)。
汪炳浩、方炳兴，1986，浙江西部二叠系划分对比之新见。中国古生物学会第十三、十四届学术年会论文集，合肥：安徽科学技术出版社。
汪龙文，1951，浙江余杭、富阳、临安三县间之地质矿产。浙江地质，2。
汪品先、闵秋宝、卞云华，1982，关于我国东部含油盆地早第三纪地层的沉积环境。地质论评，28(5)。
汪新等，1988，浙江龙泉碰撞混杂岩的发现及对华南碰撞造山带的意义。南京大学学报，24(3)。
王鸿桢、李光岑编译，1990，国际地层时代对比表。北京：地质出版社。
王开发、蒋辉等，1985，浙江天台、新昌、嵊县地区玄武岩沉积夹层的孢粉、硅藻组合。地层学杂志，9(1)。
王人镜、杨淑荣，1987，浙江嵊县—新昌盆地新生代玄武岩中橄榄石、辉石、斜长石矿物化学及演化的研究。岩石学报，1。
王云慧、李跃西，1987，长江中下游浙西的上石炭统。中国地质科学院南京地质矿产研究所所刊，8(2)。
翁世劼等，1985，浙江省新生代玄武岩岩石化学特征与成因探讨。中国地质科学院南京地质矿产研究所所刊，6(2)。
翁世劼、孔庆寿、黄海，1987，浙闽赣粤中生代晚期火山地质。北京：地质出版社。
吴顺宝、魏敏、张克信，1986，晚二叠世长兴组灰岩在长兴地区的变化及其控制因素。地质论评，32卷5期。
吴秀元、赵修祜，1982，中国石炭纪陆相地层的划分和对比。中国各纪地层对比表及说明书，北京：科学出版社。
魏丰，1976，浙江金华地区早白垩世鱼化石的新发现。古脊椎动物与人类，14(3)。
魏丰，1977，浙江长兴灰岩中扁体鱼化石的发现。古生物学报，16(2)。
徐备、郭令智、施央申，1992，皖浙赣地区元古代地体和多期碰撞造山带。北京：地质出版社。
许德佑，1936，中国南部下三叠纪海产化石之研究。中国地质学会志，17。
许汉奎，1976，江苏宁镇山脉仑山灰岩的新认识。地质科学，3。

许杰，1934，长江下游之笔石化石。前中央研究院地质研究所专刊，甲种4号。
许杰，1937，浙西上奥陶纪及下志留纪。中国地质学会志，17。
许靖华，1985，地学革命风云录。北京：地质出版社。
薛耀松、俞从流，1979，浙西赣东北寒武系下统荷塘组岩石特征及沉积环境分析。地层学杂志，3(4)。
严钦尚、张国栋，1979，苏北金湖凹陷阜宁群的海侵和沉积。地质学报，53(1)。
颜铁增，1992，杭州地区唐家坞组西湖组的微古植物组合特征及其时代。中国区域地质，1。
燕春台，1932，浙江义乌县乌灶煤田地质。浙江省矿产调查报告，第1号。
杨达铨，1964，浙江下志留统中的几种笔石。古生物学报，12(4)。
杨达铨，1983，浙江西北部上奥陶统上部的笔石。古生物学报，22(6)。
杨敬之等，1982，关于中国石炭系的划分和对比。中国各纪地层对比表及说明书。北京：科学出版社。
杨敬之、盛金章、吴望始、陆麟黄，1962，中国的石炭系。北京：科学出版社。
杨明桂等，1988，华南中晚元古代地层划分、沉积建造特征及其地壳构造演化。江西地质，2(2)。
杨万容、江纳言，1981，浙江长兴长兴组和二叠—三叠系界线的沉积特征及微相。中国科学院南京地质古生物研究所丛刊，第2号。
杨万容、江纳言、屈永隆、冯之尧，1981，浙江长兴栖霞组生物灰岩及其含油性。石油与天然气地质，2(4)。
杨遵仪、殷鸿福、吴顺宝、杨逢清、丁梅华、徐桂荣，1987，华南二叠—三叠系界线地层及动物群。地层专报二，地层古生物，第六号，北京：地质出版社。
叶春辉，1979，浙皖及邻区白垩纪介形类化石组合。华南白垩纪—早第三纪红层现场会议论文选集，北京：科学出版社。
尹赞勋、张守信、谢翠华，1978，论褶皱幕。北京：科学出版社。
于振华，1987，浙江平山膨润土含矿地层的时代对比—兼论中国中生代膨润土成矿区域划分问题。地质论评，33(5)。
余达淦等，1994，闽浙赣边境晚元古代早期地层特征及与板溪群对比。华东地质学院院报，16(4)。
余汶、潘华璋，1980，浙江皖南中生代非海相腹足类化石。浙皖中生代火山沉积岩地层的划分及对比。北京：科学出版社。
俞剑华等，1962，南京幕府山地区寒武纪地层的发现。南京大学学报，1。
赵海玲，1990，东南沿海地区晚第三纪—第四纪大陆裂谷型火山作用及深部作用过程。武汉：中国地质大学出版社。
赵金科、陈楚震、梁希洛，1962，中国的三叠系。全国地层会议学术报告汇编。北京：科学出版社。
赵金科、梁希洛、郑灼官，1978，华南晚二叠世头足类。中国古生物志，新乙种12号。北京：科学出版社。
赵金科、盛金章、姚兆奇等，1981，中国南部的长兴阶和二叠系与三叠系之间的界线。中国科学院南京地质古生物研究所丛刊，第2号。
赵金科、郑灼官，1977，浙西赣东北早二叠世晚期菊石。古生物学报，16(2)。
赵修祜、陈其爽、吴秀元，1986，浙西石炭纪植物群。中国科学院南京地质古生物研究所集刊，第22号。
张惠民等，1994，华南地区古地磁研究的初步成果及其地质意义。安徽地质，4(1—2)。
张利民，1987，弋阳圭峰地区化石的发现及其意义。江西地质，1(2)。
张弥曼、张宏，1980，伊克昭弓鳍鱼在华南的发现。古脊椎动物与古人类，18(2)。
张弥曼、周家健，1977，浙江中生代晚期鱼化石。中科院古脊椎动物与古人类研究所甲种专刊12号，北京：科学出版社。
郑亚惠，1979，浙江仙居宁海中新世孢子花粉。中国孢粉学会第一届学术会议论文选集，北京：科学出版社。
钟志华，1991，超净技术及其在浙南构造演化同位素地球化学制约研究中的应用。中国科学院地质研究所。
周维屏、陈克强、简人初、田玉莹，1993，1∶5万区调地质填图新方法。武汉：中国地质大学出版社。
周新民、陈图华，1981，我国东部沿海新生代玄武岩的成分和演化特征。地质学报，55(1)。
周新民、朱云鹤，1993，中国东南部晚古生代碰撞造山带与地缝合线带的岩石学证据。东南大陆岩石圈结构与地质演化论文集。北京：冶金工业出版社。
朱绍隆、朱德寿，1974，浙皖边界地区“黄龙群”下部花石山白云岩时代的探讨。地质科技，5。
朱绍隆、朱德寿，1984，论浙皖边界地区“黄龙石灰岩”下部花石山白云岩的地质时代。中国地质科学院南京地质矿产研究所所刊，5(1)。
朱庭祜，1929，浙江西北部地质。两广地质调查所年报三卷上册。

朱庭祜、盛莘夫，1948，钱塘江下游地质之研究。
中国地科院南京地质矿产研究所，1984，苏浙皖地区黄龙组下部白云岩实测地层剖面。中国地质科学院南京地质矿产研究所所刊。
中国地质学编辑委员会地质研究所，1956，中国区域地层表(草案)。北京：科学出版社。
中国古脊椎动物与古人类研究所，1959，中国第四纪地层表。
中国古生物学会、浙江省石油地质队，1985，浙江白垩系地质旅行指南。
中国科学院南京地质古生物研究所，1982，中国各纪地层对比表及说明书。北京：科学出版社。
中国新生代植物编写组，1978，中国各门类化石中国植物化石(第三册)。中国新生代植物，北京：科学出版社。
胡雄健、许金坤、童朝旭、陈程华，1991，浙西南前寒武纪地质。北京：地质出版社。
浙江省区域地层表编写组，1979，华东地区区域地层表·浙江省分册。北京：地质出版社。
浙江省地质矿产局，1989，浙江省区域地质志。北京：地质出版社。
浙江省石油地质大队，1979，浙江金衢盆地衢江群介形类化石。"华南白垩纪—早第三纪红层现场会议"论文集。北京：科学出版社。
浙江省区域地质调查大队，1995，浙江省白垩系和第四系中新建立的岩石地层单位。中国区域地质，第2期。
Chi Y S. 1934. Geology of the Changhsing Coal field Chekiang Province., Bull, Geol. Surv. China, No. 24.
Grabau A W. 1924. Stratigraphy in China.
Grabau A W. 1931. The Permian of Mongolia. Nat. Hist. Contr. Asia. Amer. Mus. 4.
Huang T K. 1932. The Permian Formations of South China. Mem. Geol. Surv. China. Ser. A., No. 10.
Richthofen F v. 1912. China. Berlin.
Sheng J Z, Chen C Z, Wang Y G, Rui L, Liao Z T, Bando Y, Ishii K, Nakazawa K and Nakamura K. 1984. Permian-Triassic boundary in middle and eastern Tethys. Journal of Faculty of Sciences, Hokkaido University, Ser. 4, 21(1): 133—181.
Yin Hongfu, Wu Shunbao, Ding Meihua, Zhang Kexing, Tong Jinnan and Yang Fengqing. 1994. The Meishan section—Candidate of the Global Stratotype Section and Point (GSSP) of the Permina-Triassic Boundary (PTB). Albertiana 14: 15—31.

地质图说明书及区测报告

安徽省地质局区域地质调查队，1974，1:20万宣城幅、广德幅区域地质调查报告。
安徽省地质局311地质队，1970，1:20万祁门幅、屯溪幅区域地质矿产调查报告。
安徽省地质局317地质队，1965，1:20万旌德幅区域地质矿产调查报告。
北京地质学院，1963，1:20万衢县幅区域地质矿产调查报告。
蔡祖仁、叶国梁，1990，浙江省1:50万第四纪地质图说明书。
福建省区域地质测量队，1972，1:20万浦城幅区域地质矿产调查报告。
江苏省地质局区域地质测量队，1976，1:20万无锡、苏州幅区域地质调查报告。
江西省地质局区域地质调查大队，1980，1:20万广丰幅区域地质调查报告。
王桂珍等，1981，1: 20万宁波幅区域水文地质普查报告。
浙江省区域地质测量队，1962，1:50万绍兴幅区域地质测量报告书。
浙江省区域地质测量队，1962，1:50万天台幅区域地质测量报告书。
浙江省重工业局区域地质测量队，1970，1:20万泰顺幅区域地质矿产调查报告。
浙江省重工业局五大队区测连，1971，1:20万丽水幅区域地质矿产调查报告。
浙江省水文工程地质大队，1976，1:20万平阳幅区域水文地质普查报告。
浙江省水文工程地质大队，1980，1:20万温州幅、黄岩幅区域水文地质普查报告。
浙江省区域地质测量队，1965，1:20万建德幅区域地质矿产调查报告。
浙江省区域地质测量队，1966，1:20万金华幅区域地质矿产调查报告。
浙江省区域地质测量队，1967，1:20万临安幅区域地质矿产调查报告。
浙江省区域地质测量队，1969，1:20万衢县幅区域地质矿产调查报告。

浙江省区域地质测量大队，1973，1:20万杭州幅区域地质调查报告。
浙江省区域地质测量大队，1975，1:20万诸暨幅区域地质调查报告。
浙江省区域地质测量大队，1976，1:20万平阳幅区域地质调查报告。
浙江省区域地质调查大队，1978，1:20万仙居幅区域地质调查报告。
浙江省区域地质调查大队，1979，1:20万温州幅、黄岩幅、洞头幅区域地质调查报告。
浙江省区域地质调查大队，1980，1:20万嵊泗幅、余姚幅、定海幅、宁波幅、沈家门幅区域地质调查报告。
浙江省区域地质调查大队，1980，1:20万临海幅、渔山列岛幅区域地质调查报告。

附录Ⅰ　浙江省地层数据库的建库情况及功能介绍

一、前言

地层数据库的研制和建库工作是随地矿部“八五”期间设立《全国地层多重划分对比研究》项目同时开展的，其指导思想和研究内容与全国地层清理工作的有关文件要求基本一致，建立地层数据库的目的就是要为全国区域地质调查和基础地质研究工作服务，巩固地层清理成果，避免今后使用地层单位的混乱现象。使我国地层研究和管理走向科学化、信息化，并与国际地层学研究工作接轨。

省级地层数据库是地矿部专项地勘科技项目(编号:DZ1992-01)《全国地层数据库》的一个重要组成部分，它既是全国地层数据库的一个基本子库，同时又是一个独立、完整的省级地层数据库。

省级数据库按照全国地层数据库的统一要求，以岩石地层单位为基本单元建库的，以全国地层清理项目办统一制定的五张地层剖面数据卡片为数据采集源。其数据采集、数据库信息管理、检索及查询软件是以《全国地层数据库》项目组提供的软件和标准进行的。有关全国地层数据库的概况，请参见《全国地层数据库》专题报告。

二、地层数据库的建库情况

1. 组织管理

本省的地层数据库由浙江省区域地质调查大队负责建立。

使用的机型为COMPAQ -486，打印机为LQ -1600K。

地层数据库建库人员为杨建梅和周建华。

地层数据库数据卡片填写审核校对人员有俞国华、方炳兴、马武平、周建华、包超民、宋福泉和何圣策。

2. 工作过程

数据卡片录入工作正式开始于1994年4月1日，在七月下旬基本完成全部卡片录入、打印输出及部分卡片审核、校对工作，八月底前完成全部卡片的审核、校对、修改工作及数据备份盘的整理复制工作。

3. 完成工作量

计110个建议使用的岩石地层单位。

其中：群级11个

　　组级99个(3个新建组)

按各纪的岩石地层单位数为

Q 9，N 1，E 1，K 17，J 15，T 4，P 6，C 5，D 3，D—P1，S 4，O 11，∈ 7，Z 7，Pt19

另有135个建议不采用的地层单位。

合计打印输出卡片数：(包括建议不采用的岩石地层单位)

　　封面：236张

　　卡Ⅰ：236张

　　卡Ⅱ：98张

　　卡Ⅲ：94张(剖面分布图)

　　卡Ⅲ：89张(柱状对比图)

　　卡Ⅳ：489张(剖面文字描述)

　　卡Ⅳ：489张(剖面柱状图)

　　卡Ⅴ：98张

4. 提交数据磁盘清单

占用外存空间约6兆，分放5张1.2M 软盘(5.25inch)中

盘 号　　　　地层单位起止编号

1# 33-0006——33-0029，省级库

2# 33-0030——33-0049

3# 33-0050——33-0059，不采用地层单位

4# 33-0060——33-0079

5# 33-0080——33-0117

三、地层数据库功能介绍

地层数据库主要由三部分组成：(1)数据采集系统：包括对原始数据的录入、编辑、查错及地层信息检索、数据库字典查询、文献检索、地层单位数据文件管理等功能；(2)数据处理系统：包括地层卡片的输出、地层数据库各类信息的查询检索及汇总制表、岩石地层单位的监控等功能；(3)扩充部分接口，为地层数据库以后的进一步开发留有接口。

1. 系统运行环境

(1)DOS 版本

软件支撑环境：DOS 3.30以上 Microsoft C 6.0

PTDOS 2.0 Foxpro 2.0

硬件运行环境：286以上主机 VGA 显示器

LQ-1600K 或其它24针打印机

(2)Windows 版本

软件支撑环境：Windows 3.1 Borland C 3.1

中文之星 1.2 Foxpro for Windows 2.5

MS-DOS 5.0以上

硬件运行环境：386、486主机(内存大于4M，硬盘大于100M) VGA 显示器

LQ-1600K 或其它24针打印机

2. 数据采集模块功能

(1) 选择"省份"、"地层单位"

(2) 地层单位数据录入情况查询

(3) 卡片Ⅰ数据录入与修改(可选择按编号、创名时间、汉语拼音等顺序)

(4) 卡片Ⅱ数据录入与修改

(5) 卡片Ⅲ数据录入与修改

(6) 卡片Ⅳ剖面信息数据录入与修改

(7) 卡片Ⅳ剖面文字描述数据录入与修改

(8) 卡片Ⅳ柱状图数据录入与修改

(9) 卡片Ⅳ化石数据录入与修改

(10)卡片Ⅳ分布特征数据录入与修改

(11)卡片Ⅳ数据检查整理

(12)卡片Ⅴ数据录入与修改

(13)地层单位数据文件备份

(14)地层单位数据文件入库

(15)地层单位数据文件转换

(16)省级库数据检索

(17)数据库字典查询

(18)省级文献库查询与修改

3. 卡片输出模块功能

(1) 选择省份

(2) 选择输出的地层单位

(3) 卡片封面输出

(4) 卡片Ⅰ输出

(5) 卡片Ⅱ输出

(6) 卡片Ⅲ柱状对比图输出

(7) 卡片Ⅲ岩石地层单位分布图输出

可选择绘制地名级别①省会 ②地市以上 ③县级以上

可选择绘制图框类型①经纬框 ②方框 ③不加框

(8) 卡片Ⅳ剖面文字描述表格输出

(9) 卡片Ⅳ剖面柱状图输出

(10)卡片Ⅴ参考文献输出

4. 地层信息检索模块功能

(1)检索条件(一级)

A. 选择省份——选择检索的区域范围

B. 选择大区——选择检索的区域范围

C. 选择经纬度——选择检索的区域范围

D. 选择断代(纪)——选择检索的时间范围

E. 地质年代数码转换——地质年代数据进行数码转换，是进行时间范围检索的必要条件

F. 输出方式选择：可用①屏幕显示②打印文字③文件记盘

G. 输出栏目选择：①地层单位表格②地层剖面表格③文献表格

(2)地层单位信息检索(二级)

A. 所有地层单位：可检索选定时间和区域条件的地层单位

B. 正式地层单位：可检索选定时间和区域条件的正式地层单位

C. 废弃地层单位：可检索选定时间和区域条件的废弃地层单位

D. 地层单位名称：可检索与指定地层单位名称相同的地层单位

E. 地层单位名称(拼音)：可检索与指定拼音相同的地层单位

F. 地层单位编号：可检索与指定地层单位编号相同的地层单位

G. 地层单位代号：可检索与指定地层单位代号相同的地层单位

H. 同物异名：可检索与指定名称相同的同物异名的地层单位

I. 同名异物：可检索与指定名称相同的同名异物的地层单位

J. 同物异名/同名异物：可检索有同物异名或同名异物的地层单位

K. 输出剖面分布图：可输出当前检索内容的地层单位的剖面分布图

(3)剖面信息检索(二级检索条件)

A. 所有剖面：可检索满足选定时间和区域条件的地层剖面

B. 所有正层型：可检索满足选定时间和区域条件的正层型

C. 所有副层型：可检索满足选定时间和区域条件的副层型

D. 所有选层型：可检索满足选定时间和区域条件的选层型

E. 所有新层型：可检索满足选定时间和区域条件的新层型

F. 所有次层型：可检索满足选定时间和区域条件的次层型

G. 剖面名称：可检索与指定剖面名称相同的地层剖面

H. 剖面编号：可检索与指定剖面编号相同的地层剖面

I. 剖面化石名称(中文)：可检索剖面上化石分类的中文名称

J. 剖面其他信息：可检索剖面图上已录入的下列信息：

化石(拉丁文)：可检索指定化石名称所在的剖面

生 物 地 层 带：可检索指定生物地层带所在的剖面

颜　　色：可检索含有指定颜色的剖面

磁极性：可检索含有磁极性内容的所有剖面

化学特征：可检索含有化学特征内容的所有剖面

矿　　物：可检索含有矿物内容的所有剖面

矿　　产：可检索含有矿产内容的所有剖面

变质相：可检索含有变质相内容的所有剖面

(剖面文字内容不进行检索)

K. 某地层单位正层型：可检索指定地层单位的正层型

L. 输出剖面分布图：输出当前检索内容的剖面分布图

(4)参考文献目录检索(二级检索条件)

A. 作者：可检索指定作者文献目录

B. 时间：可检索指定发表时间文献目录

C. 书名(论文题目)：可检索指定书名文献目录

D. 作者+时间：可检索指定作者及发表时间文献目录

E. 断代(纪)：可检索选定的地质年代范围、有关地层单位所涉及的文献目录

F. 某地层单位文献：可检索地层单位文献目录

G. 文献引用情况：可检索某一文献所在的省码及文献库的记录号和该文献在本省的引用情况

5. *地层单位监控模块功能*

对新建地层单位进行命名监控

(1)同名的监控：检索出与指定地层单位名称相同的地层单位

(2)同音的监控：检索出与指定地层单位名称(拼音)相同的地层单位

(3)同编号的监控：检索出与指定地层单位名称相同的地层单位

(4)同代号的监控：检索出与指定地层单位名称相同的地层单位

(5)有效性的监控：检索出与新建地层单位的经纬度邻近的剖面，供科研人员进行对比研究

四、地层数据库的维护与功能扩充

1. *数据库的维护*

省级数据库是全国地层数据库的基础，随着地质工作的深入，必须对地层数据库进行扩充与维护，并及时与全国库进行信息交流，以保证省库与全国库的数据一致性。

今后负责管理维护地层数据库的单位是浙江省区域地质调查大队。

2. *功能扩充*

地层数据库的建立，是逐步实现地层学研究和地层单位划分的建立、命名、定义、修改及废弃等管理的规范化、现代化。有待开发的功能：

(1)进一步完善软件与PTDOS汉字系统之间的接口，保证输入与输出的一致性

(2)在图形文件(卡Ⅱ、卡Ⅳ)的生成和打印输出过程中，增加中断功能。使得软件更加灵活并进一步方便用户

(3)在剖面数据整理中增加岩性组合花纹，并增加岩性组合为夹层时的参数漏填、错填的情况判别。

附录Ⅱ 浙江省采用的岩石地层单位

附录Ⅱ-1

序号	岩石地层单位名称		编号	代号	地质时代	创名人	创建时间	所在省	在本书页数
	英文	汉文							
1	Badu Gr.	八都(岩)群	33-0010	Pt*B*	Pt_1	胡雄健等	1991	浙江	9
2	Banqiaoshan Fm	板桥山组	33-0028	*Zb*	Z_2	汪龙文	1951	浙江	40
3	Beiwu Fm	北坞组	33-0017	Pt*b*	Pt_2	浙江省区域地质调查大队	1990	浙江	19
4	Changhe Fm	长河组	33-0107	E$\hat{c}$	E_{1-3}	浙江省石油地质大队	1978	浙江	175
5	Changwu Fm	长坞组	33-0049	O$\hat{c}$	O_3	卢衍豪等	1963	浙江	55
6	Changxing Fm	长兴组	33-0070	P$\hat{c}$	P_2	Grabau	1924	浙江	109
7	Chaochuan Fm	朝川组	33-0094	K$\hat{c}$	K_1	浙江省石油地质大队	1959	浙江	153
8	Chaofeng Fm	超峰组	33-0033	∈$\hat{c}f$	∈	鞠天吟	1979	浙江	50
9	Chaoshan Fm	超山组	33-0032	∈$\hat{c}$	∈	鞠天吟	1979	浙江	49
10	Chawan Fm	茶湾组	33-0084	J$\hat{c}$	J_3	浙江省区域地质调查大队	1989	浙江	146
11	Chencai Gr	陈蔡群	33-0015	Pt$\hat{C}$	Pt_2	浙江省区域地质测量大队	1975	浙江	14
12	Chichengshan Fm	赤城山组	33-0101	K$\hat{c}\hat{c}$	K_2	浙江省区域地质调查大队	1995	浙江	162
13	Chuanshan Fm	船山组	33-0064	C$\hat{c}$	C_2	丁文江	1919	江苏	101
14	Dachenling Fm	大陈岭组	33-0047	∈*d*	$∈_1$	李蔚秾	1965	浙江	44
15	Dalong Fm	大隆组	33-0069	P*d*	P	张文佑、陈家天	1938	广西	111
16	Daojiuwan Fm	捣臼湾组	33-0011	Pt*d*	Pt_2	孔祥生等	1989 (1995)	浙江	14
17	Dashuang Fm	大爽组	33-0081	J*d*	J_3	浙江省区域地质调查大队	1989	浙江	143
18	Dayanshan Fm.	大岩山(岩)组	33-0009	Pt*dy*	Pt_1	胡雄健等	1991	浙江	13
19	Dengying Fm	灯影组	33-0030	Z*dy*	Z_2	李四光等	1924	湖北	39
20	Dongpu Fm	东浦组	33-0111	Q*d*	Qp	浙江省区域地层表编写组	1979	浙江	186
21	Doushantuo Fm	陡山沱组	33-0029	Z*d*	Z_2	李四光等	1924	湖北	37
22	Fangyan Fm	方岩组	33-0095	K*f*	K_1	浙江省石油地质队	1959	浙江	155
23	Fengping Fm	枫坪组	33-0076	J*f*	J_1	西安煤炭科学研究所浙南课题组	1970	浙江	130
24	Gaowu Fm	高坞组	33-0082	J*g*	J_3	浙江省区域地质调查大队	1989	浙江	144
25	Guantou Fm	馆头组	33-0093	K*g*	K_1	浙江省石油地质大队	1959	浙江	150
26	Gufeng Fm	孤峰组	33-0067	P*g*	P	叶良辅、李　捷	1924	安徽	106
27	Guniutan Fm	牯牛潭组	33-0041	O*g*	O_{1-2}	张文堂等	1957	湖北	64
28	Helixi Fm	河沥溪组	33-0053	S*h*	S_1	安徽省地质局317地质队	1965	安徽	66
29	Hengshan Fm	横山组	33-0091	K*h*	K_1	浙江省区域地质测量队	1965	浙江	141
30	Heshangzhen Gr	河上镇群	33-0024	Pt*H*	Pt_3	浙江省区域地质调查大队	1990	浙江	21
31	Hetang Fm	荷塘组	33-0035	∈*h*	$∈_1$	卢衍豪、穆恩之等	1955	浙江	43
32	Hongchicun Fm	虹赤村组	33-0022	Pt*h*	Pt_3	浙江省区域地质测量大队	1975	浙江	23
33	Honghuayuan Fm	红花园组	33-0040	O*h*	O_1	张鸣韶、盛莘夫 (刘之远)	1940 (1948)	贵州	62
34	Huangjian Fm	黄尖组	33-0089	J*h*	J_3	邹鑫祜、陈其奭	1964	浙江	139
35	Huanglong Fm	黄龙组	33-0063	C*h*	C	李四光、朱森	1930	江苏	99
36	Huangnigang Fm	黄泥岗组	33-0046	O*hn*	O_3	卢衍豪等	1963	浙江	54
37	Huayansi Fm	华严寺组	33-0037	∈*hy*	$∈_3$	卢衍豪、穆恩之等	1955	浙江	47

注：创名栏(　)内为介绍人；创建时间栏(　)内为介绍时间。

序号	岩石地层单位名称		编号	代号	地质时代	创名人	创建时间	所在省	在本书页数
	英文	汉文							
38	Hule Fm	胡乐组	33-0044	O*hl*	O_2	许 杰	1934	安徽	53
39	Jiande Gr	建德群	33-0092	JK*J*	$J_3—K_1$	刘季辰、赵亚曾	1927	浙江	136
40	Jiaxing Fm	嘉兴组	33-0109	Q*j*	Qp	浙江省区域地层表编写组	1979	浙江	184
41	Jinhua Fm	金华组	33-0104	K*j*	K_2	邹鑫祜等 (顾知微)	1964 (1980)	浙江	165
42	Jiuliping Fm	九里坪组	33-0085	J*j*	J_3	浙江省区域地质调查大队	1989	浙江	148
43	Kangshan Fm	康山组	33-0055	S*k*	S_{1-2}	浙江省煤炭工业厅科学研究所(浙江区测队)	1961 (1967)	浙江	67
44	Keshan Fm	壳山组	33-0096	K*k*	K_1	浙江石油地质大队	1959	浙江	156
45	Lantian Fm	蓝田组	33-0027	Z*l*	Z_2	丁 毅	1935	安徽	41
46	Laocun Fm	劳村组	33-0088	J*l*	J_3	浙江省区域地质测量队	1965	浙江	137
47	Laohudong Fm	老虎洞组	33-0062	C*l*	C	夏邦栋	1959	江苏	98
48	Liangshan Fm	梁山组	33-0065	P*l*	P_1	赵亚曾、黄汲清	1931	陕西	102
49	Liangtoutang Fm	两头塘组	33-0100	K*l*	K_1	浙江省区域地质调查大队	1995	浙江	161
50	Lianhua Fm	莲花组	33-0116	Q*l*	Qp	浙江省区域地质测量队	1966	浙江	182
51	Longtan Fm	龙潭组	33-0068	P*lt*	P	丁文江	1919	江苏	107
52	Lunshan Fm	仑山组	33-0034	O*l*	O_1	李希霍芬 (丁文江)	1912 (1919)	江苏	61
53	Luojiamen Fm	骆家门组	33-0021	Pt*l*	Pt_3	浙江省区域地质测量大队	1975	浙江	22
54	Majian Fm	马涧组	33-0078	J*m*	J_2	浙江省区域地质测量队	1963	浙江	133
55	Maolong Fm	毛弄组	33-0077	J*ml*	J_2	吴志俊、詹锡坤、朱福王	1962	浙江	132
56	Moshishan Gr	磨石山群	33-0087	JK*M*	$J_3—K_1$	浙江省石油地质队	1959	浙江	143
57	Nantuo Fm	南沱组	33-0026	Z*n*	Z_1	Blackwelder (李四光等)	1907 (1924)	湖北	37
58	Ningbo Fm	宁波组	33-0112	Q*n*	Qp	浙江省区域地层表编写组	1979	浙江	187
59	Ningguo Fm	宁国组	33-0043	O*n*	O_1	许 杰	1934	安徽	52
60	Outangdi Fm	藕塘底组	33-0061	C*o*	C_2	卢衍豪、穆恩之等	1955	浙江	97
61	Pingshui Fm	平水组	33-0016	Pt*p*	Pt_2	浙江省区域地质测量大队	1990	浙江	18
62	Piyuancun Fm	皮园村组	33-0031	Z*p*	Z_2	李 捷等	1930	安徽	42
63	Qiangang Fm	前港组	33-0110	Q*q*	Qp	浙江省区域地质调查大队	1989	浙江	185
64	Qiantou Fm.	堑头(岩)组	33-0006	Pt*q*	Pt_1	胡雄健等	1991	浙江	11
65	Qinglong Fm	青龙组	33-0072	T*q*	T_1	刘季辰、赵汝钧	1924	江苏	113
66	Qixia Fm	栖霞组	33-0066	P*q*	P	李希霍芬	1912	江苏	104
67	Qujiang Gr	衢江群	33-0106	K*Q*	K_{1-2}	刘季辰、赵亚曾	1927	浙江	163
68	Quxian Fm	衢县组	33-0105	K*q*	K_2	李龙通、甄金生	1981	浙江	166
69	Sanqushan Fm	三衢山组	33-0048	O*s*	O_3	盛莘夫	1951	浙江	57
70	Shangshu Fm	上墅组	33-0023	Pt*ŝ*	Pt_3	浙江省区域地质测量队	1969	浙江	24
71	Shengxian Fm	嵊县组	33-0108	N*ŝ*	N_{1-2}	孟宪民	1929	浙江	178
72	Shouchang Fm	寿昌组	33-0090	J*ŝ*	J_3	顾知微等	1962	浙江	140
73	Shuangxiwu Gr	双溪坞群	33-0020	Pt*Ŝ*	Pt_2	张健康、马瑞士等 (浙江区测队)	1973 (1975)	浙江	17

序号	岩石地层单位名称		编号	代号	地质时代	创名人	创建时间	所在省	在本书页数
	英文	汉文							
74	Siyuan Fm.	泗源(岩)组	33-0008	Pt*sy*	Pt_1	胡雄健等	1991	浙江	12
75	Tangjiawu Fm	唐家坞组	33-0056	S*t*	S	舒文博	1930	浙江	69
76	Tangshang Fm	塘上组	33-0099	K*t*	K_1	浙江省区域地质调查大队	1978	浙江	159
77	Tangxi Fm	汤溪组	33-0114	Q*t*	Qp	浙江省区域地质测量队	1966	浙江	180
78	Tiantai Gr	天台群	33-0102	K*T*	K_{1-2}	陆　逊、杨柳舒、陈陟阳	1959	浙江	158
79	Tongshan Gr	同山群	33-0080	J*T*	J_2	浙江省区域地质测量大队	1975	浙江	133
80	Tongxiang Fm	桐乡组	33-0074	K*tx*	K_2	浙江省石油勘探处	1988	浙江	168
81	Wenchang Fm	文昌组	33-0050	O*w*	O_3	浙江省区域地质测量队	1965	浙江	59
82	Wutong Gr	五通群	33-0059	DC*W*	D—C	丁文江	1919	浙江	91
83	Wuzao Fm	乌灶组	33-0075	T*w*	T_3	李　陶、金维楷	1932	浙江	128
84	Xiahetu Fm	下河图组	33-0012	Pt*x*	Pt_2	孔祥生等	1989 (1995)	浙江	15
85	Xiaopingtian Fm	小平田组	33-0097	K*x*	K_1	浙江省区域地质调查大队	1995	浙江	157
86	Xiawuzhai Fm	下吴宅组	33-0013	Pt*xw*	Pt_2	孔祥生等	1989 (1995)	浙江	16
87	Xiaxiang Fm	霞乡组	33-0052	S*x*	S_1	安徽省地质局317地质队	1965	安徽	65
88	Xihu Fm	西湖组	33-0057	D*x*	D_3	舒文博	1930	浙江	93
89	Xishantou Fm	西山头组	33-0083	J*x*	J_3	浙江省区域地质调查大队	1989	浙江	145
90	Xiuning Fm	休宁组	33-0025	Z*x*	Z_1	李毓尧	1936	安徽	33
91	Xiyangshan Fm	西阳山组	33-0038	∈O*x*	$\in_3-O_1$	卢衍豪、穆恩之等	1955	浙江	48
92	Xu'an Fm	徐岸组	33-0014	Pt*xa*	Pt_2	孔祥生等	1989 (1995)	浙江	17
93	Yangliugang Fm	杨柳岗组	33-0036	∈*y*	$\in_2$	卢衍豪、穆恩之等	1955	浙江	45
94	Yanshan Fm	岩山组	33-0018	Pt*y*	Pt_2	浙江省区域地质调查大队	1990	浙江	20
95	Yanwashan Fm	砚瓦山组	33-0045	O*yw*	O_2	刘季辰、赵亚曾	1927	浙江	54
96	Yejiatang Fm	叶家塘组	33-0060	C*y*	C_1	蒋声治等	1963	浙江	96
97	Yinjiangqiao Fm	鄞江桥组	33-0117	Q*y*	Qh	浙江省区域地质调查大队	1989	浙江	183
98	Yinzhubu Fm	印渚埠组	33-0042	O*y*	O_1	朱庭祜	1924	浙江	50
99	Yongkang Gr	永康群	33-0098	KY	K_1	浙江省石油地质大队	1959	浙江	150
100	Yushanjian Fm	渔山尖组	33-0079	J*y*	J_2	浙江省区域地质测量队	1963	浙江	134
101	Zhangcun Fm	章村组	33-0019	Pt*ẑ*	Pt_2	浙江省区域地质调查大队	1990	浙江	20
102	Zhangyan Fm.	张岩(岩)组	33-0007	Pt*ẑy*	Pt_1	胡雄健等	1991	浙江	12
103	Zhengtang Fm	政棠组	33-0071	T*ẑt*	T_1	浙江省区域地层表编写组	1979	浙江	112
104	Zhenhai Fm	镇海组	33-0113	Q*ẑh*	Qh	浙江省区域地质调查大队	1995	浙江	188
105	Zhijiang Fm	之江组	33-0115	Q*ẑ*	Qp	朱庭祜、盛莘夫	1948	浙江	181
106	Zhixitou Metam. Complex	芝溪头变质杂岩		Pz_2	D—P	浙江区域地质调查大队	1983	浙江	126
107	Zhongdai Fm	中戴组	33-0103	K*ẑd*	K_1	陈其爽	1981	浙江	164
108	Zhouchongcun Fm	周冲村组	33-0073	T*ẑ*	T_{1-2}	江苏省地质局第一地质大队	1972	江苏	115
109	Zhucangwu Fm	珠藏坞组	33-0058	DC*ẑ*	D_3-C_1	蒋声治等	1963	浙江	94
110	Zhucun Fm	祝村组	33-0086	K*ẑ*	K_1	浙江省区域地质调查大队	1989	浙江	148

附录Ⅲ 浙江省不采用的地层单位名称

附录Ⅲ-1

序号	地层单位名称		编号	地质时代	创名人	创建时间	所在省	不采用的理由
	英文	汉文						
1	Anji Fm	安吉组	0248	S_1	浙江省区域地质测量队	1967	浙江	邻省协商改称霞乡组
2	Bainiuzhen Conglomerate	白牛镇砾岩	0290	K	舒文博	1930	浙江	创建后未被利用
3	Baisha Gr	白沙群	0202	Pt	浙江省区域地质测量队	1965	浙江	修订为骆家门组中上部
4	Baiyancun Fm	白岩村组	0284	J_3	陈其爽	1989	浙江	现属磨石山群
5	Banwu Fm	半坞组	0244	S	浙江省区域地质测量队	1965	浙江	相当霞乡组
6	Biandanling Fm	扁担岭组	0275	J_3	李春昱、杨逻和、曾绪伟	1962	浙江	创建后未被利用
7	Binhai Fm	滨海组	0323	Q_4	浙江省区域地层表编写组	1979	浙江	改称镇海组
8	Cailanggang Fm	蔡郎岗组	0274	J_3	浙西地层队、顾知微等	1959	浙江	相当寿昌组中部火山岩
9	Changshan Series	常山系	0327	$\in_1—O_1$	盛莘夫	1934	浙江	分解为大陈岭组、杨柳岗组、西阳山组
10	Chayuanli Fm	茶园里组	0268	T_3	陈其爽、徐孝坤	1984	浙江	与乌灶组同物异名
11	Chishanwu Fm	赤山坞组	0269	J_1	陈其爽	1991	浙江	相当马涧组
12	Dabaidi Fm	大白地组	0247	S_1	浙江省区域地质测量队	1967	浙江	邻省协商改称河沥溪组
13	Dachengwu Schist	大成坞片岩	0212	AnO	孟宪民	1930	浙江	创建后未被利用
14	Dagutang Fm	大古塘组	0322	Q_4^4	浙江省区域地质调查大队	1989	浙江	创建后未被利用
15	Dahuishan Fm	大会山组	0264	P_1	汪炳浩、方炳兴	1986	浙江	现称栖霞组
16	Daoshiqiao Fm	道士桥组	0311	N_2	浙江省区域地质调查大队	1989	浙江	合并为嵊县组
17	Daoshuiwu Bed	倒水坞层	0230	$\in$	朱庭祜	1930	浙江	相当马涧组—渔山尖组
18	Daotangshan Fm	道塘山组	0267	T_3	陈其爽"介绍"	1983	浙江	相当乌灶组
19	Daping Fm	大坪组	0279	J_3	汤文权	1983	浙江	相当磨石山群部分
20	Daqiao Limestone	大桥灰岩	0241	O_2	北京地质学院	1959	浙江	与三衢山组同物异名
21	Datianba Fm	大田坝组	0328	O_2	南京地质古生物研究所	1974	四川	层位相当牯牛潭组
22	Dayantou Fm	大岩头组	0314	O_2	浙江省区域地质调查大队	1989	浙江	现称莲花组
23	Denglongqiao Fm	灯龙桥组	0312	Q_1	汤文权、黄正维	1965	浙江	与汤溪组同物异名
24	Dingjiashan Bed	丁家山层	0263	P_1	盛莘夫	1951	浙江	邻区协商改称孤峰组
25	Donghua Fm	东华组	0258	C—P	林国为	1981	浙江	相当船山组上部
26	Fengfan Fm	风畈组	0273	J_3	邹鑫祜、陈其爽	1964	浙江	现属建德群劳村组
27	Fenghuangshan Bed	凤凰山层	0245	S	浙江省煤炭科学研究所	1961	浙江	分解为霞乡组和河沥溪组
28	Fengzhu Shale	凤竹页岩	0251	S_1	刘季辰、赵亚曾	1927	浙江	层序有误，现属长坞组下部
29	Gaolishan Fm	高骊山组	0329	C_1	朱 森	1931	江苏	层位相当五通群上部
30	Gaowukeng Limestone	高坞坑石灰岩	0210	AnO	孟宪民	1930	浙江	现属陈蔡群
31	Gushan Bed	孤山层	0291	K	舒文博	1930	浙江	层序位置不明
32	Hangzhou Fm	杭州组	0253	C_1	陈其爽	1987	浙江	现老虎洞组下部
33	Helongshan Fm	和龙山组	0330	T_1	安徽省区域地质调查大队	1974	安徽	层位相当青龙组下部
34	Hemudu Fm	河姆渡组	0319	Q_4^1	浙江省区域地质调查大队	1989	浙江	现属镇海组
35	Hexi Gr	鹤溪群	0216	Pz_2	浙江省区域地质调查大队	1983	浙江	暂改为芝溪头变质杂岩

序号	地层单位名称		编号	地质时代	创名人	创建时间	所在省	不采用的理由
	英文	汉文						
36	Huangfu Limestone Bed	皇甫石灰岩层	0257	C_2-P_2	野田势次郎(Noda,S.)	1915	浙江	分解为老虎洞组、黄龙组、船山组、栖霞组
37	Huangtianfan Fm	皇天畈组	0320	Q_2^4	浙江省区域地质调查大队	1989	浙江	现称镇海组
38	Huaqiao (coal-bearing) Fm	花桥(含煤)组	0270	J_1	邹鑫祜、陈其爽	1962	浙江	与枫坪组同物异名
39	Huashishan Fm	花石山组	0255	C_2	朱绍隆、朱德寿	1984	浙江	相当老虎洞组、黄龙组
40	Hutoushan Conglomerate	虎头山砾岩	0289	K	孟宪民	1930	浙江	与中戴组同物异名
41	Jinling Fm	金陵组	0331	C_1	李四光、朱　森	1930	浙江	层位相当五通群中部
42	Jinshan Bed	荆山层	0228	∈—S	朱庭祜	1924	浙江	相当仑山组—黄泥岗组
43	Jinshan Fm	荆山组	0239	O_1	朱庭祜	1924	浙江	分解为仑山组、红花园组、牯牛潭组、砚瓦山组、黄泥岗组、长坞组
44	Jiangkou Series	江口系	0286	K	叶良辅、李璜、张更	1930	浙江	创建后未被利用
45	Jiangshan Fm	江山组	0232	O_{2-3}	浙江省区域地质测量队	1965	浙江	相当砚瓦山组、黄泥岗组
46	Jiashan Fm	嘉善组	0325	Q_3^2	蔡祖仁等	1990	浙江	与宁波组同物异名
47	Jilongshan Fm	鸡笼山组	0256	C_3	梁文平	1990	浙江	相当老虎洞组、黄龙组
48	Jinlan Fm	金兰组	0302	K_2	浙江省石油地质队	1960	浙江	现称金华组
49	Jiufeng Fm	九峰组	0298	K_1^2	浙江省石油地质队	1960	浙江	相当中戴组
50	Konglong Gr	孔龙群	0299	K_2	陈丕基	1989	浙江	创建后未被利用
51	Kuocangshan Gr	括苍山群	0285	J_3	浙江省区域地质测量队	1962	浙江	磨石山群创名在先
52	Kuzhu Fm	苦竹组	0233	$∈_3$	蔡　瑾	1957	浙江	与西阳山组同物异名
53	Laijia Fm	赖家组	0301	K_2	浙江省区域地质调查大队	1978	浙江	解体,现为两头塘组和赤城山组
54	Lanxi Fm	兰溪组	0304	K_2	李龙通、甄金生	1980	浙江	与金华组同物异名
55	Laoheshan Bed	老和山层	0252	S—D	朱庭祜、孙海环	1924	浙江	相当文昌组—西湖组
56	Laozhu Fm	老竹组	0280	J_3	汤文权	1983	浙江	现为茶湾组
57	Leigongwu Fm	雷公坞组	0332	Z_1	刘鸿允、沙庆安	1959	浙江	大区协调改称南沱组
58	Lengwu Fm	冷坞组	0262	P_1	梁文平	1990	浙江	相当龙潭组中部
59	Lijia Fm	李家组	0261	P_1	李星学、何炎、何德长等	1959	浙江	创建后未被利用
60	Lishui Series	丽水系	0295	K_1	盛莘夫	1934	浙江	相当永康群
61	Liuxia Fm	留下组	0237	O_1	浙江省石油地质大队	1983	浙江	相当牯牛潭组部分
62	Lixian Coalseries	礼贤煤系	0260	P	刘季辰、赵亚曾	1927	浙江	与龙潭组同物异名
63	Longquan Gr	龙泉群	0215	$Z—Pz_1$	浙江省区域地质调查大队	1983	浙江	相当陈蔡群一部分
64	Longtanshan Fm	龙潭山组	0296	K	高　阳、叶　翔	1993	浙江	分属朝川组、小平田组
65	Longyou Series	龙游统	0225	Z_1	刘鸿允、沙庆安等	1959	浙江	相当休宁组、南沱组
66	Lucun Gneiss	鲁村片麻岩	0211	AnO	孟宪民	1930	浙江	相当陈蔡群
67	Maoyangling Gr	茅秧岭群	0234	$∈_3$	蔡　瑾	1957	浙江	与西阳山组同物异名
68	Meiyang Fm	梅垟组	0297	K_1	高　阳、叶　翔	1993	浙江	相当馆头组、朝川组
69	Nanlinghu Fm	南陵湖组	0333	T_1	汪贵翔	1984	安徽	层位相当周冲村组
70	Nanlong Fm	南弄组	0208	Pt_2	浙江省第七地质大队	1991	浙江	相当八都(岩)群部分

序号	地层单位名称		编号	地质时代	创名人	创建时间	所在省	不采用的理由
	英文	汉文						
71	Niushang Fm	牛上组	0240	O_2	盛莘夫	1974	浙江	现为胡乐组下部
72	Qianjiang Fm	钱江组	0313	Q_1	浙江省区域地质调查大队	1989	浙江	相当之江组部分
73	Qianligang Sandstone	千里岗砂岩	0243	S	刘季辰、赵亚曾	1927	浙江	相当文昌组—唐家坞组
74	Qiaoshan Fm	桥山组	0278	J_3	汤文权	1983	浙江	相当大爽组
75	Qingkeng Fm	青坑组	0207	Pt_2	浙江省第七地质大队	1991	浙江	相当陈蔡群部分
76	Qingtinggang Fm	青蜓岗组	0309	N_2	南京古生物研究所	1982	浙江	并入嵊县组
77	Quantang Fm	全塘组	0324	Q_3	蔡祖仁等	1990	浙江	与东浦组同物异名
78	"Qujiang" Fm	"衢江"组	0303	K_2	顾知微	1979	浙江	与衢县组同物异名
79	Ruao Bed	儒岙层	0287	K	高　平	1935	浙江	未被沿用
80	Sangzhou Fm	桑州组	0307	N_2-Q_1	浙江省石油地质队	1959	浙江	相当嵊县组沉积岩夹层
81	Shanglongqiao Fm	上龙桥组	0266	T_3	浙西地层队	1959	浙江	可能为马涧组—渔山尖组
82	Shangxinqiao Fm	上新桥组	0254	C_2	李星学、何炎、何德长等	1959	浙江	为藕塘底组—黄龙组
83	Shanmenjie Fm	山门街组	0315	Q_3	浙江省区域地质调查大队	1989	浙江	与莲花组同物异名
84	Shaoxing Tuff	绍兴凝灰岩	0288	K	高　平	1935	浙江	相当小平田组
85	Shengong Fm	神功组	0201	Pt	浙江省区域地质测量队	1973	浙江	相当双溪坞群
86	Shikongshan Fm	石崆山组	0235	$\in_3$	浙江省区域地质测量队	1967	浙江	与华严寺组同物异名
87	Shipu Gr	石浦群	0306	E_1-E_2	傅肃雷	1984	浙江	现划归茶湾组
88	Shiyang Gr	仕阳群	0249	S_1	北京地质学院	1959	浙江	相当霞乡组、河沥溪组和部分康山组
89	Shuangqiao Gr	双桥山群	0204	Pt	浙江省区域地质测量队	1969	浙江	相当骆家门组、虹赤村组、休宁组下部(?)
90	Shuikoucun Diorite	水口村闪长岩	0213	AnO	孟宪民	1930	浙江	创建后未被利用
91	Siliting Fm	四里亭组	0221	Z_1	浙江省区域地质测量队	1967	浙江	与南沱组同物异名
92	Songmuwu Fm	松木坞组	0214	Pt－Z	北京地质学院	1963	浙江	可能相当河上镇群—休宁组
93	Tangwuli Fm	塘坞里组	0218	Z	蒋传仁、赵建新	1987	浙江	与板桥山组同物异名
94	Tangyuan Fm	汤源组	0209	Pt_1	胡雄健等	1991	浙江	重新厘定,归陈蔡群
95	Tanjiaqiao Fm	谭家桥组	0236	O_1	许　杰	1936	浙江	与印渚埠组同物异名
96	Tantou Fm	潭头组	0246	S_1	浙江省区域地质测量队	1965	浙江	相当霞乡组、河沥溪组
97	Tianmushan Fm	天目山组	0276	J_3	李春昱、杨逻和、曾绪伟	1962	浙江	相当建德群
98	Tonglingqiao Fm	铜岭桥组	0219	Z	蒋传仁、赵建新	1987	浙江	相当陡山沱组
99	Tonglingzhu Fm	铜岭祝组	0310	N_1	浙江省区域地质调查大队	1989	浙江	合并为嵊县组
100	Wanshan Fm	万山组	0206	Pt_2	浙江省第七地质大队	1991	浙江	相当八都(岩)群部分
101	Wujialing Mem	五家岭段	0231	$\in$	蒋传仁、赵建新	1987	浙江	相当荷塘组底部磷矿层
102	Wulinshan Fm	雾林山组	0334	P_2	《浙江省区域地质志》引用	1989	江西	层位相当龙潭组上部
103	Wulongshan Vol.	乌龙山火山岩	0305	K_2^2	李春昱	1961	浙江	相当黄尖组
104	Xiananshan Fm	下南山组	0308	N_1	南京地质古生物研究所	1982	浙江	并入嵊县组
105	Xianlin Fm	闲林组	0238	O_1	浙江省石油地质大队	1983	浙江	与牯牛潭组同物异名

序号	地层单位名称		编号	地质时代	创名人	创建时间	所在省	不采用的理由
	英文	汉文						
106	Xianlinbu Bed	闲林埠层	0229	∈—O—S	舒文博	1930	浙江	重新厘定层序
107	Xiaowuli Bed	小坞里层	0259	P	朱庭祜、孙海环	1924	浙江	层序不清
108	Xiayabu Fm	下涯埠组	0222	Z_1	施少峰、蒋传仁	1983	浙江	修订为南沱组下部
109	Xifengsi Siliceous Limestone	西峰寺矽质灰岩	0217	Z	盛莘夫	1951	浙江	分解为陡山沱组、灯影组
110	Xijianshan Fm	西尖山组	0227	Z_2	浙江省区域地质测量队	1967	浙江	与灯影组同物异名
111	Xikengyuan Fm	西坑源组	0281	J_3	汤文权	1983	浙江	现属磨石山群部分
112	Xitang Fm	西塘组	0318	Q_1	浙江省区域地质调查大队	1989	浙江	与嘉兴组同物异名
113	Xuantandi Fm	玄坛地组	0293	K_1	李龙通	1982	浙江	相当馆头组
114	Yang'an Fm	洋安组	0223	Z_1	施少峰、蒋传仁	1983	浙江	修订为南沱组中部
115	Yangmeiling Fm	杨梅岭组	0316	Q_3	浙江省区域地质调查大队	1989	浙江	与莲花组同物异名
116	Yangzi Series	扬子系	0226	Z_1	蒋传仁、赵建新	1987	浙江	相当休宁组、南沱组
117	Yanjiling Gr	演吉岭群	0203	Pt	北京地质学院	1963	浙江	可能相当双溪坞群
118	Yankou Fm	堰口组	0250	S_1	浙江省区域地层表编写组	1979	浙江	与文昌组同物异名
119	Yanling Fm	砚岭组	0272	$J_3(J_2^2)$	浙西地层队、顾知微等	1959	浙江	现属建德群的劳村组
120	Yanwuli Bed	岩坞里层	0265	P—T	朱庭祜、孙海环	1924	浙江	创建后未被利用
121	Yingqian Fm	营前组	0271	J_2	浙江省石油地质大队	1959	浙江	创建后未被利用
122	Yinkeng Fm	殷坑组	0335	T_1	安徽省区域地质调查大队	1974	安徽	相当青龙组下部
123	Yinxian Fm	鄞县组	0300	K_2	李龙通	1982	浙江	创建后未被利用
124	Yuqian Series	于潜系	0326	O_3	许杰	1937	浙江	与长坞组同物异名
125	Yuzhuang Fm	余庄组	0282	J_3	汤文权	1983	浙江	相当祝村组
126	Zaoxizhen Conglomerate	藻溪镇砾岩	0292	K	舒文博	1930	浙江	创建后未被利用
127	Zhangcunwu Fm	张村坞组	0242	O_3	浙江省区域地质测量队	1967	浙江	相当文昌组中下部
128	"Sinian"	"震旦系"	0220	Z	蒋传仁、赵建新	1987	浙江	相当陡山沱组、灯影组
129	Zhejiang Rhyolite	浙江流纹岩	0294	K_1	浙西地层队	1959	浙江	相当黄尖组
130	Zhitang Fm	志棠组	0224	Z_1	刘鸿允、沙庆安	1959	浙江	邻省协商改称休宁组
131	Zhongdai Fm	钟埭组	0317	Q_1	浙江省区域地质调查大队	1989	浙江	与嘉兴组同物异名
132	Zhongjiatu Fm	钟家堍组	0321	Q_4^3	浙江省区域地质调查大队	1989	浙江	相当镇海组部分
133	Zhonglu Gr	钟吕群	0205	Pt	浙江省区域地质测量队	1969	浙江	相当河上镇群
134	Zhuji Fm	诸暨组	0277	J_3	浙江省区域地质测量大队	1975	浙江	相当寿昌组
135	Zhuke Fm	竹客组	0283	J_3	汤文权	1983	浙江	与高坞组同物异名